教育部高等学校电子信息类专业教学指导委员会规划教材

高等学校电子信息类专业系列教材

微波技术与微波器件

（第2版）

栾秀珍　王钟葆　傅世强　房少军　编著

清華大學出版社

北京

内 容 简 介

本书系统论述了微波技术与微波器件的基本理论及应用。本书共分10章,分别介绍了各种形式的微波传输线、基本微波元件、微波谐振腔、微波网络基础、微波定向耦合器和微波铁氧体器件、阻抗匹配电路、阻抗变换器、微波功率分配器和微波滤波器的设计方法,微波功率、频率、驻波比、波导波长、阻抗和衰减的测量方法,以及定向耦合器特性的测量方法等。

本书内容丰富,包含了微波技术的主要基础理论知识和主要微波无源器件的设计理论和方法,并对专业技术词汇进行了英文标注,较全面地给读者提供必要的知识,适合作为高等学校本科电子信息工程、通信工程、电子科学与技术和微波技术等专业学生的教材或参考书。书中含有微波器件设计所需的设计公式及图表等,因此本书也可供从事微波/射频等相关工作的科研及工程技术人员参考。

图书在版编目(CIP)数据

微波技术与微波器件/栾秀珍等编著.—2版.—北京:清华大学出版社,2022.1(2024.1重印)
(高等学校电子信息类专业系列教材)
ISBN 978-7-302-58293-9

Ⅰ.①微… Ⅱ.①栾… Ⅲ.①微波技术 ②微波元件 Ⅳ.①TN015 ②TN616

中国版本图书馆 CIP 数据核字(2021)第 105899 号

责任编辑:盛东亮
封面设计:李召霞
责任校对:李建庄
责任印制:宋 林

出版发行:清华大学出版社
    网 址:https://www.tup.com.cn,https://www.wqxuetang.com
    地 址:北京清华大学学研大厦 A 座   邮 编:100084
    社 总 机:010-83470000   邮 购:010-62786544
    投稿与读者服务:010-62776969, c-service@tup.tsinghua.edu.cn
    质量反馈:010-62772015, zhiliang@tup.tsinghua.edu.cn
    课件下载:https://www.tup.com.cn,010-83470236
印 装 者:三河市龙大印装有限公司
经 销:全国新华书店
开 本:185mm×260mm 印 张:22.25   字 数:543 千字
版 次:2017 年 8 月第 1 版 2022 年 1 月第 2 版 印 次:2024 年 1 月第 2 次印刷
印 数:1501~2000
定 价:79.00 元

产品编号:088528-01

高等学校电子信息类专业系列教材

序

FOREWORD

我国电子信息产业销售收入总规模在2013年已经突破12万亿元,行业收入占工业总体比重已经超过9%。电子信息产业在工业经济中的支撑作用凸显,更加促进了信息化和工业化的高层次深度融合。随着移动互联网、云计算、物联网、大数据和石墨烯等新兴产业的爆发式增长,电子信息产业的发展呈现了新的特点,电子信息产业的人才培养面临着新的挑战。

(1)随着控制、通信、人机交互和网络互联等新兴电子信息技术的不断发展,传统工业设备融合了大量最新的电子信息技术,它们一起构成了庞大而复杂的系统,派生出大量新兴的电子信息技术应用需求。这些"系统级"的应用需求,迫切要求具有系统级设计能力的电子信息技术人才。

(2)电子信息系统设备的功能越来越复杂,系统的集成度越来越高。因此,要求未来的设计者应该具备更扎实的理论基础知识和更宽广的专业视野。未来电子信息系统的设计越来越要求软件和硬件的协同规划、协同设计和协同调试。

(3)新兴电子信息技术的发展依赖于半导体产业的不断推动,半导体厂商为设计者提供了越来越丰富的生态资源,系统集成厂商的全方位配合又加速了这种生态资源的进一步完善。半导体厂商和系统集成厂商所建立的这种生态系统,为未来的设计者提供了更加便捷却又必须依赖的设计资源。

教育部于2012年颁布了新版《高等学校本科专业目录》,将电子信息类专业进行了整合,为各高校建立系统化的人才培养体系,培养具有扎实理论基础和宽广专业技能的、兼顾"基础"和"系统"的高层次电子信息人才给出了指引。

传统的电子信息学科专业课程体系呈现"自底向上"的特点,这种课程体系偏重对底层元器件的分析与设计,较少涉及系统级的集成与设计。近年来,国内很多高校对电子信息类专业课程体系进行了大力度的改革,这些改革顺应时代潮流,从系统集成的角度,更加科学合理地构建了课程体系。

为了进一步提高普通高校电子信息类专业教育与教学质量,贯彻落实《国家中长期教育改革和发展规划纲要(2010—2020年)》和《教育部关于全面提高高等教育质量若干意见》(教高〔2012〕4号)的精神,教育部高等学校电子信息类专业教学指导委员会开展了"高等学校电子信息类专业课程体系"的立项研究工作,并于2014年5月启动了《高等学校电子信息类专业系列教材》(教育部高等学校电子信息类专业教学指导委员会规划教材)的建设工作。其目的是为推进高等教育内涵式发展,提高教学水平,满足高等学校对电子信息类专业人才培养、教学改革与课程改革的需要。

本系列教材定位于高等学校电子信息类专业的专业课程,适用于电子信息类的电子信息工程、电子科学与技术、通信工程、微电子科学与工程、光电信息科学与工程、信息工程及其相近专业。经过编审委员会与众多高校多次沟通,初步拟定分批次(2014—2017 年)建设约 100 门课程教材。本系列教材将力求在保证基础的前提下,突出技术的先进性和科学的前沿性,体现创新教学和工程实践教学;将重视系统集成思想在教学中的体现,鼓励推陈出新,采用"自顶向下"的方法编写教材;将注重反映优秀的教学改革成果,推广优秀的教学经验与理念。

为了保证本系列教材的科学性、系统性及编写质量,本系列教材设立顾问委员会及编审委员会。顾问委员会由教指委高级顾问、特约高级顾问和国家级教学名师担任,编审委员会由教育部高等学校电子信息类专业教学指导委员会委员和一线教学名师组成。同时,清华大学出版社为本系列教材配置优秀的编辑团队,力求高水准出版。本系列教材的建设,不仅有众多高校教师参与,也有大量知名的电子信息类企业支持。在此,谨向参与本系列教材策划、组织、编写与出版的广大教师、企业代表及出版人员致以诚挚的感谢,并殷切希望本系列教材在我国高等学校电子信息类专业人才培养与课程体系建设中发挥切实的作用。

吕志伟 教授

第2版前言
PREFACE

    本书对第1版部分内容进行了修订。修订中，参考了部分使用该教材的教师提出的意见和建议。另外，根据学生反馈的信息，对二项式系数的表示方法进行了更改，从而更加符合国内的知识体系及学生的认知习惯。无线电通信技术的快速发展，对天线阵馈电网络提出了更高的要求。Butler矩阵是多波束切换天线阵中应用的一种馈电网络，三分支定向耦合器在Butler矩阵中有重要应用，因此本书对三分支定向耦合器及其在Butler矩阵中的应用进行了进一步介绍。为了便于计算，本书对部分习题的参数进行了调整，更改了部分习题的答案，并新编了详细的习题解答，方便教师在教学过程中参考。

    本书对第1版中发现的不足之处进行了修正，尽管如此，书中难免还存在一些错误，希望广大读者批评指正。

作 者

2021年10月

第1版前言
PREFACE

随着高校教学改革的不断深入,回归工程教育、培养卓越工程师已经成为工科高校的一个发展趋势,本书正是为顺应这种发展要求而编写的。工程人才的重要任务之一是"设计",然而,目前市面上见到的微波类教材中很少有涉及"设计"内容的,致使目前在工程中还广泛应用的很多经典而重要的设计理论和方法面临失传的境地,而且新的设计方法和手段也没有得到及时补充。鉴于此,本书在作者原编著的、由北京邮电大学出版社出版的《微波技术》的基础上,通过增加一些与"设计"有关的内容而改编完成。书中含有"设计原理""设计方法""设计公式和图表""设计实例与仿真""设计类习题"等,从多方面加强对学生设计能力的培养。

学生在学习的过程中经常会有"所学知识有何用"的疑惑,为此,本书在介绍某些重要知识点时会适当介绍一些知识的主要应用。另外,器件的设计过程也是理论知识应用的一个过程,对学生加深对基础知识的理解和了解知识的运用方法都有帮助,因此,本书通过一些设计实例介绍所学知识在微波器件设计中的应用,从而使学生认识到学习这些知识的必要性和重要性。本书还提供了相应的设计类习题,通过布置设计类习题让学生亲历设计过程,可以使学生掌握所学知识的运用方法,同时增加学生的学习兴趣和设计成功后的成就感。

微波给人的印象是抽象的概念和烦琐的公式。麦克斯韦方程和网络(电路)理论是解决微波问题的基本方法。然而,工程中能够严格求解的问题是十分有限的,尤其是微波器件的设计问题,并不是简单地通过相关理论就能得到完全满足设计要求的设计结果。通常,器件设计的实际过程是首先根据基本理论给出初步设计结果,然后再通过相关理论和公式进行修正,运用仿真软件进行仿真优化,最后还要进行加工、测试、调整等,最终才能完成设计。因此,介绍微波器件完整的设计过程是非常必要的。本书通过一些设计实例对主要微波器件的设计过程进行了较完整的介绍。

在基本理论体系的基础上,进一步增加一些设计内容是顺理成章的事情。然而,增加了"设计"元素势必要增加教材的内容和篇幅,那么如何解决"学时数少和内容多"的矛盾呢?其实,设计过程就是基础知识的一个应用的过程,教师通过几个例题演示一下整个设计过程即可,其余的内容学生完全可以自行掌握。

鉴于以上所述,我们编著了本书。本书内容丰富,包含了微波技术的基础知识、基本分析理论和主要微波无源器件的设计方法;各章习题有分析和设计两种类型,并有习题答案可供参考;有 PPT 可供教师使用;还有与实验内容配套的虚拟微波实验软件可供没有条件建设微波实验室的学校选用。由于我们学识有限,经验不足,书中难免有不足之处,殷切地欢迎各位同行和读者提出宝贵意见,谢谢!

　　本书主要由栾秀珍、王钟葆、傅世强、房少军编著,谭克俊、金红、陈鹏、李婵娟等教师为本书做出了多方面的工作,在此表示衷心的感谢。微波/射频实验室的同学们为该书的例题进行了仿真验证,在此一并表示感谢。

作　者

2017 年 4 月

目 录
CONTENTS

第 0 章　绪 论 ………………………………………………………………………… 1

0.1　微波的基本概念 …………………………………………………………………… 1

0.2　微波的特点 ………………………………………………………………………… 3

0.3　微波技术的发展与应用 …………………………………………………………… 4

　　0.3.1　微波技术的发展 …………………………………………………………… 4

　　0.3.2　微波技术的应用 …………………………………………………………… 4

0.4　微波电路的 CAD 软件 …………………………………………………………… 6

第 1 章　微波传输线理论 ……………………………………………………………… 8

1.1　微波传输线的基本概念 …………………………………………………………… 8

　　1.1.1　微波传输线的分类 ………………………………………………………… 8

　　1.1.2　微波传输线的分析方法 …………………………………………………… 9

1.2　长线理论 …………………………………………………………………………… 9

　　1.2.1　基本概念 …………………………………………………………………… 9

　　1.2.2　传输线方程及其解 ………………………………………………………… 11

1.3　传输线的特性参数和状态参量 …………………………………………………… 15

　　1.3.1　传输线的特性参数 ………………………………………………………… 15

　　1.3.2　状态参量 …………………………………………………………………… 17

1.4　无耗传输线的工作状态 …………………………………………………………… 22

　　1.4.1　匹配状态 …………………………………………………………………… 22

　　1.4.2　全反射状态 ………………………………………………………………… 24

　　1.4.3　部分反射状态 ……………………………………………………………… 31

1.5　圆图 ………………………………………………………………………………… 34

　　1.5.1　阻抗圆图 …………………………………………………………………… 34

　　1.5.2　导纳圆图 …………………………………………………………………… 38

　　1.5.3　阻抗与导纳在圆图上的换算 ……………………………………………… 39

　　1.5.4　圆图的应用举例 …………………………………………………………… 39

1.6　阻抗匹配 …………………………………………………………………………… 40

　　1.6.1　阻抗匹配的概念 …………………………………………………………… 40

　　1.6.2　负载阻抗匹配的方法 ……………………………………………………… 42

1.7　传输线理论的适用范围 …………………………………………………………… 52

习题 ……………………………………………………………………………………… 53

第 2 章　各种形式的微波传输线 ……………………………………………………… 56

2.1　概论 ………………………………………………………………………………… 56

2.2 平行双线 ······ 57
2.3 同轴线 ······ 59
  2.3.1 同轴线中的 TEM 模 ······ 59
  2.3.2 同轴线中的高次模 ······ 60
  2.3.3 功率容量与损耗 ······ 60
  2.3.4 同轴线尺寸的选择 ······ 61
2.4 矩形波导 ······ 62
  2.4.1 矩形波导的结构与场分布 ······ 62
  2.4.2 矩形波导的基本特性参数 ······ 63
2.5 圆形波导 ······ 67
  2.5.1 圆形波导的传输特性 ······ 67
  2.5.2 圆形波导中的三个主要模式及其应用 ······ 69
2.6 介质波导 ······ 71
2.7 微带线 ······ 72
  2.7.1 微带线的结构 ······ 72
  2.7.2 微带线中的工作模式 ······ 73
  2.7.3 微带线的特性阻抗 ······ 74
2.8 平行耦合微带线 ······ 79
  2.8.1 概述 ······ 79
  2.8.2 奇偶模参量法 ······ 79
  2.8.3 用奇偶模参量法求平行耦合微带线的特性参量 ······ 80
  2.8.4 平行耦合微带线节 ······ 85
2.9 共面波导和基片集成波导 ······ 88
  2.9.1 共面波导 ······ 88
  2.9.2 基片集成波导 ······ 88
2.10 微波传输线中波的激励与模式转换 ······ 89
  2.10.1 激励器 ······ 89
  2.10.2 模式转换器 ······ 90
习题 ······ 91
第3章 基本微波元件和阻抗变换器 ······ 93
3.1 概论 ······ 93
3.2 微波电阻性元件 ······ 93
  3.2.1 吸收式衰减器 ······ 93
  3.2.2 极化衰减器 ······ 94
  3.2.3 截止式衰减器 ······ 95
  3.2.4 匹配负载 ······ 96
3.3 微波电抗性元件 ······ 96
  3.3.1 波导不连续性及波导元件的实现方法 ······ 97
  3.3.2 微带不连续性及微带元件的实现方法 ······ 104
3.4 微波移相器 ······ 112
3.5 极化变换器 ······ 113
3.6 抗流式连接元件 ······ 115
3.7 阻抗变换器 ······ 117

习题 ··· 130

第 4 章　微波谐振腔 ··· 132

4.1　概论 ··· 132

4.2　谐振腔的基本参量 ··· 133

4.3　矩形谐振腔 ·· 135

4.4　圆柱形谐振腔 ··· 137

4.5　同轴谐振腔和微带谐振器 ·· 139

4.5.1　同轴谐振腔 ··· 140

4.5.2　微带谐振器 ··· 142

4.6　谐振腔的调谐、激励与耦合 ·· 143

4.6.1　谐振腔的调谐 ·· 143

4.6.2　谐振腔的激励与耦合 ··· 145

4.7　谐振腔的等效电路和它与外电路的连接 ··· 147

4.8　微波谐振腔的应用 ·· 150

4.8.1　微波炉 ··· 150

4.8.2　波长计 ··· 151

习题 ··· 152

第 5 章　微波网络基础 ··· 154

5.1　概论 ··· 154

5.2　微波传输线与平行双线传输线间的等效 ··· 155

5.3　微波网络参量 ··· 157

5.3.1　网络参考面 ··· 157

5.3.2　微波网络参量的定义 ··· 158

5.3.3　网络参量间的相互关系 ··· 164

5.3.4　网络参量的性质 ·· 167

5.3.5　常用基本电路单元的网络参量 ·· 168

5.3.6　参考面移动时网络参量的变化 ·· 171

5.4　二端口网络的组合 ·· 172

5.5　微波网络的工作特性参量 ··· 174

习题 ··· 176

第 6 章　定向耦合器和功率分配器 ·· 179

6.1　概论 ··· 179

6.2　微带定向耦合器 ··· 181

6.2.1　微带分支线定向耦合器 ··· 181

6.2.2　微带混合环 ··· 195

6.2.3　微带平行耦合线定向耦合器 ··· 200

6.3　矩形波导定向耦合器 ··· 205

6.3.1　矩形波导单孔定向耦合器 ·· 205

6.3.2　矩形波导多孔定向耦合器 ·· 206

6.3.3　矩形波导十字孔定向耦合器 ··· 207

6.3.4　矩形波导匹配双 T ··· 209

6.3.5　矩形波导裂缝电桥 ··· 215

6.4 功率分配器 ·········· 220
6.4.1 二路功率分配器 ·········· 220
6.4.2 多路功率分配器 ·········· 228
6.4.3 宽带功率分配器 ·········· 229
习题 ·········· 239

第7章 微波滤波器 ·········· 242
7.1 滤波器的基本知识 ·········· 242
7.2 低通原型滤波器 ·········· 244
7.2.1 基本概念 ·········· 244
7.2.2 最平坦式低通原型滤波器的综合设计 ·········· 245
7.2.3 切比雪夫式低通原型滤波器的综合设计 ·········· 247
7.3 频率变换 ·········· 251
7.3.1 低通原型滤波器与低通滤波器间的频率变换 ·········· 251
7.3.2 低通原型滤波器与高通滤波器间的频率变换 ·········· 252
7.3.3 低通原型滤波器与带通滤波器间的频率变换 ·········· 254
7.3.4 低通原型滤波器与带阻滤波器间的频率变换 ·········· 255
7.4 变形低通原型及集中参数带通滤波器和带阻滤波器 ·········· 256
7.4.1 倒置变换器 ·········· 257
7.4.2 变形低通原型 ·········· 259
7.4.3 含倒置变换器的集中参数带通滤波器 ·········· 261
7.4.4 含倒置变换器的集中参数带阻滤波器 ·········· 262
7.5 滤波器电路的微波实现 ·········· 264
7.5.1 微波低通滤波器的微波实现 ·········· 264
7.5.2 微波带通滤波器的微波实现 ·········· 272
7.5.3 微波带阻滤波器的微波实现 ·········· 293
7.5.4 元件损耗和不连续性对滤波器性能的影响 ·········· 299
7.5.5 其他形式微波滤波器的微波实现 ·········· 300
7.6 多工器 ·········· 301
习题 ·········· 302

第8章 微波铁氧体器件 ·········· 305
8.1 概论 ·········· 305
8.2 铁氧体中的张量磁导率 ·········· 305
8.3 场移式铁氧体隔离器及移相器 ·········· 307
8.3.1 场移式铁氧体隔离器 ·········· 307
8.3.2 场移式铁氧体移相器 ·········· 309
8.4 相移式铁氧体环行器 ·········· 310
8.5 铁氧体器件的应用 ·········· 312
8.5.1 在微波通信系统中的应用 ·········· 312
8.5.2 在雷达系统中的应用 ·········· 312
8.5.3 在微波测量中的应用 ·········· 313
习题 ·········· 314

第 9 章　微波测量 ⋯⋯⋯⋯⋯⋯⋯⋯⋯⋯⋯⋯⋯⋯⋯⋯⋯⋯⋯⋯⋯⋯⋯⋯⋯⋯⋯⋯ 315

　9.1　微波功率与频率的测量 ⋯⋯⋯⋯⋯⋯⋯⋯⋯⋯⋯⋯⋯⋯⋯⋯⋯⋯⋯⋯⋯ 315

　　9.1.1　微波功率的测量 ⋯⋯⋯⋯⋯⋯⋯⋯⋯⋯⋯⋯⋯⋯⋯⋯⋯⋯⋯⋯⋯⋯ 315

　　9.1.2　微波频率的测量 ⋯⋯⋯⋯⋯⋯⋯⋯⋯⋯⋯⋯⋯⋯⋯⋯⋯⋯⋯⋯⋯⋯ 316

　9.2　驻波比的测量 ⋯⋯⋯⋯⋯⋯⋯⋯⋯⋯⋯⋯⋯⋯⋯⋯⋯⋯⋯⋯⋯⋯⋯⋯⋯⋯ 318

　　9.2.1　概论 ⋯⋯⋯⋯⋯⋯⋯⋯⋯⋯⋯⋯⋯⋯⋯⋯⋯⋯⋯⋯⋯⋯⋯⋯⋯⋯⋯ 318

　　9.2.2　实验仪器描述 ⋯⋯⋯⋯⋯⋯⋯⋯⋯⋯⋯⋯⋯⋯⋯⋯⋯⋯⋯⋯⋯⋯⋯ 318

　　9.2.3　测量方法 ⋯⋯⋯⋯⋯⋯⋯⋯⋯⋯⋯⋯⋯⋯⋯⋯⋯⋯⋯⋯⋯⋯⋯⋯⋯ 319

　9.3　晶体检波器的校准及阻抗测量 ⋯⋯⋯⋯⋯⋯⋯⋯⋯⋯⋯⋯⋯⋯⋯⋯⋯ 320

　　9.3.1　晶体检波器的校准 ⋯⋯⋯⋯⋯⋯⋯⋯⋯⋯⋯⋯⋯⋯⋯⋯⋯⋯⋯⋯ 320

　　9.3.2　驻波法测阻抗的基本原理 ⋯⋯⋯⋯⋯⋯⋯⋯⋯⋯⋯⋯⋯⋯⋯⋯⋯ 322

　　9.3.3　测量方法 ⋯⋯⋯⋯⋯⋯⋯⋯⋯⋯⋯⋯⋯⋯⋯⋯⋯⋯⋯⋯⋯⋯⋯⋯⋯ 322

　　9.3.4　实验仪器描述 ⋯⋯⋯⋯⋯⋯⋯⋯⋯⋯⋯⋯⋯⋯⋯⋯⋯⋯⋯⋯⋯⋯⋯ 323

　　9.3.5　实验步骤 ⋯⋯⋯⋯⋯⋯⋯⋯⋯⋯⋯⋯⋯⋯⋯⋯⋯⋯⋯⋯⋯⋯⋯⋯⋯ 324

　9.4　衰减测量 ⋯⋯⋯⋯⋯⋯⋯⋯⋯⋯⋯⋯⋯⋯⋯⋯⋯⋯⋯⋯⋯⋯⋯⋯⋯⋯⋯⋯ 324

　　9.4.1　替代法 ⋯⋯⋯⋯⋯⋯⋯⋯⋯⋯⋯⋯⋯⋯⋯⋯⋯⋯⋯⋯⋯⋯⋯⋯⋯⋯ 324

　　9.4.2　散射参量法 ⋯⋯⋯⋯⋯⋯⋯⋯⋯⋯⋯⋯⋯⋯⋯⋯⋯⋯⋯⋯⋯⋯⋯⋯ 326

　9.5　定向耦合器特性的测量 ⋯⋯⋯⋯⋯⋯⋯⋯⋯⋯⋯⋯⋯⋯⋯⋯⋯⋯⋯⋯⋯ 328

　　9.5.1　技术指标 ⋯⋯⋯⋯⋯⋯⋯⋯⋯⋯⋯⋯⋯⋯⋯⋯⋯⋯⋯⋯⋯⋯⋯⋯⋯ 328

　　9.5.2　测试方法 ⋯⋯⋯⋯⋯⋯⋯⋯⋯⋯⋯⋯⋯⋯⋯⋯⋯⋯⋯⋯⋯⋯⋯⋯⋯ 329

　　9.5.3　实验步骤 ⋯⋯⋯⋯⋯⋯⋯⋯⋯⋯⋯⋯⋯⋯⋯⋯⋯⋯⋯⋯⋯⋯⋯⋯⋯ 330

附录 A　常用硬同轴线主要参数表 ⋯⋯⋯⋯⋯⋯⋯⋯⋯⋯⋯⋯⋯⋯⋯⋯⋯⋯⋯⋯ 331

附录 B　标准矩形波导主要参数表 ⋯⋯⋯⋯⋯⋯⋯⋯⋯⋯⋯⋯⋯⋯⋯⋯⋯⋯⋯⋯ 332

附录 C　习题参考答案 ⋯⋯⋯⋯⋯⋯⋯⋯⋯⋯⋯⋯⋯⋯⋯⋯⋯⋯⋯⋯⋯⋯⋯⋯⋯ 333

参考文献 ⋯⋯⋯⋯⋯⋯⋯⋯⋯⋯⋯⋯⋯⋯⋯⋯⋯⋯⋯⋯⋯⋯⋯⋯⋯⋯⋯⋯⋯⋯⋯ 339

绪　　论

　　微波技术是近代科学研究的重大成就之一。几十年来,它已发展成为一门比较成熟的学科,在通信、雷达、导航、电子对抗等许多领域得到了广泛的应用。在绪论中将介绍微波的概念、特点及应用。

0.1　微波的基本概念

　　微波(Microwave)是波长微小的电磁波,其波长范围从 0.1mm 到 1m,频率范围从300MHz 到 3000GHz。图 0.1-1 给出了微波在整个电磁波谱中的位置。由图可见,微波可以细分为分米波、厘米波、毫米波和亚毫米波四个波段。在通信和雷达等工程中,通常还根据微波器件特性随频率的变化规律,将微波分为多个分波段,并用英文字母表示各分波段,如表 0.1-1 所示。

表 0.1-1　常用微波分波段代号

波段代号	频率范围/GHz	波长范围/cm	标称波长/cm
L	1～2	30～15	22
S	2～4	15～7.5	10
C	4～8	7.5～3.75	5
X	8～12	3.75～2.5	3
Ku	12～18	2.5～1.67	2
K	18～27	1.67～1.11	1.25
Ka	27～40	1.11～0.75	0.8
U	40～60	0.75～0.5	0.6
V	60～80	0.5～0.375	0.4
W	80～100	0.375～0.3	0.3

　　从图 0.1-1 可知,微波的低频端与普通无线电波的"超短波"波段相连接,而其高频端与红外线的"远红外"波段毗邻。与其他波段的无线电波相比,微波的波长要短得多,频率也高得多,这种数量的变化引起了电磁波性质的变化,使得微波具有一系列不同于其他波段无线电波的特点。同时,微波的波长又比可见光的波长长得多,与光波也不同。所以,通常将其划分出来进行专门研究,这就是微波技术。

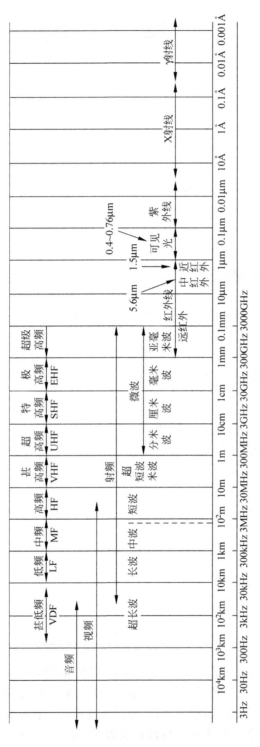

图 0.1-1　电磁波频谱

0.2 微波的特点

与其他波段的无线电波相比,微波具有以下主要特点:

1. 似光性和似声性

微波波段的波长与无线电设备的线长度及地球上的一般物体的尺寸相当或小得多,其传播特性与光相似:沿直线传播,遇到障碍物时会产生反射。利用这一特点,可以制造出高方向性的微波天线,从而为微波中继通信、卫星通信及雷达等提供了必要条件。

微波的波长具有与无线电设备尺寸相当的特点,使得微波又表现出与声波相似的特征,即具有似声性。例如,微波波导类似于声学中的传声筒;喇叭天线和缝隙天线类似于声学喇叭、箫和笛;微波谐振腔类似于声学共鸣箱等。

2. 高频性

微波的频率很高,这使之在应用上能适合于宽频带技术的要求。因为无线电设备相对带宽的增大受到技术的限制,而载波频率的提高就可以在相同相对带宽情况下使设备的绝对带宽增加,从而在微波设备上可以容易地实现大信息容量宽带信号(如多路的电话和电视信号)的传送和辐射。

另一方面,由于微波的频率很高、波长很短,使得在低频电路中被忽略了的一些现象和效应(例如趋肤效应、辐射效应、分布参数效应)在微波波段不可忽略。这样,在低频电路中常用的集中参数元件(电阻、电感、电容)、普通双导线传输线和 LC 谐振回路等都不能适用于微波,电压、电流在微波波段甚至失去了唯一性意义。在微波波段,取而代之的是分布参数电路元件、微波传输线和谐振腔等微波元器件。因此,不论在结构型式和工作原理上,微波分布参数电路与低频集中参数电路都将有很大的差别。

3. 穿透性

微波照射于介质物体时,能深入该物质内部的特点称为穿透性。例如,微波能穿透电离层,因而成为卫星通信、全球卫星导航及人类探测外层空间的"宇宙窗口";微波能穿透云雾、雨、植被、积雪和地表层,具有全天候和全天时工作的能力,成为遥感技术的重要波段;微波能穿透生物体,成为医学透热疗法的重要手段;毫米波还能穿透等离子体,是远程导弹和航天器重返大气层时实现通信和终端制导的重要手段。

4. 研究方法和测量方法的独特性

微波技术的研究方法不同于低频无线电。在低频传输线中,电压、电流仅是时间的函数,与空间位置无关,因此可以通过基尔霍夫定律描述的电路理论来研究。而在微波传输线中,电场矢量和磁场矢量不仅是时间的函数,而且还是空间位置的函数,因此必须通过麦克斯韦方程所描述的电磁场理论来研究。

微波测量也不同于低频无线电测量。低频无线电测量的基本参量是电压、电流、频率以及电路元件参数(如电阻、电容和电感)。而微波测量的基本参量是功率、阻抗、波长以及电路的衰减和相移等。这是因为在微波波段,一些低频参量已经没有唯一确定的物理意义了。

5. 抗低频干扰特性

地球周围充斥着各种各样的噪声和干扰,主要包括由宇宙和大气在传输信道上产生的自然噪声以及由各种电气设备工作时产生的人为噪声。由于这些噪声一般在中低频区域,与微波波段的频率差别较大,在微波滤波器的阻隔下,基本不会影响微波通信的正常进行,因此微波具有抗低频干扰特性。

综上所述,正是由于微波具有许多独特的性质,才为它的迅速发展和广泛应用提供了动力,开辟了前景。

0.3　微波技术的发展与应用

0.3.1　微波技术的发展

微波技术的发展和它的实际应用是相互促进的。在第二次世界大战期间,雷达的需求和研制推动了微波技术的飞速发展。在 20 世纪 60 年代以后,微波通信、卫星通信兴起,更促使微波技术加速发展;到了 20 世纪 70 年代,微波技术的应用扩大到遥感、医疗、无损检测和能源等各个领域。微波技术在不断满足上述应用中得到了发展和完善。目前,就其发展方向来看,主要有如下 3 个特点。

1. 工作频段不断向高频段扩展

微波波段经历了从分米波、厘米波到毫米波的发展阶段,目前正向毫米波和亚毫米波波段发展。

2. 微波元器件及整机设备不断向小型化和宽频带化方向发展

随着电子技术的发展,微波元器件也经历了从电真空器件向半导体微波器件、从分离元件到集成电路的发展过程。而整机设备也不断向体积小、重量轻、频带宽、可靠性高的方向发展。

3. 微波系统不断向自动化、智能化和多功能化方向发展

随着科学技术,特别是计算机技术的普及,各门学科间的相互渗透,促使微波设备、系统和测试仪表也逐步实现了自动化、智能化和多功能一体化。

0.3.2　微波技术的应用

由于微波有上述众多特点,因此得到了广泛的应用。它的应用已经遍及尖端科技、军事国防、工农业生产和科学研究等各个部门,甚至深入到医疗卫生和人们的日常生活中,而且新的应用领域还在不断地扩大。微波的应用主要分为信息载体的应用和微波能的应用两个方面,下面简要介绍微波在这两方面的应用。

1. 雷达

雷达是微波技术发展的策源地。它是利用电磁波遇物体会发生反射回波,并根据所接收的回波来获取被测物体的有关信息,从而实现对被测物体的测距、测向、测速以及目标识别与重建等。

雷达作为一种测量设备具有许多独特的特点,如测量距离远、全天候、实时性、穿透性等,这是其他测量方法所不及的。因此,雷达技术除了大量应用于军事上外,还越来越广泛地应用于民用上,如民用航空(航空管制及飞机导航)、航海、气象、天文、遥感、城市交通等方面。现代雷达大多数都工作在微波波段。

2. 通信

由于微波具有频率高、频带宽、信息量大的特点,因此被广泛地应用于各种通信业务中。

现代的通信系统主要有微波中继通信、卫星通信、移动通信和光纤通信四种。除了光纤通信外，其他三种通信系统基本都工作在微波波段。

1）微波中继通信

由于微波具有直线传播特性，而地球是一个球体，地球的曲率半径使微波在地面上只能传播数十千米的距离，因此，为了增大通信距离而采用在中间设立若干中继站的办法，如图0.3-1所示。其中，微波天线接收前一站发射来的信号，并做放大、均衡等处理，再由其发射天线定向发射到下一个中继站，这样一站一站地把信号传下去，实现远距离通信，这种通信方式就称为微波中继通信。微波中继通信具有传输容量大、长途传输质量稳定、投资少、建设周期短、维护方便和抗重大自然灾害能力强等特点。因此，即使在光纤通信非常发达的今天，微波中继通信仍有着不可替代的存在价值。它主要应用于电话、电视和数据等远距离的传递。微波中继通信大多工作于1～20GHz频段之间。

图0.3-1 微波中继通信示意图

2）卫星通信

利用微波能穿透电离层的特性，可进行卫星通信和宇航通信。其实，卫星通信就是把微波中继站放到外层空间的卫星上的微波中继通信。如果把互成120°角的三颗卫星放置于地球的同步轨道上，如图0.3-2所示，就可以实现全球的通信和电视实况转播了。

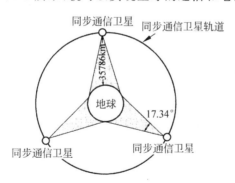

图0.3-2 同步卫星实现全球通信与广播

3）移动通信

早期的移动通信利用短波、超短波频段，一般是点对点的通信。而近20多年来，随着通信技术和计算机技术的迅猛发展，地面移动通信网建立起来，其工作频率大部分已进入微波的低频段，如个人数字蜂窝系统（Personal Digital Cell，PDC）、个人通信系统（Personal Communication System，PCS）、数字蜂窝系统（Digital Cellular System，DCS）、无线局域网（Wireless Local Area Network，WLAN）和蓝牙技术等。可见其应用日益普及，与个人及家庭有着密切关系。

3. 全球卫星导航定位系统

卫星导航系统的主要功能是帮助舰船和空中飞行器确定它们的位置,其应用目前已扩展到包括陆地上及外层空间中一切需要定位的物体(如车辆、导弹和个体单兵等)。目前,世界上已有四个卫星导航系统:GPS 全球卫星导航系统(美国);GLONASS 导航系统(俄罗斯);伽利略卫星定位系统(欧盟);北斗导航系统(中国)。由于卫星导航系统需要地面与卫星间的信息传输,而微波具有穿透电离层的特性,因此,所有卫星导航系统都工作在微波波段。

4. 微波加热

微波加热是利用含水介质在微波场中高频极化产生介质热损耗而使介质加热的。由于介质存在极化现象,介质中的极性分子在外电场作用下,将受到一个电力矩的作用,分子将旋转到与外电场方向一致的位置。当外电场交替变化时,极化方向也将交替变化。在微波场作用下,因为频率很高,极化方向的改变来不及跟上频率的变化,而是在原位上不停地摆动。由于分子热运动和相邻分子间的相互作用,摆动受到干扰和制约,这就产生了类似摩擦的效应,其结果使分子储存的一部分能量变成分子碰撞而产生的热能释放出来,使物料温度升高,从而实现微波加热。

由于微波频率高、能够透入介质内部,所以具有加热速度快、加热均匀等优点,而且也容易实现自动控制。工业上已经利用微波来对纸张、木材和茶叶等进行加热干燥。近年来,有越来越多的家庭利用微波炉来烹煮食物。

5. 微波辐射

任何事物都是一分为二的,人们在广泛应用微波的同时,还应注意对微波辐射的防护。大功率的微波辐射对人体是有害的,这种伤害主要是由微波的热效应和非热生物效应所引起的。为了确保人体的安全,大功率微波设备的操作人员应采用适当的防护措施,如设置屏蔽和穿屏蔽服等。

0.4　微波电路的 CAD 软件

目前,微波电路的 CAD 软件已被广泛应用于各种微波电路的设计中,并成为微波工程师必须掌握的设计工具。下面简单介绍几款常用的微波电路 CAD 软件。

(1) HFSS:Ansoft 开发的一种三维电磁仿真软件。它是一种采用有限元法的任意三维结构全波电磁场仿真工具,能够得到电磁场分布和 S 参数、辐射特性等,主要用于微波无源电路、天馈系统设计,电磁兼容、电磁干扰分析以及目标特性分析等。

(2) ADS:Agilent 公司开发的一个综合软件包,包含微波电路设计软件、RFIC 设计软件、RF 电路板设计软件、DSP 专业设计软件以及通信系统设计软件等。

(3) MW Studio:CST 开发的一种三维电磁场仿真软件。包含时域解算器、频域解算器和本征模解算器,适用于移动通信、无线设计和电磁兼容等。

鉴于以上各软件的特点,本书中采用 HFSS 软件对所设计的微波器件进行仿真分析。

与其他电子 EDA 技术相比,微波电路 CAD 软件具有以下特点:

(1) 必须有精确的传输线模型和各种器件模型。

(2) 有时必须采用电磁场仿真等数值仿真工具。

（3）具有 S 参数分析的功能。

微波电路 CAD 设计的主要步骤如下：

（1）根据技术性能指标的要求，选择网络拓扑结构。

（2）根据所选器件的具体参数，设计匹配电路的拓扑结构。

（3）确定（或计算）电路中各个元件的初始值。

（4）根据技术性能指标的要求，设置优化目标（或参数）；选择优化方法，并进行优化。

（5）进行版图的设计，并输出版图。

（6）进行性能指标的复核，进行版图的检查，并提出结构设计的要求。

CAD 技术不是没有限制的，微波电路在计算机仿真中的模型只是实际电路的近似处理，不能完全考虑元件值和加工容差、粗糙度等带来的影响，还需要进行实际调试。

第 1 章

微波传输线理论

　　传输电磁能量和信息的装置称为传输线,应用于微波波段的传输线称为微波传输线(Microwave Transmission Line),它的作用是引导电磁波沿一定的方向传输,因此又称为导波系统,其所引导的电磁波称为导行波。本章介绍分析微波传输线的基本理论,下面首先介绍微波传输线的基本概念。

1.1　微波传输线的基本概念

1.1.1　微波传输线的分类

　　由于微波频率很高,频率范围较宽,应用要求各不相同,因此微波传输线的种类很多。一般来讲,微波传输线从结构上大体可分为三类(见图 1.1-1)。第一类是双导体结构的传输线,如平行双线、同轴线、微带线等。由于它们传播的主要是横电磁波(TEM 波),因此又称为 TEM 波传输线。第二类是波导管,如矩形波导、圆波导等。这一类传输线不能传输TEM 波,而只能传输色散的横电波(TE 波)和横磁波(TM 波),因此又称为色散波传输线。第三类是介质传输线,如镜像线、介质波导等。这类传输线传输的是色散的横电波(TE 波)

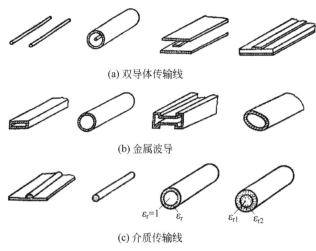

(a) 双导体传输线

(b) 金属波导

(c) 介质传输线

图 1.1-1　微波传输线的主要形式

和横磁波(TM 波)的混合波,因此也是色散波传输线。由于这种传输线中电磁波主要是沿线的表面传播,因此又称为表面波传输线。总之,从传输电磁波的类型分,微波传输线可分为 TEM 波(非色散波)传输线和非 TEM 波(色散波)传输线两种。

1.1.2　微波传输线的分析方法

分析电磁波沿传输线的传播特性的常用方法有两种。一种是精确的"场"的分析方法,即从麦克斯韦方程组出发,在特定的边界条件下解电磁场的波动方程,求得各个场量的时空变化规律,从而得电磁波在传输线上的传播特性。该方法能够对微波系统进行完整的描述,是分析色散波传输系统的根本方法。另一种是"路"的方法,即将传输线作为分布参数电路来处理,用基尔霍夫定律建立传输线方程,求得传输线上的电压和电流的时空变化规律,从而分析其传播特性。"路"的方法实质是在一定条件下的"化场为路"的方法,它有足够的精度,数学上简单方便,因此被广泛采用,TEM 波传输线多用此方法进行分析。本章介绍用"路"的方法研究 TEM 波传输线的理论,即长线理论。

1.2　长线理论

在介绍长线理论之前,首先介绍 TEM 波传输线中场的结构特点和 TEM 波传输线可以用"路"的理论进行分析的原因,以及"集中参数""分布参数""长线"的基本概念。

1.2.1　基本概念

1. TEM 波传输线中场的结构特点

TEM 波传输线是由双导体构成的。图 1.2-1(a)所示为一种典型的 TEM 波传输线——双线传输线;图 1.2-1(b)所示为双线传输线周围的电磁场分布和导线上的电荷、电流分布;图 1.2-1(c)所示为 A-A 横截面上横向电磁场的剖面图;图 1.2-1(d)所示为电磁场幅度的空间分布图。

由图 1.2-1(b)可见,在双线传输线中,某时刻的电力线从一个导体的正电荷发出落到另一个导体的负电荷上。当电磁波沿+z 方向传输时,正、负电荷也随之移动,从而在导线上形成电流。由图可见,在同一横截面处,两根导线上的电流等幅、反向,这一特性在对称振子天线等很多场合有重要应用。围绕导体的一圈圈的封闭磁力线可以看成是由导体上的电流激发的。因此,电场可与电压对应,磁场可与电流对应,故 TEM 波传输线可以用分布参数"路"的理论来分析。

2. 集中参数

在低频电路中,一般认为电能量全部集中在电容器中,磁能量全部集中在电感器中,只有电阻元件消耗能量,连接各元件的导线是一个理想导线。由这些参数元件构成的电路称为集中参数(Lumped Parameters)电路。由于传输线传输的电磁波的波长远远大于电系统的尺寸,因此,在各元器件连接线上,电流自一端到另一端的时间远小于一个信号周期。在稳态情况下,认为沿线电压、电流是同时建立起来的,传输线上各点的电压、电流不随位置变化。

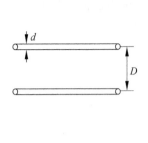 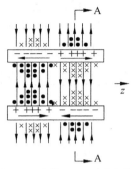

(a) 双线传输线　　　　　　　(b) 电磁场和电荷及电流沿纵向的分布

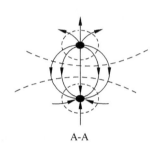 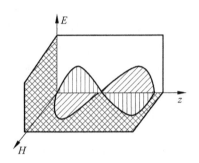

(c) A-A横截面内电磁场分布　　　　　(d) 电磁场振幅的空间分布

图 1.2-1　双线传输线结构及电磁场分布

3. 分布参数

由电磁场理论可知,当高频信号通过传输线时会产生分布参数。因为导线流过电流时,其周围产生高频磁场,因此传输线各点产生串联分布电感;当两导体间加入电压时,导线间会产生高频电场,因此导线间产生并联分布电容;电导率有限的导线流过电流时由于趋肤效应而产生热,使得电阻变化,表明产生了分布电阻;导线间介质非理想时产生漏电流,表明产生了分布漏电导。这些参数虽然看不见,但它们分布在整个传输线上,故称为分布参数(Distributed Parameters)。若用 R_1、L_1、C_1、G_1 分别表示单位长度上的分布电阻、分布电感、分布电容和分布电导,则传输线上的任一小段分布参数线元($\Delta z \ll \lambda$)均可等效成集中参数电路,如图 1.2-2 所示。

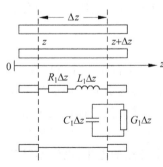

图 1.2-2　传输线上线元 Δz 的等效电路

值得一提的是,分布参数在低频和微波应用时都存在,只是在低频时,传输线分布参数的阻抗(导纳)影响远小于线路中集中参数元件(电感、电容和电阻)的阻抗(导纳)影响而被忽略了。例如,单位长度上电感为 L_1、电容为 C_1 的无耗平行双线在低频应用时单位长度上的串联阻抗 $j\omega L_1$ 很小,并联导纳 $j\omega C_1$ 也很小,因此,完全可以忽略分布参数的影响,认为传输线本身没有串联阻抗和并联导纳。但是,同样的平行双线,用在微波波段时,它在单位长度上的串联阻抗 $j\omega L_1$ 和并联导纳 $j\omega C_1$ 则不能忽略不计,这时就必须考虑传输线的分布参数效应,也就是说,传输线的每一部分都存在着分布电感和分布电容。这种情况下传输线本身已经和阻抗元件融为一体,它们构成的是分布参数电路。正因为如此,微波传输线的作用除传输信号外,还可以用来构成各种微波电路的元器件。

在微波波段,分布参数会引起沿线电压、电流的幅度和相位的变化。如果传输线上沿线的分布参数是均匀的,则称传输线为均匀传输线,否则称传输线为非均匀传输线。

4. 长线

在微波波段,波长很短,传输线的几何长度 l 往往比工作波长 λ 还长,或两者可以相比拟。通常把 l/λ 称为传输线的电长度,把 $l/\lambda \gg 0.1$ 的传输线称为长线。因此,长线是一个相对的概念,它指的是电长度较长而不是几何长度较长。例如,当传输波的频率 $f=10\text{GHz}$ $(\lambda=3\text{cm})$ 时,几米的传输线就应视为长线;但当频率 $f=50\text{Hz}(\lambda=6000\text{km})$ 时,即使长度为几百米的传输线却仍然是短线。如图 1.2-3 所示,对于同样几何长度的导线 AB,工作波长较长时为短线,而工作波长较短时则为长线。可以看出,在短线上,任一给定时刻的电压(v)几乎是处处相同的,电流(i)也是处处相同的。因此,电压和电流仅仅是时间 t 的函数,而与位置 z 无关。但在长线上,任一给定时刻它上面各点的电压处处不同,电流也处处不同。因此,它们不仅是时间 t 的函数,而且也是位置 z 的函数[1-2]。

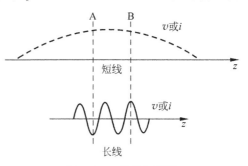

图 1.2-3　长线和短线

应该指出,考虑传输线的长线效应和分布参数效应所得结论是一致的,即都能得到长线上各点的电压和电流既是时间的函数,也是位置的函数的结论。由此可见,求解传输线上电压和电流分布的问题就是求解分布参数电路的问题。

本章后面各节将分析 TEM 波传输线的各种工作状态以及实现阻抗匹配的方法。研究 TEM 波传输线工作原理的某些方法也可以推广到非 TEM 波传输线中。本书将在第 2 章讨论非 TEM 波传输线的特点及应用。

1.2.2　传输线方程及其解

1. 传输线等效电路的建立

已知传输线的分布参数可以用单位长度上的分布电感 L_1、分布电容 C_1、分布电阻 R_1 和分布漏电导 G_1 来描述,它们的数值是由传输线的形式、尺寸、导体材料及周围介质的参数所决定的,而与它的工作情况无关。这些分布参数可用电磁场理论的方法求出。

对于均匀传输线,通常建立图 1.2-4(a)所示的坐标系,即把传输线终端负载处作为坐标原点 O,而坐标轴 z 轴正方向为指向电源的方向。由于分布参数沿线均匀分布,因此分析均匀传输线时可将均匀无限长线划分为许多长度为 $\mathrm{d}z(\mathrm{d}z \ll \lambda)$ 的微分段,称为线元。由于线元的长度远小于工作波长,故可把小线元等效为集中参数组成的电路,其上有集中参数电阻 $R_1\mathrm{d}z$、电感 $L_1\mathrm{d}z$、电容 $C_1\mathrm{d}z$ 和漏电导 $G_1\mathrm{d}z$,不再有分布参数,即每个小线元等效成一个如图 1.2-4(b)所示的集中参数电路,整个传输线可等效为各小线元等效电路的级联(如图 1.2-4(c)所示),从而把具有分布参数的均匀传输线等效成了由无数多个电阻 $R_1\mathrm{d}z$、电感 $L_1\mathrm{d}z$、电容 $C_1\mathrm{d}z$ 和漏电导 $G_1\mathrm{d}z$ 构成的集中参数电路,这样就可以用电路理论进行分析了。对于无耗传输线,可忽略导线上分布电阻和分布漏电导的作用,则整个传输线就可以看成是无限多个串联电感和并联电容所构成的,如图 1.2-4(d)所示。

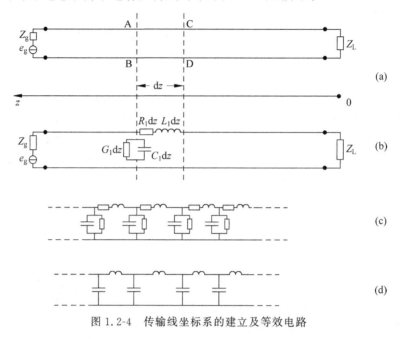

图 1.2-4　传输线坐标系的建立及等效电路

2. 传输线的基本方程及其解

尽管集中参数电路理论上不能应用于微波频段的整个传输线,但可以应用于每个微分小线元上。这样,将电路理论中的基尔霍夫定律应用到每个小线元的等效电路中,可得出传输线上任意点电压、电流所服从的微分方程,解其微分方程便可得到长线上任意一点的电压和电流的表示式。

传输线上任意小线元 dz 及其等效电路如图 1.2-5 所示,它的四个端点分别是 A,B,C,D。设这个小线元 dz 的输出端电压为 $V(z)$,电流为 $I(z)$,而输入端电压为 $V(z+dz)=$

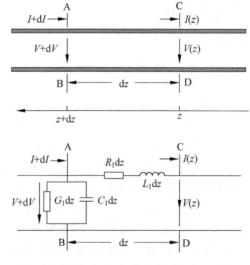

图 1.2-5　小线元 dz 及其等效电路

$V(z)+dV$，电流为 $I(z+dz)=I(z)+dI$，由基尔霍夫定律可得小线元 dz 上的电压降为

$$dV = I(R_1 + j\omega L_1)dz = IZ_1 dz \tag{1.2-1}$$

式中

$$Z_1 = R_1 + j\omega L_1 \tag{1.2-2}$$

称为传输线的分布阻抗。而小线元 dz 上通过并联漏电导和电容的电流为

$$dI = (V + dV)(G_1 + j\omega C_1)dz$$

式中，dV 与 V 相比是无穷小量，因此可以改写成

$$dI \approx V(G_1 + j\omega C_1)dz = VY_1 dz \tag{1.2-3}$$

式中

$$Y_1 = G_1 + j\omega C_1 \tag{1.2-4}$$

称为传输线的分布导纳。把式(1.2-1)和式(1.2-3)等号两边分别除以 dz，可得

$$\frac{dV}{dz} = Z_1 I \tag{1.2-5a}$$

$$\frac{dI}{dz} = Y_1 V \tag{1.2-5b}$$

二元微分方程组式(1.2-5a)、式(1.2-5b)就是传输线的基本方程，又称为电报方程（Telegrapher Equation）。

为了求解微分方程组式(1.2-5a)、式(1.2-5b)，把它们的两边对坐标变量 z 取导数，即

$$\frac{d^2 V}{dz^2} = Z_1 \frac{dI}{dz} = Z_1 Y_1 V$$

$$\frac{d^2 I}{dz^2} = Y_1 \frac{dV}{dz} = Z_1 Y_1 I$$

整理上式可得

$$\frac{d^2 V}{dz^2} - \gamma^2 V = 0 \tag{1.2-6a}$$

$$\frac{d^2 I}{dz^2} - \gamma^2 I = 0 \tag{1.2-6b}$$

式(1.2-6)称为波动方程，式中

$$\gamma = \sqrt{Z_1 Y_1} = \sqrt{(R_1 + j\omega L_1)(G_1 + j\omega C_1)} = \alpha + j\beta \tag{1.2-7}$$

称为传输线的传播常数，它是传输线的一个重要参数，将在后面专门讨论。

传输线电压波动方程式(1.2-6a)的通解为

$$V(z) = A e^{\gamma z} + B e^{-\gamma z} = V_i(z) + V_r(z) \tag{1.2-8a}$$

代入式(1.2-5a)可得到电流的通解为

$$I(z) = \frac{1}{Z_1} \cdot \frac{dV(z)}{dz} = \frac{A}{Z_0} e^{\gamma z} - \frac{B}{Z_0} e^{-\gamma z} = I_i(z) + I_r(z) \tag{1.2-8b}$$

式中

$$Z_0 = \frac{Z_1}{\gamma} = \sqrt{\frac{Z_1}{Y_1}} = \sqrt{\frac{R_1 + j\omega L_1}{G_1 + j\omega C_1}} \tag{1.2-9}$$

称为传输线的特性阻抗,它也是传输线的一个重要参数,将在后面专门讨论。

式(1.2-8a)、式(1.2-8b)给出的电压、电流通解中有两个待定常数 A 和 B,它们是由给定的边界条件来确定的。对于传输线来讲,终端负载就是其边界。设在负载 $z=0$ 处,$V(0)=V_L,I(0)=I_L$。将它们代入到式(1.2-8a)、式(1.2-8b)可得

$$V_L = A + B$$

$$I_L = \frac{A}{Z_0} - \frac{B}{Z_0}$$

联立以上两式便可解出两个待定系数

$$\begin{cases} A = \dfrac{V_L + I_L Z_0}{2} \\ B = \dfrac{V_L - I_L Z_0}{2} \end{cases} \tag{1.2-10}$$

把 A、B 代回到式(1.2-8a)、式(1.2-8b),并把指数改写成双曲函数,则得

$$\begin{cases} V(z) = V_L \cosh(\gamma z) + I_L Z_0 \sinh(\gamma z) \\ I(z) = I_L \cosh(\gamma z) + \dfrac{V_L}{Z_0} \sinh(\gamma z) \end{cases} \tag{1.2-11}$$

若为无耗传输线,则 $R_1 = 0, G_1 = 0$,故 $\gamma = j\beta$,代入到式(1.2-11)中,则双曲函数蜕变成了三角函数,于是得

$$\begin{cases} V(z) = V_L \cos(\beta z) + jI_L Z_0 \sin(\beta z) \\ I(z) = I_L \cos(\beta z) + j\dfrac{V_L}{Z_0} \sin(\beta z) \end{cases} \tag{1.2-12}$$

这样就得到了用负载处电压 V_L 和电流 I_L 表示的无耗传输线上任一点 z 处电压和电流分布的复数表达式。

3. 传输线方程解的物理意义

式(1.2-8a)、式(1.2-8b)表示了传输线上电压和电流的复数解。对于无耗传输线,式中的传播常数 $\gamma = j\beta$。把式(1.2-8a)、式(1.2-8b)加上时间因子 $e^{j\omega t}$ 后取实部,便得电压和电流的瞬时表达式

$$V(z,t) = A\cos(\omega t + \beta z) + B\cos(\omega t - \beta z) \tag{1.2-13a}$$

$$I(z,t) = \frac{A}{Z_0}\cos(\omega t + \beta z) - \frac{B}{Z_0}\cos(\omega t - \beta z) \tag{1.2-13b}$$

可知,传输线上任一横截面处的电压和电流均由两部分组成,式中的第 1 项代表从电源向负载传输的波,称为入射波;第 2 项代表从负载向电源传输的波,称为反射波。这说明传输线的任一横截面处电压或电流都是入射波和反射波叠加的结果。

同理,对于有耗传输线,式(1.2-8a)、式(1.2-8b)中电压、电流复数解的第 1 项和第 2 项分别是入射波和反射波的复数形式,此时入射波和反射波都是沿各自传播方向衰减的波,类似于导电媒质中的衰减波。

1.3 传输线的特性参数和状态参量

传输线状况一般用其传输特性参数和状态参数来描述。传输线特性参数用来衡量传输线的传播特性，主要有特性阻抗、传播常数、相速与波长等；状态参数用来衡量传输线的状态，主要有输入阻抗、反射系数、驻波系数和行波系数等。

1.3.1 传输线的特性参数

传输特性参数仅决定于传输线的结构和工作频率，而与负载的性质无关，因而又称为传输线的基本参数。在前面求解传输线上电压、电流的解时曾引入过两个传输特性参数：特性阻抗(见式(1.2-9))和传播常数(见式(1.2-7))，下面首先分析它们的物理含义。

1. 特性阻抗

比较式(1.2-8a)和式(1.2-8b)可知，传输线上的入射波电压、电流和反射波电压、电流有以下关系

$$\begin{cases} V_i(z) = Z_0 I_i(z) = |A| e^{\alpha z} e^{j(\phi_A + \beta z)} \\ V_r(z) = -Z_0 I_r(z) = |B| e^{-\alpha z} e^{j(\phi_B - \beta z)} \end{cases} \tag{1.3-1}$$

可见，传输线的特性阻抗(Characteristic Impedance)Z_0就是入射波电压与入射波电流的比值，或反射波电压与反射波电流比值的负值，即

$$Z_0 = \frac{V_i(z)}{I_i(z)} = -\frac{V_r(z)}{I_r(z)} \tag{1.3-2}$$

式(1.2-9)说明了特性阻抗与分布参数的关系，从式(1.2-9)可以看出，有损耗传输线的特性阻抗为复数，而无损耗传输线的特性阻抗为实数。

2. 传播常数

从式(1.2-7)可以看出，一般情况下，传播常数(Propagation Constant)γ是一个复数。从基本方程的解式(1.2-8a)可以知道，传播常数的实部α和虚部β分别是行波电压的衰减常数和相位常数。衰减常数表示传输线单位长度上的衰减量，单位是 Np/m(奈培/米)或 dB/m(分贝/米)。假设传输线上某一位置处电压振幅为$V(0)$，相应的功率为$P(0)$，传输一段距离z后，电压振幅变为$V(z)$，相应的功率为$P(z)$，则取 $\ln \frac{V(z)}{V(0)}$ 作为衰减程度的度量，并规定，当 $\ln \frac{V(z)}{V(0)} = -1$(即$V(z)$衰减到$V(0)$的 $1/e \approx 0.3679$，$P(z)$衰减到$P(0)$的 $1/e^2 \approx 0.1353$)时，就称衰减了 1Np。若取 $20\lg \frac{V(z)}{V(0)}$ 作为衰减程度的度量，则规定，当 $20\lg \frac{V(z)}{V(0)} = -1$(即$V(z)$衰减到$V(0)$的大约 $1/1.122 = 0.8913$，$P(z)$衰减到$P(0)$的大约 0.7943)时，就称衰减了 1dB。奈培和分贝都是无量纲的对数计数单位，二者之间的换算关系为

$$1\text{dB} = \frac{\ln 10}{20} \text{Np} = 0.115129 \text{Np} \tag{1.3-3a}$$

或

$$1\mathrm{Np} = 8.6859\mathrm{dB} \tag{1.3-3b}$$

相位常数表示传输线单位长度上波的相位变化量,是任何瞬间沿行波传播方向单位长度上两点之间的相位差,单位是 rad/m(弧度/米)。

从式(1.2-7)可以解出衰减常数和相位常数为

$$\alpha = \sqrt{\frac{1}{2}\sqrt{(R_1^2 + \omega^2 L_1^2)(G_1^2 + \omega^2 C_1^2)} + \frac{1}{2}(R_1 G_1 - \omega^2 L_1 C_1)} \tag{1.3-4}$$

$$\beta = \sqrt{\frac{1}{2}\sqrt{(R_1^2 + \omega^2 L_1^2)(G_1^2 + \omega^2 C_1^2)} - \frac{1}{2}(R_1 G_1 - \omega^2 L_1 C_1)} \tag{1.3-5}$$

对于无耗传输线,分布电阻 $R_1 = 0$,分布漏电导 $G_1 = 0$,因此衰减常数 $\alpha = 0$,这是因为无耗传输线不吸收能量,传输线上行波电压和电流的振幅不发生变化。无耗传输线的相位常数为

$$\beta = \omega \sqrt{L_1 C_1} \tag{1.3-6}$$

从式(1.3-4)和式(1.3-5)可以看出,有损耗传输线的相位常数和衰减常数不仅与构成传输线的材质、尺寸有关,而且与工作频率 f 也有关,即衰减常数 α 和相位常数 β 是频率 f 的函数。

3. 相速

与均匀平面电磁波的情形相似,传输线上行波的等相位面移动的速度称为相速(Phase Velocity),即

$$v_p = \frac{\omega}{\beta} \tag{1.3-7}$$

对于给定工作频率的传输线,把式(1.3-5)或式(1.3-6)代入上式,就可以求出它上面的相速。可以看到,式(1.3-5)代入式(1.3-7)后,从相速表达式中不能消去圆频率 ω。因此,对于有损耗传输线来说,它上面的行波相速与工作频率有关。这说明如同导电媒质是色散媒质一样,有损耗传输线也是色散系统。

对于无耗传输线,把式(1.3-6)代入式(1.3-7)可得

$$v_p = \frac{1}{\sqrt{L_1 C_1}} \tag{1.3-8}$$

可见,无耗的 TEM 波传输线上电压波和电流波的相速与理想介质中均匀平面电磁波的相速一样,与工作频率无关,仅取决于传输线的分布参数。

4. 相波长

与均匀平面电磁波相似,对于传输线上的行波来说,在任何瞬间,如果沿传播方向上的两点之间的相位差为 2π,则这两点之间的距离称为一个相波长(Phase Wavelength),即

$$\lambda_p = \frac{2\pi}{\beta} \tag{1.3-9}$$

把式(1.3-6)和圆频率 $\omega = 2\pi f$ 代入到上式,并与式(1.3-8)比较,可得传输线上行波相速与相波长之间的关系,即

$$v_p = f \lambda_p \tag{1.3-10}$$

几种波长概念的比较:

（1）真空中的波长 λ_0：电磁波在无限大真空（空气）中传播时的波长。$\lambda_0 = c/f$，其中，c 为真空中的光速，f 为电磁波的频率。

（2）介质中的波长 λ：电磁波在无限大介质中传播时的波长。$\lambda = \lambda_0/\sqrt{\varepsilon_r}$，$\varepsilon_r$ 为介质的相对介电常数。

（3）相波长 λ_p：电磁波在传输线的有限空间中传播时的波长。

（4）波导波长 λ_g：电磁波在波导传输线中传播时的相波长。

相波长的概念适合各种传输线，波导波长是波导传输线中的相波长，是一个特例。

由上述可见，同一频率的电磁波在不同的传播状态时的波长是不同的。

1.3.2 状态参量

传输线的状态参量有反映传输线上反射波与入射波相互关系的反射系数、反映传输线上电压与电流关系的等效阻抗，以及反映传输线上电压和电流振幅起伏变化程度的驻波系数和行波系数等。

1. 反射系数

传输线上任意观察点（横截面）z 处的反射波电压 $V_r(z)$ 与入射波电压 $V_i(z)$ 的比值称为该点的电压反射系数（Reflection Coefficient），用 $\Gamma(z)$ 表示，即

$$\Gamma(z) = \frac{V_r(z)}{V_i(z)} \tag{1.3-11a}$$

值得一提的是，所谓"入射波"和"反射波"都是相对的。例如，在图 1.3-1 中，若向负载方向看去，则 $V_i = V_1$，$V_r = V_2$，故向负载方向看去的反射系数 $\Gamma_1 = V_2/V_1$。反之，若向信号源方向看去，则 $V_i = V_2$，$V_r = V_1$，$\Gamma_2 = V_1/V_2$。

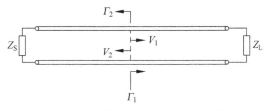

图 1.3-1 传输线上的入射波和反射波

将式（1.2-8a）代入式（1.3-11a）得

$$\Gamma(z) = \frac{B}{A} e^{-2\alpha z} e^{-j2\beta z} \tag{1.3-11b}$$

传输线上任意观察点 z 处的反射波电流 $I_r(z)$ 与入射波电流 $I_i(z)$ 的比值称为该点的电流反射系数 $\Gamma_I(z)$，即

$$\Gamma_I(z) = \frac{I_r(z)}{I_i(z)} \tag{1.3-12a}$$

将式（1.2-8b）代入得

$$\Gamma_I(z) = -\frac{B}{A} e^{-2\alpha z} e^{-j2\beta z} \tag{1.3-12b}$$

比较式（1.3-11b）和式（1.3-12b）可知，$\Gamma_I(z) = -\Gamma(z)$。因为两者之间有这样的简单关系，

所以一般只讨论电压反射系数,并把电压反射系数简称为反射系数。

在负载处,$z=0$,反射系数 Γ_L 为

$$\Gamma_L = \Gamma(0) = \frac{B}{A} = |\ \Gamma_L\ |\ \mathrm{e}^{\mathrm{j}\varphi_L} \tag{1.3-13}$$

式中

$$\varphi_L = \varphi_B - \varphi_A = \arg B - \arg A \tag{1.3-14}$$

是负载反射系数的幅角,即负载处反射波电压复振幅 B 与入射波电压复振幅 A 之间的相角差。把式(1.2-10)代入式(1.3-13)得

$$\Gamma_L = \frac{V_L - I_L Z_0}{V_L + I_L Z_0} = \frac{Z_L - Z_0}{Z_L + Z_0} = |\ \Gamma_L\ |\ \mathrm{e}^{\mathrm{j}\varphi_L} \tag{1.3-15}$$

式中,$Z_L = V_L / I_L$ 为负载阻抗。

把式(1.3-13)代入式(1.3-11),可得任一点 z 处的电压反射系数 $\Gamma(z)$ 与负载处的电压反射系数 Γ_L 间的关系为

$$\Gamma(z) = \Gamma_L \mathrm{e}^{-2\alpha z} \mathrm{e}^{-\mathrm{j}2\beta z} = |\ \Gamma_L\ |\ \mathrm{e}^{-2\alpha z}\mathrm{e}^{\mathrm{j}(\varphi_L - 2\beta z)} \tag{1.3-16}$$

对于无耗传输线,衰减常数 $\alpha=0$,此时式(1.3-16)可以改写成

$$\Gamma(z) = \Gamma_L \mathrm{e}^{-\mathrm{j}2\beta z} = |\ \Gamma_L\ |\ \mathrm{e}^{\mathrm{j}(\varphi_L - 2\beta z)} \tag{1.3-17}$$

可见,无耗传输线上任意观察点反射系数的模都相等,都等于负载反射系数的模。

对于无耗传输线,由式(1.2-9)可知,其特性阻抗 Z_0 为实数。根据式(1.3-15)便可计算出负载为任意复数阻抗 $Z_L = R_L + \mathrm{j}X_L$ 的负载反射系数为

$$\Gamma_L = \frac{R_L + \mathrm{j}X_L - Z_0}{R_L + \mathrm{j}X_L + Z_0} = \frac{(R_L^2 - Z_0^2 + X_L^2) + \mathrm{j}2X_L Z_0}{(R_L + Z_0)^2 + X_L^2} \tag{1.3-18}$$

根据上式便可计算出负载反射系数的模和幅角。

由式(1.3-17)可知

$$\Gamma\left(z \pm n\frac{\lambda_p}{2}\right) = \Gamma_L \mathrm{e}^{-\mathrm{j}2\cdot\frac{2\pi}{\lambda_p}\cdot\left(z \pm n\frac{\lambda_p}{2}\right)} = \Gamma_L \mathrm{e}^{-\mathrm{j}2\cdot\frac{2\pi}{\lambda_p}\cdot z} = \Gamma(z)$$

可见,在无耗传输线上,相距半个相波长整数倍的两个观察点处的反射系数彼此相等,即

$$\Gamma\left(z \pm n\frac{\lambda_p}{2}\right) = \Gamma(z) \tag{1.3-19}$$

同理,任何相距 1/4 相波长奇数倍的两个观察点的反射系数满足以下关系

$$\Gamma\left[z \pm (2n+1)\frac{\lambda_p}{4}\right] = -\Gamma(z) \tag{1.3-20}$$

2. 等效阻抗和输入阻抗

传输线上任意给定观察点 z 处的等效阻抗 $Z(z)$ 定义为该点处电压 $V(z)$ 和电流 $I(z)$ 的比值,即

$$Z(z) = \frac{V(z)}{I(z)} \tag{1.3-21a}$$

值得一提的是,上式中的电压 $V(z)$ 和电流 $I(z)$ 是 z 点处的总电压和总电流,它们均由入射波和反射波叠加而成,即

$$Z(z) = \frac{V_i(z) + V_r(z)}{I_i(z) + I_r(z)} \tag{1.3-21b}$$

可见，$Z(z)$ 与式(1.3-2)定义的特性阻抗 Z_0 不同。对于无耗传输线，特性阻抗是处处相等的，但等效阻抗却随位置 z 变化。

在图 1.3-2(a)中，如果从某个观察点 z 处把传输线截断，把负载阻抗 Z_L 以及与它相连的传输线段一起去掉，而在 z 处换上一个与该处阻抗 $Z(z)$ 相等的阻抗来代替去掉的电路(如图 1.3-2(b)所示)，那么从观察点 z 到电源这段传输线上的电压和电流分布将不会发生变化，这说明 $Z(z)$ 与去掉的电路等效，故阻抗 $Z(z)$ 称为等效阻抗(Equivalent Impedance)。另外，如果把从观察点 z 到负载的传输线连同负载阻抗一起看成是一个系统，则观察点处就是该系统的输入端(如图 1.3-2(c)所示)，那么式(1.3-21)所定义的阻抗 $Z(z)$ 也就是这个系统的输入阻抗，故 $Z(z)$ 也称为输入阻抗(Input Impedance)，用 $Z_{in}(z)$ 表示。

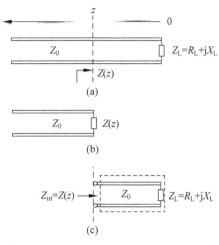

图 1.3-2　传输线的等效阻抗(输入阻抗)

根据式(1.3-11a)、式(1.3-12a)及关系式 $\Gamma_I(z) = -\Gamma(z)$，式(1.2-8)可改写成

$$\begin{cases} V(z) = V_i(z) + V_r(z) = V_i(z)[1 + \Gamma(z)] \\ I(z) = I_i(z) + I_r(z) = I_i(z)[1 - \Gamma(z)] \end{cases} \tag{1.3-22}$$

上面两式代入到式(1.3-21a)中，并考虑到式(1.3-2)，于是可以得到用反射系数来计算等效阻抗的方法，即

$$Z(z) = Z_0 \frac{1 + \Gamma(z)}{1 - \Gamma(z)} \tag{1.3-23a}$$

可见，只要求得传输线上给定观察点处的反射系数，就可以求得该点的等效阻抗。反之，如果已知无耗传输线上某个观察点处的等效阻抗，也可以从上式中解出该点的反射系数，即

$$\Gamma(z) = \frac{Z(z) - Z_0}{Z(z) + Z_0} \tag{1.3-23b}$$

把式(1.2-12)代入到式(1.3-21a)，则无耗传输线上任意给定观察点 z 处的等效阻抗还可以通过负载阻抗来计算，即

$$Z(z) = Z_0 \frac{Z_L\cos(\beta z) + jZ_0\sin(\beta z)}{Z_0\cos(\beta z) + jZ_L\sin(\beta z)} = Z_0 \frac{Z_L + jZ_0\tan(\beta z)}{Z_0 + jZ_L\tan(\beta z)} \tag{1.3-24a}$$

由此还可得传输线等效导纳(输入导纳)的计算公式，即

$$Y(z) = Y_0 \frac{Y_L + jY_0\tan(\beta z)}{Y_0 + jY_L\tan(\beta z)} \tag{1.3-24b}$$

从式(1.3-24a)可以看出，无耗传输线上等效阻抗表达式是三角函数的复合函数。由于三角函数具有周期性，因而无耗传输线上的等效阻抗也必然具有周期性。由式(1.3-24a)容易证明，任何相距 $\lambda_p/2$ 整数倍的观察点处的等效阻抗都相等，即

$$Z\left(z \pm n \frac{\lambda_p}{2}\right) = Z(z) \tag{1.3-25}$$

还可以推出任何相距 $\lambda_p/4$ 奇数倍的两个观察点的等效阻抗之间满足的以下关系式

$$Z\left[z \pm (2n-1) \frac{\lambda_p}{4}\right] = \frac{Z_0^2}{Z(z)} \tag{1.3-26}$$

在负载 $z=0$ 处,等效阻抗 $Z(0)=Z_L$。于是,与负载距离为 $\lambda_p/2$ 和 $\lambda_p/4$ 的观察点处的等效阻抗分别为

$$Z\left(\frac{\lambda_p}{2}\right) = Z_L \tag{1.3-27}$$

$$Z\left(\frac{\lambda_p}{4}\right) = \frac{Z_0^2}{Z_L} \tag{1.3-28}$$

3. 行波系数和驻波系数

由于传输线上同时存在入射波和反射波,故传输线上任何观察点处的电压和电流都是入射波和反射波相互叠加的结果。由式(1.3-17)和式(1.3-22)可知,当观察点沿传输线移动时,反射系数的幅角发生变化,使整个传输线上合成波电压、电流的振幅都要发生起伏变化。在反射系数为正实数的位置上,反射波电压与入射波电压的相位相同,合成波电压的振幅最大,形成电压波腹;而该点反射波电流和入射波电流相位相反(即相位差为 π),合成波电流的振幅最小,形成电流波节。在电压波腹(电流波节)点处的波腹电压和波节电流的振幅值分别为

$$|V|_{max} = |V_i|(1+|\Gamma|) \tag{1.3-29a}$$

$$|I|_{min} = |I_i|(1-|\Gamma|) \tag{1.3-29b}$$

由式(1.3-17)和式(1.3-22)还可以知道,在反射系数为负实数的位置上,反射波电压和入射波电压相位相反,合成波电压振幅最小,形成电压波节;而该点反射波电流和入射波电流相位相同,合成波电流振幅最大,形成电流波腹。在电压波节(即电流波腹)点处的波节电压和波腹电流的振幅值分别为

$$|V|_{min} = |V_i|(1-|\Gamma|) \tag{1.3-30a}$$

$$|I|_{max} = |I_i|(1+|\Gamma|) \tag{1.3-30b}$$

而在其他位置上,合成波电压、电流的振幅值分别介于各自波腹点和波节点的振幅值之间。

传输线上的入射波和反射波都是行波,只是二者传输方向相反。由传输方向相反的行波叠加而成的合成波称为驻波。行波系数和驻波比就是反映传输线上驻波电压、驻波电流振幅起伏分布程度的两个参数。

传输线上波节电压与波腹电压的比值(或波节电流与波腹电流的比值)称为传输线的行波系数(Traveling Wave Coefficient),用 k 表示,即

$$k = \frac{|V|_{min}}{|V|_{max}} = \frac{|I|_{min}}{|I|_{max}} \tag{1.3-31}$$

行波系数是表征传输线上行波成分大小的一个参数。

传输线上波腹电压与波节电压的比值(或波腹电流和波节电流的比值)称为驻波系数(Standing Wave Coefficient),用 ρ 表示,即

$$\rho = \frac{|V|_{\max}}{|V|_{\min}} = \frac{|I|_{\max}}{|I|_{\min}} \tag{1.3-32}$$

驻波系数也称驻波比(Voltage Standing Wave Radio,VSWR),是表征传输线上驻波成分大小的一个参数。

根据这两个参数的定义可知它们互为倒数。

对于无耗均匀传输线,线上行波电压(电流)的振幅处处相等,反射系数的模也处处相等。把式(1.3-29)、式(1.3-30)代入到式(1.3-31)和式(1.3-32)可得

$$\rho = \frac{1}{k} = \frac{1+|\Gamma|}{1-|\Gamma|} \tag{1.3-33}$$

由于给定负载后,无耗传输线上反射系数的模处处相等,因此整个传输线上驻波比处处相等,行波系数也处处相等。

由式(1.3-29)、式(1.3-30)和式(1.3-2)还可以得以下关系式

$$\frac{|V|_{\max}}{|I|_{\max}} = \frac{|V|_{\min}}{|I|_{\min}} = \frac{|V_i|}{|I_i|} = Z_0 \tag{1.3-34}$$

注意,$|V|_{\max}$ 和 $|I|_{\max}$ 并不在同一位置。

4. 应用

传输线基本理论在微波工程中有着广泛的应用,其主要应用有以下两个方面:一是利用有限长度均匀无耗传输线的一些特性,设计不同用途的元器件;二是利用传输线理论解决传输线中能量传输的问题。下面举例说明其应用,通过这些应用实例可以加深对基本概念的理解。

由式(1.3-28)可知,当一个特性阻抗为 Z_0 的 $\lambda/4$ 传输线终端接阻抗为 Z_L 的负载时,其输入端阻抗 $Z_{in} = Z_0^2 / Z_L$,因此,$\lambda/4$ 传输线具有阻抗变换的作用。利用这一特性,常把 $\lambda/4$ 传输线作为阻抗变换装置。当 $\lambda/4$ 传输线终端短路($Z_L = 0$)时,其输入端阻抗 $Z_{in} = \infty$,可等效为 LC 并联谐振电路。当 $\lambda/4$ 传输线终端开路($Z_L = \infty$)时,其输入端阻抗 $Z_{in} = 0$,可等效为 LC 串联谐振电路。具体应用将在第 3 章中介绍。

由式(1.3-27)可知,对于 $\lambda/2$ 传输线而言,无论其终端接什么性质的负载,其输入端阻抗总是和负载阻抗相等,即它具有把终端负载原封不动地"搬到"输入端的作用。

下面以一个天线收发开关为例说明 $\lambda/4$ 传输线和 $\lambda/2$ 传输线的作用。

天线收发开关是雷达系统中的一个关键器件。雷达的工作过程是:由发射机输出一个大功率信号,经天线发射出去,若该信号遇到目标会被反射回来,将发射信号和反射信号进行比较,就会得出目标的方向、距离、运动速度等信息。天线收发开关的作用是:在发射机发射信号的过程中,它使发射机只与天线接通,能量只传向天线,不传向接收机;在天线接收信号的过程中,它使天线只与接收机接通,从天线接收的能量只传向接收机,不传向发射机。图 1.3-3 所示为一种天线收发开关的示意图。当发射机工作时,强功率信号分别加到充气放电管 1 和 2 的两个电极上,使管内气体放电、击穿,放电管处于短路状态。放电管 1 短路,对从发射机传来的信号无影响;放电管 2 短路,使发射信号不会传到接收机,保护了接收机。同时,由于放电管 2 放电短路,故经过 $\lambda/4$ 传输线后在 A-A′ 端呈现的阻抗为无穷大,故接收支路对从发射机到天线方向传输的信号无影响。当发射机停止工作、系统处于接收状态时,两个放电管的两极之间近似于开路状态。由于放电管 1 与 A-A′ 参考面相距 $\lambda/2$,

故由 A-A′参考面向左看去的输入阻抗为无穷大,故从天线接收的信号不会进入发射机。由于放电管 2 开路,故对传输到接收机方向的信号无影响,从天线接收到的信号最终只由接收机接收。由此可见,该装置起到了收、发开关的作用。当发射机再次工作时,重复上述过程。

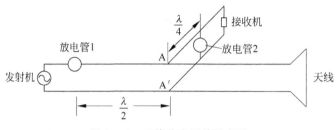

图 1.3-3　天线收发开关示意图

1.4　无耗传输线的工作状态

传输线的工作状态是指传输线上电压、电流沿线的分布状态,与传输线终端所接负载阻抗有关,共有三种工作状态:匹配状态、全反射状态、部分反射状态。本节讨论这三种工作状态下,沿线电压、电流和阻抗的分布特性。

1.4.1　匹配状态

对于无耗传输线,传播常数只有虚部,即 $\gamma = \mathrm{j}\beta$,特性阻抗 Z_0 为实数。于是,式(1.2-8a)、式(1.2-8b)可以改写成

$$
\begin{cases}
V(z) = V_\mathrm{i}(z) + V_\mathrm{r}(z) = A\,\mathrm{e}^{\mathrm{j}\beta z} + B\,\mathrm{e}^{-\mathrm{j}\beta z} \\
I(z) = I_\mathrm{i}(z) + I_\mathrm{r}(z) = \dfrac{A}{Z_0}\mathrm{e}^{\mathrm{j}\beta z} - \dfrac{B}{Z_0}\mathrm{e}^{-\mathrm{j}\beta z}
\end{cases}
\tag{1.4-1}
$$

把式(1.2-10)代入上式可得

$$
\begin{cases}
V(z) = \dfrac{V_\mathrm{L} + I_\mathrm{L} Z_0}{2}\mathrm{e}^{\mathrm{j}\beta z} + \dfrac{V_\mathrm{L} - I_\mathrm{L} Z_0}{2}\mathrm{e}^{-\mathrm{j}\beta z} \\
I(z) = \dfrac{V_\mathrm{L} + I_\mathrm{L} Z_0}{2Z_0}\mathrm{e}^{\mathrm{j}\beta z} - \dfrac{V_\mathrm{L} - I_\mathrm{L} Z_0}{2Z_0}\mathrm{e}^{-\mathrm{j}\beta z}
\end{cases}
\tag{1.4-2}
$$

传输线终端负载不同,负载处电压和电流的相互关系就不同,负载处入射波和反射波电压复振幅 A 和 B 的相互关系也不同,从而整个传输线上工作状态就不同。

如果传输线终端接纯电阻,且 $Z_\mathrm{L} = Z_0$,则传输线终端负载处入射波和反射波电压的复振幅分别为

$$
A = \frac{I_\mathrm{L}(Z_\mathrm{L} + Z_0)}{2} = I_\mathrm{L} Z_\mathrm{L} = V_\mathrm{L}
$$

$$
B = \frac{I_\mathrm{L}(Z_\mathrm{L} - Z_0)}{2} = 0
\tag{1.4-3}
$$

这种状态下,式(1.4-1)可改写为

$$\begin{cases} V(z) = V_{L} \mathrm{e}^{\mathrm{j}\beta z} \\ I(z) = \dfrac{V_{L}}{Z_{0}} \mathrm{e}^{\mathrm{j}\beta z} \end{cases} \tag{1.4-4}$$

为了分析问题方便,假设上式中 $V_{L} = |V_{L}|$,加上时间因子 $\mathrm{e}^{\mathrm{j}\omega t}$ 后取实部可得

$$\begin{cases} V(z,t) = V_{L}\cos(\omega t + \beta z) \\ I(z,t) = \dfrac{V_{L}}{Z_{0}}\cos(\omega t + \beta z) \end{cases} \tag{1.4-5}$$

从式(1.4-4)和式(1.4-5)可以看出,传输线上不存在+z 方向传输的反射波,只存在−z 方向(电源向负载的方向)传输的入射波,如图 1.4-1(a)所示。这种工作状态称为匹配状态,相应的负载($Z_{L} = Z_{0}$)称为匹配负载(Matched Load)。

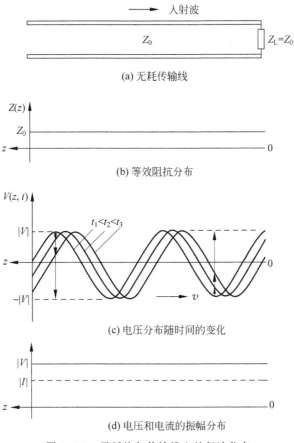

(a) 无耗传输线

(b) 等效阻抗分布

(c) 电压分布随时间的变化

(d) 电压和电流的振幅分布

图 1.4-1 无耗均匀传输线上的行波分布

在匹配状态下,有以下特性:

(1) 在传输线上同一横截面 z 处,电压与电流的相位相同,且波在传输过程中,相位依次递减。

(2) 线上各点的等效阻抗均等于传输线的特性阻抗,也等于负载阻抗,即 $Z(z) = Z_{0} = Z_{L}$,如图 1.4-1(b)所示。正是因为线上各点的等效阻抗和负载阻抗均相等,没有发生突变,所以在整个传输线上和负载处均没有反射。

（3）传输线上只有入射波,入射波电压在传输线上传输时的分布规律如图 1.4-1(c)所示。由图可见,随着时间的推移,入射波电压波形不变,沿传输方向平移,这种波称为行波,故匹配状态也称为行波状态(Traveling State)。

（4）由图 1.4-1(c)可见,在行波状态下,整个传输线上的行波电压振幅处处相等。行波电流的分布规律与行波电压的分布规律类似,即行波电流的振幅也是处处相等、不随位置 z 变化的,如图 1.4-1(d)所示。

（5）无耗传输线上的反射系数、驻波比和行波系数分别为

$$\Gamma(z) = \Gamma_L = 0; \quad \rho = 1; \quad k = 1 \tag{1.4-6}$$

1.4.2　全反射状态

当无耗传输线终端短路、开路或接有纯电抗负载时,到达传输线终端的入射波能量不能被吸收,将会全部反射回电源而形成与入射波等幅的反射波。这种工作状态就称为全反射状态。

1. 终端短路的传输线

无耗传输线终端接短路负载(Short Circuit Load)时,$Z_L = 0$,因此在负载 $z = 0$ 处电压 $V_L = 0$。由式(1.2-10)可知,这种情况下,负载处入射波和反射波电压的复振幅等幅、反相,即

$$A = -B = \frac{I_L Z_0}{2} \tag{1.4-7}$$

这说明,终端短路的无耗传输线上的电压和电流是由等幅的入射波与反射波叠加而成的。把 $V_L = 0$ 代入到式(1.4-2),再利用欧拉公式,可得

$$\begin{cases} V(z) = \dfrac{I_L Z_0}{2} e^{j\beta z} - \dfrac{I_L Z_0}{2} e^{-j\beta z} = jI_L Z_0 \sin(\beta z) \\ I(z) = \dfrac{I_L}{2} e^{j\beta z} + \dfrac{I_L}{2} e^{-j\beta z} = I_L \cos(\beta z) \end{cases} \tag{1.4-8}$$

为了分析问题方便,假设负载电流 $I_L = |I_L|$,把式(1.4-8)加入时间因子 $e^{j\omega t}$ 后,取实部可得

$$\begin{cases} V(z,t) = I_L Z_0 \sin(\beta z) \cos\left(\omega t + \dfrac{\pi}{2}\right) \\ I(z,t) = I_L \cos(\beta z) \cos(\omega t) \end{cases} \tag{1.4-9}$$

从式(1.4-8)和式(1.4-9)可以看出,由于在负载 $z = 0$ 处,反射波电压与入射波电压等幅、反相,故合成波电压振幅为零;由于反射波电流与入射波电流等幅同相,故合成波电流振幅是入射波亦即反射波振幅的两倍。从式(1.4-9)可以看出,合成波电压的振幅沿线按正弦函数的规律分布,而合成波电流的振幅则沿线按余弦函数的规律分布。

传输线上合成波电压、电流振幅起伏变化的原因是:传输线上不同横截面处入射波与反射波电压、电流有不同的相位关系。由两个相反方向传输的行波相互叠加而形成振幅起伏分布的合成波称为驻波。反射波与入射波相位相同之处,合成波振幅最大,为两者振幅之和,称为波腹;反射波与入射波相位相反之处,合成波振幅最小,为两者振幅之差,称为

波节。

由等幅的反射波与入射波相互叠加而形成的驻波称为纯驻波。纯驻波波节点处的振幅为零，而波腹点的振幅是入射波振幅（亦即反射波振幅）的两倍。可见，终端短路的无耗传输线上合成波电压与合成波电流的振幅均呈纯驻波分布。由于全反射状态的无耗传输线上合成波电压和电流均呈纯驻波分布，因此全反射状态又称为纯驻波状态（Pure Standing Wave State）。

从式(1.4-9)可以看出，在终端短路的无耗传输线的 $z=0, z=\dfrac{\lambda_{p}}{2}, \cdots, z=n\dfrac{\lambda_{p}}{2}$ 处，合成波电压的振幅为零，合成波电流的振幅最大，为 $|I_{L}|$。这些位置是纯驻波电压的波节点，也是纯驻波电流的波腹点。在 $z=\dfrac{\lambda_{p}}{4}, z=\dfrac{3\lambda_{p}}{4}, \cdots, z=(2n-1)\dfrac{\lambda_{p}}{4}$ 处，合成波电压的振幅最大，为 $|I_{L}Z_{0}|$，合成波电流的振幅为零。这些位置是纯驻波电压的波腹点，也是纯驻波电流的波节点。

终端短路的无耗传输线及线上的电压随时间和位置的变化规律如图 1.4-2(a)、(b)所示。电压和电流振幅随位置的分布规律如图 1.4-2(c)所示，图中，若用实线表示的电压振幅分布曲线是 $t=T/4$ 和 $t=3T/4$ 时刻的纯驻波电压达到的振幅值，则用虚线表示的电流振幅分布曲线是 $t=0$ 和 $t=T/2$ 时刻的纯驻波电流达到的振幅值，即二者在时间上相差 1/4 周期。这是因为从式(1.4-9)可以看出，终端短路的无耗传输线上，任何观察点处电压与电流有 90°相位差。因此，整个传输线上纯驻波电压达到振幅值的瞬间，纯驻波电流瞬时值为零；反之，纯驻波电流达到振幅值的瞬间，纯驻波电压瞬时值为零。也就是说，整个传输线上纯驻波电压、电流交替达到振幅值或零值的时间间隔是 1/4 周期。传输线上电压、电流的相位分布如图 1.4-2(d)所示。由图可见，在相邻波节点之间各点处相位相同，而在某波节点两侧两点处相位相差 180°。

在终端短路的无耗传输线上，由于入射波电压和反射波电压在负载处的复振幅 A 和 B 等幅、反相，因此负载处的反射系数为

$$\Gamma_{L} = \frac{B}{A} = -1 \tag{1.4-10}$$

如果把负载阻抗 $Z_{L}=0$ 代入到式(1.3-15)，同样可以得到上面的结果。

根据等效阻抗的定义和式(1.4-8)，可知终端短路的无耗传输线上任意观察点 z 处的等效阻抗为

$$Z(z) = \frac{V(z)}{I(z)} = jZ_{0}\tan(\beta z) = jX(z) \tag{1.4-11}$$

如果把负载阻抗 $Z_{L}=0$ 代入到式(1.3-24a)，同样可以得到上面的结果。

对于终端短路的无耗传输线，由于任意给定观察点处电压和电流之间有 90°相位差，因此等效阻抗为纯电抗，且按正切函数规律分布。终端短路的无耗传输线上等效电抗 $X(z)$ 分布曲线如图 1.4-2(e)所示。由图可见，由于负载处阻抗为零，故可等效成 LC 串联谐振电路；在 $0<z<\lambda/4$ 处等效阻抗呈感性，故可等效成电感；在 $z=\lambda/4$ 处，等效阻抗为无穷大，故可等效成 LC 并联谐振电路；在 $\lambda/4<z<\lambda/2$ 处，等效阻抗呈容性，故可等效成电容，如图 1.4-2(f)所示。等效阻抗在整个传输线上的分布具有 $\lambda/2$ 的重复性。

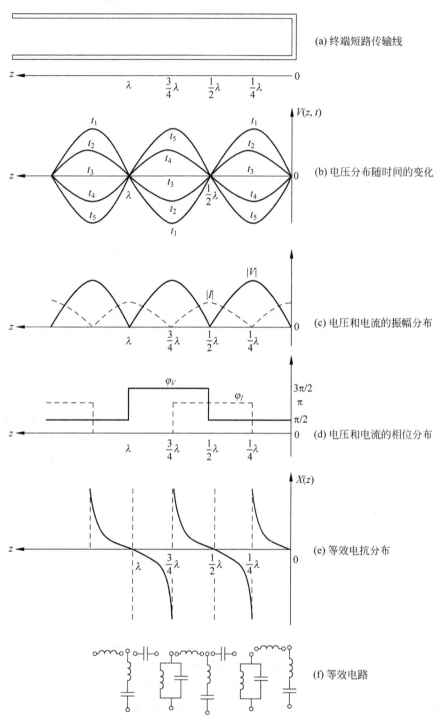

图 1.4-2　终端短路的无耗传输线上电压、电流和等效阻抗的分布

2. 终端开路的传输线

无耗传输线终端开路时,负载阻抗 $Z_L \to \infty$,因此负载 $z = 0$ 处电流 $I_L = 0$。由式(1.2-10)可知,这种情况下负载处入射波与反射波电压的复振幅等幅、同相,即

$$A = B = \frac{V_L}{2} \tag{1.4-12}$$

这说明,终端开路的无耗传输线上电压、电流也呈全反射状态。把 $I_L = 0$ 代入式(1.4-2),再利用欧拉公式,可得

$$\begin{cases} V(z) = \dfrac{V_L}{2} e^{j\beta z} + \dfrac{V_L}{2} e^{-j\beta z} = V_L \cos(\beta z) \\ I(z) = \dfrac{V_L}{2Z_0} e^{j\beta z} - \dfrac{V_L}{2Z_0} e^{-j\beta z} = j \dfrac{V_L}{Z_0} \sin(\beta z) \end{cases} \tag{1.4-13}$$

为了分析问题方便,假设负载电压 $V_L = |V_L|$。把式(1.4-13)加入时间因子 $e^{j\omega t}$ 后,取实部可得

$$\begin{cases} V(z,t) = V_L \cos(\beta z) \cos(\omega t) \\ I(z,t) = \dfrac{V_L}{Z_0} \sin(\beta z) \cos\left(\omega t + \dfrac{\pi}{2}\right) \end{cases} \tag{1.4-14}$$

由于终端开路的无耗传输线上负载处的反射波电压与入射波电压等幅、同相,因此传输线上负载反射系数为

$$\Gamma_L = \frac{B}{A} = 1 \tag{1.4-15}$$

如果把负载阻抗 $Z_L \to \infty$ 代入到式(1.3-15),同样可以得到上面的结果。

由等效阻抗的定义和式(1.4-13)可知,终端开路的传输线上任意观察点处的等效阻抗为

$$Z(z) = \frac{V(z)}{I(z)} = -jZ_0 \cot(\beta z) = jX(z) \tag{1.4-16}$$

终端开路的无耗传输线上的电压、电流振幅分布和等效电抗 $X(z)$ 分布曲线及等效电路如图1.4-3所示。比较终端短路和终端开路的无耗传输线上电压、电流分布表达式和阻抗分布表达式,再比较图1.4-2和图1.4-3可知,沿传输线方向看,两种状态下的电压、电流和阻抗的分布规律相同,但在位置上错开了 $\lambda/4$。因此,在实践中常用长度增加 $\lambda/4$ 的终端短路传输线来代替开路传输线(如在波导和同轴线中),或用长度增加 $\lambda/4$ 的终端开路传输线代替短路传输线(如在微带线中)。

3. 终端接纯电抗负载的传输线

无耗传输线终端接纯电抗负载 $Z_L = jX_L$ 时,负载电压与电流的关系为

$$V_L = jX_L I_L \tag{1.4-17}$$

把上式代入到式(1.2-10)后就可得到入射波电压和反射波电压在负载处的复振幅,即

$$\begin{cases} A = \dfrac{I_L}{2}(Z_0 + jX_L) = \dfrac{I_L}{2}\sqrt{Z_0^2 + X_L^2}\, e^{j\phi_A'} \\ B = -\dfrac{I_L}{2}(Z_0 - jX_L) = -\dfrac{I_L}{2}\sqrt{Z_0^2 + X_L^2}\, e^{-j\phi_A'} \end{cases} \tag{1.4-18}$$

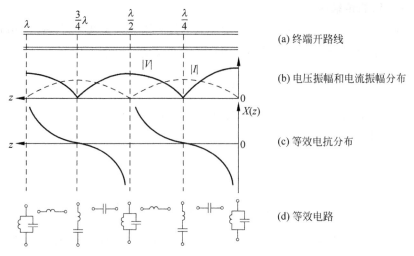

图 1.4-3　终端开路线上的电压、电流振幅分布和等效电抗分布

式中指数 ϕ'_A 为

$$\phi'_A = \arctan \frac{X_L}{Z_0} \tag{1.4-19}$$

对于纯电感性负载的情形,为了分析问题简单起见,假设负载电流 I_L 的初相角为零,则入射波电压在负载处的复振幅 A 的初相角为

$$\phi_A = \phi'_A = \arctan \frac{X_L}{Z_0} > 0 \tag{1.4-20a}$$

对于纯电容性负载的情形,$\phi'_A = \arctan \dfrac{X_L}{Z_0} < 0$,由于反正切函数的周期为 π,故入射波电压在负载处的复振幅 A 的初相角可表示为

$$\phi_A = \pi + \phi'_A = \pi + \arctan \frac{X_L}{Z_0} = \pi - \arctan \frac{|X_L|}{Z_0} > 0 \tag{1.4-20b}$$

由上述公式可见,如此定义的 ϕ_A 均大于零,在后面的分析中可以看到这样做的必要性。于是,式(1.4-18)可以统一写成

$$\begin{cases} A = |A| \, e^{j\phi_A} \\ B = -|A| \, e^{-j\phi_A} \end{cases} \tag{1.4-21}$$

可见,$|A| = |B|$,说明负载接有纯电抗的无耗传输线与终端短路、开路的无耗传输线一样,也是全反射状态。于是,终端接有纯电抗负载的无耗传输线上的电压和电流可以表示为

$$\begin{cases} V(z) = |A| \, e^{j(\beta z + \phi_A)} - |A| \, e^{-j(\beta z + \phi_A)} = j2|A| \sin(\beta z + \phi_A) \\ I(z) = \dfrac{|A|}{Z_0} e^{j(\beta z + \phi_A)} + \dfrac{|A|}{Z_0} e^{-j(\beta z + \phi_A)} = \dfrac{2|A|}{Z_0} \cos(\beta z + \phi_A) \end{cases} \tag{1.4-22}$$

把上式加入时间因子 $e^{j\omega t}$ 后取实部,得到接有纯电抗负载的无耗传输线上瞬时值形式的电压、电流分布表达式为

$$\begin{cases} V(z,t)=2\mid A\mid\sin(\beta z+\phi_A)\cos\left(\omega t+\dfrac{\pi}{2}\right) \\[3mm] I(z,t)=\dfrac{2\mid A\mid}{Z_0}\cos(\beta z+\phi_A)\cos(\omega t) \end{cases} \tag{1.4-23}$$

由于接有纯电抗负载的无耗传输线上入射波与反射波等幅,因此合成波电压和电流也都是呈纯驻波状态,沿传输线按正、余弦函数规律分布。

假设

$$\phi_A=\beta z_0 \tag{1.4-24}$$

由式(1.4-20a)和式(1.4-20b)可知,$\phi_A>0$,故这里的 z_0 也大于零。于是,式(1.4-22)可以改写成

$$\begin{cases} V(z)=\mathrm{j}2\mid A\mid\sin[\beta(z+z_0)] \\[3mm] I(z)=\dfrac{2\mid A\mid}{Z_0}\cos[\beta(z+z_0)] \end{cases} \tag{1.4-25}$$

根据等效阻抗的定义和式(1.4-25)可知,终端接纯电抗负载的无耗传输线上任意观察点处的等效阻抗为

$$Z(z)=\frac{V(z)}{I(z)}=\mathrm{j}Z_0\tan[\beta(z+z_0)]=\mathrm{j}X(z) \tag{1.4-26}$$

由以上公式可得终端接纯电感和纯电容负载的无耗传输线上电压、电流振幅分布曲线和纯电抗分布曲线,分别如图 1.4-4(a)、(b)所示。

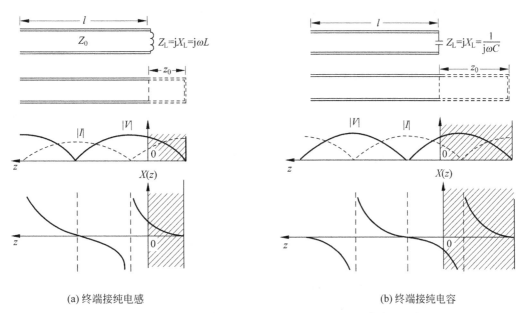

(a) 终端接纯电感   (b) 终端接纯电容

图 1.4-4 纯电抗负载传输线上的纯驻波电压、电流和等效电抗分布

由式(1.4-25)可知,在 $z=0$ 的负载处,电压和电流为

$$\begin{cases} V_L=V(0)=\mathrm{j}2\mid A\mid\sin(\beta z_0) \\[3mm] I_L=I(0)=\dfrac{2\mid A\mid}{Z_0}\cos(\beta z_0) \end{cases} \tag{1.4-27}$$

由上式和式(1.4-26)都可知,纯电抗负载的负载阻抗为

$$Z_L = jX_L = Z(0) = jZ_0 \tan(\beta z_0) \tag{1.4-28}$$

比较式(1.4-27)和式(1.4-8)可知,终端接纯电抗负载的无耗传输线负载电压 V_L 和负载电流 I_L 就相当于终端短路的无耗传输线上与负载距离为 z_0 处的电压 $V(z_0)$ 和电流 $I(z_0)$;把式(1.4-28)与式(1.4-11)相比可知,无耗传输线终端所接的纯电抗负载相当于终端短路的无耗传输线上与负载距离为 z_0 处的等效阻抗。由此可见,在需要纯电抗负载的时候,可以用一段终端短路的无耗传输线来实现。由式(1.4-20a)、式(1.4-20b)和式(1.4-24)可知,这样的短路传输线的长度为

$$z_0 = \frac{\phi_A}{\beta} = \begin{cases} \dfrac{\lambda_p}{2\pi}\arctan\dfrac{X_L}{Z_0} < \dfrac{\lambda_p}{4} & (X_L > 0) \\[4mm] \dfrac{\lambda_p}{2} - \dfrac{\lambda_p}{2\pi}\arctan\dfrac{|X_L|}{Z_0} > \dfrac{\lambda_p}{4} & (X_L < 0) \end{cases} \tag{1.4-29}$$

由式(1.4-18)可知,终端接纯电抗负载的无耗传输线的负载反射系数为

$$\Gamma_L = \frac{B}{A} = -e^{-j2\phi_A'} = e^{j(\pi - 2\phi_A')} = e^{j\phi} \tag{1.4-30}$$

式中

$$\phi = \pi - 2\phi_A' = \pi - 2\arctan\frac{X_L}{Z_0} \tag{1.4-31}$$

是纯电抗负载传输线负载处反射系数的幅角。

由于终端短路、开路和接纯电抗负载的无耗传输线上反射波与入射波等幅,任意观察点处反射系数的模 $|\Gamma(z)| = 1$,因此全反射状态的无耗传输线上行波系数和驻波比分别为

$$k = 0 \quad \text{和} \quad \rho \to \infty \tag{1.4-32}$$

处于全反射状态的无耗传输线上,反射系数 $\Gamma = 1$ 的位置,反射波电压与入射波电压等幅、同相,反射波电流与入射波电流等幅、反相,该点是纯驻波电压的波腹点、纯驻波电流的波节点,等效阻抗为无限大,因而称为等效开路点,相当于并联谐振。在反射系数 $\Gamma = -1$ 的位置,反射波电压与入射波电压等幅、反相,反射波电流与入射波电流等幅、同相,该点是纯驻波电压的波节点、纯驻波电流的波腹点,等效阻抗为零,该点称为等效短路点,相当于串联谐振。整个无耗传输线上从负载向电源方向观察,等效阻抗的变化规律是:等效开路→容性电抗→等效短路→感性电抗→等效开路→…,如图 1.4-2~图 1.4-4 所示。

根据上面分析还可以看到,处于全反射状态下,整个无耗传输线上没有行波成分,处处都是简谐振动。无论是电压还是电流,两个波节点之间有相同的相位,一个波节点两侧的相位相反。由于整个传输线上电压和电流有 90°相位差,通过传输线任何横截面的有功功率(即平均功率)为零。纯驻波状态的无耗传输线上电场与磁场之间不断地交换能量。

4. 传输线上电压波腹波节点位置的确定

已知传输线上任意观察点的反射系数为

$$\Gamma(z) = \Gamma_L e^{-j2\beta z} = |\Gamma_L| e^{j(\varphi_L - 2\beta z)}$$

而在电压波腹点处,电压反射系数为正实数;在电压波节点处,电压反射系数为负实数,所以当取 $0 < \varphi_L < 2\pi$ 时,令

$$\varphi_L - 2\beta z_{max} = -2n\pi \quad (n = 0, 1, 2, \cdots)$$

得电压波腹点位置为

$$z_{\max} = \frac{\varphi_L + 2n\pi}{2\beta} = \frac{\varphi_L}{2\beta} + n\,\frac{\lambda_p}{2} \quad (n=0,1,2,\cdots) \tag{1.4-33}$$

令

$$\varphi_L - 2\beta z_{\min} = -(2n+1)\pi \quad (n=0,1,2,\cdots)$$

得电压波节点位置为

$$z_{\min} = \frac{\varphi_L + (2n+1)\pi}{2\beta} = \frac{\varphi_L}{2\beta} + \frac{2n+1}{4}\lambda_p \quad (n=0,1,2,\cdots) \tag{1.4-34}$$

1.4.3 部分反射状态

如果负载阻抗为除匹配负载、短路、开路、纯电抗负载之外的一般负载,即 $Z_L = R_L + jX_L$,则到达负载的能量有一部分被吸收,其余部分被反射,这种工作状态称为部分反射状态。

1. 电压和电流的分布表达式

对于无耗传输线,终端所接负载阻抗 $Z_L = R_L + jX_L$ 时,负载处电压和电流的关系为

$$V_L = I_L Z_L = I_L(R_L + jX_L) \tag{1.4-35}$$

把上式代入到式(1.2-10)可得

$$\begin{cases} A = \dfrac{I_L[(R_L + Z_0) + jX_L]}{2} = |A|\,\mathrm{e}^{j\phi_A} \\[3mm] B = \dfrac{I_L[(R_L - Z_0) + jX_L]}{2} = |B|\,\mathrm{e}^{j\phi_B} \end{cases} \tag{1.4-36}$$

此时无耗传输线上的电压和电流表达式可以写成

$$\begin{cases} V(z) = |A|\,\mathrm{e}^{j(\beta z + \phi_A)} + |B|\,\mathrm{e}^{-j(\beta z - \phi_B)} \\[3mm] I(z) = \dfrac{|A|}{Z_0}\mathrm{e}^{j(\beta z + \phi_A)} - \dfrac{|B|}{Z_0}\mathrm{e}^{-j(\beta z - \phi_B)} \end{cases} \tag{1.4-37a}$$

由式(1.4-36)可以看出,负载处入射波电压复振幅的模 $|A|$ 大于反射波电压复振幅的模 $|B|$,这说明负载吸收了一部分能量之后,反射波的功率小于入射波的功率。此时传输线上的波可以分解成行波与纯驻波之和,即

$$\begin{cases} V(z) = (|A| - |B|)\mathrm{e}^{j(\beta z + \phi_A)} + |B|\,\mathrm{e}^{j(\beta z + \phi_A)} + |B|\,\mathrm{e}^{-j(\beta z - \phi_B)} \\[3mm] I(z) = \left(\dfrac{|A|}{Z_0} - \dfrac{|B|}{Z_0}\right)\mathrm{e}^{j(\beta z + \phi_A)} + \dfrac{|B|}{Z_0}\mathrm{e}^{j(\beta z + \phi_A)} - \dfrac{|B|}{Z_0}\mathrm{e}^{-j(\beta z - \phi_B)} \end{cases} \tag{1.4-37b}$$

式中,第一项为行波成分,行波电压、电流的振幅分别为 $(|A| - |B|)$ 和 $(|A| - |B|)/Z_0$;后两项等幅,合成为纯驻波,纯驻波的波腹电压和波腹电流的振幅值分别为 $2|B|$ 和 $2|B|/Z_0$。因此,部分反射状态又称为行驻波状态(Traveling-Standing Wave State)。

终端接一般负载的无耗传输线上,沿线入、反射波电压、电流与合成波电压、电流的关系如图 1.4-5(a)、(b)、(c)所示。沿线电压、电流的振幅分布如图 1.4-5(d)所示,由图可见,行驻波的波节点电压和电流都不为零。值得注意的是,图 1.4-5(d)所示为电压振幅值分布曲线,而不是电压随时间变化的曲线,沿线电压随时间变化的包络图如图 1.4-5(e)所示。

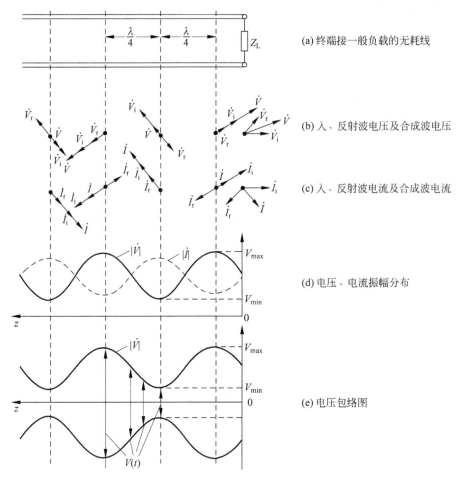

图 1.4-5 终端接一般负载的无耗传输线上的电压、电流分布图

2. 行驻波状态下传输线的各电气参数及其相互关系

行驻波状态下,负载反射系数应按式(1.3-15)计算,无耗传输线上任意观察点的反射系数可根据式(1.3-17)计算。从式(1.3-17)可知,行驻波状态下无耗传输线上的反射系数的模处处相等,且

$$0<|\Gamma(z)|<1 \tag{1.4-38}$$

传输线终端接一般阻抗的无耗传输线上电压波腹点、波节点位置可用式(1.4-33)和式(1.4-34)计算,传输线上任意给定观察点的等效阻抗可按式(1.3-23a)来计算。

在电压波腹点/电流波节点处,等效阻抗为

$$Z_{max}=\frac{V_{max}}{I_{min}}=\frac{|V_i|(1+|\Gamma|)}{|I_i|(1-|\Gamma|)}=Z_0\frac{1+|\Gamma|}{1-|\Gamma|}=Z_0\rho=R_{max} \tag{1.4-39}$$

在电压波节点/电流波腹点处,等效阻抗为

$$Z_{min}=\frac{V_{min}}{I_{max}}=\frac{|V_i|(1-|\Gamma|)}{|I_i|(1+|\Gamma|)}=Z_0\frac{1-|\Gamma|}{1+|\Gamma|}=Z_0k=Z_0/\rho=R_{min} \tag{1.4-40}$$

可见,在电压波腹点/电流波节点处等效阻抗为纯电阻,在电压波节点/电流波腹点处等效阻抗亦为纯电阻,这一特性在1.6节将要介绍的阻抗匹配中非常有用。

如果负载为纯电阻,且 $Z_L = R_L > Z_0$,则负载处电压反射系数为

$$\Gamma_L = \frac{R_L - Z_0}{R_L + Z_0}$$

可见,负载反射系数为正实数,所以该处为电压波腹点,等效阻抗为 ρZ_0,因此,由式(1.4-39)可得

$$\rho = \frac{R_{max}}{Z_0} = \frac{R_L}{Z_0} \tag{1.4-41}$$

同理,如果负载为纯电阻,且 $Z_L = R_L < Z_0$,则 Γ_L 为负实数,负载处为电压波节点,因此有

$$\rho = \frac{Z_0}{R_{min}} = \frac{Z_0}{R_L} = \frac{1}{k} \tag{1.4-42}$$

【例 1.4-1】 已知无耗传输线特性阻抗 $Z_0 = 50\Omega$,负载电压 $V_L = (100 + j50)\,\text{mV}$,负载电流 $I_L = (2 - j)\,\text{mA}$。试求:(1)指出负载性质,判断传输线的工作状态;(2)传输线上任意点处反射系数的表达式;(3)传输线上电压波腹点和电压波节点的位置;(4)传输线上的行波系数和驻波比;(5)波腹点、波节点处的反射系数和等效阻抗值。

解:(1)负载阻抗为

$$Z_L = \frac{V_L}{I_L} = \frac{100 + j50}{2 - j}\Omega = (30 + j40)\Omega$$

可见,负载阻抗为一般阻抗,故传输线上电压和电流均呈行驻波状态。

(2)负载处电压反射系数为

$$\Gamma_L = \frac{(30 + j40) - 50}{(30 + j40) + 50} = \frac{-20 + j40}{80 + j40} = \frac{1}{2}e^{j90°}$$

于是,传输线上任意观察点处的反射系数为

$$\Gamma(z) = \Gamma_L e^{-j2\beta z} = \frac{1}{2}e^{j(90° - 2\beta z)}$$

(3)电压波腹点/电流波节点位置

$$z_{max} = \frac{90°}{720°}\lambda_p + n\frac{\lambda_p}{2} = \frac{\lambda_p}{8} + n\frac{\lambda_p}{2} \quad (n = 0, 1, 2, 3, \cdots)$$

电压波节点/电流波腹点位置

$$z_{min} = z_{max} + \frac{\lambda_p}{4} = \frac{3\lambda_p}{8} + n\frac{\lambda_p}{2} \quad (n = 0, 1, 2, 3, \cdots)$$

(4)驻波比和行波系数分别为

$$\rho = \frac{1 + \frac{1}{2}}{1 - \frac{1}{2}} = 3 \quad \text{和} \quad k = \frac{1}{\rho} = \frac{1}{3}$$

(5)在电压波腹点 z_{max} 处,反射系数 $\Gamma(z_{max}) = |\Gamma| = \frac{1}{2}$;等效阻抗 $Z(z_{max}) = Z_0\rho = 150\Omega$;在电压波节点 z_{min} 处,反射系数 $\Gamma(z_{min}) = -|\Gamma| = -\frac{1}{2}$;等效阻抗 $Z(z_{min}) = Z_0 k = \frac{50}{3}\Omega$。

1.5 圆图

在微波工程中,常遇到输入阻抗、负载阻抗、反射系数和驻波比等参量的计算问题。若用前面介绍的公式计算,会遇到大量的复数运算,非常烦琐。工程中常用阻抗圆图或导纳圆图来分析和计算,既方便又直观,而且具有一定的精度,可以满足工程设计要求,因而圆图作为处理微波传输线问题的一种图解法,在实际中得到了普遍应用。随着扫频信号源、网络分析仪等现代微波测试系统及电磁仿真软件的发展,圆图被用于在计算机屏幕上显示测试或仿真结果,使用阻抗/导纳圆图能够更迅速、更直观地显示阻抗/导纳随频率变化的轨迹。

1.5.1 阻抗圆图

阻抗圆图(Impedance Chart)又称史密斯圆图(Smith Chart),是将归一化等电阻圆、归一化等电抗圆叠画在反射系数复平面上而形成的。下面首先推导归一化等电阻圆和归一化等电抗圆方程。

为了使圆图对传输线的特性阻抗具有普遍意义,设计圆图时采用的是归一化阻抗。归一化阻抗定义为阻抗与其所接传输线特性阻抗之比,即

$$\bar{Z}(z) = \frac{Z(z)}{Z_0} = z(z) = r(z) + \mathrm{j}x(z) \tag{1.5-1}$$

式中,$r(z)$,$x(z)$分别为归一化电阻和归一化电抗。

由式(1.3-23a)可得归一化阻抗与反射系数之间的关系

$$\bar{Z}(z) = \frac{1 + \Gamma(z)}{1 - \Gamma(z)} \tag{1.5-2}$$

利用式(1.5-2)可以制成反映归一化阻抗与反射系数关系的图。首先建立一个坐标系,用反射系数的实部 u 作为横坐标,虚部 v 作为纵坐标,同时在坐标平面上标明反射系数的模和相角。然后再把 r,x 与 (u,v) 的关系曲线画在该坐标系上,这样就用图形建立起了 $\bar{Z}(z)$ 与 $\Gamma(z)$ 的关系。由于这些曲线都为圆,故称为阻抗圆图。

1. 建立反射系数复平面

对于无耗传输线,其上的反射系数可表示为

$$\Gamma(z) = \Gamma_\mathrm{L} \mathrm{e}^{-\mathrm{j}2\beta z} = |\Gamma_\mathrm{L}| \mathrm{e}^{\mathrm{j}(\varphi_\mathrm{L} - 2\beta z)} = |\Gamma(z)| \mathrm{e}^{\mathrm{j}\varphi(z)} = u + \mathrm{j}v \tag{1.5-3}$$

式中,u,v 分别为反射系数的实部和虚部。建立一个坐标系,横坐标为实部 u,纵坐标为虚部 v,这就构成了反射系数复平面,也称 Γ 平面。由于在均匀无耗传输线上,反射系数的模沿线不变,并且 $0 \leqslant |\Gamma(z)| \leqslant 1$,因此,对应任意 Γ 值的点均落在 Γ 平面的单位圆内。

在 Γ 平面上,可以画出等反射系数模和等反射系数相位的曲线。等反射系数模的曲线是以坐标原点为圆心、模值为半径的一组同心圆,并且从 $0 \sim 1$ 的刻度是等分的。等反射系数相位的曲线是从坐标原点发出的径向线,该径向线与横轴正方向的夹角就是反射系数的相角。

已知当沿着均匀无耗传输线移动时,$\Gamma(z)$ 的模保持不变,故对应到 Γ 平面上就沿着 Γ 平面上的某一圆旋转。若从负载端向信号源方向移动(z 增大)时,反射系数的相位越来越滞后,对应在 Γ 平面上便沿某圆向顺时针方向旋转;若从信号源向负载方向移动(z 减小)时,反射系数的相位越来越超前,对应在 Γ 平面上便沿某圆向逆时针方向旋转,如图 1.5-1 所示。

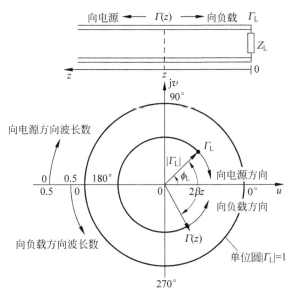

图 1.5-1　复平面上的等反射系数圆

当 z 变化 $1/2$ 波长时,反射系数的相位变化 $360°$,这表明在传输线上每移动 $1/2$ 波长,相当于沿等 Γ 圆旋转一圈,这一特性称为传输线的 $1/2$ 波长重复性。

2. Γ 复平面上的归一化电阻圆和归一化电抗圆

由式(1.5-1)、式(1.5-2)和式(1.5-3)可得

$$r + \mathrm{j}x = \frac{1 + (u + \mathrm{j}v)}{1 - (u + \mathrm{j}v)} = \frac{1 - (u^2 + v^2)}{(1 - u)^2 + v^2} + \mathrm{j}\frac{2v}{(1 - u)^2 + v^2} \tag{1.5-4}$$

由上式得

$$\begin{cases} r = \dfrac{1 - (u^2 + v^2)}{(1 - u)^2 + v^2} \\ x = \dfrac{2v}{(1 - u)^2 + v^2} \end{cases} \tag{1.5-5}$$

式(1.5-5)整理得

$$\left(u - \frac{r}{r + 1}\right)^2 + v^2 = \left(\frac{1}{r + 1}\right)^2 \tag{1.5-6}$$

$$(u - 1)^2 + \left(v - \frac{1}{x}\right)^2 = \left(\frac{1}{x}\right)^2 \tag{1.5-7}$$

上两式表明,r 为常数的曲线是圆,其圆心在 $\left(\dfrac{r}{r+1}, 0\right)$,半径为 $\dfrac{1}{r+1}$;x 为常数的曲线也是圆,其圆心在 $\left(1, \dfrac{1}{x}\right)$,半径为 $\left|\dfrac{1}{x}\right|$。$\Gamma$ 复平面单位圆内的等 r 线是完整的圆,等 x 线只是等 x 圆在单位圆内的一部分曲线,如图 1.5-2 所示。

3. Γ 复平面上的阻抗圆图

将等归一化电阻圆和等归一化电抗圆叠加到 Γ 平面上,就构成了阻抗圆图,即史密斯(Smith)圆图,如图 1.5-3 所示。

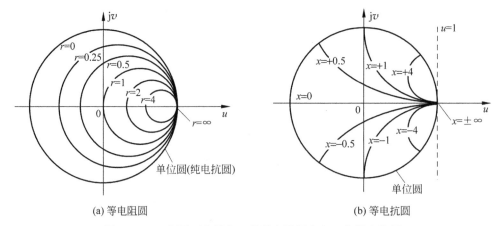

(a) 等电阻圆 　　　　　　　　　　　　　　(b) 等电抗圆

图 1.5-2　Γ 复平面上的归一化等电阻圆和归一化等电抗圆

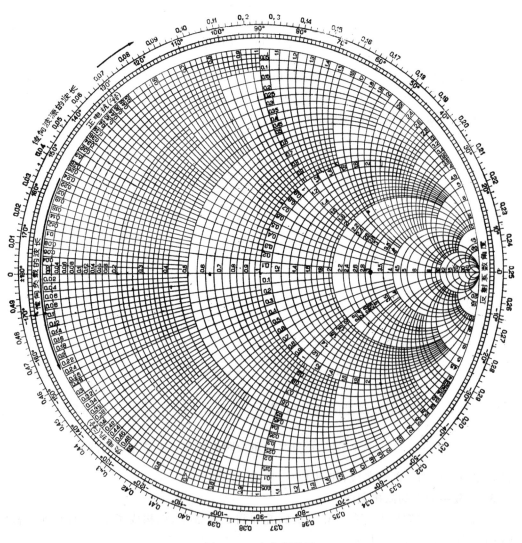

图 1.5-3　史密斯圆图

需要说明的是,为使所画的圆图更为清晰,圆图上并没有画出等$|\Gamma(z)|$圆和等$\varphi(z)$直线,只是在最外圈标注波长数z/λ。使用圆图时,可以用直尺和量角器取代这些圆和直线。

阻抗圆图上的任一点都是四种曲线的交点,即在圆图上每一点都可以同时读出对应于传输线上某点的反射系数(模和相角)和归一化阻抗(归一化电阻和归一化电抗)。

阻抗圆图有以下几个特点(如图 1.5-4 所示):

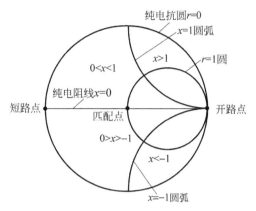

图 1.5-4 阻抗圆图上一些重要的点、线和面

1)圆图上有三个特殊点

短路点:其坐标为$(-1,0)$,此处对应于$r=0$,$x=0$,$|\Gamma|=1$,$\rho=\infty$,$\varphi=\pi$。

开路点:其坐标为$(1,0)$,此处对应于$r=\infty$,$x=\infty$,$|\Gamma|=1$,$\rho=\infty$,$\varphi=0$。

匹配点:其坐标为$(0,0)$,此处对应于$r=1$,$x=0$,$|\Gamma|=0$,$\rho=1$。

2)圆图上有三条特殊线

圆图上的实轴为$x=0$的轨迹,即为纯电阻线。因为$\Gamma=(\bar{Z}-1)/(\bar{Z}+1)$,所以$\Gamma$也是实数。

当位于Γ平面的正实轴上时,对应的归一化阻抗为

$$\bar{Z}=r=\frac{1+|\Gamma|}{1-|\Gamma|}=\rho>1 \tag{1.5-8}$$

当位于Γ平面的负实轴上时,对应的归一化阻抗为

$$\bar{Z}=r=\frac{1-|\Gamma|}{1+|\Gamma|}=k<1 \tag{1.5-9}$$

由此可知,正实轴($r>1$)为电压波腹点的轨迹,线上r的读数等于驻波比ρ;负实轴($r<1$)为电压波节点的轨迹,线上r的读数等于行波系数k;最外面的单位圆为$r=0$的纯电抗轨迹,即为$|\Gamma|=1$的全反射系数圆的轨迹。

3)圆图上有两个特殊面

圆图实轴以上的上半平面(即$x>0$)是感性阻抗的区域;实轴以下的下半平面(即$x<0$)是容性阻抗的区域。

4)圆图上有两个旋转方向

若在传输线上从某点向负载方向移动时,则在圆图上由该点沿等反射系数圆逆时针方向旋转;反之,若在传输线上从某点向波源方向移动时,则在圆图上由该点沿等反射系数圆顺时针方向旋转。

5) 数值的标注

$|\Gamma|$ 的标注:一般圆图上并未标注反射系数的模,匹配点的 $|\Gamma|=0$,纯电抗圆的 $|\Gamma|=1$,中间的 $|\Gamma|$ 的值是等分的,可用尺子测量得到 $|\Gamma|$ 的具体数值,即 $|\Gamma|$ 的数值 $=\dfrac{某点到圆心的实际距离}{“单位圆”的实际半径}$。

Γ 相位的标注:在 $|\Gamma|=1$ 的大圆上标注了相对波长 z/λ 的数值和相位 φ 的数值。因为 Γ 的周期为半波长,所以最大的波长数为 0.5,相位范围为 $0°\sim\pm180°$。

r 值的标注:r 值标注在纯电阻线上,即 Γ 平面的实轴上。

x 值的标注:x 值标注在 $|\Gamma|=1$ 的大圆内侧等 x 线与 $|\Gamma|=1$ 大圆的交点处。

1.5.2 导纳圆图

对于由并联元件组成的微波电路,采用导纳计算比较方便。导纳圆图(Admittance Chart)是根据归一化导纳与电流反射系数之间的对应关系绘制的另一张图。

归一化导纳定义为导纳与特性导纳之比,即

$$\overline{Y}(z)=\frac{Y(z)}{Y_0}=\frac{1}{\overline{Z}(z)}=\frac{1-\Gamma(z)}{1+\Gamma(z)}=y(z)=g(z)+\mathrm{j}b(z) \qquad (1.5\text{-}10)$$

式中,$g(z)$ 是归一化电导,$b(z)$ 是归一化电纳。

因为电压反射系数 $\Gamma(z)$ 与电流反射系数 $\Gamma_\mathrm{I}(z)$ 之间满足以下关系

$$\Gamma(z)=-\Gamma_\mathrm{I}(z) \qquad (1.5\text{-}11)$$

故

$$\overline{Y}(z)=\frac{1-\Gamma(z)}{1+\Gamma(z)}=\frac{1+\Gamma_\mathrm{I}(z)}{1-\Gamma_\mathrm{I}(z)} \qquad (1.5\text{-}12)$$

比较式(1.5-2)和式(1.5-12)可知,归一化导纳与电流反射系数的关系和归一化阻抗与电压反射系数的关系类似。因此,由归一化导纳与电流反射系数对应关系绘制的导纳圆图与由归一化阻抗与电压反射系数对应绘制的阻抗圆图是一样的,只是阻抗圆图中的参数是 $\Gamma,\overline{Z},r,x$,导纳圆图中对应的是 $\Gamma_\mathrm{I},\overline{Y},g,b$,因而阻抗圆图也可当作导纳圆图使用。

图 1.5-3 用作导纳圆图时应注意以下特点:

(1) 匹配点不变,还在原点处,此点处 $\overline{Y}=1,\rho=1$。

(2) 开路点在 $(-1,0)$ 处,此点处 $\overline{Y}=0,\rho=\infty$。

(3) 短路点在 $(1,0)$ 处,此点处 $\overline{Y}=\infty,\rho=\infty$。

(4) 在左纯电导线上,$0<g<1,b=0$,即 $G<Y_0(R>Z_0)$,所以,这条线上的点对应传输线上的电压波腹点。由于电压波腹点处的归一化电阻值 r 等于驻波比 ρ,故线上的归一化电导值 g 对应行波系数 k。

(5) 在右纯电导线上,$1<g<\infty,b=0$,即 $G>Y_0(R<Z_0)$,所以,这条线上的点对应传输线上的电压波节点。由于电压波节点处的归一化电阻值 r 等于行波系数 k,故线上的归一化电导值 g 对应驻波比 ρ。

(6) 相角 $\varphi_\mathrm{I}=0$ 的电流反射系数位于左纯电导线上,相角 φ_I 增大,电流反射系数矢量沿逆时针方向旋转。

(7) 在上纯电纳圆上,$g=0,b>0$,容纳,$\rho=\infty$;在下纯电纳圆上,$g=0,b<0$,感

纳,$\rho=\infty$。

（8）上半圆内的点,$0<g<\infty$,$0<b<\infty$,呈容性;下半圆内的点,$0<g<\infty$,$-\infty<b<0$,呈感性。

导纳圆图上的一些重要的点、线和面如图 1.5-5 所示。

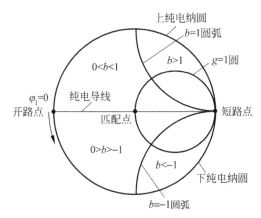

图 1.5-5 导纳圆图上的一些重要的点、线和面

1.5.3 阻抗与导纳在圆图上的换算

由于 $\varGamma_{\mathrm{I}}(z)=-\varGamma(z)$,即二者等幅、相位差 180°,所以,若已知电压反射系数 $\varGamma(z)$,需要在圆图上求电流反射系数 $\varGamma_{\mathrm{I}}(z)$ 时,只要使电压反射系数 $\varGamma(z)$ 在圆图上沿等 $|\varGamma(z)|$ 圆旋转 180°即可得到。

由此可以推断,在同一圆图上,若已知某点的归一化阻抗值,则只需将该点沿等 $|\varGamma(z)|$ 圆旋转 180°即可得到该点对应的归一化导纳值。

1.5.4 圆图的应用举例

【例 1.5-1】 已知长线特性阻抗 $Z_0=300\Omega$,终端接负载阻抗 $Z_{\mathrm{L}}=(180+\mathrm{j}240)\Omega$,试用圆图求终端电压反射系数 $\varGamma_{\mathrm{L}}$。

解:（1）归一化负载阻抗为

$$\overline{Z}_{\mathrm{L}}=\frac{Z_{\mathrm{L}}}{Z_0}=\frac{180+\mathrm{j}240}{300}=0.6+\mathrm{j}0.8$$

在阻抗圆图上找到 $r=0.6$ 及 $x=0.8$ 两个圆的交点 A,如图 1.5-6 所示。A 点即 $\overline{Z}_{\mathrm{L}}$ 在圆图中的位置。

（2）确定终端反射系数的模 $|\varGamma_{\mathrm{L}}|$。

通过 A 点的等反射系数圆与右半段纯电阻线交于 B 点。B 点归一化电阻 $r=3$,即为驻波比 ρ 的值,因此 $|\varGamma_{\mathrm{L}}|$ 可由下式求出

$$|\varGamma_{\mathrm{L}}|=\frac{\rho-1}{\rho+1}=\frac{3-1}{3+1}=0.5$$

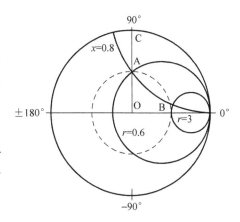

图 1.5-6 例 1.5-1 解题过程示意图

或用测量的方法：延长射线 $\overline{OA}$ 到 $\overline{OC}$，测量 $\overline{OA}$、$\overline{OC}$ 线段的长度 l_{OA} 和 l_{OC}，则由 $|\Gamma_L| = l_{OA}/l_{OC}$ 即可计算出 $|\Gamma_L|$ 的值。

(3) 确定终端反射系数的相角 φ_L。

在 C 点可读得 $\varphi_L = 90°$。故终端电压反射系数为

$$\Gamma_L = 0.5 e^{j90°}$$

【例 1.5-2】 用特性阻抗为 50Ω 的同轴测量线测得驻波比 $\rho = 1.66$，第一个电压波节点距负载终端 10mm，相邻两波节点之间的距离为 50mm，如图 1.5-7(a)所示。求终端负载阻抗 Z_L。

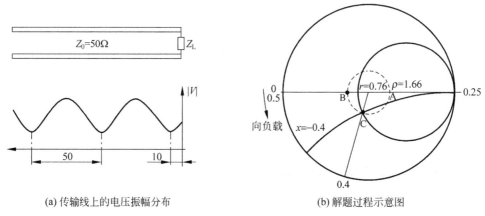

(a) 传输线上的电压振幅分布　　　　　　(b) 解题过程示意图

图 1.5-7　传输线上的电压振幅分布及解题过程示意图

解：用圆图解题的过程如图 1.5-7(b)所示。

(1) 由驻波比 $\rho = 1.66$ 知，图中 A 点对应于电压波腹点，B 点对应于电压波节点。

(2) 由已知条件知，离终端负载最近的波节点距离终端的波长数为 $z/\lambda = 10/(2 \times 50) = 0.1$。

(3) 在 $\rho = 1.66$ 的等反射系数模的圆上，从波节点 B 向负载方向(逆时针方向)旋转波长数 0.1，至 C 点。由图可读得 C 点对应的归一化阻抗为

$$\overline{Z}_L = 0.76 - j0.4$$

反归一化得负载阻抗为

$$Z_L = \overline{Z}_L Z_0 = (0.76 - j0.4) \times 50\Omega = (38 - j20)\Omega$$

1.6 阻抗匹配

1.6.1 阻抗匹配的概念

阻抗匹配(Impedance Matching)是微波技术中的一个重要概念，它包含两方面的含义：一是微波源的匹配，要解决的问题是如何从微波源中取出最大功率；二是负载的匹配，要解决的问题是如何使负载吸收全部入射功率。这是两个不同性质的问题，前者要求信号源内阻与传输线输入阻抗之间实现共轭匹配；后者要求负载与传输线之间实现无反射匹配。

1. 共轭匹配

如何从微波源中取出最大功率？这是实际关心的问题。对于一个给定的微波源来说，

问题归结为：选择什么样的负载，使之能从给定的微波源中吸取最大功率。

考虑图 1.6-1(a)所示微波传输系统，其中，微波源通过一段传输线与负载相连接。图 1.6-1(b)为该装置的分布参数等效电路，图 1.6-1(c)为集中参数等效电路。从图 1.6-1(c)所示的集中参数等效电路可以求出负载吸收的功率，再应用极值定理不难证明，当 $Z_i = Z_g^*$ 时，微波源输出到负载的有功功率最大。即信号源输出最大功率的条件是：传输线的输入阻抗与信号源的内阻抗互为共轭复数。满足这一条件时就称实现了共轭匹配（Conjugate Matching）。

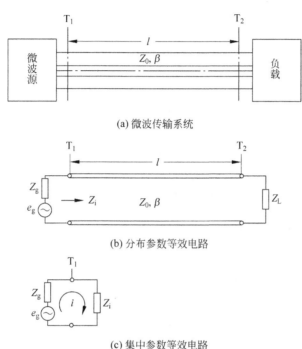

(a) 微波传输系统

(b) 分布参数等效电路

(c) 集中参数等效电路

图 1.6-1　微波传输系统及其等效电路

2. 负载匹配

在传输的微波功率一定的情况下，一般都希望负载是匹配的（即 $Z_L = Z_0$），因为匹配负载能吸收进入负载的全部功率，无反射，使传输线中传输的波为行波状态，这对于传输微波功率来说有以下几点好处：

（1）匹配负载可以吸收最大功率；

（2）传输线的传输效率最高；

（3）行波状态时传输线功率容量最大；

因为在驻波状态时，沿线的高频电压（场）分布出现波腹，波腹处的电压（场）比传输同样功率的行波电压（场）高得多（如图 1.6-2 所示），因此容易发生击穿，从而限制了功率容量。

（4）行波状态时微波源的工作较稳定。

因为在行波状态时，$Z_L = Z_0 = Z_{in} = $ 常数，故使信号源输出稳定。如果终端负载失配，即 $Z_L \neq Z_0$，则输入端的输入阻抗 Z_{in} 随频率而变，从而使微波源的输出不稳定。

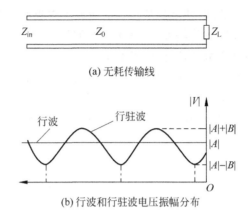

(a) 无耗传输线

(b) 行波和行驻波电压振幅分布

图 1.6-2　传输线上的行波和行驻波分布

同理,如果信号源阻抗 $Z_g = Z_0$,则从负载向信号源方向传输的波进入信号源后被全部吸收,不产生反射,此时的信号源称为匹配信号源。

一般情况下,满足共轭匹配条件的传输线中存在着反射波,但当无反射的信号源匹配和负载匹配同时成立时,不难证明,信号源的共轭匹配也必然成立。因此,无反射匹配具有更重要的意义,下面讨论无反射的负载阻抗匹配的方法。

1.6.2　负载阻抗匹配的方法

负载阻抗匹配的方法就是在传输线与负载之间加入一个阻抗匹配网络,如图 1.6-3(a) 所示。阻抗匹配网络应全部由无耗元件构成,其匹配原理就是通过匹配网络引入一个新的反射波,该新反射波与负载引起的反射波等幅、反相,互相抵消,使传输线上没有反射波,从而实现行波工作状态。从阻抗的角度,负载阻抗匹配是指用一个网络将原来不等于传输线特性阻抗的负载阻抗变换为等于传输线特性阻抗的阻抗,如图 1.6-3(b) 所示。下面介绍基于这种匹配思想的几种常用的匹配方法。

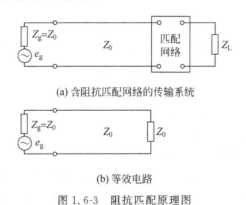

(a) 含阻抗匹配网络的传输系统

(b) 等效电路

图 1.6-3　阻抗匹配原理图

1. 1/4 波长阻抗变换器匹配法

1) 实阻抗匹配

1/4 波长阻抗变换器(Quarter Wavelength Impedance Transformer)是由一段长度为

$\lambda_{p0}/4$、特性阻抗为 Z_{01} 的传输线构成,如图 1.6-4 所示。其中,λ_{p0} 是传输线所传输信号的中心频率所对应的相波长,与信号频率、传输线的具体形式、填充介质等因素有关,第 2 章中将具体介绍。

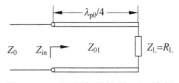

图 1.6-4 匹配实阻抗的 1/4 波长阻抗变换器

当这段传输线终端接纯电阻 R_L 时,在中心频率上的输入阻抗为

$$Z_{in} = Z_{01} \frac{R_L + jZ_{01}\tan\left(\frac{2\pi}{\lambda_{p0}} \cdot \frac{\lambda_{p0}}{4}\right)}{Z_{01} + jR_L\tan\left(\frac{2\pi}{\lambda_{p0}} \cdot \frac{\lambda_{p0}}{4}\right)} = \frac{Z_{01}^2}{R_L} \quad (1.6\text{-}1)$$

为了使 $Z_{in} = Z_0$,实现阻抗匹配,必须使

$$Z_{01} = \sqrt{Z_0 R_L} \quad (1.6\text{-}2)$$

上式表明,如果 Z_0 和 R_L 已给定,只要在传输线与负载之间加入特性阻抗为 $Z_{01} = \sqrt{Z_0 R_L}$ 的一段 $\lambda_{p0}/4$ 阻抗变换器就可以在中心频率实现阻抗匹配。

需要注意的是,这时阻抗变换器上仍存在着驻波。由式(1.4-41)、式(1.4-42)和式(1.6-2)可知,变换器上的驻波系数为

$$\rho' = \frac{R_L}{Z_{01}} = \sqrt{\frac{R_L}{Z_0}} \quad (\text{当 } R_L > Z_0 \text{ 时}) \quad (1.6\text{-}3a)$$

$$\rho'' = \frac{Z_{01}}{R_L} = \sqrt{\frac{Z_0}{R_L}} \quad (\text{当 } R_L < Z_0 \text{ 时}) \quad (1.6\text{-}3b)$$

2) 复阻抗匹配

由式(1.2-9)可知,无耗传输线的特性阻抗是纯电阻(实数),故由式(1.6-2)可知,1/4 波长阻抗变换器只能对纯电阻负载进行匹配。对于一般的复阻抗负载($Z_L = R_L + jX_L$),下面介绍两种匹配方法。

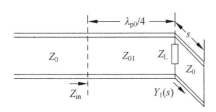

图 1.6-5 1/4 波长阻抗变换器和并联短路分支匹配复阻抗

(1) 终端接 1/4 波长阻抗变换器的同时,并联一段特性阻抗为 Z_0、长度为 s 的终端短路线,如图 1.6-5 所示。

终端短路线在负载处提供一个纯电抗,只要其长度 s 适当,就可使其在负载处所呈现的电抗抵消负载的电抗部分,从而使负载处的总阻抗为实数。然后再利用 1/4 波长阻抗变换器将负载处的等效实阻抗变换成 Z_0,从而实现阻抗匹配。

因为终端短路线与 1/4 波长阻抗变换器在负载处并联,故用导纳分析较方便。

将负载阻抗变换为导纳,得

$$Y_L = \frac{1}{Z_L} = \frac{1}{R_L + jX_L} = \frac{R_L}{R_L^2 + X_L^2} - j\frac{X_L}{R_L^2 + X_L^2} = G_L + jB_L \quad (1.6\text{-}4)$$

其中，$G_L = \dfrac{R_L}{R_L^2 + X_L^2}$，$jB_L = -j\dfrac{X_L}{R_L^2 + X_L^2}$。

为使负载处总阻抗为实数，短路线提供的输入电纳应满足

$$Y_1(s) = -j\frac{1}{Z_0}\cot\beta s = -jB_L \tag{1.6-5}$$

由上式可求得短路线的长度为

$$s = \frac{1}{\beta}\arctan\left(\frac{1}{Z_0 B_L}\right) = \frac{\lambda_{p0}}{2\pi}\arctan\left[\frac{-(R_L^2 + X_L^2)}{Z_0 X_L}\right] \tag{1.6-6}$$

并接短路线后，总负载阻抗变成纯电阻，即

$$R_{LT} = \frac{1}{G_L} = \frac{R_L^2 + X_L^2}{R_L} \tag{1.6-7}$$

为使输入端匹配，由式(1.6-2)可知，1/4 波长阻抗变换器的特性阻抗应为

$$Z_{01} = \sqrt{Z_0 R_{LT}} = \sqrt{Z_0(R_L^2 + X_L^2)/R_L} \tag{1.6-8}$$

值得一提的是，图 1.6-5 中的并联短路分支还可以换成并联开路分支，匹配思想和方法一样，但所得分支线的长度 s 相差 1/4 波长。

（2）在靠近终端的电压波腹点或波节点处接入 1/4 波长阻抗变换器来实现复阻抗匹配，如图 1.6-6 所示。

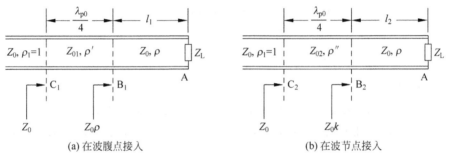

(a) 在波腹点接入　　　　　　　　　　(b) 在波节点接入

图 1.6-6　在波腹点或波节点处接入 1/4 波长阻抗变换器匹配复阻抗

由式(1.4-39)和式(1.4-40)可知，传输线上电压波腹点和电压波节点处的阻抗为纯实数，所以如果在传输线的电压波腹点或电压波节点处剪断传输线，接入特性阻抗为 Z_{01} 的 1/4 波长阻抗变换器就可对复阻抗进行匹配。负载与电压波腹点或波节点之间的传输线段（l_1 或 l_2）称为相移段，其特性阻抗为 Z_0。电压波腹点和电压波节点的位置可由式(1.4-33)和式(1.4-34)确定，于是可得 1/4 波长阻抗变换器匹配复阻抗的设计公式如下：

① 当在电压波腹点接入 1/4 波长阻抗变换器时，相移段长度和变换器特性阻抗分别为

$$l_1 = z_{\max} = \frac{\varphi_L}{2\beta} + n\frac{\lambda_p}{2} \quad (n = 0, 1, 2, \cdots) \tag{1.6-9}$$

$$Z_{01} = \sqrt{Z_0 Z_{B1}} = \sqrt{Z_0 \rho Z_0} = Z_0\sqrt{\rho} \tag{1.6-10}$$

② 当在电压波节点接入 1/4 波长阻抗变换器时，相移段长度和变换器特性阻抗分别为

$$l_2 = z_{\min} = \frac{\varphi_L}{2\beta} + (2n+1)\frac{\lambda_p}{4} \quad (n = 0, 1, 2, \cdots) \tag{1.6-11}$$

$$Z_{02} = \sqrt{Z_0 Z_{B2}} = \sqrt{Z_0 Z_0 / \rho} = Z_0 / \sqrt{\rho} \tag{1.6-12}$$

由式(1.4-41)和式(1.4-42)可求得这两种情况下变换器上的驻波系数分别为

$$\rho' = \frac{Z_0 \rho}{Z_{01}} = \sqrt{\rho} \quad \text{（在波腹点接入的变换器）} \tag{1.6-13a}$$

$$\rho'' = \frac{Z_{02}}{Z_0 k} = \frac{1}{\sqrt{k}} = \sqrt{\rho} \quad \text{（在波节点接入的变换器）} \tag{1.6-13b}$$

可见,两种情况下变换器上的驻波系数都是负载附近传输线上的驻波系数的算术平方根。

至于在波腹点还是在波节点接入变换器则要根据具体情况来决定,一般选在相移段较短的位置处接入。

【例 1.6-1】　如图 1.6-6 所示,主传输线为特性阻抗 $Z_0 = 300\,\Omega$ 的无耗传输线,负载阻抗 $Z_L = (240 + j180)\,\Omega$,试用 1/4 波长阻抗变换器法实现匹配。

解：先求负载反射系数

$$\Gamma_L = \frac{Z_L - Z_0}{Z_L + Z_0} = \frac{(240 + j180) - 300}{(240 + j180) + 300} = j\frac{1}{3} = \frac{1}{3}e^{j\pi/2}$$

由上式可知,$\varphi_L = \pi/2$,$|\Gamma_L| = 1/3$。

负载附近的驻波系数为

$$\rho = \frac{1 + |\Gamma_L|}{1 - |\Gamma_L|} = \frac{1 + \dfrac{1}{3}}{1 - \dfrac{1}{3}} = 2$$

离负载最近的电压波腹点和波节点的位置分别为

$$l_1 = \frac{\varphi_L}{2\beta} = \frac{\pi/2}{2 \cdot 2\pi/\lambda_{p0}} = \frac{\lambda_{p0}}{8}$$

$$l_2 = \frac{\varphi_L}{2\beta} + \frac{\lambda_{p0}}{4} = \frac{\lambda_{p0}}{8} + \frac{\lambda_{p0}}{4} = \frac{3\lambda_{p0}}{8}$$

于是,在电压波腹点处接入变换器时,相移段长度和变换器特性阻抗分别为

$$l_1 = \frac{\lambda_{p0}}{8}, \quad Z_{01} = Z_0\sqrt{\rho} = 300\sqrt{2}\ \Omega$$

在电压波节点处接入变换器时,相移段长度和变换器特性阻抗分别为

$$l_2 = \frac{3\lambda_{p0}}{8}, \quad Z_{02} = Z_0\sqrt{k} = 300/\sqrt{2}\ \Omega = 150\sqrt{2}\ \Omega$$

两种情况下变换器上的驻波系数为 $\rho' = \rho'' = \sqrt{\rho} = \sqrt{2}$,主传输线上的驻波系数为 $\rho_1 = 1$。

2. 单支节调配器

单支节(Single Stub)调配器法就是在距离负载一定距离处,用与传输线"并联"或"串联"的一段开路支节线或短路支节线进行匹配的方法。

1) 并联单支节

图 1.6-7 给出了并联单支节匹配电路图。

单支节匹配有两个可调参数：一个为支节与负载的距离 d；另一个是开路或短路支节

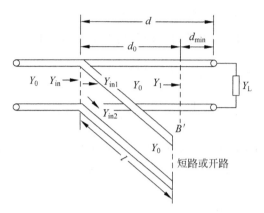

图 1.6-7　并联单支节匹配电路

的长度 l。

对于并联支节来说,匹配思想是:选择适当的距离 d,使在支节处向负载方向输入的导纳 $Y_{in1} = Y_0 + jB$,然后选取支节的长度 l,使其输入导纳 $Y_{in2} = -jB$,从而使支节处总输入导纳为 Y_0,于是主传输线便获得了匹配。

为了导出支节距负载的距离 d 和支节长度 l 的简单计算公式,将 d 分成两部分,即 $d = d_{min} + d_0$。其中,d_{min} 为离负载最近的电压波节点到负载的距离。由式(1.4-34)知

$$d_{min} = \frac{\varphi_L}{2\beta} + \frac{\lambda_{p0}}{4} = \frac{\lambda_{p0}}{4\pi}\varphi_L + \frac{\lambda_{p0}}{4} \tag{1.6-14}$$

波节点处的等效导纳为实数,即

$$Y_1 = \rho Y_0 \tag{1.6-15}$$

分支处向负载看入的输入导纳为

$$Y_{in1} = Y_0 \frac{Y_1 + jY_0\tan(\beta d_0)}{Y_0 + jY_1\tan(\beta d_0)} = G_1 + jB_1 \tag{1.6-16}$$

(1)若并联支节采用终端开路线,则并联支节的输入导纳为

$$Y_{in2} = jY_0\tan(\beta l) \tag{1.6-17}$$

支节处总的输入导纳为

$$Y_{in} = Y_{in1} + Y_{in2} = G_1 + jB_1 + jY_0\tan(\beta l) \tag{1.6-18}$$

要使其与传输线特性导纳匹配,应有

$$\begin{cases} G_1 = Y_0 \\ B_1 + Y_0\tan(\beta l) = 0 \end{cases} \tag{1.6-19}$$

解之可得两组解,其中一组解为

$$\begin{cases} \tan\beta d_{01} = \dfrac{1}{\sqrt{\rho}} \\ \tan\beta l_1 = \dfrac{\rho - 1}{\sqrt{\rho}} \end{cases} \tag{1.6-20}$$

即

$$\begin{cases} d_{01} = \dfrac{\lambda}{2\pi}\arctan\left(\dfrac{1}{\sqrt{\rho}}\right) \\[3mm] l_1 = \dfrac{\lambda}{2\pi}\arctan\left(\dfrac{\rho-1}{\sqrt{\rho}}\right) \end{cases} \tag{1.6-21}$$

另一组解为

$$\begin{cases} \tan\beta d_{02} = \dfrac{-1}{\sqrt{\rho}} \\[3mm] \tan\beta l_2 = \dfrac{1-\rho}{\sqrt{\rho}} \end{cases} \tag{1.6-22}$$

即

$$\begin{cases} d_{02} = \dfrac{\lambda}{2\pi}\arctan\left(\dfrac{-1}{\sqrt{\rho}}\right) \\[3mm] l_2 = \dfrac{\lambda}{2} + \dfrac{\lambda}{2\pi}\arctan\left(\dfrac{1-\rho}{\sqrt{\rho}}\right) \end{cases} \tag{1.6-23}$$

负载到支节的总距离为

$$d_i = d_{\min} + d_{0i} \tag{1.6-24}$$

（2）若并联支节采用终端短路线，则并联支节的输入导纳为

$$Y_{\text{in}2} = -jY_0\cot(\beta l) \tag{1.6-25}$$

于是，支节处总的输入导纳为

$$Y_{\text{in}} = Y_{\text{in}1} + Y_{\text{in}2} = G_1 + jB_1 - jY_0\cot(\beta l) \tag{1.6-26}$$

要使其与传输线特性导纳匹配，应有

$$\begin{cases} G_1 = Y_0 \\[2mm] B_1\tan(\beta l) - Y_0 = 0 \end{cases} \tag{1.6-27}$$

解之可得两组解，其中一组解为

$$\begin{cases} \tan\beta d'_{01} = \dfrac{1}{\sqrt{\rho}} \\[3mm] \tan\beta l' = \dfrac{\sqrt{\rho}}{1-\rho} \end{cases} \tag{1.6-28}$$

即

$$\begin{cases} d'_{01} = \dfrac{\lambda}{2\pi}\arctan\dfrac{1}{\sqrt{\rho}} \\[3mm] l'_1 = \dfrac{\lambda}{2} + \dfrac{\lambda}{2\pi}\arctan\dfrac{\sqrt{\rho}}{1-\rho} \end{cases} \tag{1.6-29}$$

另一组解为

$$\begin{cases} \tan\beta d'_{02} = \dfrac{-1}{\sqrt{\rho}} \\[3mm] \tan\beta l'_2 = \dfrac{\sqrt{\rho}}{\rho-1} \end{cases} \tag{1.6-30}$$

即

$$
\begin{cases}
d'_{02} = \dfrac{\lambda}{2\pi}\arctan\left(\dfrac{-1}{\sqrt{\rho}}\right) \\[3mm]
l'_2 = \dfrac{\lambda}{2\pi}\arctan\left(\dfrac{\sqrt{\rho}}{\rho-1}\right)
\end{cases}
\tag{1.6-31}
$$

负载到支节的总距离为

$$
d' = d_{\min} + d'_{0i} \tag{1.6-32}
$$

实际中,究竟选用开路支节匹配还是短路支节匹配,视传输线的形式而定。对于微带线或带状线来说,制作开路线较容易,因为不需要在基片上打孔;对同轴线和波导来说,采用短路线更为合适,因为开路线很容易产生辐射,使得开路支节的输入阻抗不再是纯电抗。

下面通过实例介绍并联单支节匹配的圆图解法和解析解法。

【例 1.6-2】 设计一个并联单支节匹配电路,使负载阻抗 $Z_L = (15+j10)\,\Omega$ 与特性阻抗为 $50\,\Omega$ 的传输线匹配。

解:1. 圆图解法

因为采用的是并联电路,故使用导纳圆图比较方便。

(1) 先求出归一化负载阻抗 $\overline{Z}_L = (15+j10)/50\,\Omega = (0.3+j0.2)\,\Omega$,并在阻抗圆图上找出该点,绘出对应的等 $|\Gamma_L|$ 圆,如图 1.6-8(a)所示。

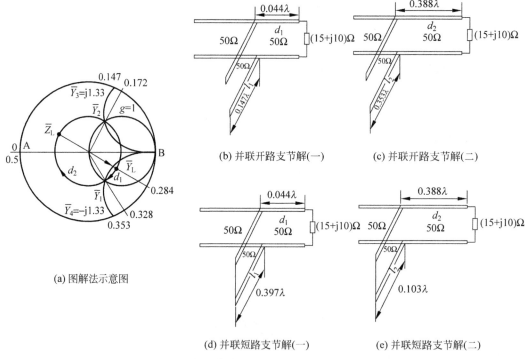

图 1.6-8 并联支节匹配过程示意图及匹配电路图

(2) 从 $\overline{Z}_L$ 点沿等 $|\Gamma_L|$ 圆旋转 $180°$,将归一化负载阻抗变换为归一化负载导纳 $\overline{Y}_L$,接下来就可以将阻抗圆图当成导纳圆图来使用了。

（3）从 $\overline{Y}_L$ 点沿等 $|\Gamma_L|$ 圆顺时针方向旋转与 $g=1$ 圆相交,有两个交点 $\overline{Y}_1$、$\overline{Y}_2$,归一化导纳分别为 $1\pm j|b|$。

由交点位置读圆图外围的电刻度可得从负载到支节的距离分别为:$d_1=(0.328-0.284)\lambda=0.044\lambda$,$d_2=(0.5-0.284)\lambda+0.172\lambda=0.388\lambda$。可见,并联单支节匹配有两种设计结果。

（4）由圆图上的刻度可知,在两个交点上的归一化导纳分别为:$\overline{Y}_1=1-j1.33$,$\overline{Y}_2=1+j1.33$。

（5）① 若采用开路单支节匹配,则在圆图的单位圆上从 $\overline{Y}=0$ 的开路点 A 出发,沿着单位圆顺时针方向向电源方向旋转至 $\overline{Y}_3=j|b|=j1.33$,$\overline{Y}_4=-j|b|=-j1.33$ 两点,即可分别得到开路支节的长度 $l_1=0.147\lambda$,$l_2=0.353\lambda$。

所得的两组解所对应的电路如图 1.6-8(b)、(c)所示。

② 若采用短路单支节匹配,则在圆图的单位圆上从 $\overline{Y}=\infty$ 的短路点 B 出发,沿着单位圆顺时针向电源方向分别旋转至 $\overline{Y}_3$ 和 $\overline{Y}_4$ 两点,即可得到短路支节的长度 $l_1'=(0.25+0.147)\lambda=0.397\lambda$, $l_2'=(0.353-0.25)\lambda=0.103\lambda$。

所得的两组解所对应的电路如图 1.6-8(d)、(e)所示。

由以上结果可见,在 d 相等的情况下,开路支节的长度和短路支节的长度相差 0.25λ,这与理论分析的结果是一致的。

2. 解析解法

在本例题中,由于 $Z_L=(15+j10)\Omega$,故

$$\Gamma_L=\frac{Z_L-Z_0}{Z_L+Z_0}=\frac{(15+j10)-50}{(15+j10)+50}=0.553e^{j2.709}$$

即 $|\Gamma_L|=0.553$,$\varphi_L=2.709$。于是得驻波比为

$$\rho=\frac{1+0.553}{1-0.553}=3.474$$

① 若并联分支为开路线,则由式(1.6-14)、式(1.6-21)和式(1.6-24)可得第一组解为

$$\begin{cases}d_1=0.466\lambda+0.078\lambda=0.544\lambda\Rightarrow0.044\lambda\\l_1=0.147\lambda\end{cases}$$

由于传输线具有 $1/2$ 波长的重复性,故为了减小匹配器的尺寸,在上式中 d_1 减去了 $1/2$ 波长。

同理,由式(1.6-14)、式(1.6-23)和式(1.6-24)可得第二组解为

$$\begin{cases}d_2=0.466\lambda-0.078\lambda=0.388\lambda\\l_2=0.353\lambda\end{cases}$$

② 若并联分支为短路线,则代入式(1.6-14)、式(1.6-29)和式(1.6-32)得第一组解为

$$\begin{cases}d_1'=0.466\lambda+0.078\lambda=0.544\lambda\Rightarrow0.044\lambda\\l_1'=0.397\lambda\end{cases}$$

代入式(1.6-14)、式(1.6-31)和式(1.6-32)得第二组解为

$$\begin{cases}d_2'=0.466\lambda-0.078\lambda=0.388\lambda\\l_2'=0.103\lambda\end{cases}$$

比较圆图解法和解析解法所得结果可知,二者一致。圆图解法直观,但需要有清晰的求解思路,精确度也不是太高;解析解法计算简单、准确,但求解思路不够清晰。

值得一提的是,由于 d 和 l 均有两个解,因此一定要正确搭配,否则将导致错误的结果。

2) 串联单支节

对于图 1.6-9 所示的串联支节来说,要选择适当的距离 d,以便在支节处向负载方向看的阻抗为 $Z_{in1}=Z_0+jX$,然后选取支节的输入阻抗为 $Z_{in2}=-jX$,从而使支节处总输入阻抗为 Z_0,于是主传输线便获得了匹配。

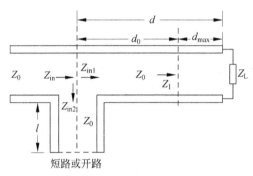

图 1.6-9 串联单支节匹配

在串联单支节匹配中,也将支节到负载的距离分成两部分,即 $d=d_{max}+d_0$,其中,d_{max} 为电压波腹点到负载的距离。由式(1.4-33)可得离负载最近波腹点到负载的距离为

$$d_{max}=\frac{\lambda}{4\pi}\varphi_L \tag{1.6-33}$$

此处等效阻抗为

$$Z_1=\rho Z_0 \tag{1.6-34}$$

于是分支处向负载看入的输入阻抗为

$$Z_{in1}=Z_0\frac{Z_1+jZ_0\tan(\beta d_0)}{Z_0+jZ_1\tan(\beta d_0)}=R_1+jX_1 \tag{1.6-35}$$

采用与并联分支相同的分析方法可得以下结果:

① 串联支节采用终端开路线时,第一组解为

$$\begin{cases} d_{01}=\dfrac{\lambda}{2\pi}\arctan\left(\dfrac{1}{\sqrt{\rho}}\right) \\[3mm] l_1=\dfrac{\lambda}{2}+\dfrac{\lambda}{2\pi}\arctan\left(\dfrac{\sqrt{\rho}}{1-\rho}\right) \end{cases} \tag{1.6-36}$$

第二组解为

$$\begin{cases} d_{02}=\dfrac{\lambda}{2}+\dfrac{\lambda}{2\pi}\arctan\left(\dfrac{-1}{\sqrt{\rho}}\right) \\[3mm] l_2=\dfrac{\lambda}{2\pi}\arctan\left(\dfrac{\sqrt{\rho}}{\rho-1}\right) \end{cases} \tag{1.6-37}$$

负载到支节的总距离为

$$d_i=d_{max}+d_{0i} \tag{1.6-38}$$

② 串联支节采用终端短路线时,第一组解为

$$\begin{cases} d'_{01}=\dfrac{\lambda}{2\pi}\arctan\left(\dfrac{1}{\sqrt{\rho}}\right) \\[3mm] l'_1=\dfrac{\lambda}{2\pi}\arctan\left(\dfrac{\rho-1}{\sqrt{\rho}}\right) \end{cases} \tag{1.6-39}$$

第二组解为

$$\begin{cases} d'_{02}=\dfrac{\lambda}{2}+\dfrac{\lambda}{2\pi}\arctan\left(\dfrac{-1}{\sqrt{\rho}}\right) \\[3mm] l'_2=\dfrac{\lambda}{2}+\dfrac{\lambda}{2\pi}\arctan\left(\dfrac{1-\rho}{\sqrt{\rho}}\right) \end{cases} \tag{1.6-40}$$

负载到支节的总距离为

$$d'_i=d'_{\max}+d'_{0i} \tag{1.6-41}$$

下面通过实例介绍串联单支节匹配的圆图解法和解析解法。

【例 1.6-3】 使用一个串联开路线,将负载阻抗 $Z_L=(100+j80)\Omega$ 匹配到 50Ω 的传输线上。

解:1. 圆图解法

由于是串联支节匹配问题,故使用阻抗圆图较为方便。

(1) 求出归一化负载阻抗 $\overline{Z}_L=\dfrac{100+j80}{50}\Omega=(2+j1.6)\Omega$,并在圆图上找到对应点 $\overline{Z}_L$,绘出 $\overline{Z}_L$ 所在的等 $|\Gamma_L|$ 圆,如图 1.6-10(a)所示。

(2) 沿等 $|\Gamma_L|$ 圆向电源方向顺时针旋转,与 $r=1$ 电阻圆交于 $\overline{Z}_1$ 和 $\overline{Z}_2$ 点,这两点的归一化阻抗分别为 $\overline{Z}_1=1-j1.33$,$\overline{Z}_2=1+j1.33$。

(3) 由单位圆上的电刻度可读出负载到支节处最短的距离分别为 $d_1=(0.328-0.208)\lambda=0.120\lambda$,$d_2=(0.5-0.208)\lambda+0.172\lambda=0.464\lambda$。

(4) 如果放置在 d_1 处的支节的输入电抗为 $j1.33$,就可以达到匹配目的,此时开路线长度 $l_1=(0.25+0.147)\lambda=0.397\lambda$;同理,放置在 d_2 处的分支线的输入阻抗应为 $-j1.33$,需要开路线的长度 $l_2=(0.353-0.25)\lambda=0.103\lambda$。两组解对应的电路分别如图 1.6-10(b)、(c)所示。

2. 解析解法

在本例题中,$Z_L=(100+j80)\Omega$,$Z_0=50\Omega$,于是得到电压反射系数为

$$\Gamma_L=\frac{Z_L-Z_0}{Z_L+Z_0}=\frac{(100+j80)-50}{(100+j80)+50}=0.555e^{j0.522}$$

所以,$\varphi_L=0.522$,$|\Gamma_L|=0.555$,于是得到驻波比为

$$\rho=\frac{1+|\Gamma_L|}{1-|\Gamma_L|}=\frac{1+0.555}{1-0.555}=3.494$$

因为串联支节采用终端开路线,故由式(1.6-33)、式(1.6-36)和式(1.6-38)得第一组解为

$$\begin{cases} d_1=0.042\lambda+0.078\lambda=0.12\lambda \\ l_1=0.397\lambda \end{cases}$$

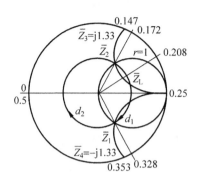

(a) 图解过程示意图

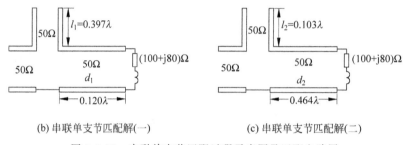

(b) 串联单支节匹配解(一)　　　　　　(c) 串联单支节匹配解(二)

图 1.6-10　串联单支节匹配过程示意图及匹配电路图

由式(1.6-33)、式(1.6-37)和式(1.6-38)得第二组解为

$$\begin{cases} d_2 = 0.042\lambda + 0.422\lambda = 0.464\lambda \\ l_2 = 0.102\lambda \end{cases}$$

与圆图解法所得结果比较可知,二者一致。

在实际中实现匹配电路时,以上设计结果中的 λ 应为中心频率的相波长 λ_{p0},λ_{p0} 与具体的传输线形式有关,其计算方法将在第 2 章中介绍。

值得一提的是,以上匹配方法只能在中心频率上实现匹配,第 3 章中将介绍宽频带匹配方法。

1.7　传输线理论的适用范围

在微波范围内使用的传输线是一个分布参数系统,它所传输的电磁波的波型有 TEM、TE、TM,以及混合波型 EH 和 HE 等,这些波型的主要差别是它们在传输线横截面内电磁场的分布规律不同,而在沿传输线的纵向方向则有共同的传播规律,即它们都是沿传输线传播的一种波,就此而言,它们没有本质上的差别。因此,本章虽然是以双导线传输 TEM 波为例讨论的,但所得到的某些结论、公式、概念和某些计算方法是具有普遍意义的。本章介绍的是传输线的共性问题,第 2 章中将介绍传输线的个性问题。

习题

1.1 无耗传输线特性阻抗 $Z_0 = 50\Omega$,已知在距离负载 $z_1 = \lambda_p/8$ 处的反射系数为 $\Gamma(z_1) = j0.5$。试求:

(1) 传输线上任意观察点 z 处反射系数 $\Gamma(z)$ 和等效阻抗 $Z(z)$ 的表达式;

(2) 利用负载反射系数 Γ_L 计算负载阻抗 Z_L;

(3) 通过等效阻抗 $Z(z)$ 计算负载阻抗 Z_L。

1.2 无耗传输线的特性阻抗 $Z_0 = 50\Omega$,已知传输线上的行波系数 $k = 3 - 2\sqrt{2}$,在距离负载 $z_1 = \lambda_p/6$ 处是电压波腹点。试求:

(1) 传输线上任意观察点 z 处反射系数 $\Gamma(z)$ 的表达式;

(2) 负载阻抗 Z_L 和电压波腹点 z_1 点处的等效阻抗 $Z_1(z_1)$。

1.3 利用测量线进行测量时得到以下结果:两相邻最小值间的距离为 2.1cm,第一个电压极小值与负载的距离为 0.7cm,驻波比为 2.5。若传输线特性阻抗为 50Ω,求负载阻抗。

1.4 特性阻抗为 Z_0 的无耗传输线上电压波腹点的位置是 z_1',电压波节点的位置是 z_1'',试证明可用下面两个公式来计算负载阻抗 Z_L

$$Z_L = Z_0 \frac{\rho - j\tan(\beta z_1')}{1 - j\rho\tan(\beta z')} \quad \text{和} \quad Z_L = Z_0 \frac{k - j\tan(\beta z_1'')}{1 - jk\tan(\beta z'')}$$

1.5 有一无耗传输线,终端接负载阻抗 $Z_L = (40 + j30)\Omega$。试求:

(1) 要使线上的驻波比最小,传输线的特性阻抗 Z_0 应为多少?

(2) 该最小驻波比和相应的线上任意点的电压反射系数;

(3) 距负载最近的电压波节点位置和该处的输入阻抗(等效阻抗)。

1.6 特性阻抗为 Z_0 的均匀无耗传输线,若终端接实际负载 Z_L、短路和开路时传输线的输入阻抗分别用 Z_{in}、Z_{sc} 和 Z_{oc} 表示,试证明实际负载的阻抗为

$$Z_L = Z_{oc} \frac{Z_{in} - Z_{sc}}{Z_{oc} - Z_{in}}$$

1.7 用圆图完成下面练习:

(1) 已知 $Z_L = (100 - j600)\Omega$,$Z_0 = 250\Omega$,求 Γ_L;

(2) 已知 $Y_L = 0$,要得 $\bar{Y}_{in} = j0.12$,求 l/λ;

(3) 已知 $Z_L = (0.4 + j0.8)Z_0$,求 ρ, l_{min}。

1.8 无耗传输线特性阻抗 $Z_0 = 105\Omega$,负载阻抗 $Z_L = (45 + j30\sqrt{3})\Omega$,利用 1/4 波长阻抗变换器实现匹配,如题 1.8 图所示。试求:

(1) 变换器与负载之间相移段上的驻波比 ρ;

(2) 在电压波腹点处进行匹配时相移段的长度 l(以线上波长 λ_p 计);

(3) 变换器的特性阻抗 Z_{01};

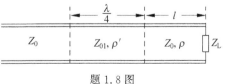

题 1.8 图

(4) 变换器上的驻波比 ρ'。

1.9 求题 1.9 图所示各电路的输入阻抗和输入端电压反射系数。

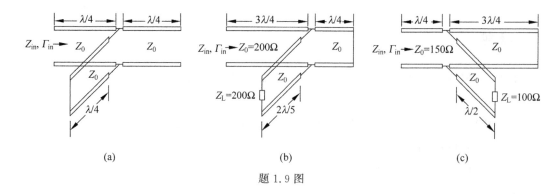

题 1.9 图

1.10 均匀无耗长线终端接负载阻抗 $Z_L=100\Omega$,测得终端电压反射系数相角 $\varphi_L=180°$ 和电压驻波比 $\rho=1.5$。试计算终端电压反射系数 Γ_L、长线特性阻抗 Z_0 及距终端最近的一个电压波腹点的距离 z_{max}。

1.11 有一段 $Z_0=200\Omega$ 的传输线,其始端接一电容,当工作频率为 200MHz 时,容抗为 500Ω,试问此线在终端短路时应有多长才可组成并联谐振回路。

1.12 某负载通过题 1.8 图所示的那种 1/4 波长阻抗变换器实现了匹配。已知无耗传输线的特性阻抗 $Z_0=100\Omega$,1/4 波长变换器上的驻波比 $\rho'=2$,变换器与负载之间连线的长度为 $l=\lambda_p/12$,变换器与连线连接处是电压波腹点。试计算:

(1) 连线上的驻波比 ρ;

(2) 变换器的特性阻抗 Z_{01};

(3) 负载阻抗 Z_L。

1.13 在工作频率为 100MHz 下用一段长为 $\lambda/4$、特性阻抗 $Z_{01}=200\Omega$ 的传输线为 $Z_L=50\Omega$ 的负载匹配,如题 1.13 图所示。求:

(1) $\lambda/4$ 匹配段的输入阻抗 Z_{in};

(2) 频率为 120MHz 时匹配段的输入阻抗;

(3) 频率为 80MHz 时匹配段的输入阻抗。

以上结果说明什么?

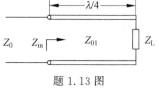

题 1.13 图

1.14 传输线的特性阻抗 $Z_0=300\Omega$,负载阻抗 $Z_L=(450-j150)\Omega$。如利用题 1.14 图(a)所示 $\lambda/4$ 阻抗变换器来实现匹配,试求:

(1) 变换器的接入位置 l 和特性阻抗 Z_{01};

(2) 如将变换器直接接在负载与主传输线之间,则需在负载处并联一短路分支,如题 1.14 图(b)所示,试求短路分支的长度 s 和变换器的特性阻抗 Z_{01}。

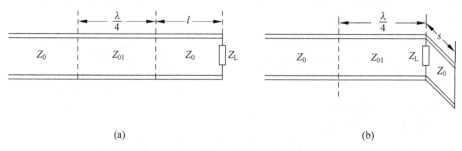

(a)   (b)

题 1.14 图

1.15 利用 $\lambda/4$ 阻抗变换器把 $Z_L = 100\Omega$ 的负载与特性阻抗 $Z_0 = 50\Omega$ 的无耗传输线相匹配,当工作频率为 $f = 10\text{GHz}$ 时,求:

(1) $\lambda/4$ 变换器的特性阻抗 Z_{01} 和长度 l;

(2) 能保持 $\rho \leqslant 1.25$ 的工作频率范围。

1.16 无耗传输线特性阻抗 $Z_0 = 75\Omega$,通过并联单短路短截线法实现匹配,如题 1.16 图所示。已知负载与并联支路的间距为 $d = \lambda_p/8$,短路短截线长度 $l_S = \lambda_p/8$。试求负载阻抗 Z_L。

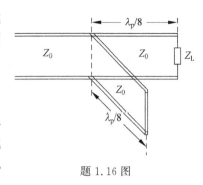

题 1.16 图

1.17 无耗传输线特性阻抗 $Z_0 = 50\Omega$,负载阻抗 $Z_L = (20 - j90)\Omega$,通过并联单短路短截线匹配法实现匹配。试分别用圆图解法和解析解法计算负载与并联支路的间距 d 和短路短截线支路的长度 l_S。

1.18 无耗传输线的特性阻抗 $Z_0 = 50\Omega$,负载阻抗 $Z_L = (200 + j100)\Omega$,利用串联单短路短截线进行匹配。试分别用圆图解法和解析解法求分支线的接入位置与负载之间的距离 d 和短路短截线的长度 l_S。

1.19 在特性阻抗为 75Ω 的无耗线上,测得线上的电压驻波比 $\rho = 1.5$,第一个电压波节点到负载的距离 $d_{\text{min}1} = 0.082\lambda$,试用圆图法求负载阻抗 Z_L。

1.20 在 $Z_0 = 600\Omega$ 的无耗传输线上,测得电压最大值 $U_{\text{max}} = 100\text{V}$,电压最小值 $U_{\text{min}} = 20\text{V}$,一电压最小点到负载的距离 $l_{\text{min}} = 0.65\lambda$。

(1) 求负载阻抗;

(2) 若用并联单短路支节进行匹配,求支节的位置和长度。

第 2 章

CHAPTER 2

各种形式的微波传输线

第 1 章介绍了分析微波传输线的基本理论,讨论的是微波传输线的共性问题。本章介绍各种具体形式的微波传输线,讨论的是微波传输线的个性问题。

2.1 概论

微波传输线在微波技术中起着非常重要的作用,它不仅可以用于传输能量,还是许多微波元(器)件、微波电路和天线的重要组成部分,而且,在某些情况下,传输线本身就是一个微波元件。因此,掌握各种传输线的特性是十分必要的。

目前常用的微波传输线有平行双线、同轴线、金属波导、介质波导和微带线、共面波导、基片集成波导等平面微波传输线形式,如图 2.1-1 所示。图中每一种传输线各有其特点,并适用于不同的应用场合。

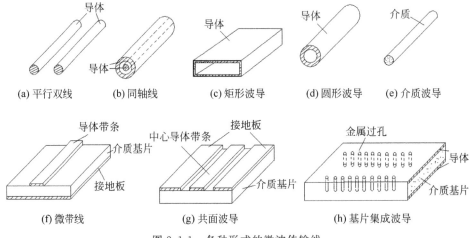

图 2.1-1 各种形式的微波传输线

通常,工农业生产和日常生活用电频率很低,是通过电力传输线来传送的。在无线电波的低频端,例如短波波段,有时也通过类似电力传输线的两根平行导线——平行双线,来传输电磁波信号,如图 2.1-1(a)所示。但是,平行双线的结构是敞开的,辐射损耗随着电磁波频率的升高而增大,因而当频率较高时(例如在超短波和分米波波段),通常采用同轴线来代替它,如图 2.1-1(b)所示。同轴线是由内、外导体构成的,电磁波在内、外导体之间传输,外导体对电磁波能量具有屏蔽作用,故可以避免辐射损耗。但是,随着电磁波频率的继续升高,趋肤效应加重,流经导体的电流越来越"挤向"导体表面。这相当于减小了导体的横截面积,增大了电阻,从而使导体损耗增大。此外,由于同轴线的内导体需要介质来支撑固定,而介质损耗也随频率的升高而增加。显然,如果拔除同轴线的内导体,既可以减少导体损耗,又可以避免介质损耗,于是就出现了空心金属波导。通常,金属波导用在厘米波波段和毫米波的低频端。根据波导横截面的形状,金属波导可分为矩形波导、圆形波导等形式,如图 2.1-1(c)和(d)所示。随着工作频率的进一步提高,尺寸很小的封闭系统单模波导不仅加工困难,而且功率容量也越来越小,壁电流的损耗越来越大,乃至无法容忍。因此,到毫米波、亚毫米波波段后必须另找传输系统,属于敞开系统的介质波导便应运而生,如图 2.1-1(e)所示。介质波导不像金属波导那样将电磁场封闭在有限空间,而是在介质波导的介质内及介质表面传输,形成表面波传输。另外,随着通信、航空和航天事业的迅猛发展,对减少微波设备的体积和重量、实现微波电路集成化的要求越来越高。为了满足这种要求,人们研制了平面结构的传输线——微波集成传输线。微波集成传输线主要有微带线(如图 2.1-1(f)所示)、共面波导(如图 2.1-1(g)所示)和基片集成波导(如图 2.1-1(h)所示)等。本章分别介绍以上各种微波传输线。

2.2　平行双线

平行双线(Parallel Two-Wire)是由两根平行导线构成的,图 2.2-1(a)给出了平行双线的横截面结构;图 2.2-1(b)为平行双线横截面上电力线和磁力线分布。由图可知,平行双线传输的电磁波是横电磁波,即 TEM 波(Transverse Electromagnetic Wave)。

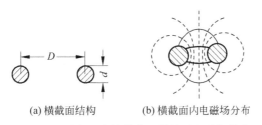

(a) 横截面结构　　　　(b) 横截面内电磁场分布

图 2.2-1　平行双线的横截面结构及电磁场分布

由电磁场理论可求出平行双线单位长度上的分布电阻、分布电感、分布漏电导和分布电容分别为

$$R_1 = \frac{2}{d}\sqrt{\frac{f\mu}{\pi\sigma}}; \quad L_1 = \frac{\mu}{\pi}\ln\frac{D+\sqrt{D^2-d^2}}{d};$$

$$G_1 = \frac{\pi\gamma}{\ln\dfrac{D+\sqrt{D^2-d^2}}{d}}; \quad C_1 = \frac{\pi\varepsilon}{\ln\dfrac{D+\sqrt{D^2-d^2}}{d}} \tag{2.2-1}$$

上式中,μ、ε 和 γ 分别为平行双线填充介质的磁导率、介电常数和漏电导率,σ 为导线的电导率。而 D 和 d 分别是平行双线两根导线的间距和圆形导线横截面的直径。

把式(2.2-1)代入到式(1.2-9)便可求得平行双线的特性阻抗。对于无耗平行双线,特性阻抗为

$$Z_0 = \sqrt{\frac{L_1}{C_1}} = \frac{1}{\pi}\sqrt{\frac{\mu}{\varepsilon}}\ln\frac{D+\sqrt{D^2-d^2}}{d} \tag{2.2-2}$$

对于无耗非铁磁媒质,$\mu \approx \mu_0 = 4\pi\times10^{-7}$,$\varepsilon = \varepsilon_r\varepsilon_0$,$\varepsilon_0 = \frac{1}{36\pi}\times10^{-9}$,因此上式可改写成

$$Z_0 = \frac{120}{\sqrt{\varepsilon_r}}\ln\frac{D+\sqrt{D^2-d^2}}{d} \tag{2.2-3}$$

当 $D \gg d$ 时,可得近似表达式

$$Z_0 = \frac{120}{\sqrt{\varepsilon_r}}\ln\frac{2D}{d} \tag{2.2-4}$$

由于无耗平行双线传输的电磁波和无限大理想介质中传输的均匀平面电磁波同属 TEM 波,所以二者的相位常数、相速和波长的表达式应分别相同。把式(2.2-1)代入式(1.3-5),就可得到平行双线的相位常数为

$$\beta = \omega\sqrt{\mu\varepsilon} \tag{2.2-5}$$

相应地,平行双线的相速、相波长分别为

$$v_p = \frac{1}{\sqrt{\mu\varepsilon}} = \frac{c}{\sqrt{\varepsilon_r}} \tag{2.2-6}$$

$$\lambda_p = \frac{2\pi}{\beta} = \frac{v_p}{f} = \frac{\lambda_0}{\sqrt{\varepsilon_r}} \tag{2.2-7}$$

上式中,c 为真空中的光速,而

$$\lambda_0 = \frac{c}{f} \tag{2.2-8}$$

λ_0 为真空中 TEM 波的波长,又称为工作波长。

由式(2.2-6)可见,平行双线中电磁波的相速与频率无关,因此其群速就等于相速,即

$$v_g = \frac{d\omega}{d\beta} = v_p \tag{2.2-9}$$

无耗平行双线中传输的电磁波为非色散波,故为非色散传输线,这种传输线具有宽频带的特点。

实际中还经常采用图 2.2-2(a)所示导电地面上方的近地单导线传输微波信号。由镜像法可将其等效成图 2.2-2(b)所示的平行双线。

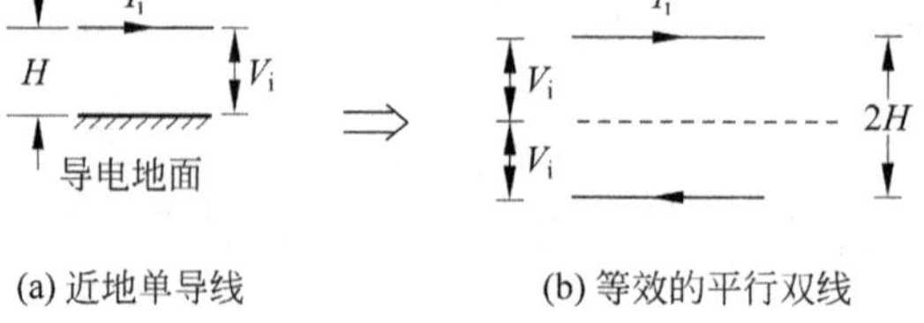

(a) 近地单导线　　　　　　(b) 等效的平行双线

图 2.2-2　近地单导线及其等效的平行双线

设单导线对地的入射波电压为 V_i,入射波电流为 I_i,则单导线传输线的特性阻抗为

$$Z_0 = \frac{V_i}{I_i}$$

而与其镜像一起所等效的平行双线的特性阻抗为

$$Z'_0 = \frac{2V_i}{I_i} = \frac{120}{\sqrt{\varepsilon_r}} \ln\left[\frac{2H}{d} + \sqrt{\left(\frac{2H}{d}\right)^2 - 1}\right]$$

由此便可得到近地单导线传输线的特性阻抗为

$$Z_0 = \frac{V_i}{I_i} = \frac{60}{\sqrt{\varepsilon_r}} \ln\left[\frac{2H}{d} + \sqrt{\left(\frac{2H}{d}\right)^2 - 1}\right] \tag{2.2-10}$$

当 $H \gg d$ 时,可得近似公式

$$Z_0 = \frac{60}{\sqrt{\varepsilon_r}} \ln\frac{4H}{d} \tag{2.2-11}$$

由于平行双线是开放系统,其辐射损耗随频率的升高急剧地升高,所以,在微波波段之内,它只能用于分米波段的低频端。在微波波段以外,平行双线广泛应用于超短波和短波波段,而中波波段则常使用近地单导线传输线。

2.3 同轴线

同轴线(Coaxial Line)是由共轴线的实心圆柱导体(内导体)和空心圆柱金属管(外导体)构成的双导体传输线。同轴线有两种类型:一种是由绝缘垫圈支撑内、外导体的硬同轴线,如图 2.3-1(a)所示;另一种是内、外导体之间为软绝缘介质的软同轴线(又称同轴电缆),如图 2.3-1(b)所示。硬同轴线内、外导体之间一般为空气,其间每隔一段距离安置一高频介质环等支撑,以保证其同轴和绝缘;软同轴线内导体为单根或多股绞合铜线编织而成,内外导体之间填充柔软的高频介质。

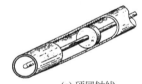

(a) 硬同轴线

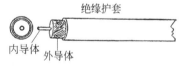

绝缘护套

内导体 外导体

(b) 同轴电缆

由电磁场理论可知,同轴线既可以传输无色散的 TEM 模,又可以传输色散的 TE 模和 TM 模。显然,TEM 模是同轴线中的主模,而 TE 模和 TM 模则是高次模。由于同轴线工作在 TEM 模,所以具有宽频带特性,可以从直流一直工作到毫米波波段。因此,无论在微波整机系统、微波测量系统还是微波元器件中,同轴线都得到了广泛的应用。

图 2.3-1 硬同轴线和同轴电缆

2.3.1 同轴线中的 TEM 模

TEM 模是同轴线中的主模,同轴线横截面结构尺寸及其内部 TEM 模场分布如图 2.3-2 所示。

由电磁场理论可得同轴线单位长度上的分布电阻、分布电感、分布漏电导和分布电容分别为

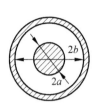 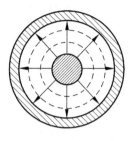

(a) 横截面结构尺寸　　　　(b) TEM模电磁场分布

图 2.3-2　同轴线横截面结构尺寸及其内部 TEM 模电磁场分布

$$R_1 = \sqrt{\frac{f\mu}{\pi\sigma}}\left(\frac{1}{2a}+\frac{1}{2b}\right); \qquad L_1 = \frac{\mu}{2\pi}\ln\frac{b}{a};$$
$$G_1 = \frac{2\pi\gamma}{\ln\dfrac{b}{a}}; \qquad C_1 = \frac{2\pi\varepsilon}{\ln\dfrac{b}{a}} \tag{2.3-1}$$

上式中,μ、ε 和 γ 分别为同轴线填充介质的磁导率、介电常数和漏电导率,σ 为同轴线导体的电导率,而 a 和 b 分别为同轴线内导体的半径和外导体的内半径。对于无耗同轴线,把式(2.3-1)中的分布电感和分布电容代入到式(1.2-9)便可得到无耗同轴线的特性阻抗为

$$Z_0 = \frac{60}{\sqrt{\varepsilon_r}}\ln\frac{b}{a} = \frac{60}{\sqrt{\varepsilon_r}}\ln\frac{D}{d} \tag{2.3-2}$$

上式中,D 和 d 分别是同轴线的外导体内直径和内导体直径。

同轴线中 TEM 模的相位常数、相波长、相速和群速 4 个基本参数分别为

$$\beta = \omega\sqrt{\mu\varepsilon}$$
$$\lambda_p = \lambda = \frac{\lambda_0}{\sqrt{\varepsilon_r}}$$
$$v_p = v_g = \frac{c}{\sqrt{\varepsilon_r}} \tag{2.3-3}$$

上式中,λ_0、c 分别为真空中的波长和光速。

2.3.2　同轴线中的高次模

同轴线中的 TE 模和 TM 模都是高次模(High-Order Modes)。理论分析表明,TE_{11} 模的截止波长最长,且由下式确定

$$\lambda_{c(TE_{11})} = \pi(a+b) \tag{2.3-4}$$

因此,为使同轴线中只传输 TEM 模,须满足下式

$$\lambda_{\min} > \lambda_{c(TE_{11})} = \pi(a+b) \tag{2.3-5}$$

式中,$\lambda_{\min}$ 是工作频段内的最小介质波长,上式称为同轴线的单模传输条件。

2.3.3　功率容量与损耗

1. 功率容量

在行波状态下,同轴线传输 TEM 模时的平均传输功率为

$$P = \frac{|V_i|^2}{2Z_0} \tag{2.3-6}$$

若同轴线的击穿电压为 V_b，则同轴线的功率容量（Power Capacity）可表示为

$$P_b = \frac{V_b^2}{2Z_0} \tag{2.3-7}$$

若击穿电压 V_b 所对应的击穿电场强度用 E_b 表示，则由电磁场理论可知

$$V_b = E_b a \ln \frac{b}{a} \tag{2.3-8}$$

于是同轴线的功率容量还可表示为

$$P_b = \frac{\sqrt{\varepsilon_r} a^2 E_b^2}{120} \ln \frac{b}{a} \tag{2.3-9}$$

对于 50-16 型硬同轴线，$b = 8\text{mm}$，$a = 3.475\text{mm}$，$\varepsilon_r = 1$，$E_b = 30\text{kV/cm}$，可算出功率容量 $P_b \approx 756\text{kW}$。以上各式中，电压、场强等参量均是振幅值。

2. 损耗

内部充以空气的同轴线传输 TEM 模时，因导体损耗（Loss）而引起的衰减系数（Attenuation Constant）为

$$\alpha_c = \frac{R_1}{2Z_0} = \frac{R_s}{2\pi b} \cdot \frac{1 + \dfrac{b}{a}}{120\ln \dfrac{b}{a}} \quad (\text{Np/m}) \tag{2.3-10}$$

式中，$R_s = \dfrac{1}{\sigma\delta}$ 为金属导体的表面电阻。

通常情况下，硬同轴线中空气介质的损耗很小，可不予考虑。对于同轴电缆，因介质损耗而引起的衰减系数为

$$\alpha_d = \frac{\pi\sqrt{\varepsilon_r}}{\lambda_0} \tan\delta \quad (\text{Np/m}) \tag{2.3-11}$$

式中，$\tan\delta$ 为同轴线所填充介质的损耗角正切（Dielectric Loss Tangent）。由上式可见，介质损耗与频率成正比，而损耗角正切也是随频率升高而增加的，所以，同轴电缆必须选用高频损耗小的介质来填充。

2.3.4　同轴线尺寸的选择

选择同轴线尺寸的原则是：保证在给定的工作频带内只传输 TEM 模；满足功率容量要求，即传输的功率尽量大；损耗小。

（1）为保证只传输 TEM 模，波长与同轴线内外导体的半径之间必须满足以下关系

$$\lambda \geqslant \pi(a + b) \tag{2.3-12}$$

（2）由式（2.3-9）可知，同轴线的功率容量与 a 和 b 有关。在满足上式的条件下，若限定 b 值，改变 a 值，则功率容量最大的条件是 $\mathrm{d}P_b/\mathrm{d}a = 0$，由此可得

$$\frac{b}{a} = 1.649 \tag{2.3-13}$$

对于满足上式条件且内部充以空气的同轴线，其特性阻抗为 $Z_0 = 30\Omega$。

（3）b 值一定时，衰减最小的条件是 $d\alpha_c/da = 0$，将式(2.3-10)代入可得

$$\frac{b}{a} = 3.591 \qquad (2.3\text{-}14)$$

满足上式条件且内部充以空气的同轴线，其特性阻抗为 $Z_0 = 76.71\Omega$。

显然，功率容量最大和衰减最小对同轴线尺寸 b/a 的值的要求是不一样的，因此必须兼顾考虑。通常，同轴线的特性阻抗有 75Ω 和 50Ω 两个标准。特性阻抗为 75Ω 时，主要考虑到衰减最小的要求。如果对衰减小和功率容量大都有要求，则一般取

$$\frac{b}{a} = 2.303 \qquad (2.3\text{-}15)$$

满足上式条件且内部充以空气的同轴线的特性阻抗 $Z_0 = 50\Omega$。

2.4 矩形波导

2.4.1 矩形波导的结构与场分布

1. 矩形波导的结构

矩形波导（Rectangular Waveguide）是横截面为矩形的空心金属管，如图 2.4-1 所示。传输大功率微波信号时主要采用矩形波导作为传输线。

利用长线理论，可以从双线传输线出发，更直观地来理解矩形波导结构的形成。如图 2.4-2 所示，假设有一宽度为 w 的平行双线传输线，如果在双线左侧 A、B 点处并联一根 $\lambda/4$ 的短路线，则从双线上 A、B 两点向左看入的输入阻抗为无穷大，所以并联上去的这根短路线对双线来说不会产生任何影响。同理，如果在双线右侧的 C、D 两点亦并联一根 $\lambda/4$ 的短路线，则该短路线也不会影响双线的传输特性。当双线两侧并联无数多根短路线时，就形成了矩形波导。由此可见，矩形波导可以用双线传输线来等效，等效双线传输线的位置在波导上下宽边的中央。

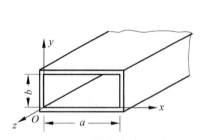

图 2.4-1 矩形波导结构及其坐标系

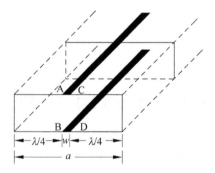

图 2.4-2 矩形波导的形成

2. 矩形波导中的场分布

由电磁场理论可知，矩形波导内不能传输 TEM 波，只能传输色散的 TE 波（H 波）和 TM 波（E 波）。而每一种波形又可划分成若干种模式，用下标 m 和 n 加以区别，如 TE_{mn}（H_{mn}）、TM_{mn}（E_{mn}）。其中，第一个下标 m 代表沿宽边的半驻波数，第二个下标 n 代表沿窄边的半驻波数。在各种模式中，最低次模为 TE_{10} 模，其截止波长最长，因而在实际工作中作为主

模(Principle Mode)。TE$_{10}$模的电磁场结构如图 2.4-3(a)所示。由图可见,波导内壁有切向磁场存在。由电磁场理论可知,在理想导体表面上,表面电流密度矢量 $\boldsymbol{J}_S$ 与磁场强度矢量 $\boldsymbol{H}$ 的关系为

$$\boldsymbol{J}_S = \boldsymbol{n} \times \boldsymbol{H} \tag{2.4-1}$$

式中,$\boldsymbol{n}$ 为矩形波导内壁表面的单位法线矢量。由式(2.4-1)便可得到波导内壁表面电流分布,如图 2.4-3(b)所示。

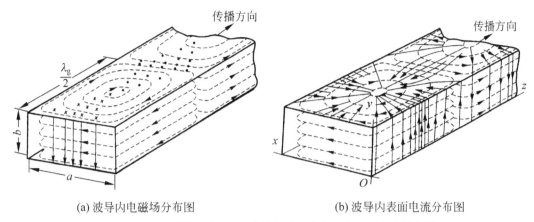

(a) 波导内电磁场分布图　　　　　　(b) 波导内表面电流分布图

图 2.4-3　矩形波导中 TE$_{10}$ 波的电磁场分布及内表面电流分布图

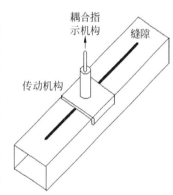

图 2.4-4　波导测量线示意图

了解 TE$_{10}$ 模的场结构和电流分布情况是非常有意义的。例如,欲在波导中激励起 TE$_{10}$ 模,就需要知道其场结构。另外,根据波导壁上的电流分布情况,可以制作微波测量中常用的测试器件——波导测量线,其结构如图 2.4-4 所示。测量线是通过在波导宽壁中心线处沿波导纵向开一条窄缝,并将探针插入波导内沿纵向移动而测量波导内的驻波场分布的,进一步可测得波导波长、负载阻抗等参量。由于沿宽壁开纵缝不会切断高频电流,故从缝处向外的辐射极小,对波导内的电磁波传输的影响也可以忽略不计。然而,若要制作波导缝隙天线,则就要使所开的缝切割电流线。如何开缝才能切割电流线,就需要知道波导壁上的电流分布。

2.4.2　矩形波导的基本特性参数

1. 截止波长和单模传输条件

由电磁场理论可知,截止波长(Cutoff Wavelength)就是当传播常数 $\gamma = 0$ 时的信号波长。当信号在介质内的波长等于截止波长时,电磁波不能沿波导传输,只是在横截面内振荡,称为波的临界状态。当信号波长小于截止波长时,$\gamma = j\beta$,$\alpha = 0$,此时波沿波导无衰减地传输,只有相移,称为波的传输状态。当信号波长大于截止波长时,$\beta = 0$,$\gamma = \alpha$,此时波沿波导很快地衰减,不能传输,称为波的截止状态。可见,截止波长与信号波长的关系是决定电

磁波能否在波导中传输的重要条件。因此,截止波长是色散型传输系统的非常重要的特性参数。在矩形波导中,下标 m 和 n 分别相同的 TE_{mn} 模(H_{mn} 模)和 TM_{mn} 模(E_{mn} 模)有相同的截止波长,即

$$\lambda_{c(TE_{mn})} = \lambda_{c(TM_{mn})} = \frac{2}{\sqrt{\left(\frac{m}{a}\right)^2 + \left(\frac{n}{b}\right)^2}} \tag{2.4-2}$$

式中,a、b 分别为矩形波导横截面的宽、窄边尺寸。显然,对于给定尺寸的矩形波导,每一种传输模式都有其确定的截止波长。矩形波导的主模 TE_{10} 模的截止波长为

$$\lambda_{c(TE_{10})} = 2a \tag{2.4-3}$$

标准矩形波导宽边长度大约是窄边长度的 2 倍略多一点。图 2.4-5 所示是 BJ100 波导中各种模式的截止波长分布图。从式(2.4-2)和图 2.4-3 可以看出,下标 m、n 分别相同时,E_{mn} 模和 H_{mn} 模有相同的截止波长,它们可以在波导中同时存在,这种现象称为 E-H 简并。

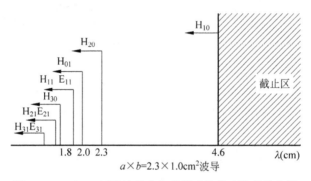

图 2.4-5 BJ100 矩形波导中各种模式的截止波长分布图

为了防止信息失真,就必须限制 TE_{20} 模和 TE_{01} 模,以保证矩形波导中只存在主模 TE_{10} 模,因此单模传输条件为

$$\begin{cases} \lambda_{c(TE_{20})} = a < \lambda < 2a = \lambda_{c(TE_{10})} \\ \lambda_{c(TE_{01})} = 2b < \lambda \end{cases} \tag{2.4-4}$$

式中,$\lambda = \lambda_0 / \sqrt{\varepsilon_r}$ 是波导内介质中的波长,对于不填充介质的波导它就是工作波长。而对于给定的信号波长,矩形波导横截面宽边和窄边尺寸的选择范围是

$$\begin{cases} \frac{\lambda}{2} < a < \lambda \\ 0 < b < \frac{\lambda}{2} \end{cases} \tag{2.4-5}$$

2. 波导波长

波导波长(Waveguide Wavelength)就是波导中的相波长,即

$$\lambda_g = \frac{2\pi}{\beta} = \frac{\lambda}{\sqrt{1 - (\lambda/\lambda_c)^2}} \tag{2.4-6}$$

由上式可知,TE_{10} 模的波导波长为

$$\lambda_{g(TE_{10})} = \frac{\lambda}{\sqrt{1 - (\lambda/2a)^2}} \tag{2.4-7}$$

波导波长还可以用实验方法测得,从而可以算出工作波长。

3. 相速和群速

矩形波导中的相速(Phase Velocity)和群速(Group Velocity)分别由下式确定

$$v_p = \frac{v}{\sqrt{1 - (\lambda/\lambda_c)^2}} > v$$

$$v_g = v\sqrt{1 - (\lambda/\lambda_c)^2} < v \tag{2.4-8}$$

式中,$v = c/\sqrt{\varepsilon_r}$,为介质中的横电磁波传播速度,即光速。可见,$TE_{mn}$ 模或 TM_{mn} 模的相速大于光速,但其只是波的等相位面移动的速度,而群速才是 TE_{mn} 模和 TM_{mn} 模电磁波能量的移动速度。不过,群速只对窄频带信号才有意义。因为当信号频谱很宽时,由于各频率传输速度不同,信号将产生严重畸变,这样群速就失去了意义。

4. 波阻抗和等效阻抗

由电磁场理论可知,波导中的波(型)阻抗(Wave Impedance)定义为该波形的横向电场与横向磁场的比值

$$Z_W = \frac{E_x}{H_y} = -\frac{E_y}{H_x} \tag{2.4-9}$$

TM_{mn} 模(E_{mn} 模)和 TE_{mn} 模(H_{mn} 模)的波阻抗分别为

$$Z_{WE} = \eta\sqrt{1 - (\lambda/\lambda_c)^2}$$

$$Z_{WH} = \eta / \sqrt{1 - (\lambda/\lambda_c)^2} \tag{2.4-10}$$

式中

$$\eta = \sqrt{\frac{\mu}{\varepsilon}} \tag{2.4-11}$$

为介质中横电磁波的波阻抗,真空(空气)中,$\eta = \eta_0 = 120\pi\,\Omega$。

主模 TE_{10}(H_{10})模的波阻抗为

$$Z_{WH_{10}} = \frac{\eta}{\sqrt{1 - (\lambda/2a)^2}} \tag{2.4-12}$$

可以看出,TE_{10} 模的波阻抗只与宽边的尺寸 a 有关,而与窄边的尺寸 b 无关。对于宽边尺寸 a 相同,而窄边尺寸 b 不同的两段矩形波导,TE_{10} 模的波阻抗是相同的。显然,如果把二者连接在一起必然会发生反射。因此,需要引进矩形波导主模的等效特性阻抗的概念,它等于等效电压和等效电流的比值。可是,矩形波导主模的等效电压和等效电流有不同的等效方法,因而得到的等效特性阻抗不是唯一的。不过,它们仅仅是系数不同而已。因此,通常用下式作 TE_{10} 模的等效特性阻抗

$$Z_e = \frac{b}{a} \frac{\eta}{\sqrt{1 - (\lambda/2a)^2}} \tag{2.4-13}$$

矩形波导中的等效特性阻抗 Z_e 相当于 TEM 波传输线的特性阻抗 Z_0,于是,就可以用解决长线问题的方法来解决矩形波导的问题。

【例 2.4-1】 图 2.4-6(a)给出了连接在一起的两段矩形波导,它们的宽边相同,都是 $a = 23\text{mm}$,而窄边则分别是 $b_1 = 5\text{mm}$,$b_2 = 10\text{mm}$,内部填充空气。当第二段的末端接匹配负载时,求连接处的反射系数(不考虑阶梯不连续性的影响)。

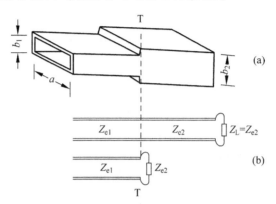

图 2.4-6　例 2.4-1 题图及其等效电路

解：把两段矩形波导等效成两段连接在一起的长线,其等效电路如图 2.4-6(b)所示。两段传输线的等效特性阻抗分别为

$$Z_{e1} = \frac{b_1}{a}\frac{120\pi}{\sqrt{1-(\lambda/2a)^2}}$$

$$Z_{e2} = \frac{b_2}{a}\frac{120\pi}{\sqrt{1-(\lambda/2a)^2}}$$

由等效电路可知,因为第二段传输线的末端接匹配负载,故连接处的输入阻抗为

$$Z_T = Z_{e2}$$

于是可知该处的反射系数为

$$\Gamma_T = \frac{Z_T - Z_{e1}}{Z_T + Z_{e1}} = \frac{Z_{e2} - Z_{e1}}{Z_{e2} + Z_{e1}} = \frac{b_2 - b_1}{b_2 + b_1} = \frac{10-5}{10+5} = \frac{1}{3}$$

5. 功率容量

由电磁场理论可知,填充空气的矩形波导单模传输且处于行波状态时,通过其任意横截面的平均功率(即有功功率)为

$$P = \frac{abE_0^2}{480\pi}\sqrt{1-\left(\frac{\lambda}{2a}\right)^2} \tag{2.4-14}$$

式中,E_0 为矩形波导宽边中点处电场的振幅值。使介质发生击穿的电场强度称为击穿强度,用 E_b 来表示。空气的击穿强度为 $E_b = 30\text{kV/cm}$。当矩形波导内 $E_0 = E_b$ 时,传输功率达到最大值,这就是矩形波导的功率容量(Power Capacity),即

$$P_b = \frac{abE_b^2}{480\pi}\sqrt{1-\left(\frac{\lambda}{2a}\right)^2} \tag{2.4-15}$$

可以看出,矩形波导的尺寸越大,频率越高,功率容量就越大。

需要注意的是,上面得到的功率容量是行波状态下的功率容量。矩形波导处于行驻波状态时,波腹点电场强度达到击穿强度时的传输功率为其功率容量。可以证明,此时功率容

量为

$$P_{\text{br}} = \frac{a\,b\,E_{\text{b}}^2}{480\pi} \sqrt{1 - \left(\frac{\lambda}{2a}\right)^2} \cdot \frac{1}{\rho} = \frac{P_{\text{b}}}{\rho} \tag{2.4-16}$$

式中，ρ 为行驻波状态下的驻波比。可见，为了提高矩形波导的功率容量，应尽可能地实现矩形波导与负载的匹配，使波腹点电场强度小于击穿强度，这在大功率传输时尤为重要。

2.5 圆形波导

图 2.5-1 给出了圆形波导(Circular Waveguide)及其坐标系示意图。圆形波导也是应用较广泛的一种波导管。圆形波导具有损耗较小和双极化的特征，可作为双极化天线的馈线，也可用于远距离通信。此外，圆波导段还可以用来制作各种微波谐振腔。

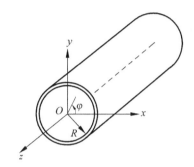

图 2.5-1　圆形波导结构及其坐标系

2.5.1 圆形波导的传输特性

和矩形波导一样，圆形波导也不能传输 TEM 波，只能传输 TE 波和 TM 波。由于圆形波导的横截面为圆形，因此它的场分布和矩形波导不同。但在纵向，两种波导的传输特性是类似的，故各种特性参数的表达式相同。圆形波导的波导波长、相速、群速和波阻抗分别为

$$\lambda_{\text{g}} = \frac{\lambda}{\sqrt{1 - (\lambda/\lambda_{\text{c}})^2}}$$

$$v_{\text{p}} = \frac{v}{\sqrt{1 - (\lambda/\lambda_{\text{c}})^2}}$$

$$v_{\text{g}} = v \sqrt{1 - (\lambda/\lambda_{\text{c}})^2}$$

$$Z_{\text{WE}} = \eta \sqrt{1 - (\lambda/\lambda_{\text{c}})^2}$$

$$Z_{\text{WH}} = \frac{\eta}{\sqrt{1 - (\lambda/\lambda_{\text{c}})^2}} \tag{2.5-1}$$

上面各式中的参量与矩形波导相应参量的物理意义完全相同。与矩形波导不同的是，圆形波导的 TE_{mn} 模和 TM_{mn} 模下标所代表的内容不同。从电磁场理论得到的场表达式可以知道，TM_{mn} 模的第一个下标 m 代表贝塞尔函数的阶数，第二个下标 n 代表贝塞尔函数根的序号；TE_{mn} 模的第一个下标 m 代表贝塞尔导函数的阶数，第二个下标 n 代表贝塞尔导

函数根的序号。从场结构上看,两种波形的第一个下标都代表沿半圆周方向的半驻波数,第二个下标都代表沿半径方向的半驻波数。虽然上面 5 个参量的表达式与矩形波导对应的表达式从形式上看是相同的,但圆形波导下标分别相同的两种波型模式的截止波长却不相同,因此各对应参量也不相等。横截面内半径为 R 的圆形波导 TM_{mn} 模的截止波长为

$$\lambda_{c(TM_{mn})} = \frac{2\pi R}{p_{mn}} \quad (m=0,1,2,\cdots; \; n=1,2,\cdots) \tag{2.5-2}$$

式中,R 为圆波导的半径,p_{mn} 为 m 阶贝塞尔函数的第 n 个根。而 TE_{mn} 模的截止波长为

$$\lambda_{c(TE_{mn})} = \frac{2\pi R}{p'_{mn}} \quad (m=0,1,2,\cdots; \; n=1,2,\cdots) \tag{2.5-3}$$

式中,p'_{mn} 为 m 阶贝塞尔导函数的第 n 个根。对于两种波形模式来说,因为第二个下标代表的是贝塞尔函数及其导函数根的序号,所以不能等于零。表 2.5-1 给出了圆形波导两种波形若干个模式的截止波长表达式。

表 2.5-1　圆形波导各波形模式的截止波长

$TE_{mn}(H_{mn})$模		$TM_{mn}(E_{mn})$模	
模式	λ_C	模式	λ_C
TE_{01}	$1.64R$	TM_{01}	$2.62R$
TE_{02}	$0.90R$	TM_{02}	$1.14R$
TE_{03}	$0.62R$	TM_{03}	$0.72R$
TE_{11}	$3.41R$	TM_{11}	$1.64R$
TE_{12}	$1.18R$	TM_{12}	$0.90R$
TE_{13}	$0.74R$	TM_{13}	$0.62R$
TE_{21}	$2.06R$	TM_{21}	$1.22R$
TE_{22}	$0.94R$	TM_{22}	$0.75R$

与截止波长对应的频率称为截止频率,由下式确定

$$f_c = \frac{1}{\lambda_c \sqrt{\mu\varepsilon}} \tag{2.5-4}$$

图 2.5-2 从大到小排列了圆形波导中各模式的截止波长分布关系。

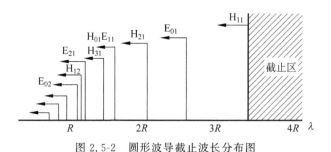

图 2.5-2　圆形波导截止波长分布图

从表 2.5-1 或图 2.5-2 中都能看到,在所有波形模式中,TE_{11} 模的截止波长最长,由下式确定

$$\lambda_{c(TE_{11})} = 3.41R \tag{2.5-5}$$

因此,TE_{11} 模是圆形波导中的最低次模;其次是 TM_{01} 模,其截止波长为

$$\lambda_{c(\mathrm{TM}_{01})} = 2.62R \tag{2.5-6}$$

对给定半径的圆形波导,当介质中的波长 λ 介于 $2.62R$ 和 $3.41R$ 之间时,只能传输 TE_{11} 模;当波长 λ 小于 $2.62R$ 时,不仅仍能传输 TE_{11} 模,而且还能传输 TM_{01} 模;继续减小波长,能传输的模式就越来越多。

圆形波导中有两种简并现象。由表 2.5-1 和图 2.5-2 可以看出,TM_{1n} 模和 TE_{0n} 模的截止波长相等,二者可以在圆形波导中同时出现,这种现象称为 E-H 简并。极化方向互相垂直的同一种模式在圆形波导中同时存在的现象称为极化简并,但是对于轴对称的 TE_{0n} 模和 TM_{0n} 模来说则没有极化简并现象。

2.5.2　圆形波导中的三个主要模式及其应用

和矩形波导不同,圆形波导除应用最低次模以外,还应用高次模。实际工作中常用的模式有 TE_{11}、TE_{01} 和 TM_{01} 三个模式。利用这三种模式场结构的特点可以构成有特殊用途的波导元件。

1. 圆形波导中的最低次模——$\mathrm{TE}_{11}(\mathrm{H}_{11})$模

如上所述,TE_{11} 模是圆形波导所有模式中的最低次模,其电磁场结构如图 2.5-3 所示。由图可见,圆形波导 TE_{11} 模与矩形波导 TE_{10} 模的场结构很相似,因此二者之间可以方便地实现相互转换。

圆形波导中的 TE_{11} 模存在极化简并现象,例如,图 2.5-4 中所示的两个模式都是 TE_{11} 模,但极化方向不同,它们能同时在圆波导中传输,称为极化兼并模。由于圆波导在加工制造时难免会出现一定的椭圆度,因此,TE_{11} 模的极化方向在传输过程中会由于边界条件的变化而发生变化,使传输模式不稳定,因此,虽然圆形波导 TE_{11} 模是最低次模,但一般都不采用它来传输微波功率,实践中,都是采用矩形波导中的 TE_{10} 模来传输微波功率的。但是在一些特殊情况下却要利用圆形波导 TE_{11} 模的简并特性,例如,在雷达机中需要传输圆极化波的时候,采用 TE_{11} 模就很方便;又如,在多路通信收、发共用天线中也采用 TE_{11} 模的两个不同极化模,以避免收、发之间的耦合。此外,圆形波导 TE_{11} 模还可用于铁氧体环行器、极化衰减器和极化变换器之中。

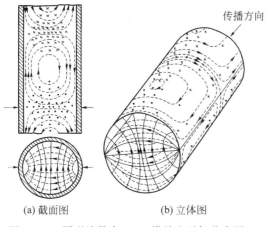

(a) 截面图　　　　　(b) 立体图

图 2.5-3　圆形波导中 TE_{11} 模的电磁场分布图

(a) 极化方式(一)　　　(b) 极化方式(二)

图 2.5-4　圆形波导中 TE_{11} 模的极化兼并示意图

2. 用作高 Q 谐振腔和远距离波导通信的 TE_{01}(H_{01})模

TE_{01} 模是圆形波导的高次模。图 2.5-5(a)、(b)分别给出了电磁场分布结构的截面图和立体图。从图中可以看出,TE_{01} 模的场结构是轴对称的,场分布沿 φ 方向没有变化。电场只有 E_{φ} 分量,故同心圆状的电力线只在横截面内分布;磁场有 H_{ρ} 分量和 H_z 分量,闭合的磁力线关于中轴线呈对称分布;圆形波导壁内表面上,电流只沿圆周方向流动。这种模不存在极化简并现象。随着工作频率的升高,波导管壁的热损耗将单调下降,这与一般波形的衰减特性相反,是 TE_{01} 模的突出优点。因此,TE_{01} 模可用于毫米波远距离通信,还能用来构成高 Q 值的微波谐振腔。目前,圆形波导 TE_{01} 模不仅被用于通信干线,而且也被作为电子设备的连接线和雷达天线的馈线。不过,在使用 TE_{01} 模时要设法抑制其他模式。

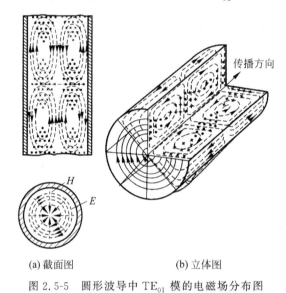

(a) 截面图　　　　　　　(b) 立体图

图 2.5-5　圆形波导中 TE_{01} 模的电磁场分布图

3. 用作旋转连接的 TM_{01}(E_{01})模

TM_{01} 模是圆形波导 TM 型波的最低次模,它的场结构也是中心对称的,如图 2.5-6 所示。从图中可以看出,TM_{01} 模场分布沿 φ 方向也没有变化,磁场只有 H_{φ} 分量,同心圆状的磁力线分布在横截面之内,并在管壁内表面上环绕;电场有 E_{ρ} 分量和 E_z 分量,电力线

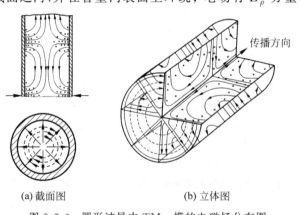

(a) 截面图　　　　　　　(b) 立体图

图 2.5-6　圆形波导中 TM_{01} 模的电磁场分布图

也是关于中心轴呈对称分布的。根据电磁场的边界条件可知,管壁内表面上只有纵向的电流。正是根据这一特点,TM_{01} 模被用作天线扫描装置旋转关节的工作模式。不过,TM_{01} 模不是圆形波导的最低次模,使用时必须设法消除最低次模——TE_{11} 模。

圆形波导作为传输线不必像矩形波导那样专门定义等效阻抗,可直接把波阻抗看成是长线的特性阻抗,因为波阻抗表达式中包含了横截面的尺寸——半径 R。

【例 2.5-1】 有一微波加热炉,工作频率为 2050MHz,在腔壁上开一个直径为 2cm 的观察孔,要求电磁波经过这个观察孔的衰减大于 90dB。问此观察孔的长度至少为多少?

解:观察孔相当于圆波导,为使电磁波不泄漏,波在圆波导中应为截止状态,故需满足

$$\lambda > \lambda_C(H_{11}) = 3.41R$$

由于 $\lambda = \dfrac{c}{f} = 14.634(\text{cm})$,故 $\lambda_C(H_{11}) = 3.41R = 3.41(\text{cm}) < \lambda$,满足截止状态条件,且衰减常数为

$$\alpha = \frac{2\pi}{\lambda}\sqrt{\left(\frac{\lambda}{\lambda_C}\right)^2 - 1} \approx \frac{2\pi}{\lambda_C} = 1.8426\,\text{N}_p/\text{cm}$$

电磁波传播 l 长度后产生的衰减为

$$A = 20\lg e^{\alpha l} = 20\alpha l\lg e \geqslant 90\text{dB}$$

故观察孔的最短长度为

$$l = \frac{90}{20} \cdot \frac{1}{\alpha\lg e} = 5.623\text{cm}$$

2.6 介质波导

介质波导(Dielectric Waveguide)是一种由介质构成的非封闭式微波传输线。介质波导工作时,电磁波沿着介质波导在介质内部和表面附近区域中进行传输。介质波导传输的电磁场在介质外沿横向方向随离开介质表面距离的增加按指数规律衰减,这种波称为表面波。因此,介质波导也称表面波波导(Surface Wave Waveguide)。

介质波导有多种结构形式,有介质板、介质覆盖导体板、介质杆、涂介质单导线、介质镜像线、H 形波导和 O 形波导等,如图 2.6-1 所示。下面简单介绍介质板波导的工作原理。

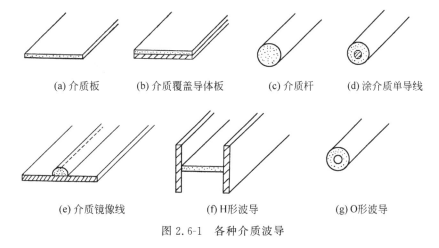

(a) 介质板　　(b) 介质覆盖导体板　　(c) 介质杆　　(d) 涂介质单导线

(e) 介质镜像线　　(f) H形波导　　(g) O形波导

图 2.6-1 各种介质波导

首先讨论当电磁波由高介电常数 ε_1 的介质区域入射到其与低介电常数 ε_2 介质的分界面上时波的反射和折射情形,如图 2.6-2 所示。

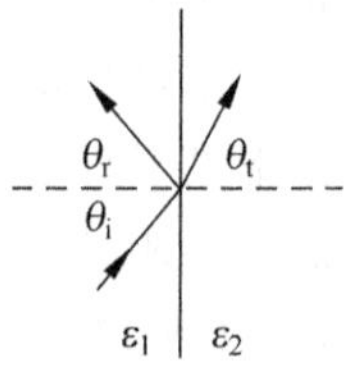

根据折射定律,有

$$\frac{\sin\theta_i}{\sin\theta_t} = \sqrt{\frac{\varepsilon_2}{\varepsilon_1}} \qquad (2.6\text{-}1)$$

因为 $\varepsilon_1 > \varepsilon_2$,所以 $\theta_t > \theta_i$。当

$$\theta_i > \theta_c = \arcsin\sqrt{\frac{\varepsilon_2}{\varepsilon_1}} \qquad (2.6\text{-}2)$$

图 2.6-2 介质分界面处波的反射与折射

时,将产生全反射,电磁波不能进入低介电常数的介质区域,θ_c 称为临界角。当 ε_1 比 ε_2 大很多时,θ_c 很小。由此可见,高介电常数介质界面与导体界面类似,也能使电磁波发生完全的或接近完全的反射。但是,在导体壁上的边界条件是电场的切向分量为零,即为电壁(Electric Wall),而在高介电常数介质界面上的边界条件是磁场的切向分量近似为零,即为磁壁(Magnetic Wall)。

正因为高介电常数介质界面具有完全反射电磁波的特性,因此,与在金属波导中一样,电磁波也能被限制在高介电常数介质中而沿介质传输,从而就可以构成介质波导。不过上述全反射解释是在几何光学近似下做出的,而实际上,高介电常数介质界面并非完全磁壁,所以,在它的外表空间区域中仍有电磁场存在,不过这种场是随离开介质表面距离的增大而呈指数衰减的,也就是说,介质波导中的波是以表面波形式传输的。

2.7 微带线

2.7.1 微带线的结构

微带线(Microstrip Line)是 20 世纪 50 年代发展起来的一种微波传输线,其优点是体积小、重量轻、频带宽、可集成化;缺点是损耗大,Q 值低,功率容量低。目前,微波系统正向小型化和固态化方向发展,因此微带线得到了广泛的应用。

微带线是由沉积在介质基片上的金属导体带条和接地板构成的传输线,其基本结构有对称微带线和不对称微带线两种形式,如图 2.7-1 所示。

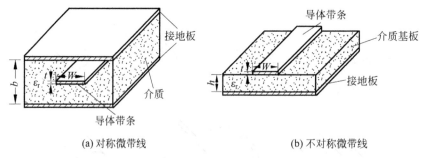

(a) 对称微带线 (b) 不对称微带线

图 2.7-1 微带线结构示意图

对称微带线又称带状线(Stripline),是一种以空气或固态介质绝缘的双接地板传输线。带状线可以看成是由同轴线演变而来的,其演变过程如图 2.7-2(a)所示。由图可见,若将同

轴线的外导体对半切开,并把这两半导体分别向上、下方向展平,把内导体做成扁平状即构成了带状线。

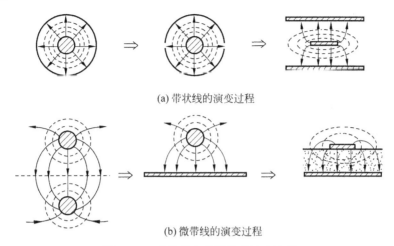

(a) 带状线的演变过程

(b) 微带线的演变过程

图 2.7-2 带状线和微带线的演变过程

带状线中的工作模式是 TEM 模,没有色散。另外,带状线几乎没有辐射,损耗小,Q 值高,适于做高性能的无源微波元件。但是,带状线不便于外接固态器件,不宜用于微波有源电路,因此本节将不对此做详细讨论。

不对称微带线(即标准微带线)是由沉积在介质基片上的金属导体带条和接地板构成的。常用的介质基片材料是 $99\%Al_2O_3$ 瓷、石英蓝宝石或聚四氟乙烯玻璃纤维等低损耗介质,接地板和导体带条常用铜等良导体做成。

微带线可以看成是由平行双导线演变而来的,其演变过程如图 2.7-2(b)所示。由图可见,若在平行双导线两圆柱导体间的中心面上放置一个无限薄的导电平板,则因为此时电场线仍与导电平板垂直,没有改变此处的边界条件,故在导电平板两侧的场分布没有改变。若再把导电平板一侧的一根导线去掉,则另一侧的电磁场分布也不会改变,此时一根导线与导电平板即构成一对传输线。如果再把圆柱导线做成薄带,并在薄带和接地板间填充高介电常数的介质,即构成了微带线。尽管微带线是由平行双线演变而来的,但由于导体带条与接地板之间介质的介电常数足够高,电场主要集中在金属导体带条与接地板之间的介质区域内,所以微带线的辐射损耗并不大。为了减少辐射损耗,通常还将微带线装入金属屏蔽盒中,这样就可以使微带线的辐射损耗进一步减少。

2.7.2 微带线中的工作模式

微带线是双导体系统,如果是无介质填充的空气微带线,则它传输的是 TEM 模。但是,当金属导体带条和接地板之间填充介质时,由于场分布既要满足导体表面的边界条件,又要满足介质与空气分界面上的边界条件,微带线中电场和磁场的纵向分量都不为零,因此它传输的是混合模。不过,当工作频率较低时,微带基片厚度远小于工作波长,导体带条与接地板之间的纵向场分量比较弱,其场分布与 TEM 模很相似。因此,可以认为在低频弱色散的情况下,微带线的工作模式是"准 TEM 模"(Quasi TEM Mode),并按 TEM 模处理。

2.7.3 微带线的特性阻抗

微带线中传输的电磁波分布在介质基片和空气两种介质中,故是一种混合介质填充的传输线。为了分析方便起见,通常引入"有效相对介电常数 ε_e"的概念。所谓"有效相对介电常数"是指在微带尺寸不变的情况下,用一种均匀介质取代微带的混合介质,完全填充微带周围空间,若此时微带线的特性阻抗保持不变,则该假想的均匀介质的相对介电常数就称为微带线的有效相对介电常数。

引入有效相对介电常数以后,微带线的特性参量就可以用均匀介质来处理了。于是,微带线的各参量可由以下公式确定

$$Z_0 = \frac{Z_{01}}{\sqrt{\varepsilon_e}} \tag{2.7-1}$$

$$\beta = \beta_0 \sqrt{\varepsilon_e} \tag{2.7-2}$$

$$\lambda_p = \frac{\lambda_0}{\sqrt{\varepsilon_e}} \tag{2.7-3}$$

$$v_p = \frac{c}{\sqrt{\varepsilon_e}} \tag{2.7-4}$$

式中, Z_{01} 为空气微带的特性阻抗; β_0、λ_0、c 分别为空气中的相移常数、工作波长、光速。

微带线特性阻抗的计算比较复杂,对于导体带条厚度为零的微带线,在实际应用中通常采用以下解析式近似计算。

对于宽带($W/h \geqslant 1$),有

$$Z_0 = \frac{1}{\sqrt{\varepsilon_e}} \cdot \frac{120\pi}{W/h + 1.393 + 0.667\ln(W/h + 1.444)} \tag{2.7-5}$$

对于窄带($W/h < 1$),有

$$Z_0 = \frac{60}{\sqrt{\varepsilon_e}} \ln\left(\frac{8h}{W} + \frac{W}{4h}\right) \tag{2.7-6}$$

其中

$$\varepsilon_e = \frac{\varepsilon_r + 1}{2} + \frac{\varepsilon_r - 1}{2}\left(1 + 10\frac{h}{W}\right)^{-\frac{1}{2}} \tag{2.7-7}$$

上式的精度为 2%。

根据以上公式,利用计算机可以计算不同条件下微带线的 Z_0 和 ε_e。为了工程应用的方便,人们还把某些常用计算结果列成了表格供设计者使用,表 2.7-1 列出了四种基片介电常数不同的零厚度微带线的 Z_0 和 $\sqrt{\varepsilon_e}$ 的值。由表可见,在介质基片相同的情况下,导体带条越宽,微带线的特性阻抗就越小;导体带条越窄,特性阻抗就越大。这一特性在分析和设计微带电路时非常有用。

表 2.7-1　零厚度微带线的特性阻抗 Z_0 和有效相对介电常数的平方根 $\sqrt{\varepsilon_e}$

$\dfrac{W}{h}$	$\varepsilon_r = 2.55$		$\varepsilon_r = 6.0$		$\varepsilon_r = 9.0$		$\varepsilon_r = 9.9$	
	$Z_0(\Omega)$	$\sqrt{\varepsilon_e}$	$Z_0(\Omega)$	$\sqrt{\varepsilon_e}$	$Z_0(\Omega)$	$\sqrt{\varepsilon_e}$	$Z_0(\Omega)$	$\sqrt{\varepsilon_e}$
0.10	193.21	1.361	135.80	1.936	113.17	2.323	108.32	2.428
0.12	184.81	1.364	129.75	1.942	108.09	2.311	103.45	2.436
0.14	177.72	1.366	124.64	1.948	103.80	2.339	99.34	2.444
0.16	171.58	1.368	120.22	1.953	100.09	2.346	95.78	2.451
0.18	166.16	1.370	116.32	1.958	96.82	2.352	92.64	2.458
0.20	161.93	1.372	112.84	1.962	93.90	2.358	89.84	2.464
0.22	156.96	1.374	109.69	1.966	91.26	2.364	87.32	2.470
0.24	152.97	1.376	106.83	1.970	88.85	2.369	85.01	2.476
0.26	149.31	1.378	104.20	1.974	86.65	2.374	82.90	2.482
0.28	145.92	1.379	101.70	1.978	84.61	2.379	80.94	2.487
0.30	142.77	1.381	99.50	1.982	82.71	2.384	79.13	2.492
0.32	139.83	1.383	97.39	1.985	80.94	2.388	77.43	2.497
0.34	137.07	1.384	95.41	1.988	79.29	2.393	75.84	2.501
0.36	134.47	1.385	93.55	1.991	77.73	2.397	74.35	2.506
0.38	132.02	1.387	91.79	1.995	76.25	2.401	72.93	2.510
0.40	129.70	1.388	90.13	1.998	74.86	2.405	71.60	2.515
0.44	125.39	1.391	87.05	2.003	72.28	2.413	69.13	2.523
0.48	121.48	1.393	84.25	2.009	69.93	2.420	66.88	2.530
0.52	117.89	1.395	81.69	2.014	67.79	2.427	64.83	2.538
0.56	114.58	1.398	79.32	2.019	65.81	2.433	62.93	2.545
0.60	111.51	1.400	77.14	2.024	63.98	2.440	61.18	2.551
0.64	108.65	1.402	75.10	2.028	62.28	2.446	59.55	2.558
0.68	105.98	1.404	73.20	2.032	60.69	2.451	58.03	2.564
0.72	103.47	1.406	71.41	2.037	59.20	2.457	56.60	2.570
0.76	101.11	1.407	69.73	2.041	57.79	2.462	55.26	2.575
0.80	98.98	1.409	68.15	2.045	56.47	2.468	53.99	2.581
0.84	96.77	1.411	66.66	2.048	55.22	2.473	52.79	2.586
0.88	94.77	1.413	65.24	2.052	54.04	2.477	51.66	2.591
0.92	92.87	1.414	63.89	2.056	52.91	2.482	50.58	2.596
0.96	91.06	1.416	62.61	2.059	51.84	2.487	49.56	2.601
1.0	89.34	1.417	61.39	2.062	50.82	2.491	48.58	2.606
1.2	81.36	1.424	55.76	2.078	46.13	2.512	44.09	2.628
1.4	75.16	1.431	51.40	2.092	42.49	2.530	40.61	2.647
1.6	70.04	1.436	47.80	2.104	39.50	2.547	37.74	2.665
1.8	65.66	1.441	44.73	2.116	36.95	2.562	35.30	2.681

$\dfrac{W}{h}$	$\varepsilon_r = 2.55$		$\varepsilon_r = 6.0$		$\varepsilon_r = 9.0$		$\varepsilon_r = 9.9$	
	$Z_0(\Omega)$	$\sqrt{\varepsilon_e}$	$Z_0(\Omega)$	$\sqrt{\varepsilon_e}$	$Z_0(\Omega)$	$\sqrt{\varepsilon_e}$	$Z_0(\Omega)$	$\sqrt{\varepsilon_e}$
2.0	61.84	1.446	42.06	2.126	34.72	2.575	33.17	2.695
2.2	58.45	1.451	39.70	2.136	32.76	2.588	31.30	2.709
2.4	55.42	1.455	37.59	2.145	31.01	2.600	29.62	2.722
2.6	52.70	1.458	35.70	2.153	29.44	2.611	28.12	2.733
2.8	50.23	1.462	33.99	2.161	28.02	2.621	26.76	2.744
3.0	47.99	1.465	32.43	2.168	26.73	2.631	25.53	2.755
3.2	45.94	1.469	31.02	2.175	25.55	2.640	24.41	2.764
3.4	44.06	1.472	29.72	2.182	24.48	2.649	23.38	2.773
3.6	42.34	1.474	28.53	2.188	23.50	2.657	22.44	2.782
3.80	40.74	1.477	27.43	2.194	22.59	2.664	21.57	2.790
4.0	39.27	1.480	26.42	2.199	21.75	2.672	20.77	2.798
4.5	36.03	1.486	24.20	2.213	19.91	2.689	19.01	2.816
5.0	33.30	1.491	22.33	2.223	18.36	2.704	17.53	2.832
5.5	30.97	1.496	20.73	2.234	17.05	2.717	16.27	2.846
6.0	28.95	1.500	19.36	2.243	15.91	2.729	15.19	2.859
6.5	27.19	1.504	18.16	2.251	14.92	2.741	14.24	2.871
7.0	25.64	1.507	17.11	2.259	14.05	2.751	13.41	2.882
7.5	24.26	1.511	16.17	2.266	13.28	2.760	12.67	2.892
8.0	23.03	1.514	15.34	2.273	12.59	2.769	12.02	2.902
8.5	21.92	1.517	14.59	2.279	11.97	2.777	11.42	2.910
9.0	20.91	1.519	13.91	2.285	11.41	2.784	10.89	2.918
9.5	20.00	1.522	13.29	2.290	10.90	2.791	10.40	2.925
10.0	19.16	1.524	12.73	2.295	10.44	2.798	9.96	2.932
12.5	15.87	1.534	10.51	2.316	8.61	2.825	8.22	2.961
15.0	13.55	1.541	8.96	2.332	7.34	2.846	7.00	2.983
17.5	11.83	1.547	7.81	2.344	6.40	2.862	6.10	3.000
20.0	10.50	1.552	6.92	2.354	5.67	2.875	5.41	3.014

微带结构本身是立体结构,比较难画。由于在整个微带结构中,接地板和介质基片都是均一不变的,所以,为了简单起见,微带结构通常用其导体带条形状来表示。例如,对于图 2.7-3(a)所示的微带结构,通常简单表示成图 2.7-3(b)所示的二维微带电路。由于 $W_{01} < W_{02}$,故对应的 $Z_{01} > Z_{02}$。若将导体带条作为一根传输线,接地板作为另一条传输线,则该微带结构可以等效为图 2.7-3(c)所示的双线传输线形式。

值得注意的是,A-A、B-B 和 C-C 参考面处与接地板间呈开路状态,而非短路状态。显然,在微带电路中,开路容易实现,但短路却较难实现。在微带电路中实现短路,可采用在短

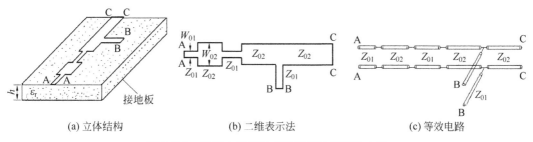

(a) 立体结构   (b) 二维表示法   (c) 等效电路

图 2.7-3 微带电路表示方法及传输线等效电路

路处加金属化孔的方法,或加 1/4 波长开路微带线的方法,如图 2.7-4(a)所示,图中,A、B 两点处均实现了短路,C 点为开路点。图 2.7-4(b)为该微带电路的二维表示法。

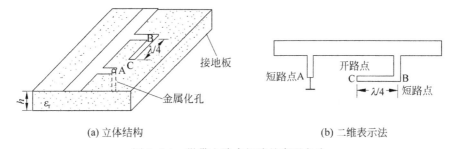

(a) 立体结构   (b) 二维表示法

图 2.7-4 微带电路中短路的实现方法

在给定微带线的特性阻抗 Z_0 和介质基片相对介电常数 ε_r 后,可以由下式计算 W/h。[6]

$$
\frac{W}{h} = \begin{cases} \dfrac{8\mathrm{e}^A}{\mathrm{e}^{2A} - 2} & (A > 1.52) \\[2mm] \dfrac{2}{\pi}\left\{ B - 1 - \ln(2B - 1) + \dfrac{\varepsilon_r - 1}{2\varepsilon_r}\left[\ln(B - 1) + 0.39 - \dfrac{0.61}{\varepsilon_r} \right] \right\} & (A \leqslant 1.52) \end{cases}
$$

$$(2.7\text{-}8)$$

式中,$A = \dfrac{Z_0}{60}\sqrt{\dfrac{\varepsilon_r + 1}{2}} + \dfrac{\varepsilon_r - 1}{\varepsilon_r + 1}\left(0.23 + \dfrac{0.11}{\varepsilon_r} \right)$,$B = \dfrac{377\pi}{2Z_0\sqrt{\varepsilon_r}}$。该式在微带电路设计中非常有用。

【例 2.7-1】 图 2.7-5 所示是一个 GaAs FET 放大电路的原理图。要求从 FET 向信号源方向看去的阻抗 $Z_{MS} = (5.27 - j18.8)\Omega$,从 FET 向负载方向看去的阻抗 $Z_{ML} = (7.46 + j27.1)\Omega$。已知工作频率为 3GHz,$Z_0 = 50\Omega$,试用微带结构设计输入、输出匹配电路。微带基片的相对介电常数 $\varepsilon_r = 9.9$,基片厚度 $h = 1\mathrm{mm}$。

解:(1) 输入匹配电路的设计。

输入匹配电路的设计就是将 $Z_0 = 50\Omega$ 转换为 $Z_{MS} = (5.27 - j18.8)\Omega$,与第 1 章中介绍的将负载复阻抗变换为传输线的实特性阻抗的过程相反,但原理是一样的。

由 Z_{MS} 可得相应的导纳 $Y_{MS} = G_{MS} + jB_{MS} = (0.0138 + j0.0493)\mathrm{S}$;$Z_0 = 50\Omega$ 微带线对应的导纳 $Y_0 = 0.02\mathrm{S}$,于是,为了实现二者之间的匹配,可先通过一段 1/4 波长的传输线 l_1,

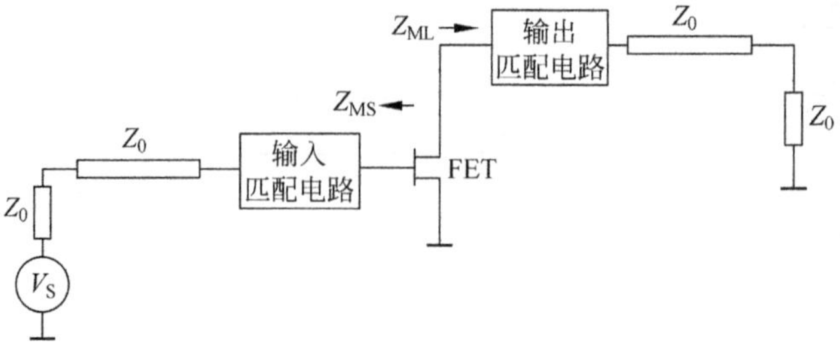

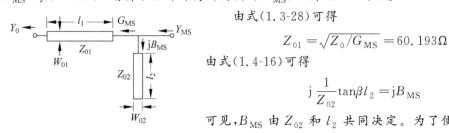

图 2.7-5　微波放大电路的原理图

将导纳 $Y_0 = 0.02\text{S}$ 变换为 $G_{MS} = 0.0138\text{S}$，然后再用终端开路的并联分支线 l_2 提供电纳 $jB_{MS} = j0.0493\text{S}$，二者并联后即可得所需要的 Y_{MS}，如图 2.7-6 所示。

图 2.7-6　输入匹配电路

由式(1.3-28)可得

$$Z_{01} = \sqrt{Z_0/G_{MS}} = 60.193\Omega$$

由式(1.4-16)可得

$$j\frac{1}{Z_{02}}\tan\beta l_2 = jB_{MS}$$

可见，B_{MS} 由 Z_{02} 和 l_2 共同决定。为了便于计算和实现，取 $l_2 = \lambda_p/8 = 0.125\lambda_p$，于是得

$$Z_{02} = \frac{\tan\left(\frac{2\pi}{\lambda_p} \cdot \frac{\lambda_p}{8}\right)}{0.0493} = 20.284\Omega$$

因为微带基片的相对介电常数 $\varepsilon_r = 9.9$，查表 2.7-1(或由式(2.7-8)、式(2.7-7))得

$$W_{01}/h \approx 0.64, \quad \sqrt{\varepsilon_{e1}} \approx 2.558; \quad W_{02}/h \approx 4.1, \quad \sqrt{\varepsilon_{e2}} \approx 2.8$$

因为基片厚度 $h = 1\text{mm}$，工作波长 $\lambda_0 = 3\times10^{11}/3\times10^9 \text{mm} = 100\text{mm}$，于是得

$$W_{01} \approx 0.64\text{mm}, \quad l_1 = \frac{\lambda_0}{4\sqrt{\varepsilon_{e1}}} \approx 9.773\text{mm};$$

$$W_{02} \approx 4.1\text{mm}, \quad l_2 = \frac{\lambda_0}{8\sqrt{\varepsilon_{e2}}} \approx 4.464\text{mm}$$

（2）输出匹配电路的设计。

输出匹配电路的设计就是将 $Y_0 = 1/50 = 0.02\text{(S)}$ 转换为 $Y_{ML} = G_{ML} + jB_{ML} = 1/(7.46+j27.1)\text{S} = (0.00944-j0.0343)\text{S}$。采用与输入匹配电路相似的结构(如图 2.7-7 所示)和方法，最终得

$$Z'_{02} = \sqrt{Z_0/G_{ML}} = 72.778\Omega$$

由于 $B_{ML} < 0$，故需要并联 3/8 波长开路线，其特性阻抗

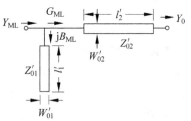

图 2.7-7　输出匹配电路

$$Z'_{01} = \frac{\tan\left(\frac{2\pi}{\lambda_p} \cdot \frac{3\lambda_p}{8}\right)}{-0.0343} = 29.155\Omega$$

查表 2.7-1(或由式(2.7-8)、式(2.7-7))得

$$W'_{01}/h \approx 2.4, \quad \sqrt{\varepsilon'_{e1}} \approx 2.722; \quad W'_{02}/h \approx 0.38, \quad \sqrt{\varepsilon'_{e2}} \approx 2.51$$

于是得

$$W'_{01} \approx 2.4\text{mm}, \quad l'_1 = \frac{3\lambda_0}{8\sqrt{\varepsilon'_{e1}}} \approx 13.777\text{mm}; \quad W'_{02} \approx 0.38\text{mm}, \quad l'_2 = \frac{\lambda_0}{4\sqrt{\varepsilon'_{e2}}} \approx 9.96\text{mm}$$

放大电路的最终结构如图 2.7-8 所示。

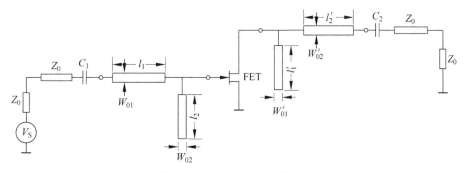

图 2.7-8 微带放大电路结构图

2.8 平行耦合微带线

2.8.1 概述

上节讨论了单根微带线,如果在单根微带线旁边再平行放置一根微带线,并使两根微带线彼此靠得很近就构成了平行耦合微带线(Parallel Coupled Microstrip Lines),如图 2.8-1 所示。

和单根微带线一样,平行耦合微带线的工作模式也是"准 TEM 模",因此也可以作为 TEM 模来处理。由于两根线靠得很近,所以彼此之间必有电磁能量的耦合。当两根导线中的一根受到信号源的激励时,它的一部分能量将通过分布参数的耦合作用逐步转移给第二根导线,而第二根导线又把部分能量再转移给第一根导线,而以上过程又不断地重复进行。因此,耦合

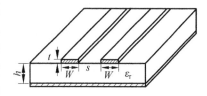

图 2.8-1 平行耦合微带线结构示意图

微带线上的电压、电流分布规律是很复杂的。对于平行耦合微带线这一复杂问题,通常采用"奇偶模参量法"将其分解成两种简单激励("奇模激励"和"偶模激励")的问题来处理,下面首先介绍"奇偶模参量法"的基本概念。

2.8.2 奇偶模参量法

首先介绍奇模(Odd Mode)和偶模(Even Mode)的概念。当给两根微带线输入幅度相等、相位相反的电压 V_o 和 $-V_o$ 时,其电场线分布是一种奇对称分布,如图 2.8-2(a)所示,这种相对于中心对称面具有奇对称分布的模式就称为奇模,用下标"o"表示;当给两根微带线输入幅度相等、相位相同的电压 V_e 时,其电场线分布是一种相互排斥的偶对称分布,如图 2.8-2(b)所示,这种相对于中心对称面具有偶对称分布的模式就称为偶模,用下标"e"

表示。

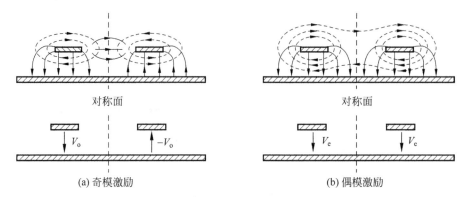

图 2.8-2　平行耦合微带线奇偶模电磁场线分布

当给两线输入的是任意电压 V_1 和 V_2 时,可以把 V_1 和 V_2 分解成一对奇、偶模分量,使 V_1 等于两分量之和,V_2 等于两分量之差,即

$$\begin{cases} V_1 = V_e + V_o \\ V_2 = V_e - V_o \end{cases} \qquad (2.8\text{-}1)$$

由上式可解得相应的奇模电压 V_o 和偶模电压 V_e,即

$$\begin{cases} V_o = \dfrac{1}{2}(V_1 - V_2) \\ V_e = \dfrac{1}{2}(V_1 + V_2) \end{cases} \qquad (2.8\text{-}2)$$

将 V_1 和 V_2 分成奇模和偶模之后,就可以针对奇模和偶模这两种特殊而简单的情况分别进行分析,然后再利用所得结果分析原问题的特性,这就是"奇偶模参量法"。

2.8.3　用奇偶模参量法求平行耦合微带线的特性参量

由图 2.8-2 所示的奇、偶模场分布可见,奇模激励时,对称面上电场切向分量为零,为电壁;偶模激励时,对称面上磁场切向分量为零,为磁壁。因此,在奇/偶模激励时,求其中一根传输线的特性参量时,可将另一根线的影响用对称面处的电/磁壁来等效。求解这种边界条件下传输线的特性参量,就可得奇/偶模激励时的特性参量,由此便可求得平行耦合微带线的特性参量。

在微带电路的设计中,经常会遇到平行耦合微带线的综合设计问题。若已知奇、偶模激励时的特性阻抗 Z_{0o} 和 Z_{0e},则可由下列公式近似计算耦合微带线的尺寸 s/h 和 W/h。

$$\frac{s}{h} = \frac{2}{\pi} \mathrm{ch}^{-1} \left\{ \frac{\mathrm{ch}\left[\dfrac{\pi}{2}\left(\dfrac{W}{h}\right)'_{S_o}\right] + \mathrm{ch}\left[\dfrac{\pi}{2}\left(\dfrac{W}{h}\right)_{S_e}\right] - 2}{\left| \mathrm{ch}\left[\dfrac{\pi}{2}\left(\dfrac{W}{h}\right)'_{S_o}\right] - \mathrm{ch}\left[\dfrac{\pi}{2}\left(\dfrac{W}{h}\right)_{S_e}\right]\right|} \right\} \qquad (2.8\text{-}3)$$

$$\frac{W}{h} = \frac{1}{\pi} \mathrm{ch}^{-1} \left\{ \frac{\left[\mathrm{ch}\left(\dfrac{\pi}{2}\dfrac{s}{h}\right) + 1\right] \mathrm{ch}\left[\dfrac{\pi}{2}\left(\dfrac{W}{h}\right)_{S_e}\right] + \mathrm{ch}\left[\dfrac{\pi}{2}\left(\dfrac{s}{h}\right)\right] - 1}{2} \right\} - \frac{1}{2}\left(\dfrac{s}{h}\right) \qquad (2.8\text{-}4)$$

其中，

$$\left(\frac{W}{h}\right)'_{S_o} = 0.78\left(\frac{W}{h}\right)_{S_o} + 0.1\left(\frac{W}{h}\right)_{S_e} \tag{2.8-5}$$

$\left(\dfrac{W}{h}\right)_{S_o}$ 表示 $Z_0 = Z_{0o}/2$ 所对应的单微带的 W/h，即将 $Z_0 = Z_{0o}/2$ 代入式(2.7-8)所得的单微带的 W/h；

$\left(\dfrac{W}{h}\right)_{S_e}$ 表示 $Z_0 = Z_{0e}/2$ 所对应的单微带的 W/h，即将 $Z_0 = Z_{0e}/2$ 代入式(2.7-8)所得的单微带的 W/h。

以上公式误差较大，实际应用时只能作为初值，可以在此初值的基础上，运用电磁仿真软件进行仿真、优化，进而得到更精确的值。

显然，利用以上公式进行计算比较复杂。实际中，为了方便应用，已有一些现成的曲线或图表可供查阅。图 2.8-3(a)～(f)分别给出了 $\varepsilon_r = 3.78, 6.0, 9.0, 9.6, 10, 12$ 几种情况下 Z_{0o}、Z_{0e} 与 W/h 和 s/h 的关系曲线。若已知耦合微带线的奇、偶模特性阻抗 Z_{0o} 和 Z_{0e}，则由图 2.8-3 可方便地查得相对几何尺寸 W/h 和 s/h。例如，已知耦合微带线的 $Z_{0o} = 36\Omega$，$Z_{0e} = 69.4\Omega$，$\varepsilon_r = 10$，$h = 1\text{mm}$ 时，可在图 2.8-3(e)的横、纵坐标上分别找到相应的点，过这两个点分别作平行于纵轴和横轴的直线，在两直线交点处由图可读取 $s/h = 0.28$，$W/h = 0.82$，由此可得 $s = 0.28\text{mm}$，$W = 0.82\text{mm}$。

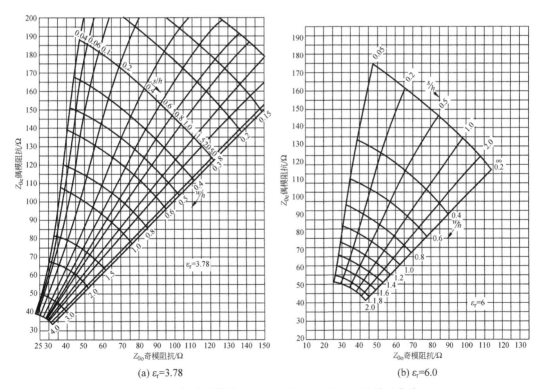

(a) $\varepsilon_r = 3.78$ (b) $\varepsilon_r = 6.0$

图 2.8-3 耦合微带线 Z_{0o}、Z_{0e} 与 W/h 和 s/h 的关系曲线

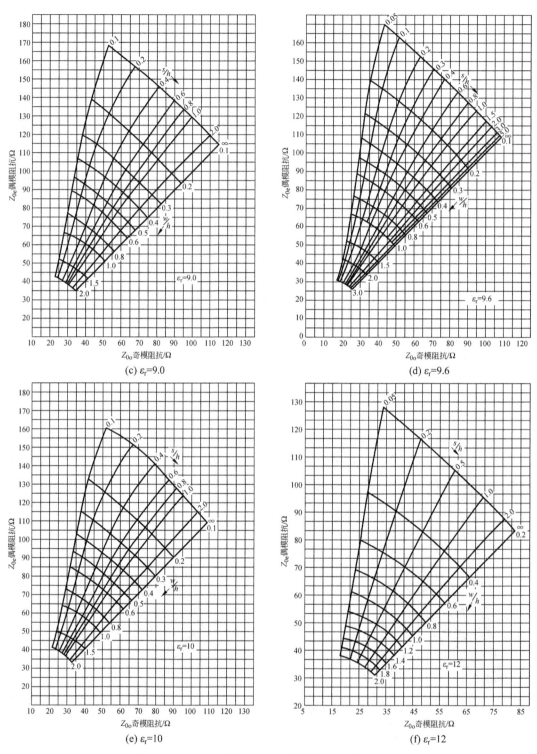

(c) ε_r=9.0

(d) ε_r=9.6

(e) ε_r=10

(f) ε_r=12

图 2.8-3 (续)

图 2.8-4(a)～(d)给出了 $\varepsilon_r = 6.0, 9.0, 9.6, 12$ 几种情况下耦合微带线 W/h 和 s/h 与 Z_{0o}、Z_{0e} 的关系曲线,图中,曲线的参变量为 s/h,虚线以下的曲线对应奇模阻抗 Z_{0o},虚线以上的曲线对应偶模阻抗 Z_{0e}。若已知耦合微带线的相对几何尺寸 W/h 和 s/h,则由图 2.8-4

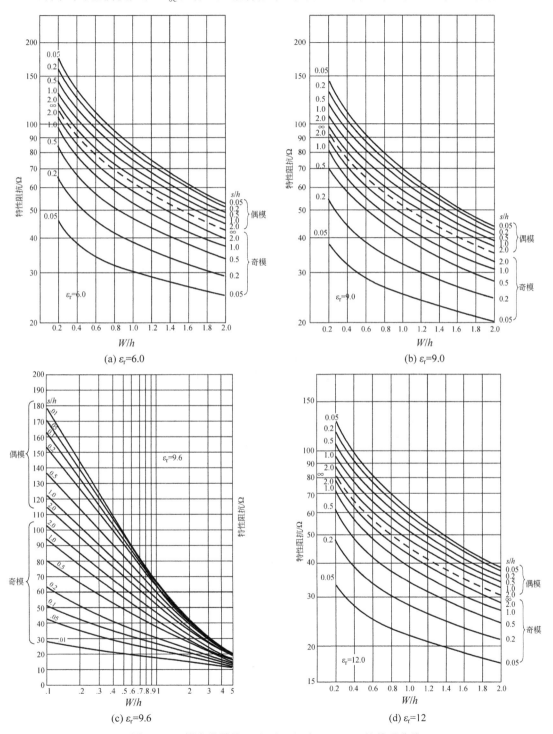

(a) $\varepsilon_r = 6.0$

(b) $\varepsilon_r = 9.0$

(c) $\varepsilon_r = 9.6$

(d) $\varepsilon_r = 12$

图 2.8-4 耦合微带线 W/h 和 s/h 与 Z_{0o}、Z_{0e} 的关系曲线

可方便地查得相应的奇、偶模特性阻抗 Z_{0o} 和 Z_{0e}。例如,已知耦合微带线的 $\varepsilon_r = 9, W/h = 1.0, s/h = 0.5$ 时,可在图 2.8-4(b) 的横、纵坐标上分别找到相应的点,过这两个点分别作平行于纵轴和横轴的直线,得两个交点。由虚线以下的交点读得奇模阻抗为 $Z_{0o} \approx 40\Omega$,由虚线以上的交点读得 $Z_{0e} \approx 64\Omega$。

由图 2.8-4 可见,对于给定的对称薄带耦合微带线,奇模特性阻抗总是小于偶模特性阻抗,即 $Z_{0o} < Z_{0e}$。已知奇、偶模特性阻抗 Z_{0o} 和 Z_{0e} 后,可由下式计算平行耦合微带线中单根微带线的特性阻抗 Z_0',即

$$(Z_0')^2 = Z_{0e} Z_{0o} \tag{2.8-6}$$

各阻抗的含义如图 2.8-5 所示。

图 2.8-5　平行耦合微带线中各阻抗的含义

为了描述平行耦合微带线的耦合程度,定义平行耦合微带线的耦合系数为

$$k = \frac{Z_{0e} - Z_{0o}}{Z_{0e} + Z_{0o}} \tag{2.8-7}$$

两根导线耦合越紧,Z_{0o} 与 Z_{0e} 之间的差值就越大,k 值也就越大,反之就越小。当耦合很弱($k \to 0$)时,则 $Z_{0o} = Z_{0e}$,这就是说,当两根导体带条相距很远时,它们之间没有耦合,其奇、偶模特性阻抗相等,显然均等于孤立单根微带线的特性阻抗。

与单根微带线一样,在耦合微带线中也引入有效相对介电常数的概念。由于有效相对介电常数决定于场在介质中和在空气中的相对比例,而奇、偶模的场分布是不同的,故奇、偶模激励时的有效相对介电常数 ε_{eo} 和 ε_{ee} 是不同的。

奇模相速 v_{po} 和偶模相速 v_{pe} 分别为

$$v_{po} = \frac{c}{\sqrt{\varepsilon_{eo}}} \tag{2.8-8}$$

$$v_{pe} = \frac{c}{\sqrt{\varepsilon_{ee}}} \tag{2.8-9}$$

奇模相波长 λ_{po} 和偶模相波长 λ_{pe} 分别为

$$\lambda_{po} = \frac{\lambda_0}{\sqrt{\varepsilon_{eo}}} \tag{2.8-10}$$

$$\lambda_{pe} = \frac{\lambda_0}{\sqrt{\varepsilon_{ee}}} \tag{2.8-11}$$

由上面两式可以看出,平行耦合微带线的奇、偶模相速不同,相波长也各不相同,这将给微带电路的设计带来很大困难。通常,在弱耦合下,可采取平均值的方法来处理,即取

$$\lambda_p = \frac{1}{2}(\lambda_{po} + \lambda_{pe}) \tag{2.8-12}$$

研究发现,奇、偶模相波长的平均值和非耦合微带线的相波长 λ_{p0} 几乎相等,即

$$\frac{\lambda_{\mathrm{po}} + \lambda_{\mathrm{pe}}}{2\lambda_{p0}} \approx 1 \tag{2.8-13}$$

松耦合时上式的误差在 1% 以内,紧耦合时误差也不大于 5%。在后面将要介绍的平行耦合微带线定向耦合器和滤波器的设计中,需要确定耦合线的长度。由上式可知,在粗略计算时,可直接用非耦合微带线的相波长计算实际长度,这样可使设计过程大大简化。

2.8.4　平行耦合微带线节

平行耦合微带线节是一段长度为 l 的平行耦合微带线。在一般情况下,它是一个四端口元件(如第 6 章将要介绍的平行耦合微带线定向耦合器),而在很多其他应用场合,其有两个端口短路或开路,是作为二端口元件应用的。下面讨论二端口平行耦合微带线节。

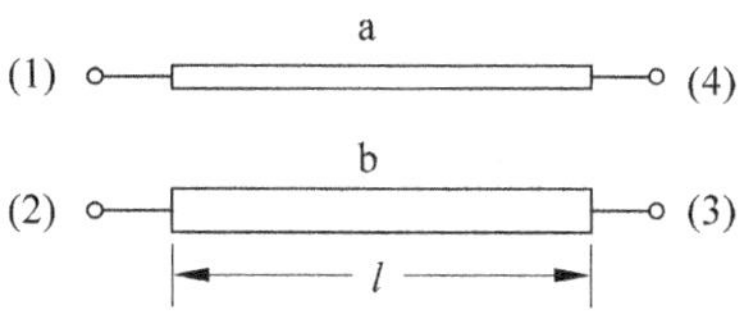

图 2.8-6　非对称平行耦合微带线节

为了使分析具有更普遍的意义,下面对图 2.8-6 所示的非对称平行耦合微带线节进行分析。

这是一个四端口元件,各端口的电压、电流满足以下关系

$$\begin{cases} V_1 = Z_{11}I_1 + Z_{12}I_2 + Z_{13}I_3 + Z_{14}I_4 \\ V_2 = Z_{21}I_1 + Z_{22}I_2 + Z_{23}I_3 + Z_{24}I_4 \\ V_3 = Z_{31}I_1 + Z_{32}I_2 + Z_{33}I_3 + Z_{34}I_4 \\ V_4 = Z_{41}I_1 + Z_{42}I_2 + Z_{43}I_3 + Z_{44}I_4 \end{cases} \tag{2.8-14}$$

利用奇偶模分析法可得该四端口元件的各阻抗参量分别为

$$Z_{11} = -\mathrm{j}\frac{Z_{0\mathrm{ea}} + Z_{0\mathrm{oa}}}{2}\cot\theta \qquad Z_{13} = -\mathrm{j}\frac{Z_{0\mathrm{ea}} - Z_{0\mathrm{oa}}}{2}\csc\theta$$

$$Z_{12} = -\mathrm{j}\frac{Z_{0\mathrm{ea}} - Z_{0\mathrm{oa}}}{2}\cot\theta \qquad Z_{14} = -\mathrm{j}\frac{Z_{0\mathrm{ea}} + Z_{0\mathrm{oa}}}{2}\csc\theta$$

$$Z_{21} = -\mathrm{j}\frac{Z_{0\mathrm{ea}} - Z_{0\mathrm{ob}}}{2}\cot\theta \qquad Z_{23} = -\mathrm{j}\frac{Z_{0\mathrm{eb}} + Z_{0\mathrm{ob}}}{2}\csc\theta$$

$$Z_{22} = -\mathrm{j}\frac{Z_{0\mathrm{eb}} + Z_{0\mathrm{ob}}}{2}\cot\theta \qquad Z_{24} = -\mathrm{j}\frac{Z_{0\mathrm{eb}} - Z_{0\mathrm{ob}}}{2}\csc\theta$$

$$Z_{31} = -\mathrm{j}\frac{Z_{0\mathrm{eb}} - Z_{0\mathrm{ob}}}{2}\csc\theta \qquad Z_{33} = -\mathrm{j}\frac{Z_{0\mathrm{eb}} + Z_{0\mathrm{ob}}}{2}\cot\theta \tag{2.8-15}$$

$$Z_{32} = -\mathrm{j}\frac{Z_{0\mathrm{eb}} + Z_{0\mathrm{ob}}}{2}\csc\theta \qquad Z_{34} = -\mathrm{j}\frac{Z_{0\mathrm{eb}} - Z_{0\mathrm{ob}}}{2}\cot\theta$$

$$Z_{41} = -\mathrm{j}\frac{Z_{0\mathrm{ea}} + Z_{0\mathrm{oa}}}{2}\csc\theta \qquad Z_{43} = -\mathrm{j}\frac{Z_{0\mathrm{ea}} - Z_{0\mathrm{oa}}}{2}\cot\theta$$

$$Z_{42} = -\mathrm{j}\frac{Z_{0\mathrm{ea}} - Z_{0\mathrm{oa}}}{2}\csc\theta \qquad Z_{44} = -\mathrm{j}\frac{Z_{0\mathrm{ea}} + Z_{0\mathrm{oa}}}{2}\cot\theta$$

式中，$\theta = \beta l \approx \beta_o l \approx \beta_e l$，即不考虑奇、偶模相速的不同，近似地认为奇、偶模的传播常数相等；下标中的 a、b 分别对应 a 线、b 线的量。

这种非对称平行耦合微带线节经适当端接后就变成了二端口元件。下面介绍几种常用的开路和短路耦合线节。

1. 开路交指型耦合线节

如果耦合微带线节的两根导体带条各有一端开路，则就构成了开路交指型耦合线节，其结构和等效电路如图 2.8-7 所示，等效关系为

$$\begin{cases} Z_e = \dfrac{Z_{0ea} - Z_{0oa}}{2} = \dfrac{Z_{0eb} - Z_{0ob}}{2} \\[2mm] Z_1 = Z_{0oa} \\[2mm] Z_2 = Z_{0ob} \end{cases} \qquad (2.8\text{-}16)$$

式中，下标中的 a、b 分别对应 a 线、b 线的量。

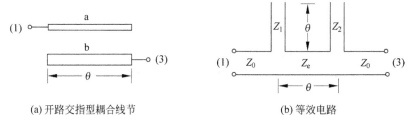

(a) 开路交指型耦合线节　　　　　　(b) 等效电路

图 2.8-7　开路交指型耦合线节及等效电路

由于图 2.8-7(a)所示的开路交指型耦合线节相当于图 2.8-6 中的(2)、(4)端口开路，即 $I_2 = I_4 = 0$，代入式(2.8-14)和式(2.8-15)，得

$$V_1 = -\mathrm{j}\frac{Z_{0ea} + Z_{0oa}}{2}\cot\theta\, I_1 - \mathrm{j}\frac{Z_{0ea} - Z_{0oa}}{2}\csc\theta\, I_3$$

$$V_3 = -\mathrm{j}\frac{Z_{0eb} - Z_{0ob}}{2}\csc\theta\, I_1 - \mathrm{j}\frac{Z_{0eb} + Z_{0ob}}{2}\cot\theta\, I_3 \qquad (2.8\text{-}17)$$

利用上式和第 5 章将要介绍的微波网络理论可以证明式(2.8-16)所表示的等效关系。

2. 短路交指型耦合线节

短路交指型耦合线节由耦合线节中两根导体带条各有一端接地短路构成，其电路结构和等效电路如图 2.8-8 所示。

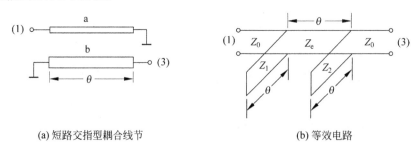

(a) 短路交指型耦合线节　　　　　　(b) 等效电路

图 2.8-8　短路交指型耦合线节及等效电路

等效关系为

$$
\begin{cases}
Z_e = \dfrac{2Z_{0ea}Z_{0oa}}{Z_{0ea} - Z_{0oa}} = \dfrac{2Z_{0eb}Z_{0ob}}{Z_{0eb} - Z_{0ob}} \\[2mm]
Z_1 = Z_{0ea} \\[1mm]
Z_2 = Z_{0eb}
\end{cases}
\tag{2.8-18}
$$

由于图 2.8-8(a)所示的短路交指型耦合线节相当于图 2.8-6 中的(2)、(4)端口短路,即 $V_2 = V_4 = 0$,故与开路交指型耦合线节的情况相似,可得以下关系式

$$
I_1 = -\mathrm{j}\frac{Y_{0oa} + Y_{0ea}}{2}\cot\theta\, V_1 - \mathrm{j}\frac{Y_{0oa} - Y_{0ea}}{2}\csc\theta\, V_3
$$

$$
I_3 = -\mathrm{j}\frac{Y_{0ob} - Y_{0eb}}{2}\csc\theta\, V_1 - \mathrm{j}\frac{Y_{0ob} + Y_{0eb}}{2}\cot\theta\, V_3
\tag{2.8-19}
$$

利用图 2.8-8(b)所示的等效电路、式(2.8-19)和第 5 章将要介绍的网络理论可以证明等效关系式(2.8-18)。

3. 宽带隔直流电路

隔直流电路是开路交指型耦合线节的一个应用实例。直接利用上面介绍的开路交指型耦合线节做成的隔直流电路的相对带宽可达 50%。如果适当调整导体带条宽度 W 和耦合间隙 s,甚至可以达到倍频程带宽。简单地改变耦合间隙的长度,就可以移动隔直流电路的中心频率,而且倍频程带宽内的特性基本保持不变。

图 2.8-9 所示为开路交指型耦合线节隔直流电路及其等效电路。由于耦合线节长度为 $\lambda_{p0}/4$,因此,图 2.8-9(b)所示等效电路中的两个开路线段的输入阻抗为零,对主线不产生影响,因此,当

$$
Z_0 = \frac{Z_{0e} - Z_{0o}}{2}
\tag{2.8-20}
$$

时,电路实现匹配。如果同时令

$$
Z_{0o}Z_{0e} = Z_0'^2 = Z_0^2
\tag{2.8-21}
$$

则可以求得

$$
\begin{cases}
Z_{0e} = (\sqrt{2} + 1)Z_0 \\[1mm]
Z_{0o} = (\sqrt{2} - 1)Z_0
\end{cases}
\tag{2.8-22}
$$

求得奇、偶模特性阻抗 Z_{0o} 和 Z_{0e} 后,就可以用图 2.8-3 或式(2.8-3)～式(2.8-5)确定 W 和 s 了。

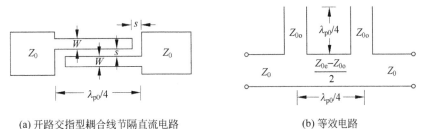

(a) 开路交指型耦合线节隔直流电路   (b) 等效电路

图 2.8-9 开路交指型耦合线节隔直流电路及其等效电路

2.9　共面波导和基片集成波导

2.9.1　共面波导

共面波导(Coplanar Waveguide)的结构如图 2.9-1 所示。它在介质基片的一面上制作出中心导体带条,并在紧邻中心导体带条的两侧制作出接地板,而介质基片的另一面没有导体覆盖层。为了使电磁场更加集中于中心导体带条和接地板所在面的空气与介质交界处,应采用介电常数较高的材料作为介质基片。共面波导的结构及边界条件决定了它所传输的模为准 TEM 模。同时,共面波导的结构对于安置并联的元器件是很方便的。

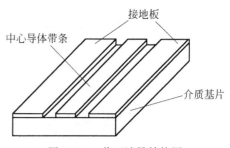

图 2.9-1　共面波导结构图

2.9.2　基片集成波导

传统的矩形波导具有损耗低、Q 值高、功率容量大等优点,因而在微波电路中有着广泛的应用。然而,矩形波导为立体结构,很难与微波、毫米波电路集成,从而限制了其在微波、毫米波集成电路中的应用。20 世纪末,基片集成波导(Substrate Integrated Waveguide,SIW)结构被首次提出,其结构如图 2.9-2 所示。它是在上下敷金属板的介质基片中插入两排金属过孔而形成的。这种结构可采用普通的印刷电路技术进行加工,制作简单,且成本也较低。

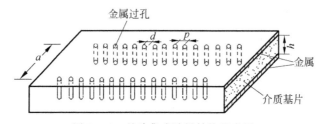

图 2.9-2　基片集成波导结构示意图

基片集成波导具有与微带线类似的平面结构,易于与其他平面电路集成,但由于能减小介质损耗和抑制表面波损耗,故应用到高频领域时具有较低的损耗。基片集成波导还与传统的矩形波导相似,因此可以等效成介质填充的传统矩形波导。假设介质基片集成波导的宽度、金属过孔的直径及间距分别用 a、d 和 p 表示,则等效波导的归一化宽度可用以下经验公式计算

$$\bar{a} = \xi_1 + \cfrac{\xi_2}{\cfrac{p}{d} + \cfrac{\xi_1 + \xi_2 - \xi_3}{\xi_3 - \xi_1}} \tag{2.9-1}$$

其中,金属过孔直径 d 选择等于或小于最大工作频率的 $1/20$ 波导波长,间距 p 等于或小于金属过孔直径的二倍,且

$$\xi_1 = 1.0198 + \frac{0.3465}{\dfrac{a}{p} - 1.0684}$$

$$\xi_2 = -0.1183 - \frac{1.2729}{\dfrac{a}{p} - 1.201}$$

$$\xi_3 = 1.0082 - \frac{0.9163}{\dfrac{a}{p} + 0.2152}$$

于是,等效矩形波导的宽度为

$$a_{eq} = a\bar{a} \tag{2.9-2}$$

基片集成波导等效成传统矩形波导之后,其特性就可以用传统矩形波导的分析方法进行分析了。基片集成波导具有微带线和矩形波导的优点,因而一经问世便引起了人们的极大兴趣,并对其进行了广泛的研究。目前,基片集成波导已成功地应用于微波和毫米波电路(如滤波器、功分器、天线等)的设计中。随着对基片集成波导研究的不断深入,其应用范围必将进一步扩大。

2.10 微波传输线中波的激励与模式转换

在微波传输线中建立起某种模式的电磁波称为激励。激励的方法是通过某种手段在所用的传输线中建立起某种电场或磁场或高频电流分布,且与所希望模式的相应分布一致。激励电磁场的装置按结构可分为激励器和模式转换器两大类,下面分别介绍。

2.10.1 激励器

激励器有探针、磁环、波导缝隙、波导小孔等结构形式,下面以探针激励器和磁环激励器为例介绍其结构和工作原理。

1. 探针电激励

探针电激励(Electrical Encouragement)是将一根探针平行放置在所需激励模式电场强度最强处,靠探针顶端的交变电荷产生时变电场,从而在波导中激起电磁波。图 2.10-1(a)所示为用探针在矩形波导中激励 TE_{10} 波的装置。将同轴线一端的内导体探出部分(探针)

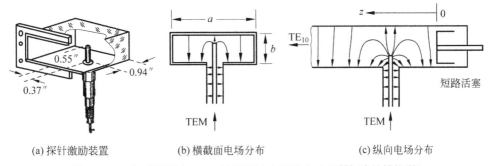

(a) 探针激励装置   (b) 横截面电场分布   (c) 纵向电场分布

图 2.10-1 矩形波导中 TE_{10} 波的探针电激励方法(同轴-波导转换器)

插入到波导中 TE_{10} 波的电场最强处——宽边中央 $a/2$ 处,同轴线的另一端接到微波信号源。同轴线中传输的是 TEM 波,内外导体中有反向交流电流,其中内导体端上的交变电流在波导中产生交变电场,其横向场分布如图 2.10-1(b)所示。在这种装置中若不采取附加措施,则探针在波导纵向两端都将激起电磁波,因此,需在其中一纵向端加一短路活塞,将传向该端的波反射到另一纵向端,如图 2.10-1(c)所示。通过调节短路活塞位置及探针插入深度可使同轴线与波导之间得到良好的匹配。

值得注意的是:当金属探针放在波导宽边中心位置时,除能激励起 TE_{10} 模外,同时还会激起电场对于宽边中心线为对称分布的、m 为奇数的所有其他 TE 模,如 TE_{30},TE_{50},$\cdots$,但只要波导尺寸选择合适,使$(\lambda_c)_{其他} < \lambda < (\lambda_c)_{TE_{10}}$,则其他高次模在探针附近就被截止而不能传输。

2. 小环磁激励

小环磁激励(Magnetic Encouragement)的方法之一是将同轴线的内导体弯成一个小圆环,如图 2.10-2(a)所示。同轴线与微波振荡源相连接时,其内导体做成的小圆环上流过的高频电流便会产生交变磁场,其磁力线是穿过小环面的闭合线。将此小圆环放在波导中所需模式磁场最强处并使所需模式的磁力线与环面垂直。当同轴线与微波振荡源相连接时,其内导体做成的小圆环上流过的高频电流便会在波导中产生交变磁场,而由这交变磁场所产生的交变电场则与磁场交链垂直落在上下壁表面上,这样的电磁场分布恰好与矩形波导中的 TE_{10} 模相吻合,故可以激励起 TE_{10} 波。图 2.10-2(b)、(c)所示的结构均可在矩形波导中激励起 TE_{10} 波。

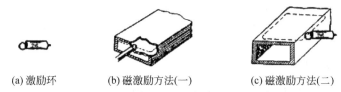

(a) 激励环   (b) 磁激励方法(一)   (c) 磁激励方法(二)

图 2.10-2　矩形波导中 TE_{10} 波的小环磁激励方法

2.10.2　模式转换器

1. 矩—圆波导模式转换

由 2.4 节和 2.5 节可知,矩形波导中的 TE_{10} 模与圆波导中的 TE_{11} 模场结构非常相似,二者只是由于横截面形状发生变化,电磁场为满足边界条件而发生了相应变化。因此,矩形波导中的 TE_{10} 模与圆波导中的 TE_{11} 模之间的转换可采用在矩形波导和圆波导之间串接一段方-圆过渡波导来实现,如图 2.10-3 所示。为了使电磁能量在两波导之间有效地转换,要求两波导内工作模式的截止波长相同,即

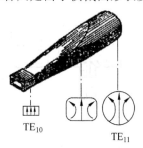

TE_{10} TE_{11}

图 2.10-3　矩形波导 TE_{10} 模到圆波导 TE_{11} 模的模式转换器

$$(\lambda_c)_{TE_{10}} = 2a = (\lambda_c)_{TE_{11}} = 3.41R$$

$$(2.10\text{-}1)$$

其中,a 为矩形波导的宽边尺寸;R 为圆形波导的半径。变换器中渐变段的长度应为半波导波长的整数倍。

2. 同轴-微带模式转换器

图 2.10-4 给出了同轴线与微带线的转换结构,它是将同轴线的内导体延长与微带的导体带条焊接在一起,同时将同轴线的外导体与微带的接地板相连。由于同轴线的径向电场与微带线所要求的电场在连接处吻合,故可由同轴线中的电场在微带线中激励起电场,进而在微带线中激励起准 TEM 波。由于连接处的不均匀性会引起反射,可以将直径为 1mm 的同轴线内导体延伸出 2mm 左右进行补偿。采用此结构能在 10GHz 以下频带范围内获得小于 1.15 倍的电压驻波比,这对于一般工程应用已足够满意了。

3. 波导-微带模式转换器

一般微带线的特性阻抗为 50Ω,而波导的等效特性阻抗为 $100\sim500\Omega$,而且矩形波导的高度 b 又比微带线介质基片的厚度 h 大得多,故若两者直接相连,将产生很大反射,且结构上不易实现。通常在波导与微带线之间加一段脊波导过渡段来实现阻抗匹配,如图 2.10-5 所示。由于脊波导高度最高时的等效阻抗为 $80\sim90\Omega$,而微带线特性阻抗为 50Ω,为了实现阻抗匹配,在脊波导与微带线连接处再加一段空气微带线作为过渡,可使匹配性能变佳。

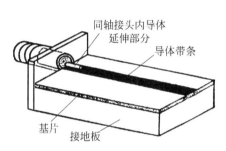

图 2.10-4　同轴线与微带线的转换结构

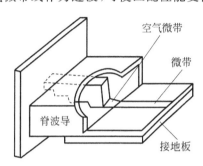

图 2.10-5　波导-微带转换器

习题

2.1　空气填充同轴线内、外导体的直径分别为:$d=32\text{mm}$,$D=75\text{mm}$,如题 2.1 图所示。求:

(1) 该同轴线的特性阻抗 Z_0;

(2) 当其内导体采用 $\varepsilon_r=2.25$ 的介质环支撑时,如 D 不变,则 d' 应为多少才能保证匹配?

(3) 该同轴线中不产生高次模的最高工作频率 $f_{\max}$。

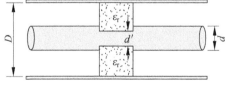

题 2.1 图

2.2　已知某空气填充同轴线内、外导体直径分别为 4.58mm 和 16mm,其终端所接负载的阻抗为 $Z_L=(50+j30)\Omega$,传输波的工作波长为 30cm,求离终端 6cm 处的等效阻抗。

2.3　空气填充同轴线内、外导体直径分别为 $d=3\text{cm}$,$D=7\text{cm}$,当其终端接阻抗为 200Ω 的负载时,负载吸收的功率为 1W,求:

(1) 保证同轴线中只传输 TEM 模的最高工作频率;

(2) 线上的驻波比、入射功率及反射功率;

(3) 若采用 1/4 波长阻抗变换器进行匹配,且 D 保持不变,则 1/4 波长阻抗变换器的内

径 d 应为多少?

2.4 已知微带线的参数为: $h=1\text{mm}$, $W=0.34\text{mm}$, $t\to 0$, $\varepsilon_r=9$, 求微带线的特性阻抗 Z_0 和有效相对介电常数 ε_e。

2.5 若要求在厚度 $h=0.8\text{mm}$, 相对介电常数 $\varepsilon_r=9$ 的介质基片上制作特性阻抗分别为 50Ω 和 100Ω 的微带线, 则它们的导体带条宽度 W 应为多少?

2.6 一平行耦合微带线的参数为 $\varepsilon_r=9$, $h=0.8\text{mm}$, $W=0.8\text{mm}$, $s=0.4\text{mm}$, 求耦合微带线的奇模特性阻抗 Z_{0o} 和偶模特性阻抗 Z_{0e}。

2.7 已知平行耦合微带线的 $Z_{0o}=35.7\Omega$, $Z_{0e}=70\Omega$, 介质基片的 $h=1\text{mm}$, $\varepsilon_r=10$, 求 W 和 s。

2.8 微带传输线的特性阻抗 $Z_0=50\Omega$, 介质基片的相对介电常数 $\varepsilon_r=9.9$, 厚度 $h=1\text{mm}$, 负载阻抗 $Z_L=(20-\text{j}40)\Omega$, 设工作频率为 5GHz, 试分别采用以下方法设计微带匹配电路。

(1) 采用并联开路分支和 $l=\lambda_p/4$ 阻抗变换器法进行匹配, 如题 2.8 图(a)所示, 求导体带条宽度 W_0、W_1 和长度 s、l 的值。

(2) 采用相移段 l 和 $d=\lambda_p/4$ 阻抗变换器法进行匹配, 如题 2.8 图(b)所示, 求导体带条宽度 W_0、W_1 和长度 l、d 的值。

(3) 通过并联单开路短截线法实现匹配, 如题 2.8 图(c)所示, 求导体带条长度 l 和 d 的值。

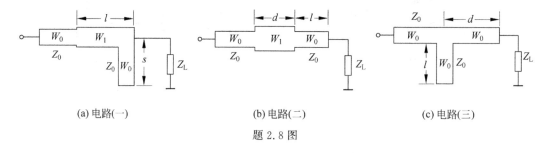

(a) 电路(一)　　　　　　(b) 电路(二)　　　　　　(c) 电路(三)

题 2.8 图

第 3 章

CHAPTER 3

基本微波元件和阻抗变换器

第 1 章、第 2 章中分别讨论了微波传输线的基本理论和各种具体形式的微波传输线,本章介绍微波电路中基本元件的构成方法和阻抗变换器的设计方法。

3.1 概论

在微波技术中,除了需要利用微波传输线来传输微波能量外,还需要有微波元件来对微波进行各种控制或变换,如控制波的振幅、频率、相位,变换波的极化方式等。

微波元件从外形到内部结构都与我们熟悉的集中参数电路元件完全不同,因为随着工作频率的升高,电路的概念发生了由集中参数到分布参数的转变,一段适当长度的终端短路或开路传输线可以起着电感、电容或 LC 谐振回路的作用。然而,微波元件虽然其外形、结构与集中参数的电路元件差异甚大,但其物理本质却是相同的,即那些能吸收微波能量的装置相当于电阻的作用,如衰减器和匹配负载等;能局部集中磁场能量的装置相当于电感的作用,如波导中的感性销钉和电感膜片等;能局部集中电场能量的装置相当于电容的作用,如波导中的容性螺钉和电容膜片等;而能实现电、磁能量周期性变换的装置则相当于 LC 振荡回路的作用,如特定长度的各种微波传输线及波导系统中用的谐振窗等。

对于均匀传输系统中引入某种不均匀性所构成的微波元件,多数情况下求其严格的场解是困难的,工程上通常用等效电路来描述微波元件的主要特性。本章首先介绍几种常用的电阻性元件和电抗性元件。

3.2 微波电阻性元件

常用的微波电阻性元件(Resistive Component)有衰减器和匹配负载。衰减器(Attenuator)是用来控制微波传输线中传输功率的装置,其通过对波的吸收、反射或截止来衰减微波能量。匹配负载(Matched Load)实质上也是一种衰减器,其作用是无反射地吸收传输到终端的全部功率以建立传输系统中的行波状态。

3.2.1 吸收式衰减器

吸收式衰减器是在矩形波导中加入吸收片,利用吸收片吸收部分能量来实现衰减的。

吸收片是一个涂有一层吸收物质(石墨或镍铬合金)的渐变刀形或两端呈尖劈形的介质片。吸收片做成刀形或尖劈形的目的是使波导的等效阻抗逐渐变化以减小反射。图 3.2-1(a)、(b)、(c)分别给出了吸收片插入深度可调的刀形衰减器、吸收片固定的固定衰减器及吸收片沿宽边方向可移动的可调衰减器的结构示意图,图 3.2-1(d)为图 3.2-1(c)的立体图。由于吸收片与矩形波导中 H_{10} 模的电场力线平行,故其片上将有电流 $J=\sigma E$ 流经吸收片,使一部分电磁能量转化为热能,构成衰减。图 3.2-1(a)所示衰减器是通过改变吸收片的插入深度而改变衰减大小的。因为 H_{10} 模的电场沿波导宽边的分布是中间强、两边弱,于是在图 3.2-1(c)中,吸收片位于波导中央位置时衰减最大,移至窄壁时衰减最小。

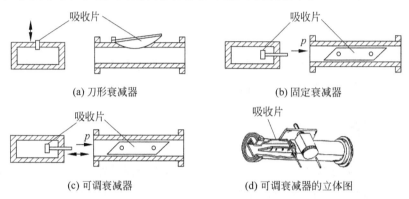

(a) 刀形衰减器　　　　(b) 固定衰减器

(c) 可调衰减器　　　　(d) 可调衰减器的立体图

图 3.2-1　吸收式衰减器

3.2.2　极化衰减器

图 3.2-2(a)给出了旋转极化式衰减器的结构示意图。它由 3 段波导组成,两端分别为具有平行于波导宽壁放置吸收片的矩-圆过渡波导段和圆-矩过渡波导段,它们是固定的;中间一段为内部放有吸收片"2"的传输 H_{11} 模的圆波导,吸收片可以与圆波导一起旋转,吸收片"2"的旋转角 θ 不同,衰减量就不同,其工作原理可由图 3.2-2(b)所示的电场变化过程来解释。矩形波导的 H_{10} 波在矩-圆过渡波导中激励垂直极化的 H_{11} 波,其电场 E_1 垂直于吸收片"1"的平面,这时没有电场的平行分量,故吸收片"1"并不衰减,只起固定极化方向的作用。当波进入圆波导后,如吸收片"2"相对水平面旋转了角度 θ,这时 E_1 可分解为平行于吸收片和垂直于吸收片的两个分量,即

$$\begin{cases} E_{/\!/}=E_1\sin\theta \\ E_{\perp}=E_1\cos\theta \end{cases} \tag{3.2-1}$$

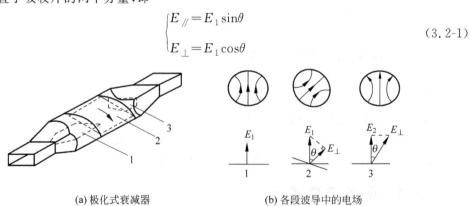

(a) 极化式衰减器　　　　(b) 各段波导中的电场

图 3.2-2　极化式衰减器及各段波导中电场的示意图

当吸收片有足够的衰减量时,则平行于吸收片"2"平面的电场能量将全部被吸收,而垂直于吸收片"2"平面的电场则无衰减地通过。当到达圆-矩过渡波导时,$E_\perp$ 分解成垂直于吸收片"3"平面和平行于吸收片"3"平面的两个分量。平行于吸收片"3"平面的分量被吸收,而垂直的场分量可无衰减地通过,且在矩形波导中激起 H_{10} 波,其电场为

$$E_2 = E_\perp \cos\theta = E_1 \cos^2\theta \tag{3.2-2}$$

由于功率正比于电场强度的平方,故衰减量按定义为

$$L = 10\lg\frac{P_1}{P_2} = 10\lg\left(\frac{E_1}{E_2}\right)^2 = 20\lg\frac{1}{\cos^2\theta} = -40\lg|\cos\theta| \quad (\text{dB}) \tag{3.2-3}$$

可见,当三个吸收片足够大时,衰减器的衰减量只与吸收片的旋转角度 θ 有关,故可作为标准衰减器。

3.2.3 截止式衰减器

截止式衰减器是利用波导的截止特性做成的。图 3.2-3(a)是一种截止式衰减器的结构示意图。这种截止式衰减器的主体是一段处于截止状态的圆波导,此时需要选择圆波导的半径满足截止条件: $\lambda > (\lambda_c)_{H_{11}}$。由于 H_{11} 模是圆波导中的最低模式,故如果 H_{11} 模被截止,则其他所有高次模全被截止。输入同轴线在圆波导的始端激励起截止场,这种截止场的磁场沿圆波导纵向(z 方向)呈指数律衰减,即 $H \propto e^{-\alpha z}$,其中衰减常数为

$$\alpha = \frac{2\pi}{\lambda}\sqrt{\left(\frac{\lambda}{\lambda_c}\right)^2 - 1} \approx \frac{2\pi}{\lambda_c} \quad (\lambda \gg \lambda_c) \tag{3.2-4}$$

输出同轴线通过一个小环与圆波导磁耦合,圆波导中的截止场激励小环,使得一部分功率进入输出同轴线中,这部分功率正比于小环所在处的磁场强度的平方,即 $P \propto e^{-2\alpha z}$。

设小环位于 $z=0$ 处时,通过小环耦合到输出同轴线中的功率为 $P(0) = P_0$。当通过调节机构使小环和输出同轴沿 z 方向移动到 $z=l$ 处时,输出同轴线中的功率为

$$P_2 = P(l) = P_0 e^{-2\alpha l} \tag{3.2-5}$$

故这时相对于输入功率 P_1 的衰减量为

$$L(l) = 10\lg\frac{P_1}{P_2} = 10\lg\left[\frac{P_1}{P_0} \cdot \frac{P_0}{P(l)}\right] = 10\left[\lg\frac{P_1}{P_0} + \lg\frac{P_0}{P(l)}\right] \tag{3.2-6}$$

$$= L(0) + 10\lg e^{2\alpha l} = L(0) + 8.68\alpha l \quad (\text{dB})$$

式中,$L(0) = 10\lg\dfrac{P_1}{P_0}(\text{dB})$,为 $z=0$ 时的起始衰减量。

截止式衰减器有如下特点:

(1) 衰减量与移动距离之间呈线性关系,如图 3.2-3(b)所示,并且衰减系数 α 可由式(3.2-4)算出,因此这种衰减器可作为标准衰减器。

(2) 当 $\lambda \gg \lambda_c$ 时,衰减系数 α 很大,移动不太长的一段距离就可得到很大的衰减量。

(3) 由于截止波导中不存在吸收性材料,故其衰减不是由于损耗而是由于反射所引起的。由于圆波导输入、输出端反射都很大,因此无论对输入同轴线还是输出同轴线而言都是严重失配的。

为了改善输入端的匹配,在输入同轴线的终端接以匹配负载;为了改善输出端的匹配,

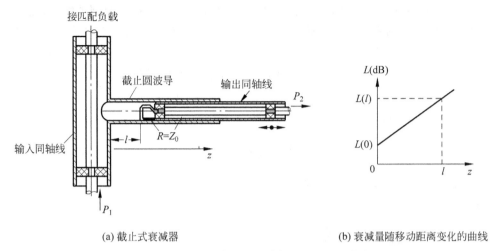

(a) 截止式衰减器　　　　　　　　　(b) 衰减量随移动距离变化的曲线

图 3.2-3　截止式衰减器及其衰减量的变化曲线

在小环上装有一个电阻,使其阻值 $R=Z_0$。经如此改善后的输入、输出同轴线几乎都接近匹配。

3.2.4　匹配负载

匹配负载是一种接在传输系统终端的单端口微波元件,它能几乎无反射地吸收入射波的全部功率。图 3.2-4 所示是一种矩形波导小功率匹配负载,它是内置有吸收片的终端短路的一段波导。吸收片的存在对波导系统来说是引入了一种不连续性,为了尽量减小反射,吸收片应做成尖劈形,且其长度应为 1/2 波长的整数倍。这样可使吸收片在斜面上的每一点引起的电磁波的反射都被与其相距 1/4 波长的另一点引起的反射所抵消,从而使波导系统得到良好的匹配。

图 3.2-4　矩形波导小功率匹配负载

3.3　微波电抗性元件

严格来说,在微波波段不存在像低频电路中那样的集中参数的电感(Inductance)和电容(Capacitor)。因为狭义概念的集中参数电感(或电容)指的是在某一个区域中只含有磁能(或只含有电能),而微波信号是交变电磁场,电场和磁场是铰链在一起的,所以没有单独的电场区域或磁场区域。但如果将狭义概念的集中参数的电感和电容从能量的角度推广,即认为如果在某区域磁场储能大于电场储能,则可等效为电感;如果在某区域电场储能大于磁场储能,则可等效为电容,这样就可实现微波波段的电感和电容了。

可以证明,微波传输线中传输模所携带的电场能量和磁场能量是相等的,而截止模所含电能和磁能是不均衡的。若截止模为 TE 模,则其磁能大于电能;若截止模为 TM 模,则其电能大于磁能。据此,可在传输系统中人为引入某些不均匀性,则在不均匀性区域将激发起高次截止模。若高次截止模为 TE 模,则不均匀性区域可等效为一电感;若高次截止模为 TM 模,则不均匀性区域可等效为一电容。下面介绍几种常用的波导电抗元件和微带电抗元件。

3.3.1 波导不连续性及波导元件的实现方法

波导中的不连续性(Discontinuity)及常用的波导元件主要有膜片、谐振窗、波导阶梯、销钉和螺钉。下面分别进行介绍。

1. 膜片

膜片通常有电容膜片和电感膜片两种形式。图 3.3-1 所示为电容膜片,其中,图 3.3-1(a)、(b)所示为对称电容膜片;图 3.3-1(c)、(d)所示为非对称电容膜片。由于在波导中插入膜片使波导中产生了不连续性,因此,在膜片附近要产生高次模,这些高次模与主模叠加应满足膜片处的边界条件。对于对称电容膜片,由图 3.3-1(a)左上角所示的膜片处的电场分布可见,膜片处电场有纵向分量,而原主模-TE$_{10}$ 模中并不含有纵向电场分量,所以,膜片处的纵向电场分量是由高次模提供的,且高次模应为 TM 模,不能传输,储存在膜片附近。由于 TM 模的电能大于磁能,即在膜片附近储存的电能大于磁能,故相当于一个电容,称为电容膜片。由于膜片起分流作用,故该膜片为并联电容,其等效电路如图 3.3-1(e)所示。

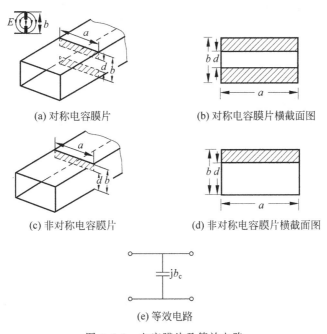

(a) 对称电容膜片   (b) 对称电容膜片横截面图

(c) 非对称电容膜片   (d) 非对称电容膜片横截面图

(e) 等效电路

图 3.3-1 电容膜片及等效电路

对称电容膜片的归一化电纳可由下式近似计算

$$b_c = \frac{B_c}{Y_0} = \frac{4b}{\lambda_g} \ln\left(\csc \frac{\pi}{2} \frac{d}{b}\right) + \frac{2\pi t}{\lambda_g}\left(\frac{b}{d} - \frac{d}{b}\right) \tag{3.3-1a}$$

式中,Y_0 为波导的等效特性导纳,λ_g 为波导波长,a、b 分别为波导的宽、窄边尺寸,t 为膜片厚度,d 的意义见图 3.3-1(a)、(b)。

实际中所用膜片厚度 t 通常很小,可以忽略,此时对称电容膜片的归一化电纳计算公式

简化为

$$b_c = \frac{B_c}{Y_0} = \frac{4b}{\lambda_g} \ln\left(\csc \frac{\pi d}{2b}\right) \tag{3.3-1b}$$

对于图 3.3-1(c)、(d)所示的非对称膜片,利用镜像法,可把其等效为 $2b$ 和 $2d$ 的对称膜片,故也可等效为一个并联电容,零厚度非对称电容膜片的归一化容纳可由下式确定[3]。

$$b_c = \frac{B_c}{Y_0} = \frac{8b}{\lambda_g} \ln\left(\csc \frac{\pi d}{2b}\right) \tag{3.3-2}$$

图 3.3-2 所示为电感膜片,其中,图 3.3-2(a)、(b)所示为对称电感膜片;图 3.3-2(c)、(d)所示为非对称电感膜片。对于对称电感膜片,因为主模-TE_{10} 模在膜片处有平行于膜片的电场(如图 3.3-2(a)所示),所以,为满足膜片处的边界条件,在膜片处会产生新的 TE 模,其电场在膜片处的方向与原 TE_{10} 模的电场方向相反,且相互抵消,从而满足膜片处的边界条件。新产生的 TE 模是高次模,不能传输,储存在膜片附近。TE 模的磁能大于电能,即储存在膜片附近的磁能大于电能,故相当于一个电感,称为电感膜片。由于该膜片起分流作用,故可等效为并联电感,如图 3.3-2(e)所示。

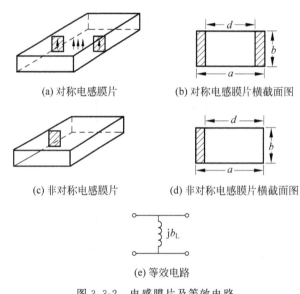

(a) 对称电感膜片　　　　　(b) 对称电感膜片横截面图

(c) 非对称电感膜片　　　　(d) 非对称电感膜片横截面图

(e) 等效电路

图 3.3-2　电感膜片及等效电路

对称电感膜片的等效归一化电纳可由下式近似计算

$$b_L = \frac{B_L}{Y_0} = -\frac{\lambda_g}{a} \cot^2\left[\frac{\pi(d-t)}{2a}\right] \tag{3.3-3a}$$

对于零厚度膜片,上式简化为

$$b_L = \frac{B_L}{Y_0} = -\frac{\lambda_g}{a} \cot^2\left(\frac{\pi d}{2a}\right) \tag{3.3-3b}$$

对于非对称电感膜片,同理可知,其也可等效为一个并联电感。零厚度非对称电感膜片的归一化电纳可由下式计算[4]

$$b_L = \frac{B_L}{Y_0} \approx -\frac{\lambda_g}{a}\left(1 + \csc^2 \frac{\pi d}{2a}\right)\cot^2 \frac{\pi d}{2a} \tag{3.3-4}$$

【例 3.3-1】 一个喇叭天线由标准矩形波导 BJ-100 馈电,传输 TE_{10} 模,波长为 3cm,喇叭天线的归一化输入阻抗 $\overline{Z}_L=(0.8+j0.6)\Omega$。

(1) 若用一对称电容膜片进行匹配,如图 3.3-3(a)所示,求电容膜片接入处到喇叭天线的距离 L 及膜片尺寸 d 的值。(假设膜片厚度 $t=0$)

(2) 若采用对称电感膜片进行匹配,则 L 及 d 各为多少?(假设膜片厚度 $t=0$)

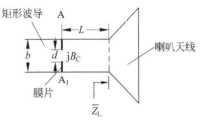

(a)喇叭天线-馈电系统

解:查附录 B 可知,标准矩形波导 BJ-100 的尺寸为 $a \times b = 2.286 \times 1.016 cm^2$。由 $\lambda = 3cm$ 和 TE_{10} 模的单模传输条件 $1.5cm = \dfrac{\lambda}{2} < a = 2.286cm < \lambda = 3cm$ 可知,可以实现单模传输。

TE_{10} 模的波导波长为

$$\lambda_g = \frac{\lambda}{\sqrt{1-\left(\dfrac{\lambda}{2a}\right)^2}} = \frac{3}{\sqrt{1-\left(\dfrac{3}{2\times 2.286}\right)^2}} cm$$

$$\approx 3.976 cm$$

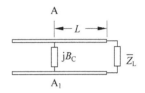

(b)等效电路

图 3.3-3 喇叭天线-馈电系统及等效电路

图 3.3-3(a)所示的喇叭天线-馈电系统可等效为图 3.3-3(b)。由图 3.3-3(b)可知,该馈电网络中的匹配器的工作原理与 1.6.2 节的并联单支节匹配器的匹配思想类似,只是这里用膜片的电纳抵消参考面 A-A_1 处导纳的虚部,而非并联分支,所以相应的公式这里也适用。

若采用并联终端开路分支的计算公式,则

$$L_i = d_{min} + d_{0i} \quad (i=1,2)$$

因为 $\overline{Z}_L = 0.8+j0.6$,故

$$\Gamma_L = \frac{\overline{Z}_L-1}{\overline{Z}_L+1} = \frac{(0.8+j0.6)-1}{(0.8+j0.6)+1} = \frac{1}{3}e^{j\frac{\pi}{2}}$$

由式(1.4-34)得波节点到负载的距离 d_{min} 为

$$d_{min} = \frac{\varphi_L}{2\beta} + \frac{\lambda_g}{4} = \frac{\pi/2}{2\times 2\pi}\lambda_g + \frac{\lambda_g}{4} = 0.375\lambda_g$$

$$\rho = \frac{1+\dfrac{1}{3}}{1-\dfrac{1}{3}} = 2$$

由式(1.6-21a)、式(1.6-23a)得 d_0 的两组解分别为

$$d_{01} = \frac{\lambda_g}{2\pi}\arctan\left(\frac{1}{\sqrt{\rho}}\right) \approx 0.1\lambda_g$$

$$d_{02} = \frac{\lambda_g}{2\pi}\arctan\left(\frac{-1}{\sqrt{\rho}}\right) \approx -0.1\lambda_g$$

由式(1.6-20b)、式(1.6-22b)可得 A-A_1 处所呈现的对应的归一化电纳分别为

$$\mathrm{j}b_1 = \mathrm{j}\tan\beta l_1 = \mathrm{j}\frac{\rho-1}{\sqrt{\rho}} = \mathrm{j}0.707 \quad (容性)$$

$$\mathrm{j}b_2 = \mathrm{j}\tan\beta l_2 = \mathrm{j}\frac{1-\rho}{\sqrt{\rho}} = -\mathrm{j}0.707 \quad (感性)$$

(1) 对于容性电纳,取

$$L = L_1 = 0.375\lambda_g + 0.1\lambda_g = 0.475\lambda_g \approx 1.889\text{cm}$$

若采用对称电容膜片,由式(3.3-1b)得电容膜片引入的归于一化电纳为

$$b_c = \frac{B_c}{Y_0} = \frac{4b}{\lambda_g}\ln\left(\csc\frac{\pi d}{2b}\right) = \frac{4\times1.016}{3.976}\ln\left(\csc\frac{\pi d}{2b}\right) = 1.022\ln\left(\csc\frac{\pi d}{2b}\right)$$

令

$$b_c = 1.022\ln\left(\csc\frac{\pi d}{2b}\right) = b_1 = 0.707$$

得

$$\frac{\pi d}{2b} \approx \frac{\pi}{6}$$

$$d = \frac{b}{3} \approx 0.339\text{cm}$$

(2) 对于感性电纳,取

$$L = L_2 = 0.375\lambda_g - 0.1\lambda_g = 0.275\lambda_g = 1.093\text{cm}$$

若采用对称电感膜片,利用式(3.3-3b),并令

$$b_L = \frac{B_L}{Y_0} = -\frac{\lambda_g}{a}\cot^2\left(\frac{\pi d}{2a}\right) = -\frac{3.976}{2.286}\cot^2\left(\frac{\pi d}{2\times2.286}\right) = b_2 = -0.707$$

得

$$d \approx 1.46\text{cm}$$

2. 谐振窗

将电容膜片和电感膜片组合在一起便得到图 3.3-4(a)、(b)所示的具有矩形窗口形状的膜片,其等效电路如图 3.3-4(c)所示,是一个并联谐振电路,故称为谐振窗。当输入信号频率正好等于其谐振频率时,信号可以无反射地通过谐振窗;当信号频率不等于其谐振频率时,由于谐振窗具有感性或容性而产生反射。

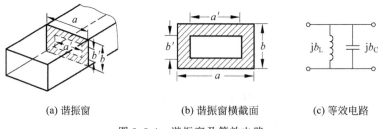

(a) 谐振窗   (b) 谐振窗横截面   (c) 等效电路

图 3.3-4   谐振窗及等效电路

求谐振窗的谐振频率很困难,一般是从阻抗匹配的角度进行求解(因为阻抗匹配时同样没有反射,对应于谐振电路谐振的情况),此时可把膜片看成是宽 a'、高 b'、长 t 的小波导,该小波导与原大波导匹配的条件是等效特性阻抗相等,即

$$\frac{b}{a}\frac{\eta_1}{\sqrt{1-\left(\frac{\lambda_1}{2a}\right)^2}}=\frac{b'}{a'}\frac{\eta_2}{\sqrt{1-\left(\frac{\lambda_2}{2a'}\right)^2}} \tag{3.3-5}$$

式中，$\eta_1=\sqrt{\frac{\mu_1}{\varepsilon_1}}$，$\lambda_1=\frac{\lambda_0}{\sqrt{\varepsilon_{r1}}}$；$\eta_2=\sqrt{\frac{\mu_2}{\varepsilon_2}}$，$\lambda_2=\frac{\lambda_0}{\sqrt{\varepsilon_{r2}}}$。$\mu_1$、$\varepsilon_1$ 和 μ_2、ε_2 分别为大、小波导中填充媒质的磁导率和介电常数。

当大波导中填充空气、小波导中填充相对介电常数为 ε_r 的介质时，上式变为

$$\frac{b}{a}\frac{\eta_0}{\sqrt{1-\left(\frac{\lambda_0}{2a}\right)^2}}=\frac{b'}{a'}\frac{1}{\sqrt{\varepsilon_r}}\frac{\eta_0}{\sqrt{1-\left(\frac{\lambda_0}{\sqrt{\varepsilon_r}}\frac{1}{2a'}\right)^2}} \tag{3.3-6a}$$

即

$$\frac{b}{a}\frac{1}{\sqrt{1-\left(\frac{\lambda_0}{2a}\right)^2}}=\frac{b'}{a'}\frac{1}{\sqrt{\varepsilon_r-\left(\frac{\lambda_0}{2a'}\right)^2}} \tag{3.3-6b}$$

如果给定了 a'、b'、ε_r、a、b，则可解得

$$\lambda_0=2a'\sqrt{\frac{\varepsilon_r-\left(\frac{a}{a'}\right)^2\left(\frac{b'}{b}\right)^2}{1-\left(\frac{b'}{b}\right)^2}} \tag{3.3-7}$$

因为上式是在谐振窗无反射（即谐振）状态下得到的，所以由上式可得谐振窗的谐振频率 f_r 为

$$f_r=\frac{c}{\lambda_0}=\frac{c}{2a'}\sqrt{\frac{1-\left(\frac{b'}{b}\right)^2}{\varepsilon_r-\left(\frac{a}{a'}\right)^2\left(\frac{b'}{b}\right)^2}} \tag{3.3-8}$$

当传输信号的工作频率 f 等于 f_r 时，谐振窗对通过的波没有反射；当工作频率 f 不等于 f_r 时，则产生反射。值得注意的是式（3.3-8）是在大波导中填充空气、小波导中填充相对介电常数为 ε_r 的介质的条件下得出的。若条件发生变化，则式（3.3-8）也应作相应变化。

上述分析是近似的，且当窗口较大时近似程度较好。谐振窗的厚度在上面的式子中没有反映出来，而实验证明谐振窗的厚度对其匹配性能影响较大，因此，上面的公式只能用于估算。

谐振窗在实际中有很多应用，图 3.3-5 所示是其在雷达天线收、发开关中的应用。当发射机发射的大功率信号经过单向器输入到由介质封闭的谐振窗 I 时，大功率信号将使两封闭谐振窗之间的高频放电气体放电，在谐振窗附近形成导电层而封闭谐振窗，使之成为短路面而把入射的大功率信号反射回去。由于发射机端接有单向器，所以反射回来的信号全部进入天线

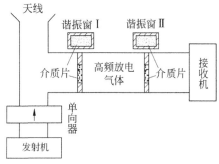

图 3.3-5 含有谐振窗的雷达天线收发开关

发射出去,而不会进入发射机;当天线接收小功率信号时,由于单向器的作用,信号只能从接收机通道输出。由于此时信号功率较小,不会使高频放电气体放电。当接收信号频率等于 f_r 时,谐振窗并联谐振,两介质填充谐振窗之间隔成的空间对接收信号没有影响,使接收信号能顺利地进入接收机而被接收;当接收信号频率不等于 f_r 时,谐振窗等效为一个电抗,对信号有反射作用,被接收机接收的能量很小。因此,谐振窗在此结构中起到了滤波的作用。因为两介质填充谐振窗所隔空间起到了收、发开关的作用,故称为天线收、发开关,简称 TR 管。

3. 波导阶梯

图 3.3-6 所示波导阶梯发生在波导中电场所在的面,故称为 E 面阶梯;图 3.3-7 所示波导阶梯发生在波导中磁场所在的面,故称为 H 面阶梯。波导阶梯的不连续性可用类似于膜片的方法进行分析,下面以 E 面阶梯为例进行简单介绍[4]。

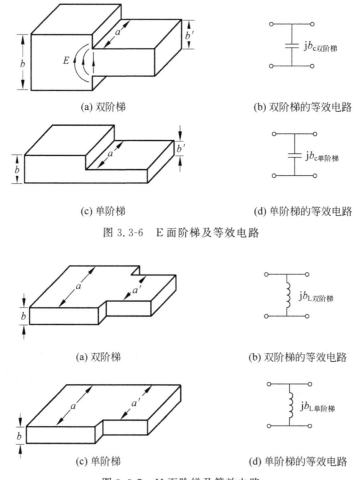

(a) 双阶梯　　　　　　　　　　　　(b) 双阶梯的等效电路

(c) 单阶梯　　　　　　　　　　　　(d) 单阶梯的等效电路

图 3.3-6　E 面阶梯及等效电路

(a) 双阶梯　　　　　　　　　　　　(b) 双阶梯的等效电路

(c) 单阶梯　　　　　　　　　　　　(d) 单阶梯的等效电路

图 3.3-7　H 面阶梯及等效电路

对于图 3.3-6(a)所示的对称 E 面双阶梯,比较图 3.3-6(a)和图 3.3-1(a)的电场分布可知,对称 E 面双阶梯的电场分布(忽略右侧 $a \times b'$ 波导内的边缘场)与对称电容膜片一半的场分布相同,因而其也可等效为一个并联电容,如图 3.3-6(b)所示,且其容纳为膜片容纳的一半。于是,由式(3.3-1b)可得对称 E 面双阶梯的归一化容纳计算公式为

$$b_{c双阶梯} = \frac{B_c}{Y_0} = \frac{2b}{\lambda_g}\ln\left(\csc\frac{\pi b'}{2b}\right) \tag{3.3-9}$$

对于图 3.3-6(c)所示的 E 面单阶梯,阶梯处的场分布(忽略右侧 $a\times b'$ 波导内的边缘场)与非对称电容膜片一半的场分布相同,因而其也可等效为一个并联电容,如图 3.3-6(d)所示,且其容纳为非对称电容膜片容纳的一半,即 E 面单阶梯的归一化容纳可由下式确定

$$b_{c单阶梯} = \frac{B_c}{Y_0} = \frac{4b}{\lambda_g}\ln\left(\csc\frac{\pi b'}{2b}\right) \tag{3.3-10}$$

H 面波导阶梯与感性膜片的情况类似,但应注意,波导的等效特性导纳和波导波长在阶梯两侧是不等的。

4. 销钉

在波导中垂直波导壁放置并且两端与波导壁相连的金属圆棒称为销钉。销钉类似于波导膜片,也相当于在波导中引入了并联电纳,也有感性和容性两种类型。

1) 感性销钉

垂直于波导宽壁放置的销钉与电感膜片一样,也具有感性,故称为感性销钉。图 3.3-8(a)所示为单电感销,图 3.3-8(b)所示为三电感销,它们都可以等效图 3.3-8(c)所示的并联电感。销钉的归一化电纳与棒的粗细有关,棒越粗,电感量越小,其归一化电纳就越大;同样粗细的棒,根数越多,相对电纳就越大。

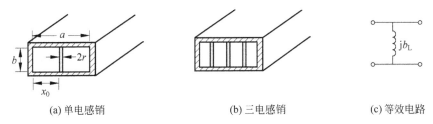

(a) 单电感销 (b) 三电感销 (c) 等效电路

图 3.3-8 波导中的电感销及等效电路

单销钉的归一化电纳可近似由下式计算[3]

$$b_L = \frac{B_L}{Y_0} \approx -\frac{2\lambda_g}{a}\sin^2\frac{\pi x_0}{a}\left[\ln\left(\frac{2a}{\pi r}\sin\frac{\pi x_0}{a}\right) - 2\sin^2\frac{\pi x_0}{a}\right]^{-1} \tag{3.3-11}$$

式中,Y_0 为波导的等效特性导纳,r 为销钉的半径,λ_g 为波导波长,a 为波导的宽边尺寸,x_0 为销钉与波导窄壁的间距。

在图 3.3-8(a)中,对于处于波导宽壁中央的单电感销($x_0 = a/2$),其归一化电纳计算公式简化为

$$b_L = \frac{B_L}{Y_0} \approx -\frac{2\lambda_g}{a}\left[\ln\left(\frac{2a}{\pi r}\right) - 2\right]^{-1} \tag{3.3-12}$$

对于图 3.3-8(b)所示等间距放置的三电感销,其归一化电纳可由以下公式近似计算

$$b_L = \frac{B_L}{Y_0} \approx -\frac{4\lambda_g}{a\left[\ln\left(\dfrac{a}{24.66r}\right) + \dfrac{40.4a^2}{1000\lambda^2}\right]} \tag{3.3-13}$$

式中,λ 为工作波长。

2）容性销钉

垂直于波导窄壁放置的销钉与电容膜片一样,也具有容性,故称为电容销钉。图 3.3-9(a) 所示的电容销钉可等效为图 3.3-9(b)所示的并联电容。同样,销钉越粗,根数越多,引入的

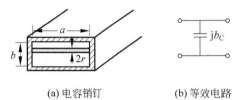

电纳就越大。但是,电容销钉在波导中的位置与引入电纳的大小无关,这是因为波导中的 TE_{10} 模的场沿窄边方向均匀分布,所以电容销钉不论处在什么位置,对场的影响都是一样的。电容销钉的归一化电纳可由下式近似计算[5]

(a) 电容销钉　　　　(b) 等效电路

图 3.3-9　波导中的电容销钉及等效电路

$$b_c = \frac{B_c}{Y_0} = \frac{4\pi^2 r^2}{\lambda_g b} \qquad (3.3\text{-}14)$$

5. 螺钉

由于膜片和销钉具有电容或电感特性,因此常用膜片和销钉进行匹配。但是,膜片和销钉在波导中的位置一旦固定,就不容易再进行调整,因而使用起来很不方便。但是图 3.3-10 所示的螺钉却调整方便,故经常用作调谐和匹配元件。

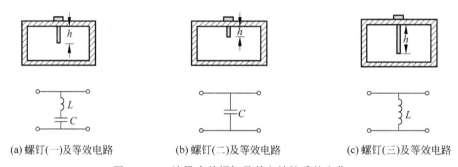

(a) 螺钉(一)及等效电路　　　　(b) 螺钉(二)及等效电路　　　　(c) 螺钉(三)及等效电路

图 3.3-10　波导中的螺钉及其电纳性质的变化

改变螺钉旋入波导的深度 h,即可改变螺钉电纳的大小和性质,如图 3.3-10 所示。当螺钉插入波导时,由于波导宽壁上的轴向电流进入螺钉要产生附加磁场,故而螺钉具有电感特性;由于螺钉附近电场较为集中,故而螺钉又具有电容特性,显然,该电感与电容为串联关系,因此,螺钉通常可等效为并联于波导中的 LC 串联谐振电路,如图 3.3-10(a)所示。由于串联谐振电路的阻抗为：$j\omega L + 1/(j\omega C)$,故当 $h < \lambda/4(L$ 和 C 都较小)时,电感的影响较小,电容起主要作用,故可等效为一个并联电容,如图 3.3-10(b)所示;当 $h > \lambda/4(L$ 和 C 都较大)时,电感的影响较大,电容的影响较小,故可等效为一个并联电感,如图 3.3-10(c)所示;当 $h \approx \dfrac{\lambda}{4}$ 时,电感与电容的作用相当,此时螺钉可等效为串联谐振电路,如图 3.3-10(a)所示。

由于螺钉主要是作调谐和匹配用,因而一般不需计算其电纳的具体大小,只需要了解螺钉的电纳特性随螺钉旋入深度变化的大致规律即可。

3.3.2　微带不连续性及微带元件的实现方法

1. 微带不连续性

1）微带线的开路端

微带线的开路端是通过将微带线的导体带条切断而形成的,如图 3.3-11(a)所示。

然而,这种开路端并非是理想的开路,在它的开路端有边缘场存在,在忽略其辐射损耗时,这种边缘效应可以用一个接地电容来等效,如图 3.3-11(b)所示。由理想开路线的输入阻抗表达式(1.4-16)可知,小于 $\lambda/4$ 的理想开路线的输入阻抗呈容性,故该边缘电容可用一段长 $\Delta l < \lambda/4$ 的理想开路短截线来等效,如图 3.3-11(c)所示。

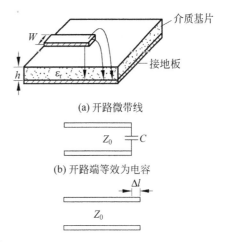

(a) 开路微带线

(b) 开路端等效为电容

(c) 开路端等效为理想开路短截线

图 3.3-11 微带开路终端及等效电路

Δl 的值可由下列近似公式计算

$$\Delta l = 0.412h \left(\frac{\varepsilon_e + 0.3}{\varepsilon_e - 0.258} \right) \left(\frac{W/h + 0.264}{W/h + 0.8} \right)$$

(3.3-15)

式中,ε_e 为微带线的有效相对介电常数;W 和 h 分别为导体带条宽度和介质基片厚度。实际中也经常采用 $\Delta l = 0.33h$ 作近似值。

2) 微带线阶梯

当中心导体带条宽度不等的两根微带线相接时,在中心导体带条上就出现了阶梯。这种不连续性会引起高次模,可用传输线上串联的一个电感和两段传输线来表示,如图 3.3-12 所示[4]。

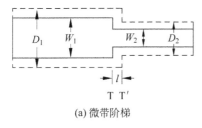

(a) 微带阶梯

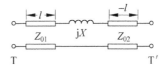

(b) 等效电路

图 3.3-12 微带阶梯及等效电路

微带线可以等效成为平板传输线,平板传输线的平板宽度 D 可由下式计算

$$\begin{cases} D_1 = \dfrac{120\pi h}{Z_{01} \sqrt{\varepsilon_{e1}}} \\ D_2 = \dfrac{120\pi h}{Z_{02} \sqrt{\varepsilon_{e2}}} \end{cases}$$

(3.3-16)

式中,ε_{e1} 和 ε_{e2} 分别是两段微带线的有效相对介电常数;h 为微带基片厚度;Z_{01} 和 Z_{02} 分别是两段微带线的特性阻抗,已知 W_1 和 W_2 后,可由式(2.7-5)或式(2.7-6)计算得出。

已知 D_1 和 D_2 后,图 3.3-12(b)等效电路中的电路参数可由下式确定

$$\begin{cases} \dfrac{X}{Z_{01}} = \dfrac{2D_1}{\lambda_{p1}} \mathrm{lncsc} \left(\dfrac{\pi}{2} \dfrac{D_2}{D_1} \right) \\ l = \dfrac{2h}{\pi} \ln 2 \end{cases}$$

(3.3-17)

当基片厚度 h 较小时,l 较小,可以忽略,此时微带阶梯就等效为一个串联电感,且 T 和 T′ 面重合,便于设计。

微带线阶梯还可以有其他等效方法,如图 3.3-13 所示[6]。在图 3.3-13(b)中,等效参数由下列公式确定

对于 $\varepsilon_r \leqslant 10, 1.5 \leqslant W_2/W_1 \leqslant 3.5$ 的情况,有

$$\frac{C_s}{\sqrt{W_1 W_2}} = (4.386\ln\varepsilon_r + 2.33)\frac{W_2}{W_1} - 5.472\ln\varepsilon_r - 3.17 \quad (\text{pF/m}) \quad (3.3\text{-}18\text{a})$$

对于 $\varepsilon_r = 9.6, 3.5 \leqslant W_2/W_1 \leqslant 10$ 的情况,有

$$\frac{C_s}{\sqrt{W_1 W_2}} = 56.46\ln\left(\frac{W_2}{W_1}\right) - 44 \quad (\text{pF/m}) \quad (3.3\text{-}18\text{b})$$

式(3.3-18a)误差在 10% 范围内,而式(3.3-18b)则优于 0.5%。

$$\frac{L_1}{h} = \frac{Z_{01}\sqrt{\varepsilon_{e1}}}{Z_{01}\sqrt{\varepsilon_{e1}} + Z_{02}\sqrt{\varepsilon_{e2}}} \cdot \frac{L_s}{h} \quad (3.3\text{-}19)$$

$$\frac{L_2}{h} = \frac{Z_{02}\sqrt{\varepsilon_{e2}}}{Z_{01}\sqrt{\varepsilon_{e1}} + Z_{02}\sqrt{\varepsilon_{e2}}} \cdot \frac{L_s}{h} \quad (3.3\text{-}20)$$

式中

$$\frac{L_s}{h} = 40.5\left(\frac{W_2}{W_1} - 1\right) - 32.57\ln\left(\frac{W_2}{W_1}\right) + 0.2\left(\frac{W_2}{W_1} - 1\right)^2 \quad (\text{nH/m}) \quad (3.3\text{-}21)$$

阶梯电感的影响还可以用长度为 Δl 的附加传输线段来表示,如图 3.3-13(c)所示。Δl 由下式确定

$$\frac{\Delta l}{h} = \frac{0.3}{Z_{01}\sqrt{\varepsilon_{e1}} + Z_{02}\sqrt{\varepsilon_{e2}}} \cdot \frac{L_s}{h} \quad (3.3\text{-}22)$$

实际应用时可根据需要选择方便的等效方式。

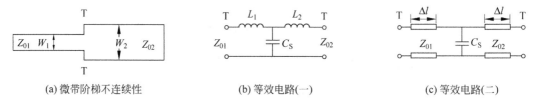

(a) 微带阶梯不连续性　　　　(b) 等效电路(一)　　　　(c) 等效电路(二)

图 3.3-13　微带阶梯不连续性及等效电路

3) 微带线拐角及不连续性补偿

在微带电路中,为了改变电磁波的传输方向,需要用到微带拐角。图 3.3-14(a)所示为一种简单的直角拐角,在拐角处有寄生的不连续性电容,它是由拐角处的导带面积增大所引起的。把直角拐角改成圆弧状(如图 3.3-14(b)所示,半径 $r \geqslant 3W$)可消除不连续性的影响,缺点是会使它占据的空间加大[7]。

在微带电路中,不连续性会引入寄生电抗,从而会引起相位和振幅误差、输入与输出失配等现象。消除这些影响的一种方法是前面所介绍的等效电路法,即把不连续性等效的电抗包括到电路设计中,并通过

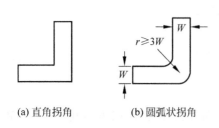

(a) 直角拐角　　　(b) 圆弧状拐角

图 3.3-14　微带线的直角拐角

调节其他的电路参量(如线的长度、线的特性阻抗,或用可调谐短截线等)来补偿不连续性的影响。另一种方法是将导带不连续性处削角,以使不连续性的影响最小。图 3.3-15(a)、(b)给出了直角拐角削角时两种情况下尺寸的确定方法。在拐角处削角可以降低拐角处多余的电容效应,这种方法还可应用于任意张角的拐角,如图 3.3-15(c)所示。其中,削角的斜边长度的最佳值与微带线的特性阻抗和拐角有关,简单的近似处理方法是 $a=1.8W$。

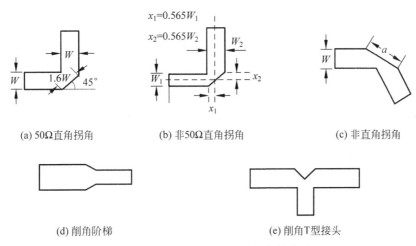

(a) 50Ω直角拐角 (b) 非50Ω直角拐角 (c) 非直角拐角

(d) 削角阶梯 (e) 削角T型接头

图 3.3-15 微带不连续性的削角补偿法

削角的方法还可用来补偿阶梯和 T 型接头的不连续性,如图 3.3-15(d)、(e)所示。

2. 微带元件实现方法

与波导元件一样,微带元件也是利用传输线中的不均匀性来实现的。下面分别介绍微带电感、电容和谐振电路的实现方法。

1) 并联电感和并联电容的实现

由式(1.4-11)可得,一段长度为 l、特性阻抗为 Z_0' 的终端短路微带线的输入阻抗为

$$Z_{in} = jZ_0' \tan\left(\frac{2\pi}{\lambda_p}l\right) = jZ_0' \tan\left(\frac{\omega}{v_p}l\right) = jX \tag{3.3-23}$$

可知,当 $l < \lambda_p/4$ 时,输入阻抗呈感性。但其电抗与频率的关系是非线性的,而集中参数电感的电抗却与频率成正比,因此二者是有区别的。

但是当 $l \ll \lambda_p$ 时,式(3.3-23)可以近似为

$$Z_{in} = jX \approx jZ_0' \frac{2\pi}{\lambda_p}l = jZ_0' \frac{\omega}{v_p}l \tag{3.3-24}$$

此时,传输线的输入电抗就与频率近似呈线性关系了。由此可见,一段终端短路的微带传输线段,当满足 $l \ll \lambda_p$ 时,其输入端可近似等效为一个集中参数的电感。例如,对于图 3.3-16(a) 所示的微带电路,其传输线等效电路如图 3.3-16(b)所示。当分支线长度 $l \ll \lambda_p$ (一般取 l 为 $\lambda_p/8 \sim \lambda_p/10$)时,其输入端可近似等效为一个并联的集中参数电感,如图 3.3-16(c)所示。

同理,由式(1.4-16)可得,一段长度为 l、特性阻抗为 Z_0' 的终端开路微带线的输入导纳为

$$Y_{in} = \frac{1}{-jZ_0' \cot\left(\frac{2\pi}{\lambda_p}l\right)} = j\frac{\tan\left(\frac{2\pi}{\lambda_p}l\right)}{Z_0'} = j\frac{\tan\left(\frac{\omega}{v_p}l\right)}{Z_0'} = jB \tag{3.3-25}$$

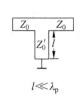 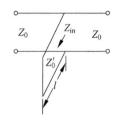

(a) 终端短路线　　　　(b) 传输线等效电路　　　　(c) 并联电感等效电路

图 3.3-16　用终端短路线实现并联电感

当满足 $l \ll \lambda_p$ 时,其输入端可近似等效为一个集中参数的电容。例如,对于图 3.3-17(a)所示的微带电路,其传输线等效电路如图 3.3-17(b)所示。当分支线长度 $l \ll \lambda_p$ 时,其输入端可近似等效为一个并联的集中参数电容,如图 3.3-17(c)所示。

(a) 终端开路线　　　　(b) 传输线等效电路　　　　(c) 并联电容等效电路

图 3.3-17　用终端开路线实现并联电容

2) 串联电感和并联电容的实现

利用第 5 章将要介绍的网络理论可以证明,一段长为 l、特性阻抗为 Z_0 的传输线(如图 3.3-18(a)所示)可等效为 T 型电路(如图 3.3-18(b)所示)或 Π 型电路(如图 3.3-18(c)所示),它们的等效关系如下:

T 型

$$\begin{cases} Z_1 = Z_2 = \mathrm{j}Z_0 \tan\dfrac{\beta l}{2} \\ Z_3 = -\mathrm{j}Z_0 \dfrac{1}{\sin\beta l} \end{cases} \tag{3.3-26}$$

Π 型

$$\begin{cases} Y_1 = Y_2 = \mathrm{j}Y_0 \tan\dfrac{\beta l}{2} \\ Y_3 = -\mathrm{j}Y_0 \dfrac{1}{\sin\beta l} \end{cases} \tag{3.3-27}$$

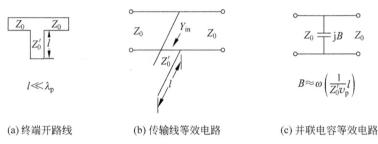

(a) 传输线段　　　　(b) T型等效电路　　　　(c) Π型等效电路

图 3.3-18　传输线段及等效电路

可见,无论是 T 型电路还是 Π 型电路,当 $l \ll \lambda_p$ 时,其串联元件均为电感,并联元件均为电容,故可等效为图 3.3-19 所示的集中参数电路。

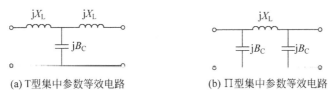

(a) T型集中参数等效电路　　　　(b) Π型集中参数等效电路

图 3.3-19　传输线段的集中参数等效电路

当 $l \ll \lambda_p$ 时,T 型电路中的电抗和电纳可近似为

$$\begin{cases} X_L \approx Z_0 \dfrac{\beta l}{2} = Z_0 \dfrac{\omega}{2v_p} l \\[3mm] B_c \approx \dfrac{1}{Z_0} \beta l = \dfrac{1}{Z_0} \dfrac{\omega}{v_p} l \end{cases} \tag{3.3-28}$$

而 Π 型电路中的电抗和电纳则可近似为

$$\begin{cases} X_L \approx Z_0 \beta l = Z_0 \dfrac{\omega}{v_p} l \\[3mm] B_c \approx \dfrac{1}{Z_0} \dfrac{\beta l}{2} = \dfrac{1}{Z_0} \dfrac{\omega}{2v_p} l \end{cases} \tag{3.3-29}$$

此时,等效电路中的电抗和电纳均与频率近似呈线性关系,与集中参数元件的电抗和电纳具有类似的特性。

由式(3.3-28)和式(3.3-29)可以看出,如果传输线段是高阻抗线段,其特性阻抗远大于邻接传输线的特性阻抗时,则图 3.3-19(a)所示 T 型电路中的并联支路可以略去不计,等效电路中只剩下串联电感;如果传输线段是低阻抗线段,其特性阻抗远小于邻接传输线的特性阻抗时,则图 3.3-19(a)所示 T 型电路中的串联支路阻抗可以略去不计,等效电路中只剩下并联电容。由此可以得出结论:特性阻抗不相同的传输线段串接时,由于特性阻抗之间的相对关系,高阻抗线段可近似等效为串联电感,低阻抗线段可近似等效为并联电容。

对于图 3.3-20(a)所示的微带电路,其传输线等效电路如图 3.3-20(b)所示。由于微带线导体带条较窄时特性阻抗较大,导体带条较宽时特性阻抗较小,所以,中间的高阻抗线段可等效为串联电感,如图 3.3-20(c)所示。对于图 3.3-21(a)所示的微带电路,其传输线等效电路如图 3.3-21(b)所示。中间的低阻抗线段可等效为并联电容,如图 3.3-21(c)所示。这一特性可用于设计微带低通滤波器。

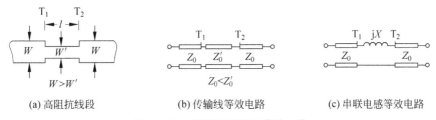

(a) 高阻抗线段　　　　　(b) 传输线等效电路　　　　　(c) 串联电感等效电路

图 3.3-20　高阻抗线段及等效电路

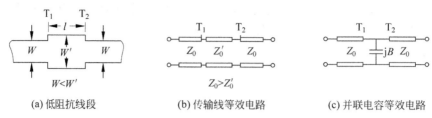

(a) 低阻抗线段   (b) 传输线等效电路   (c) 并联电容等效电路

图 3.3-21　低阻抗线段及等效电路

当 $l \ll \lambda_p$ 时,由式(3.3-28)或式(3.3-29)可得等效电感和等效电容的计算公式为

$$\begin{cases} L \approx \dfrac{Z_0'}{v_p} l \\ C \approx \dfrac{1}{Z_0' v_p} l \end{cases} \tag{3.3-30}$$

实际中,为了获得较大的电感,可将上述直线电感弯成环形,图 3.3-22 所示就是一种圆环形电感。由于环内磁场相对集中,磁通量增大,所以电感量增大了。如需要进一步增大电感量,还可以做成"蚊香形"平面螺旋电感,图 3.3-23 所示为方蚊香形螺旋电感。螺旋电感可以增加电感量的原理与低频电感增加线圈匝数可以增大电感量的原理是一样的。

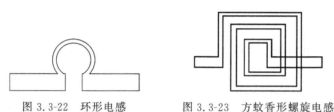

图 3.3-22　环形电感　　　图 3.3-23　方蚊香形螺旋电感

3) 串联电容的实现

微带串联电容通常是用微带缝隙来实现的。微带缝隙就是将微带导体带条切断所形成的间隙,如图 3.3-24(a)所示。微带缝隙可看成是两导体带条端面间的串联耦合电容 C_{12},若再考虑导体带条端面与接地板之间的并联电容 C_1,则等效电路是一 Ⅱ 型电容网络,如图 3.3-24(b)所示。显然,缝隙越小,C_{12} 就越大,而 C_1 就越小。所以,在缝隙很小时,可将微带缝隙等效为一串联电容 C_{12},而忽略 C_1。

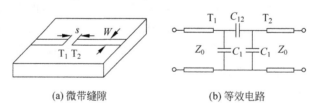

(a) 微带缝隙   (b) 等效电路

图 3.3-24　微带缝隙及其等效电路

串联电容 C_{12} 对应的归一化电纳可由下式近似确定[5]

$$\frac{B}{Y_0} \approx \frac{2h}{\lambda_p} \ln\left(\coth \frac{\pi S}{4h} \right) \tag{3.3-31}$$

式中,$\lambda_p = \lambda_0 / \sqrt{\varepsilon_e}$,为微带的相波长。

由于导体带条的厚度很小,而宽度也不可能太大,所以导体带条截断端面的面积很小,因此这种电容的电容量不可能做得太大。为了获得大的串联电容,可将导体带条切断处做成"对插形"的交指型电容,如图 3.3-25 所示,这样可以增大截断端面的面积,从而增大串联电容。

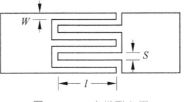

图 3.3-25　交指型电容

交指型电容可由下列公式进行计算[3]

$$C_{12} = \begin{cases} \dfrac{\varepsilon_e}{18\pi}\left[\dfrac{1}{\pi}\ln\left(2\,\dfrac{1+\sqrt{k'}}{1-\sqrt{k'}}\right)\right]^{-1}(N-1)l \quad \text{(pF)} \quad (0 \leqslant k \leqslant 0.7) \\[3mm] \dfrac{\varepsilon_e}{18\pi}\dfrac{1}{\pi}\ln\left(2\,\dfrac{1+\sqrt{k}}{1-\sqrt{k}}\right)(N-1)l \qquad \text{(pF)} \quad (0.7 \leqslant k \leqslant 1) \end{cases} \qquad (3.3\text{-}32a)$$

$$C_1 = 10\left(\frac{\sqrt{\varepsilon_e}}{Z_0} - \frac{\varepsilon_r W}{360\pi h}\right)l \quad \text{(pF)} \qquad (3.3\text{-}32b)$$

式中

$$k = \tan^2\left[\frac{\pi W}{4(W+s)}\right], \quad k' = \sqrt{1-k^2}$$

N 为交叉指的条数;ε_e 为宽度为 W 的微带线的有效相对介电常数;Z_0 为微带线的特性阻抗;h、ε_r 分别为介质基片的厚度与介电常数。式中尺寸均以 mm 计。

4) 谐振电路的实现

利用上述微带电感和微带电容就可以实现微带谐振电路,图 3.3-26 示出了几个简单的微带谐振电路及其等效电路。

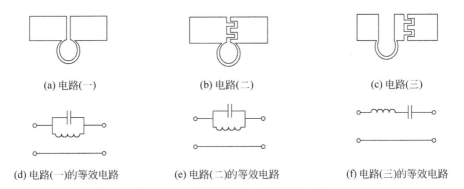

(a) 电路(一)　　　　　(b) 电路(二)　　　　　(c) 电路(三)

(d) 电路(一)的等效电路　　(e) 电路(二)的等效电路　　(f) 电路(三)的等效电路

图 3.3-26　微带谐振电路及其等效电路

利用分布参数电路也可以构成微带谐振电路,如图 3.3-27(a)、(b)所示的 1/4 波长终端开路分支线和终端短路分支线就可实现微带谐振电路。因为 1/4 波长终端开路/短路的分支线在其输入端所呈现的阻抗为零/无穷大,与串联谐振电路/并联谐振电路具有相同的阻抗特性,因此可以分别等效为串联谐振电路和并联谐振电路,如图 3.3-27(c)、(d)所示。

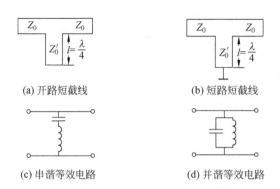

(a) 开路短截线　　　　　　(b) 短路短截线

(c) 串谐等效电路　　　　　　(d) 并谐等效电路

图 3.3-27　$\lambda/4$ 开路短截线和短路短截线构成的微带谐振电路

3.4　微波移相器

微波移相器(Microwave Phase Shifters)是能改变电磁波相位的装置,它在数字微波通信及相控阵雷达等无线电系统中有着广泛的应用。因为均匀传输线上两点之间的相位差等于相移常数与两点之间距离的乘积,即

$$\varphi_2 - \varphi_1 = \beta l = \frac{2\pi}{\lambda_p} l \tag{3.4-1}$$

由上式可见,产生相移的途径不外乎两条:(1)改变相移段传输线的长度 l;(2)改变波的相波长 λ_p。因此,就原理而言,移相器可分为相波长式移相器和波程式移相器两种。通过改变相波长改变相移量的方法有多种,如介质片式、销钉式和铁氧体式等。最简单的波程式移相器是一段可滑动伸缩的传输线或设置几段不同长度的传输线段用 PIN 二极管或场效应管开关跳跃变程。本节只介绍介质片移相器和 PIN 管数字式移相器。

1. 介质片移相器

图 3.4-1 是一种简单的横向移动介质片移相器。当介质片的介电常数一定时,由于矩形波导中波的电场沿波导宽边是按正弦分布的,所以介质片对电磁波相移常数的影响随位置而变:处于宽边中央时影响最大,处于两侧边时影响最小。

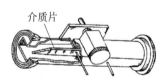

介质片

图 3.4-1　横向移动介质片移相器

如果介质片的高度与波导窄边高度相等,厚度较薄,则用微扰理论可求得其相移常数增量为

$$\beta - \beta_0 = 2\pi(\varepsilon_r - 1)\frac{\Delta S}{S}\frac{\lambda_{g0}}{\lambda^2}\sin^2\frac{\pi x_1}{a} \tag{3.4-2}$$

式中,$\beta_0 = 2\pi/\lambda_{g0}$ 为空波导中的相移常数;$\beta = 2\pi/\lambda_g$ 为组合结构的相移常数;ε_r 为介质片的相对介电常数;S 为空波导的横截面积;ΔS 为介质片的横截面积;x_1 为介质片离波导侧边的距离。

由上式可见,当介质片位于波导宽边中央($x_1 = a/2$)时相移量最大,位于侧边($x_1 = 0$)时,相移量为零。

这种移相器的缺点是相移量$(\beta - \beta_0)l$ 与片的移动距离 x_1 不成线性关系;它的另一缺点是采用机械传动方式改变 x_1 的位置,很难做出相移的精确刻度,即移相精度不高。

在结构上,介质片的两端做成尖劈渐变形,渐变段的长度为 $\lambda_p/2$ 的整数倍以减小介质片的反射;支撑介质片的两根小棒间距取为 $\lambda_g/4$ 的奇数倍,使由两小棒引起的反射相互抵消。

将图 3.4-1 中的介质片涂上一层吸收物质(石墨或镍铬合金)就变成图 3.2-1 所示的衰减器了。

2. PIN 管数字式移相器

PIN 管是重掺杂 P 区和 N 区之间夹一层电阻率很高的本征半导体 I 层组成的。当给其零偏压时,由于空间电荷层内的载流子已被耗尽,电阻率很高,故 PIN 管在零偏时呈现高阻抗;当给其正偏压时,PIN 管呈低阻抗,正偏压愈大管子阻抗愈低;当给其反偏压时,PIN 管的阻抗比零偏压时更大,类似于以 P、N 为极板的平板电容。

利用 PIN 管的开关特性和几段不同长度的传输线段,可构成数字式移相器。图 3.4-2 所示为四位传输式数字移相器的方框图。图中每一位由一个 PIN 管和两段不同长度的传输线段构成,其中较短的传输线段长为 λ_p 的整数倍。第一位中,长、短传输线长度相差 $\lambda_p/2$,第二位中相差 $\lambda_p/4$,第三位中相差 $\lambda_p/8$,第四位中相差 $\lambda_p/16$。于是,通过分别控制图 3.4-2 中各单元移相器 PIN 管的偏置状态可使输入信号到输出信号的相移量从 $0°$ 到 $360°$ 每隔 $22.5°$ 作步进相移。例如,需要产生 $135°$ 相移量时,可控制 PIN 管的偏置电路,使第二位和第三位处于移相状态,分别产生 $45°$ 和 $90°$ 的相移,则输出微波信号比输入微波信号的相位滞后了 $135°$。因此,由图 3.4-2 中的四位移相器可获得 16 种相移量,即 $0°,22.5°,45°,67.5°,90°,112.5°,135°,157.5°,180°,202.5°,225°,247.5°,270°,292.5°,315°,337.5°$。

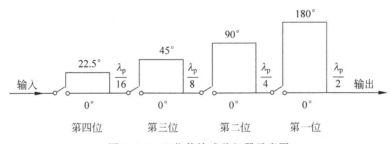

图 3.4-2 四位传输式移相器示意图

3.5 极化变换器

在通信和雷达技术中,收发机内的微波器件和部件一般都工作在线极化状态。但在某些情况下,出于抗干扰等考虑,需要让电磁波在空间以左、右旋圆极化波的方式传播,此时便需要一种能将线极化波与圆极化波相互转换的装置,称为极化变换器(Polarization Transformer)。另外,为了充分利用频谱资源和设备,有时在一个频道中同时利用极化方向互相正交的波分别作为两个互相独立的信道传输信息,这就需要极化复用器与极化分离器。下面分别介绍这几种器件。

1. 线-圆极化变换器

由电磁场理论可知,任何线极化波都可看成是由两个空间方向互相垂直、时间相位同相或反相的线极化波的叠加,而圆极化波是两个空间方向互相垂直、时间相位相差 $\pi/2$ 的等幅线极化波的合成。因此,将线极化波分解为两个互相垂直的等幅线极化分波,并利用分量移相器使其两分量产生 $\pi/2$ 相位差便可获得圆极化波;反之,用分量移相器使圆极化波的两个分量变为同相状态或反相状态,则可获得线极化波。

图 3.5-1 所示为一圆波导线-圆极化变换器的原理图。在圆波导中与线极化 H_{11} 波的电场 E 成 45°角放置一介质片,则 E 被分解为平行及垂直于介质板的等幅分量 $E_{/\!/}$ 与 $E_{\perp}$,其中 $E_{/\!/}$ 所对应的波受介质片介电常数的影响而使其波导波长减小,相移常数增大,而 $E_{\perp}$ 所对应的波的波导波长几乎不变。适当选择介质片长度(一般需通过试验确定),可使两个分量产生 $\pi/2$ 的相位差,于是在输出端合成便形成了圆极化波。

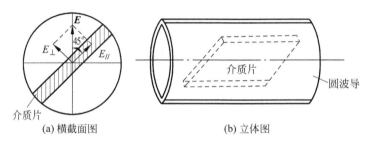

(a) 横截面图　　　　　　(b) 立体图

图 3.5-1　线-圆极化变换器

2. 极化复用器与极化分离器

1) $H_{10}^{\square}$-H_{11}^{O} 极化复用器

如图 3.5-2(a)所示,两个互相垂直的矩形波导与圆波导相连接。每个矩形波导的 $H_{10}^{\square}$ 波均在圆波导中激励起各自的 H_{11}^{O} 波,它们的电场分布如图 3.5-2(b)所示。由图可见,两个波的场分量彼此正交,所以互不影响。

2) 极化分离器

图 3.5-3 所示的极化分离器常用于收、发共用一副天线系统中。设"1"臂与接收机相连,"2"臂与发射机相连,"3"臂与收发共用天线相连。当发射机发射垂直极化波时,由于垂直极化的电场 $E^{\perp}$ 与水平放置的反射栅网垂直,故不受反射栅网影响,顺利地通过"2"臂圆波导。因"1"、"4"两臂的横截面与 $E^{\perp}$ 相垂直,所以发射波不能在"1"、"4"两臂激励输出,只能向"3"臂传输,经天线辐射出去。反之,当天线接收水平极化波时,因水平极化波的电场 E^{-} 平行于反射栅网而被反射,故接收信号不能进入发射机,只能通过谐振窗口耦合至"1"臂,从接收机输出。"4"臂是一段终端短路的波导,用于调整匹配。

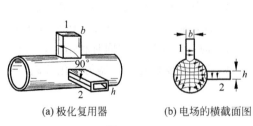

(a) 极化复用器　　　　(b) 电场的横截面图

图 3.5-2　$H_{10}^{\square}$-H_{11}^{O} 的极化复用器

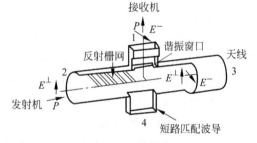

图 3.5-3　极化分离器

3.6　抗流式连接元件

任一微波系统都是由微波部件与传输线连接而组成的,在连接处,对沿传输线流通的纵向电流必须保证有良好的电接触。若接触不好,则将会引起接触损耗、反射、辐射等,当传输功率大时还可能会引起接触处放电、打火。在另外一些场合,如分支阻抗调配器中,则需要可移动短路面的短路活塞。对短路活塞的基本要求是尽可能保持可靠的电短路状态使微波全反射,尽量避免微波能量的损耗和泄漏,同时还要求活塞能尽可能平滑移动以减小磨损。无论是连接接头还是短路活塞,目前按结构都可分为直接接触式和抗流式两种。直接接触式具有结构简单、工作频带宽等优点,但对机械加工的工艺要求比较高,且接头表面沾污或氧化等均会使电接触性能变差。而抗流结构则可以在没有机械接触的情况下保证有良好的电接触。下面介绍抗流接头和抗流式短路活塞的结构和工作原理。

1. 抗流接头

图 3.6-1 所示为矩形波导抗流接头(Connector),它是在连接两段波导的任意一个法兰盘(Flange)上开有一个深度为 1/4 波长的圆槽,圆槽的中心与波导的宽边中心距离也为 1/4 波长。该接头可等效成两段传输线,一段是 ab-cd 段,称为径向线,电磁波沿着圆盘的半径方向传输,在矩形波导宽边中线处的径向线长度 bd 接近于 1/4 波长;另一段是 ce-fg 段,称为纵向线,它是一段 1/4 波长同轴线,其终端 fg 处短路。由于同轴线短路终端 fg 与 ab 输入端相距 1/2 波长,故 ab 输入端等效为短路。尽管 a、b 间有缝隙,由于两法兰盘连接处 de 恰好位于高频电流波节点处,故即使机械接触不良或留有小缝隙,也不影响其电性能。

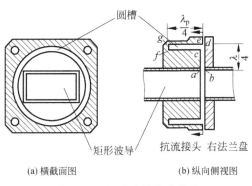

(a) 横截面图　　　　　　　　　(b) 纵向侧视图

图 3.6-1　矩形波导抗流接头

2. 抗流式短路活塞

图 3.6-2(a)给出了一种典型的抗流式短路活塞结构。由于活塞形状呈"S"形,故称"S 形抗流短路活塞"。

这种抗流活塞的工作原理可用图 3.6-2(b)所示的等效电路进行分析。等效电路包含两段传输线,其中 ab-cd 部分是由活塞侧壁与波导壁组成的 1/4 波长的一段传输线,而 ce-fg 部分是由 S 形活塞内部空腔所组成的一段终端短路的 1/4 波长传输线。两段传输线之间串有电阻 R_{de},它代表可能会从 de 之间的隙缝漏出去的功率的等效辐射电阻。

由于 ce-fg 段传输线的终端 fg 面是短路面,故 $Z_{fg}=0$,经过特性阻抗为 Z_{02} 的一段 1/4 波长传输线变换至 ce 面上的输入阻抗为

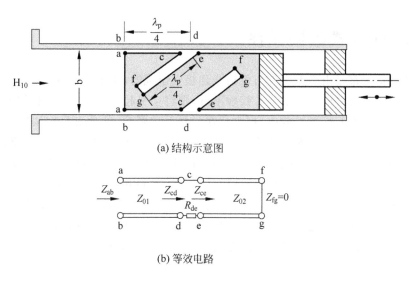

(a) 结构示意图

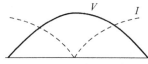

(b) 等效电路

(c) 电压和电流分布图

图 3.6-2　矩形波导中的"S"形抗流短路活塞

$$Z_{ce} = \frac{Z_{02}^2}{Z_{fg}} \to \infty$$

即 ce 面为等效开路面。Z_{ce} 与辐射电阻 R_{de} 串联,故 cd 面上的输入电阻为

$$Z_{cd} = Z_{ce} + R_{de} \to \infty$$

因此,无论 R_{de} 为何值(即无论间隙 de 是否接触),在上述条件下都不影响 cd 面为等效开路面。再经过特性阻抗为 Z_{01} 的一段 1/4 波长传输线变换到其始端 ab 面时,ab 面的输入阻抗为

$$Z_{ab} = \frac{Z_{01}^2}{Z_{cd}} = 0$$

因此,ab 面为等效短路面。

【抗流接头应用实例】　图 3.6-3 所示为微波加热器的一种抗流门示意图,它能有效地防止加热器内的微波功率从门缝中漏出,试分析其工作原理[8]。

答: 该结构可看成是由 A-B 和 B-C 两段 $\frac{\lambda}{4}$ 线构成的。对于 A-B 段传输线,在终端 A 点短路,故 A-B 段传输线输入端 B 处的输入阻抗为无穷大。B 点也是 B-C 段传输线的终端,所以经过 $\frac{\lambda}{4}$ 线到达输入

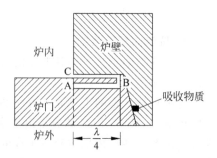

图 3.6-3　箱式微波加热器的抗流门剖面图

端 C 点处时,输入阻抗为零。即 C 点从电性能来看相当于短路,故不会有微波能量泄露出去。

3.7 阻抗变换器

当负载阻抗与传输线特性阻抗不相等,或连接两段特性阻抗不同的传输线时,由于阻抗不匹配会产生反射现象,从而导致传输系统的功率容量和传输效率下降,负载不能获得最大功率。为了消除这种不良反射现象,可在阻抗不匹配处接入一个二端口网络,使负载阻抗变换为与主传输线特性阻抗相等的阻抗,从而获得良好的匹配,该二端口网络称为阻抗变换器(Impedance Transformer),如图 3.7-1 所示。

常用的阻抗变换器有两种:一种是由一节或多节 1/4 波长传输线段构成的阶梯阻抗变换器;另一种是由渐变线段构成的渐变线阻抗变换器,下面介绍阶梯阻抗变换器。

1. 单节 1/4 波长阻抗变换器

假设需要连接的两段传输线的特性阻抗分别为 Z_0 和 Z_L,特性阻抗为 Z_L 的传输线段终端接匹配负载,则为使连接处不产生反射,需要在两段传输线段之间接一段 1/4 波长的阻抗变换器,阻抗变换器的特性阻抗为 Z_1,如图 3.7-2 所示。

图 3.7-1 阻抗变换器示意图

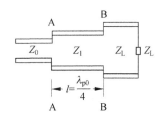

图 3.7-2 单节 1/4 波长阻抗变换器

由传输线理论可知,B-B 参考面处的等效阻抗 $Z_{BB}=Z_L$,A-A 参考面处的等效阻抗为

$$Z_{AA} = Z_1 \frac{Z_L + jZ_1\tan(\beta\lambda_{p0}/4)}{Z_1 + jZ_L\tan(\beta\lambda_{p0}/4)} \tag{3.7-1}$$

当传输系统工作在单一频率 f_0 时,其电长度 $\theta = \beta l = \dfrac{2\pi}{\lambda_{p0}} \cdot \dfrac{\lambda_{p0}}{4} = \dfrac{\pi}{2}$,此时 $Z_{AA} = Z_1^2/Z_L$,则当 $Z_{AA} = Z_1^2/Z_L = Z_0$,即

$$Z_1 = \sqrt{Z_0 Z_L} \tag{3.7-2}$$

时,特性阻抗为 Z_0 的传输线上无反射,实现匹配。

当工作频率偏离 f_0 时,A-A 参考面处的等效阻抗将发生变化,使输入端不再匹配,产生反射,反射系数为

$$\Gamma_{AA} = \frac{Z_{AA} - Z_0}{Z_{AA} + Z_0} = \frac{Z_1 \dfrac{Z_L + jZ_1\tan\theta}{Z_1 + jZ_L\tan\theta} - Z_0}{Z_1 \dfrac{Z_L + jZ_1\tan\theta}{Z_1 + jZ_L\tan\theta} + Z_0} \tag{3.7-3}$$

将式(3.7-2)代入上式得

$$\Gamma_{AA} = \frac{Z_L - Z_0}{(Z_L + Z_0) + j2\sqrt{Z_0 Z_L}\tan\theta} = \frac{1}{\left(\dfrac{Z_L + Z_0}{Z_L - Z_0}\right) + \dfrac{j2\sqrt{Z_0 Z_L}\tan\theta}{Z_L - Z_0}} \qquad (3.7\text{-}4)$$

取模得

$$|\Gamma_{AA}| = \frac{1}{\left[\left(\dfrac{Z_L + Z_0}{Z_L - Z_0}\right)^2 + \left(\dfrac{2\sqrt{Z_0 Z_L}}{Z_L - Z_0}\tan\theta\right)^2\right]^{1/2}} = \frac{1}{\left[1 + \left(\dfrac{2\sqrt{Z_0 Z_L}}{Z_L - Z_0}\sec\theta\right)^2\right]^{1/2}}$$

$$(3.7\text{-}5)$$

在中心频率附近,$\theta = \beta l = \dfrac{2\pi}{\lambda_p} \cdot \dfrac{\lambda_{p0}}{4} \approx \dfrac{\pi}{2}$,上式可近似为

$$|\Gamma_{AA}| \approx \frac{|Z_L - Z_0|}{2\sqrt{Z_0 Z_L}}|\cos\theta| \qquad (3.7\text{-}6)$$

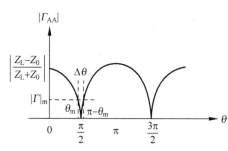

图 3.7-3　单节 1/4 波长变换器的频率特性

由式(3.7-5)可以绘出 $|\Gamma_{AA}|$ 随 θ 变化的曲线,即 $|\Gamma_{AA}|$ 随频率变化的曲线,如图 3.7-3 所示[9]。由图可见,$|\Gamma_{AA}|$ 随 θ(或频率)作周期性变化,变化周期为 π。当 $\theta = 0$ 时,相当于变换器不存在,此时反射系数模最大,且 $|\Gamma_{AA}|_M = \left|\dfrac{Z_L - Z_0}{Z_L + Z_0}\right|$,即等于负载反射系数的模。

设 $|\Gamma|_m$ 为反射系数模的最大容许值,则相应的工作带宽为图 3.7-3 中 $\Delta\theta$ 限定的频率范围。当 $|\Gamma_{AA}| = |\Gamma|_m$ 时,通带边缘上的 θ 值分别为 $\theta_1 = \theta_m$,$\theta_2 = \pi - \theta_m$,且由式(3.7-5)可得

$$\theta_m = \arccos\left|\frac{2|\Gamma|_m\sqrt{Z_0 Z_L}}{\sqrt{1 - |\Gamma|_m^2}(Z_L - Z_0)}\right| \qquad (3.7\text{-}7)$$

在 1/4 波长阻抗变换器的分析与设计中,通常定义其相对带宽为

$$W_q = \frac{\lambda_{p1} - \lambda_{p2}}{\lambda_{p0}} = 2\left(\frac{\lambda_{p1} - \lambda_{p2}}{\lambda_{p1} + \lambda_{p2}}\right) \qquad (3.7\text{-}8a)$$

式中,λ_{p1}、λ_{p2} 分别为工作频带的低、高边频 f_1、f_2 所对应的相波长。

对于 TEM 波传输线变换器,相对带宽可以表示为

$$W_q = 2\left(\frac{\lambda_{p1} - \lambda_{p2}}{\lambda_{p1} + \lambda_{p2}}\right) = 2\left(\frac{\dfrac{c}{f_1\sqrt{\varepsilon_r}} - \dfrac{c}{f_2\sqrt{\varepsilon_r}}}{\dfrac{c}{f_1\sqrt{\varepsilon_r}} + \dfrac{c}{f_2\sqrt{\varepsilon_r}}}\right) = \frac{f_2 - f_1}{f_0} \qquad (3.7\text{-}8b)$$

由图 3.7-3 可知,相对带宽可由 θ_m 值利用下式计算。

$$W_q = \frac{(\pi - \theta_m) - \theta_m}{\dfrac{\pi}{2}} = 2 - \frac{4}{\pi}\theta_m \qquad (3.7\text{-}9)$$

对于单节 1/4 波长变换器,当已知 Z_0 和 Z_L,且给定频带内容许的 $|\Gamma|_m$ 时,可由式(3.7-7)和式(3.7-9)计算出相对带宽 W_q。反之,若给定相对带宽 W_q,也可由式(3.7-9)和式(3.7-7)求出变换器的 $|\Gamma|_m$ 值。注意,计算中,θ_m 应取小于 $\pi/2$ 的值。

由图 3.7-3 可知,单节 1/4 波长阻抗变换器工作带宽很窄。如果要求在宽频带内实现阻抗匹配,则需使阻抗缓慢变化,可采用多节阶梯阻抗变换器。

2. 多节 1/4 波长阶梯阻抗变换器

图 3.7-4 所示为一个 N 节 1/4 波长阶梯阻抗变换器的原理图。其中,每节变换器的长度均为 $l=\lambda_{p0}/4$(对应电长度 $\theta=\beta l$),特性阻抗分别为 $Z_1,Z_2,\cdots,Z_N$,呈阶梯变化,故称为阶梯阻抗变换器。该变换器所接传输线的特性阻抗分别为 Z_0 和 Z_L(Z_L 也可认为是负载阻抗),即阻抗变换比 $R=Z_L/Z_0$,要求达到宽带匹配。

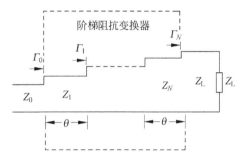

图 3.7-4 多节 1/4 波长阶梯阻抗变换器原理图

假设 $Z_0<Z_L$,则 $R=Z_L/Z_0>1$,$Z_0<Z_1<Z_2<\cdots<Z_N<Z_L$。假设在各不连续处的局部反射很小(小反射理论),则在变换器第 n 节末端的局部反射系数为

$$\Gamma_n \approx \frac{Z_{n+1}-Z_n}{Z_{n+1}+Z_n} \qquad (3.7\text{-}10)$$

该变换器在输入端总的反射系数在一级近似下(只取各节一次反射波的总和)可以表示为

$$\Gamma_{in}=\Gamma_0+\Gamma_1 e^{-j2\theta}+\Gamma_2 e^{-j4\theta}+\cdots+\Gamma_N e^{-j2N\theta} \qquad (3.7\text{-}11)$$

假如变换器是对称设计的,即 $\Gamma_0=\Gamma_N$,$\Gamma_1=\Gamma_{N-1}$,$\cdots$,则此时

$$\Gamma_{in}=e^{-jN\theta}\left[\Gamma_0(e^{jN\theta}+e^{-jN\theta})+\Gamma_1(e^{j(N-2)\theta}+e^{-j(N-2)\theta})+\cdots\right]$$

$$=2e^{-jN\theta}\{\Gamma_0\cos(N\theta)+\Gamma_1\cos[(N-2)\theta]+\cdots\} \qquad (3.7\text{-}12)$$

其模值为

$$|\Gamma_{in}|=2\left|\Gamma_0\cos(N\theta)+\Gamma_1\cos[(N-2)\theta]+\cdots\right| \qquad (3.7\text{-}13)$$

当 N 为奇数时,上式求和项中最后一项为 $\Gamma_{(N-1)/2}\cos\theta$;当 N 为偶数时,最后一项为 $\Gamma_{N/2}/2$。

若令 $|\Gamma_{in}|=0\left(\text{或 }\rho=\dfrac{1+|\Gamma_{in}|}{1-|\Gamma_{in}|}=1\right)$,则 θ 有多个解,即有不止一个频率(或波长)满足 $|\Gamma_{in}|=0$(或 $\rho=1$)。图 3.7-5 所示为输入端驻波比随波长变化曲线的示意图。图中,$N=1$、$N=2$、$N=3$ 所对应的曲线分别代表一节、二节、三节阶梯阻抗变换器的驻波比——波长曲线。从图中可以看出,N 节变换器在 N 个波长(或频率)上 $\rho=1$,即 $|\Gamma_{in}|=0$,得到全匹配,也就是说,$|\Gamma_{in}|$ 的频率响应曲线会出现 N 个零点;多节阶梯阻抗变换器的节数越多,出现全匹配的频率点也越多,带宽也就越宽。正确选择 $Z_1,Z_2,\cdots,Z_N$,也就是选择 $\Gamma_0,\Gamma_1,\Gamma_2,\cdots,\Gamma_N$,可以得到所需要的反射系数的频率特性。

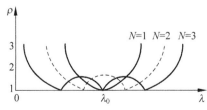

图 3.7-5 阶梯阻抗变换器驻波比随波长变化的曲线

多节阶梯阻抗变换器可以展宽匹配带宽的原因

可以理解为：N 节阻抗变换器有 N 个特性阻抗值、$N+1$ 个连接面，相应地，有 $N+1$ 个反射波，这些反射波返回到输入端时，彼此以一定的相位叠加起来。由于反射波很多，每个反射波的振幅很小，叠加的结果是总会有一些波彼此抵消或部分抵消，因此总的反射波就可以在较宽的频带内保持较小的值。也就是说，大量而分散且较小的不连续，与少量而集中的、较大的不连续相比，前者可以在更宽的频带内获得更好的匹配。

3. 阶梯阻抗变换器的综合

在阶梯阻抗变换器的综合过程中，使用较多的通带响应有两种：一种是采用二项式展开式逼近反射系数多项式所获得的通带响应，称为最平坦响应；另一种是采用切比雪夫多项式逼近反射系数多项式所获得的等波纹响应，下面分别介绍。

1）最平坦通带特性阶梯阻抗变换器

最平坦通带特性是指在中心频率附近，反射系数幅值 $|\Gamma_{\rm in}|$ 的变化很小，变化曲线很平坦，在中心频率上，$\Gamma_{\rm in}$ 对 ω 的 $(N-1)$ 阶导数均为零。根据这一思想可得阻抗变换器的近似设计公式为

$$\ln \frac{Z_{n+1}}{Z_n} = 2^{-N} C_N^n \ln \frac{Z_L}{Z_0} \quad (n=0,1,2,\cdots,N-1) \tag{3.7-14}$$

式中，$C_N^n = \dfrac{N!}{(N-n)!\ n!}$，为二项式系数。

此时反射系数的幅值为

$$|\Gamma| \approx \frac{1}{2} \left| \ln \frac{Z_L}{Z_0} \right| \cdot |\cos^N \theta| \tag{3.7-15}$$

其幅频特性如图 3.7-6 所示。

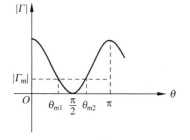

图 3.7-6　反射系数的最平坦幅频特性

若通带内容许的最大反射系数幅值为 $|\Gamma_{\rm m}|$，则有

$$|\Gamma_{\rm m}| = \frac{1}{2} \left| \ln \frac{Z_L}{Z_0} \right| \cdot |\cos^N \theta_{\rm m}| \tag{3.7-16}$$

即

$$\theta_{\rm m} = \arccos \left| \frac{2\Gamma_{\rm m}}{\ln \left(\dfrac{Z_L}{Z_0} \right)} \right|^{\frac{1}{N}} \tag{3.7-17}$$

代入式(3.7-9)可得其相对带宽为

$$W_{\rm q} = 2 - \frac{4}{\pi} \arccos \left| \frac{2\Gamma_{\rm m}}{\ln \dfrac{Z_L}{Z_0}} \right|^{\frac{1}{N}} \tag{3.7-18}$$

必须注意，上式中的反余弦函数应取小于 $\pi/2$ 的值，即 $\theta_{\rm m} < \pi/2$。

在给定相对带宽 $W_{\rm q}$、带内最大驻波比 $\rho_{\rm m}$ 和阻抗变换比 $R = Z_L/Z_0$ 的情况下，可采用下列公式计算阶梯阻抗变换器的节数[6]。

$$\begin{cases} \varepsilon_{\mathrm{r}}^2 = \dfrac{(\rho_{\mathrm{m}} - 1)^2}{4\rho_{\mathrm{m}}} \\[3mm] \varepsilon_a^2 = \dfrac{(R-1)^2}{4R} \\[3mm] \mu_0 = \sin\left(\dfrac{\pi}{4} W_{\mathrm{q}}\right) \\[3mm] N = \dfrac{\lg\varepsilon_{\mathrm{r}}^2 - \lg\varepsilon_a^2}{2\lg\mu_0} \end{cases} \qquad (3.7\text{-}19)$$

计算出节数 N 之后,再由式(3.7-14)计算各节变换器的特性阻抗,就可以设计阶梯阻抗变换器了。

2) 等波纹通带特性阶梯阻抗变换器

选反射系数的模 $|\Gamma_{\mathrm{in}}|$ 随 θ 按切比雪夫多项式变化,就可以获得通带内反射系数模呈等波纹变化的特性,称为切比雪夫阶梯阻抗变换器。

在给定相对带宽 W_{q}、带内最大驻波比 ρ_{m} 和阻抗变换比 $R = Z_{\mathrm{L}}/Z_0$ 的情况下,切比雪夫阶梯阻抗变换器的节数 N 可由下式计算[4]

$$\begin{cases} \mu_0 = \sin\left(\dfrac{\pi}{4} W_{\mathrm{q}}\right) \\[3mm] \varepsilon_{\mathrm{r}}^2 = \dfrac{(\rho_{\mathrm{m}} - 1)^2}{4\rho_{\mathrm{m}}} \\[3mm] \varepsilon_a^2 = \dfrac{(R-1)^2}{4R} \\[3mm] T_N^2\left(\dfrac{1}{\mu_0}\right) = \dfrac{\varepsilon_a^2}{\varepsilon_{\mathrm{r}}^2} \end{cases} \qquad (3.7\text{-}20)$$

式中

$$T_N(x) = \begin{cases} \cos(N\arccos x) & (|x| \leqslant 1) \\ \mathrm{ch}(N\,\mathrm{arch}\,x) & (|x| > 1) \end{cases} \qquad (3.7\text{-}21)$$

为切比雪夫多项式。利用上式计算变换器节数比较复杂,实际设计时可查表 3.7-1 确定 N 值。

表 3.7-1　$T_N^2\left(\dfrac{1}{\mu_0}\right)$ 与 $W_{\mathbf{q}}$ 和 N 之间的数值关系表

N	$W_{\mathrm{q}} = 0.2$	$W_{\mathrm{q}} = 0.4$	$W_{\mathrm{q}} = 0.6$	$W_{\mathrm{q}} = 0.8$	$W_{\mathrm{q}} = 1.0$	$W_{\mathrm{q}} = 1.2$
2	0.6517×10^4	0.3978×10^3	0.7575×10^2	0.2293×10^2	0.9000×10^1	0.4226×10^1
3	0.1052×10^7	0.1584×10^5	0.1306×10^4	0.2130×10^3	0.5000×10^2	0.1479×10^2
4	0.1699×10^9	0.6313×10^6	0.2265×10^5	0.2013×10^4	0.2890×10^3	0.5553×10^2
5	0.2742×10^{11}	0.2517×10^8	0.3930×10^6	0.1906×10^5	0.1682×10^4	0.2125×10^3

切比雪夫阶梯阻抗变换器中各节特性阻抗的计算过程非常复杂,为了便于设计,已有部分现成的表格可供查阅。表 3.7-2 是 $N=2$ 时 $\overline{Z}_1 = Z_1/Z_0$ 的数值表,$\overline{Z}_2$ 可由下式计算

$$\overline{Z}_2 = R/\overline{Z}_1 \tag{3.7-22}$$

表 3.7-2　切比雪夫 1/4 波长阶梯阻抗变换器的归一化阶梯阻抗 $\overline{Z}_1$ 数值表（$N=2$）

R	$W_q=0.2$	$W_q=0.4$	$W_q=0.6$	$W_q=0.8$	$W_q=1.0$	$W_q=1.2$
1.25	1.05810	1.06034	1.06418	1.06979	1.07725	1.08650
1.50	1.10808	1.11236	1.11973	1.13051	1.14495	1.16292
1.75	1.15218	1.15837	1.16904	1.18469	1.20572	1.23199
2.00	1.19181	1.19979	1.21360	1.23388	1.26122	1.29545
2.50	1.26113	1.27247	1.29215	1.32117	1.36043	1.40979
3.00	1.32079	1.33526	1.36042	1.39764	1.44816	1.51179
4.00	1.42080	1.44105	1.47640	1.52892	1.60049	1.69074
5.00	1.50366	1.52925	1.57405	1.64084	1.73205	1.84701
6.00	1.57501	1.60563	1.65937	1.73970	1.84951	1.98768
8.00	1.69473	1.73475	1.80527	1.91107	2.05579	2.23693
10.0	1.79402	1.84281	1.92906	2.05879	2.23607	2.45663

表 3.7-3 是 $N=3$ 时 $\overline{Z}_1=Z_1/Z_0$ 的数值表，$\overline{Z}_2$、$\overline{Z}_3$ 值可由下式确定[10]

$$\begin{cases} \overline{Z}_2 = \sqrt{R} \\ \overline{Z}_3 = R/\overline{Z}_1 \end{cases} \tag{3.7-23}$$

表 3.7-3　切比雪夫 1/4 波长阶梯阻抗变换器的归一化阶梯阻抗 $\overline{Z}_1$ 数值表（$N=3$）

R	$W_q=0.2$	$W_q=0.4$	$W_q=0.6$	$W_q=0.8$	$W_q=1.0$	$W_q=1.2$
1.25	1.02883	1.03051	1.03356	1.03839	1.04567	1.05636
1.50	1.05303	1.05616	1.06186	1.07092	1.08465	1.10495
1.75	1.07396	1.07839	1.08646	1.09933	1.11892	1.14805
2.00	1.09247	1.09808	1.10830	1.12466	1.14966	1.18702
2.50	1.12422	1.13192	1.14600	1.16862	1.20344	1.25594
3.00	1.15096	1.16050	1.17799	1.20621	1.24988	1.31621
4.00	1.19474	1.20746	1.23087	1.26891	1.32837	1.41972
5.00	1.23013	1.24557	1.27412	1.32078	1.39428	1.50824
6.00	1.26003	1.27790	1.31105	1.36551	1.45187	1.58676
8.00	1.30916	1.33128	1.37253	1.44091	1.55057	1.72383
10.0	1.34900	1.37482	1.42320	1.50397	1.63471	1.84304

表 3.7-4 是 $N=4$ 时 $\overline{Z}_1=Z_1/Z_0$，$\overline{Z}_2=Z_2/Z_0$ 的数值表，$\overline{Z}_3$、$\overline{Z}_4$ 由下式确定

$$\begin{cases} \overline{Z}_3 = R/\overline{Z}_2 \\ \overline{Z}_4 = R/\overline{Z}_1 \end{cases} \tag{3.7-24}$$

表 3.7-4　切比雪夫 1/4 波长阶梯阻抗变换器的归一化阶梯阻抗 $\bar{Z}_1$、$\bar{Z}_2$ 数值表（$N=4$）

R	$W_q=0.2$		$W_q=0.3$		$W_q=0.4$		$W_q=0.5$	
	$\bar{Z}_1$	$\bar{Z}_2$	$\bar{Z}_1$	$\bar{Z}_2$	$\bar{Z}_1$	$\bar{Z}_2$	$\bar{Z}_1$	$\bar{Z}_2$
1.25	1.01431	1.07251	1.01465	1.07286	1.01514	1.07337	1.01579	1.07405
1.50	1.02619	1.13566	1.02681	1.13635	1.02771	1.13733	1.02891	1.13863
1.75	1.03636	1.19199	1.03724	1.19298	1.03849	1.19441	1.04017	1.19631
2.00	1.04530	1.24307	1.04639	1.24360	1.04796	1.24621	1.05007	1.24867
2.50	1.06049	1.33349	1.06196	1.33533	1.06409	1.33797	1.06694	1.34149
3.00	1.07317	1.41236	1.07497	1.41472	1.07757	1.41810	1.08106	1.42260
4.00	1.09373	1.54676	1.09607	1.55006	1.09947	1.55479	1.10402	1.56111
5.00	1.11019	1.66012	1.11299	1.66428	1.11704	1.67026	1.12249	1.67823
6.00	1.12402	1.75912	1.12721	1.76413	1.13183	1.77127	1.13804	1.78079
8.00	1.14656	1.92827	1.15041	1.93470	1.15600	1.94397	1.16353	1.95635
10.0	1.16472	2.07118	1.16913	2.07896	1.17553	2.09018	1.18416	2.10520
R	$W_q=0.6$		$W_q=0.8$		$W_q=1.0$		$W_q=1.2$	
	$\bar{Z}_1$	$\bar{Z}_2$	$\bar{Z}_1$	$\bar{Z}_2$	$\bar{Z}_1$	$\bar{Z}_2$	$\bar{Z}_1$	$\bar{Z}_2$
1.25	1.01663	1.07491	1.01896	1.07727	1.02244	1.08072	1.02743	1.08558
1.50	1.03045	1.14029	1.03477	1.14487	1.04121	1.15155	1.05049	1.16102
1.75	1.04233	1.19872	1.04839	1.20539	1.05743	1.21515	1.07051	1.22899
2.00	1.05278	1.25180	1.06039	1.26046	1.07177	1.27316	1.08829	1.29123
2.50	1.07061	1.34597	1.08093	1.35838	1.09642	1.37665	1.11902	1.40276
3.00	1.08555	1.42834	1.09820	1.44427	1.11727	1.46778	1.14519	1.50152
4.00	1.10990	1.56917	1.12650	1.59161	1.15166	1.62490	1.18876	1.67300
5.00	1.12952	1.68843	1.14944	1.71688	1.17976	1.75926	1.22475	1.82083
6.00	1.14608	1.79299	1.16889	1.82708	1.20377	1.87804	1.25579	1.95244
8.00	1.17327	1.97225	1.20106	2.01680	1.24383	2.08385	1.30817	2.18248
10.0	1.19535	2.12449	1.22738	2.17873	1.27697	2.26079	1.35208	2.38228

以上设计过程中没有考虑阶梯阻抗变换器中的阶梯不连续性效应。实际上，在 N 阶阶梯阻抗变换器中存在着 $N+1$ 个阶梯不连续性，这些阶梯不连续性的等效电纳 B_{cm}（$m=0$，$1,2,\cdots,N$）在低频时对电路的影响不大，可以忽略，但在高频时将对反射系数 $\varGamma_{cm}$ 和传输系数 T_{cm} 的相角产生较大影响，精确设计时必须对这种影响进行修正。

图 3.7-7 是 N 阶阶梯阻抗变换器的结构示意图和等效电路（假设阶梯两侧所接的传输线均为无限长）。若输入端阻抗低于输出端阻抗，即 $Y_m > Y_{m+1}$，则可得第 m 个阶梯处的 $\varGamma_{cm}$ 和 T_{cm} 分别为

$$\varGamma_{cm} = \frac{Y_m - (Y_{m+1} + jB_{cm})}{Y_m + (Y_{m+1} + jB_{cm})} = \frac{Y_m/Y_{m+1} - 1 - jB_{cm}/Y_{m+1}}{Y_m/Y_{m+1} + 1 + jB_{cm}/Y_{m+1}} \tag{3.7-25}$$

$$T_{cm} = S_{21,cm} = \frac{2Y_m/Y_{m+1}}{Y_m/Y_{m+1} + 1 + jB_{cm}/Y_{m+1}} \tag{3.7-26}$$

它们的相角分别为

$$\angle\Gamma_{cm} = -\arctan\left(\frac{B_{cm}/Y_{m+1}}{Y_m/Y_{m+1}-1}\right) - \arctan\left(\frac{B_{cm}/Y_{m+1}}{Y_m/Y_{m+1}+1}\right)$$

$$\angle T_{cm} = -\arctan\left(\frac{B_{cm}/Y_{m+1}}{Y_m/Y_{m+1}+1}\right)$$

(3.7-27)

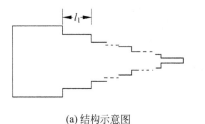

(a) 结构示意图

(b) 等效电路

图 3.7-7 N 阶阶梯阻抗变换器及
等效电路

因为信号自变换器的低阻抗端输入,故在信号源与阻抗变换器之间的某一参考面上观察各阶梯的反射波时,将发现反射波的相移除了由于传播距离造成的以外,还有 B_{cm} 引起的附加相移,这种附加相移由下式确定

$$\varphi_0 = -\angle\Gamma_{c0}$$
$$\varphi_1 = -\angle\Gamma_{c1} - 2\angle T_{c0}$$
$$\varphi_2 = -\angle\Gamma_{c2} - 2\angle T_{c0} - 2\angle T_{c1}$$
$$\cdots$$
$$\varphi_n = -\angle\Gamma_{cn} - 2\angle T_{c0} - 2\angle T_{c1} - \cdots - 2\angle T_{c,n-1}$$

(3.7-28)

设计时应消除上述附加相移。为此,可在中心频率处,将变换器中各阶梯面向信号源方向移动电长度 $\varphi_m/2$,相当于移动距离为

$$x_m = \frac{\varphi_m}{2\beta} \quad (m=0,1,2,\cdots,n)$$

(3.7-29)

其中,$\beta=2\pi/\lambda_p$,λ_p 为传输线的相波长。结果是使各节变换线段的长度发生变化,而且多数是使变换节的长度缩短。最终,各节变换线段的长度变为

$$l'_m = l_m + x_{m-1} - x_m = \frac{\lambda_{p0}}{4} + x_{m-1} - x_m = \frac{\lambda_{p1}\lambda_{p2}}{2(\lambda_{p1}+\lambda_{p2})} + x_{m-1} - x_m \quad (m=1,2,\cdots,n)$$

(3.7-30)

式中,λ_{p0}、λ_{p1}、λ_{p2} 对应设计频带的中心频率下限和上限频率的相波长。

这种修正值虽然是在中心频率算出的,但实际上它在相当宽的频率范围上均能起到良好的作用。修正值的计算过程非常烦琐,可以通过编制通用修正值计算软件的方法来解决。

【例 3.7-1】 在 $\varepsilon_r=9.6$,$h=0.8\text{mm}$ 的氧化铝基片上,设计能匹配特性阻抗为 17Ω 和 50Ω 的两段传输线的阻抗变换器,要求中心频率为 10GHz,分别采用以下两种方法进行设计:

(1) 单节 $1/4$ 波长阻抗变换器法;

(2) 多节切比雪夫响应 $1/4$ 波长阶梯阻抗变换器法,工作频带为 $8\sim12\text{GHz}$,带内最大电压驻波比 ρ_m 不超过 1.2;

(3) 比较两种变换器的带宽。

解: (1) 在图 3.7-2 中,由已知条件知,$Z_0=17\Omega$,$Z_L=50\Omega$。由式(3.7-2)得变换器的特性阻抗为

$$Z_1 = \sqrt{Z_0 Z_L} = \sqrt{17 \times 50}\,\Omega = 29.155\,\Omega$$

由式(2.7-8)得

$$Z_0 = 17\Omega, \quad W_0/h \approx 5.28, \quad W_0 \approx 4.22\text{mm}$$

$$Z_1 = 29.155\Omega, \quad W_1/h \approx 2.53, \quad W_1 \approx 2.024\text{mm}$$

$$Z_L = 50\Omega, \quad W_L/h \approx 1.0, \quad W_L \approx 0.8\text{mm}$$

由式(2.7-7)得

$$\sqrt{\varepsilon_{e1}} \approx 2.69$$

由于中心频率 $f_0 = 10\text{GHz}$,故得变换线段的长度为

$$l_1 = \frac{c}{4 f_0 \sqrt{\varepsilon_{e1}}} \approx 2.788\text{mm}$$

该阻抗变换器的结构及尺寸示意图如图 3.7-8 所示。

运用 HFSS 仿真软件进行仿真的仿真模型和仿真结果如图 3.7-9 所示。

由图 3.7-9(b)可见,该阻抗变换器 $\rho \leqslant 1.2$ 的频带为 8.1～10.2 GHz,带宽为 2.1GHz,相对带宽约为 23%。中心频率约为 9.15GHz,偏低,是因为没有考虑阶梯处不连续性的影响。如果考虑不连续性影响,将变换器长度 l_1 修正为 2.44mm,仿真结

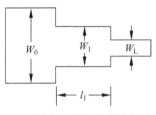

图 3.7-8　单节阻抗变换器结构及尺寸

果如图 3.7-9(c)所示,由图可见,此时中心频率在 10GHz 附近,$\rho \leqslant 1.2$ 的频带为 8.7～11.05GHz,带宽为 2.35GHz,相对带宽 23.8%,中心频率约为 9.875GHz,接近 10GHz。

(2) 因为 $Z_0 = 17\Omega$,$Z_L = 50\Omega$,故阻抗变换比 $R = 50/17 = 2.94 \approx 3$。因为该变换器为传输准 TEM 模的微带结构,故 $W_q = \dfrac{12-8}{(12+8)/2} = 0.4$。将 R、W_q 和 $\rho_m = 1.2$ 代入式(3.7-20)得

$$\begin{cases} \mu_0 = \sin\left(\dfrac{\pi}{4} W_q\right) = 0.309 \\[2mm] \varepsilon_r^2 = \dfrac{(\rho_m - 1)^2}{4\rho_m} = 0.00833 \\[2mm] \varepsilon_a^2 = \dfrac{(R-1)^2}{4R} = 0.333 \\[2mm] T_N^2\left(\dfrac{1}{\mu_0}\right) = \dfrac{\varepsilon_a^2}{\varepsilon_r^2} \approx 40 \end{cases}$$

查表 3.7-1 得 $N=2$。查表 3.7-2 得 $\overline{Z}_1 \approx 1.335$。由式(3.7-22)得,$\overline{Z}_2 = R/\overline{Z}_1 \approx 3/1.335 \approx 2.247$。故两节变换器的特性阻抗分别为

$$Z_1 = Z_0 \overline{Z}_1 = 17 \times 1.335\,\Omega = 22.7\,\Omega$$

$$Z_2 = Z_0 \overline{Z}_2 = 17 \times 2.247\,\Omega = 38.2\,\Omega$$

由式(2.7-8)得

$$Z_0 = 17\Omega, \quad W_0/h \approx 5.28, \quad W_0 \approx 4.22\text{mm}$$

$$Z_1 = 22.7\Omega, \quad W_1/h \approx 3.62, \quad W_1 \approx 2.9\text{mm}$$

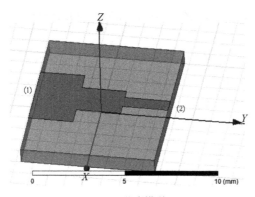

(a) 仿真模型

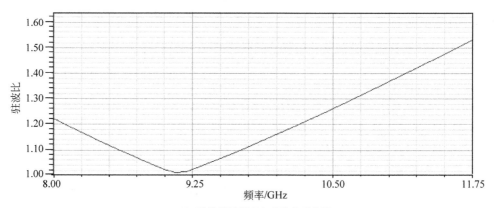

(b) 驻波比随频率变化的仿真曲线

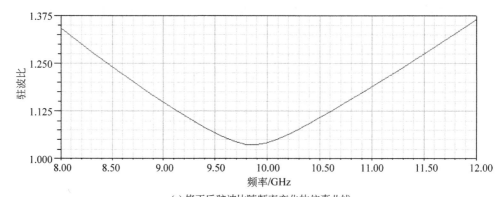

(c) 修正后驻波比随频率变化的仿真曲线

图 3.7-9　单节阻抗变换器的仿真模型及仿真结果

$$Z_2 = 38.2\Omega, \quad W_2/h \approx 1.64, \quad W_2 \approx 1.31\text{mm}$$

$$Z_L = 50\Omega, \quad W_L/h \approx 1.0, \quad W_L \approx 0.8\text{mm}$$

由式(2.7-7)得

$$\sqrt{\varepsilon_{e1}} \approx 2.74, \quad \sqrt{\varepsilon_{e2}} \approx 2.63$$

由于中心频率 $f_0 = \dfrac{12+8}{2}\text{GHz} = 10\text{GHz}$，对应的波长为 $\lambda_0 = \dfrac{3 \times 10^{11}}{10 \times 10^9}\text{mm} = 30\text{mm}$，故得两段

变换线段的长度分别为

$$l_1 = \frac{\lambda_0}{4\sqrt{\varepsilon_{e1}}} = \frac{30}{4 \times 2.74} \text{mm} = 2.74 \text{mm}$$

$$l_2 = \frac{\lambda_0}{4\sqrt{\varepsilon_{e2}}} = \frac{30}{4 \times 2.63} \text{mm} = 2.85 \text{mm}$$

由此可见,由于微带线的相波长与等效的相对介电常数
ε_e 有关,也就是与特性阻抗有关,故变换器各节的实际
长度并不相等。

该阻抗变换器的结构及各尺寸的含义如图 3.7-10
所示。运用 HFSS 仿真软件进行仿真的仿真模型和仿
真结果如图 3.7-11 所示。

由图 3.7-11(b)所示仿真结果可见,$\rho \leqslant 1.2$ 的频带
为 6.7 ~ 12GHz,带宽为 5.3GHz,相对带宽约为
56.7%。

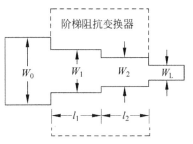

图 3.7-10 2 节阶梯阻抗变换器
结构及尺寸

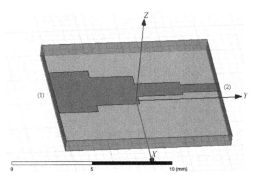

(a) 仿真模型

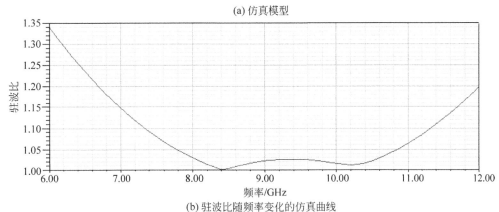

(b) 驻波比随频率变化的仿真曲线

图 3.7-11 2 节阶梯阻抗变换器的仿真模型及仿真结果

(3) 由以上仿真结果可见,2 节阶梯阻抗变换器的相对带宽比单节阻抗变换器的相对
带宽宽很多,说明增加变换器节数的确可以增加带宽,但是这种带宽的增加是以牺牲尺寸为
代价的,所以,实际中要根据具体情况适当进行取舍。

在实际运用阻抗变换器时,应注意以下两个问题:

(1) 阻抗变换器只适用于终端接纯电阻负载的情况。

若负载为复阻抗,则需要采用第 1 章介绍过的加移相段法或加并联单支节、并联电纳元件法使负载阻抗变为实数。

(2) 阶梯阻抗变换器是可逆网络,但要注意变换器与被匹配两端的连接关系。

阶梯阻抗变换器的匹配思想是将突变的较大的阻抗变化转化为多个较小的阻抗变化,因此,当将小阻抗变为大阻抗时,变换器中的各节阻抗也应该是从小到大逐渐变化,例如,在图 3.7-12 所示微带阶梯阻抗变换器的连接中,由于微带线的导体带条越宽,特性阻抗就越小,故图 3.7-12(a)是正确的连接方法,图 3.7-12(b)是错误的连接方法。

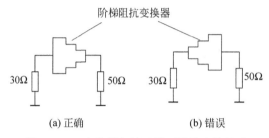

图 3.7-12 变换器与被匹配两端的连接关系

前面的讨论都是在假定 $Z_0 < Z_L$,$R = Z_L / Z_0 > 1$,$Z_0 < Z_1 < Z_2 < \cdots < Z_N < Z_L$ 的情况下进行的。若实际情况中,$Z_0 > Z_L$,则令 $R = Z_0 / Z_L > 1$,再进行设计,设计完成后反着接就可以了。

【例 3.7-2】 设计一个 L 波段的最平坦式响应 1/4 波长波导阶梯阻抗变换器,要求其能把宽 $a = 16.5 \text{cm}$、高 $b = 8.25 \text{cm}$ 的 L 波段标准波导变换到宽 $a = 16.5 \text{cm}$、高 $b = 1.016 \text{cm}$ 的减高波导,且在 1.2GHz~1.8GHz 的频带内,输入电压驻波比小于 1.2。

解:因为波导的等效特性阻抗为 $Z_e = \dfrac{b}{a} \cdot \dfrac{\eta}{\sqrt{1 - (\lambda / 2a)^2}}$,又已知输入、输出波导的宽边尺寸 a 相等,故该阻抗变换器的阻抗变换比为

$$R = \frac{8.25}{1.016} \approx 8.12$$

两个边带处的波长为

$$\lambda_1 = \frac{c}{f_1} = \frac{3 \times 10^{10}}{1.2 \times 10^9} \text{cm} = 25 \text{cm}$$

$$\lambda_2 = \frac{c}{f_2} = \frac{3 \times 10^{10}}{1.8 \times 10^9} \text{cm} \approx 16.7 \text{cm}$$

对应的波导波长为

$$\lambda_{g1} = \frac{\lambda_1}{\sqrt{1 - \left(\dfrac{\lambda_1}{2a}\right)^2}} \approx 38.3 \text{cm}$$

$$\lambda_{g2} = \frac{\lambda_2}{\sqrt{1-\left(\frac{\lambda_2}{2a}\right)^2}} \approx 19.36\text{cm}$$

中心频率处的波导波长为

$$\lambda_{g0} = \frac{2\lambda_{g1}\lambda_{g2}}{\lambda_{g1}+\lambda_{g2}} \approx 25.72\text{cm}$$

相对带宽为

$$W_q = 2\left(\frac{\lambda_{g1}-\lambda_{g2}}{\lambda_{g1}+\lambda_{g2}}\right) \approx 0.657$$

因为要求采用最平坦式响应进行设计,故由式(3.7-19)得

$$\varepsilon_r^2 = \frac{(\rho_m-1)^2}{4\rho_m} \approx 0.0083$$

$$\varepsilon_a^2 = \frac{(R-1)^2}{4R} \approx 1.56$$

$$\mu_0 = \sin\left(\frac{\pi}{4}W_q\right) \approx 0.493$$

$$N = \frac{\lg\varepsilon_r^2 - \lg\varepsilon_a^2}{2\lg\mu_0} \approx 3.7$$

取 $N=4$。由式(3.7-14)可得

$$\ln\frac{Z_{n+1}}{Z_n} = 2^{-N}C_N^n\ln\frac{Z_L}{Z_0} = 2^{-4}C_4^n\ln\frac{8.25}{1.016} = \ln 8.12^{0.0625C_4^n}$$

即

$$\frac{Z_{n+1}}{Z_n} = 8.12^{0.0625C_4^n}$$

因为

$$C_4^0 = 1, \quad C_4^1 = 4, \quad C_4^2 = 6, \quad C_4^3 = 4, \quad C_4^4 = 1$$

故得

$$\frac{Z_1}{Z_0} = \frac{b_1}{b_0} = 8.12^{0.0625} \approx 1.14$$

$$\frac{Z_2}{Z_1} = \frac{b_2}{b_1} = 8.12^{0.0625\times4} \approx 1.688$$

$$\frac{Z_3}{Z_2} = \frac{b_3}{b_2} = 8.12^{0.0625\times6} \approx 2.193$$

$$\frac{Z_4}{Z_3} = \frac{b_4}{b_3} = 8.12^{0.0625\times4} \approx 1.688$$

$$\frac{Z_5}{Z_4} = \frac{b_5}{b_4} = 8.12^{0.0625\times1} \approx 1.14$$

即

$$b_0 = 1.016\text{cm}$$

$$b_1 = 1.14b_0 \approx 1.158\text{cm}$$

$$b_2 = 1.688b_1 \approx 1.955\text{cm}$$

$$b_3 = 2.193b_2 \approx 4.287\text{cm}$$

$$b_4 = 1.688b_3 \approx 7.237\text{cm}$$

$$b_5 = 1.14b_4 \approx 8.25\text{cm}$$

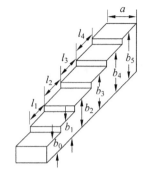

图 3.7-13　波导阶梯阻抗换器($N=4$)

因为波导波长与波导窄边尺寸无关,故各节变换器的长度均为

$$l_1 = l_2 = l_3 = l_4 = \frac{\lambda_{g0}}{4} \approx \frac{25.72}{4}\text{cm} \approx 6.43\text{cm}$$

该波导变换器的结构及尺寸示意图如图 3.7-13 所示。

运用 HFSS 仿真软件进行仿真的仿真模型和仿真结果如图 3.7-14 所示。

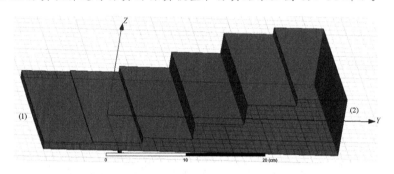

(a) 仿真模型

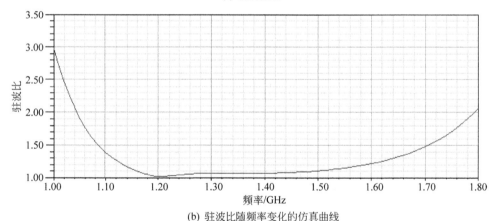

(b) 驻波比随频率变化的仿真曲线

图 3.7-14　4 节波导阶梯阻抗变换器的仿真模型和仿真结果

由图可见,电压驻波比小于 1.2 的频率范围为 1.13～1.59 GHz,中心频带偏低,需要对波导阶梯处不连续性进行修正。修正方法类似于微带阶梯的修正方法,这里不再赘述。

习题

3.1　已知波导的宽边尺寸为 23mm,窄边尺寸为 10mm,工作波长为 32mm,在距离波导口 20mm 处放置了三电感销,销钉直径为 1mm,其后接匹配负载,如题 3.1 图所示。问三销钉处的反射系数是多少？波导口处的反射系数是多少？

3.2 某矩形波导的尺寸为 $a \times b = 2.3 \times 1.0 \mathrm{cm}^2$,其中装有一谐振窗,如题3.2图所示。信号频率 $f = 10\mathrm{GHz}$,试求:

(1) 若谐振窗的窗口没有填充介质,且 $b' = 0.8\mathrm{cm}$ 时,$a' = ?$

(2) 若谐振窗的窗口填充 $\mu_r = 1$,$\varepsilon_r = 2$ 的介质,且 $b' = 0.8\mathrm{cm}$ 时,$a' = ?$

3.3 试画出题3.3图中所示微带电路的等效电路。

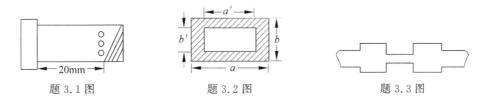

题3.1图　　　　　　　　题3.2图　　　　　　　　题3.3图

3.4 一喇叭天线与空气填充馈电波导相接,接口处产生的反射使馈电波导中有 $\rho = 2.0$ 的驻波比,且与接口处相距 $0.15\lambda_g$ 的地方为电压波节点。现拟用在波导宽边中央 $a/2$ 处插入半径为 r 的对穿销钉来调配(如题3.4图所示),试求销钉的插入位置 d' 及半径 r。计算结果说明了什么？若用电感膜片来实现,结果怎样？设工作波长为 $\lambda = 3.2\mathrm{cm}$,馈电波导为BJ-100标准矩形波导。

3.5 一个喇叭天线由空气填充标准矩形波导BJ-100馈电,传输 TE_{10} 模,波长为3cm,喇叭天线的归一化输入阻抗 $\overline{Z}_L = (0.8 + \mathrm{j}0.6)\Omega$。若用并联电容膜片与 $\lambda_g/4$ 线构成匹配网络,实现匹配,如题3.5图所示,求膜片的尺寸 d 和 $\lambda_g/4$ 线的长度 L 及窄壁宽度 b_1。

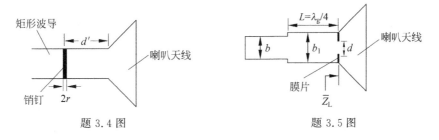

题3.4图　　　　　　　　　　　　题3.5图

3.6 设计一个两节切比雪夫阻抗变换器,使 250Ω 负载与 50Ω 微带线匹配,要求相对带宽为0.6。设工作频率为3GHz,微带介质基片 $\varepsilon_r = 9.0$,$h = 1\mathrm{mm}$。

3.7 试设计一个同轴结构的阶梯阻抗变换器,要求其将特性阻抗为 50Ω 的同轴线与阻抗为 100Ω 的终端负载进行匹配,在波长为 $10 \sim 15\mathrm{cm}$ 内,具有最平坦的反射特性,且 $\rho_{\max} = 1.05$。已知同轴线均为空气填充,外导体直径均为16mm。

3.8 设计一个最平坦式响应的1/4波长波导阶梯阻抗变换器,要求其能把宽 $a = 10.92\mathrm{cm}$、高 $b = 5.46\mathrm{cm}$ 的L波段标准波导变换到宽 $a = 10.92\mathrm{cm}$、高 $b = 1.092\mathrm{cm}$ 的减高波导,且在 $1.8 \sim 2.4\mathrm{GHz}$ 的频带内,输入电压驻波比小于1.2。

3.9 已知同轴线的特性阻抗为 75Ω,负载阻抗为 150Ω,试设计一个同轴结构的切比雪夫式阶梯阻抗变换器,其将同轴线和负载进行匹配,工作频带为 $2 \sim 4\mathrm{GHz}$,$|\Gamma|_m = 0.09$。已知同轴线均为空气填充,外导体直径均为16mm。

第 4 章

微波谐振腔

除了电阻性和电抗性等基本元件之外，谐振元件也是微波电路的重要组成部分。本章介绍应用在微波波段的谐振元件——谐振腔。

4.1 概论

谐振腔(Cavity Resonator)是由任意形状导电壁(或导磁壁)所包围的、能在其中形成电磁振荡的介质区域。它具有储存电磁能量和选择一定频率信号的特性，与 LC 谐振回路在低频电路中的作用相似，可由低频 LC 电路过渡到谐振腔。

1. 低频 LC 谐振回路向微波谐振腔的过渡

LC 谐振回路在低频电路中得到了广泛的应用，然而在微波波段，LC 谐振回路却不再适用。这是因为随着频率的升高，一方面 LC 谐振回路的损耗(包括辐射损耗、导体损耗和介质损耗)增加，回路的 Q 值下降，频率选择性变差；另一方面，由于 LC 谐振回路的谐振角频率 $\omega_r = 1/\sqrt{LC}$，故若将 LC 谐振回路应用到微波波段，则需要大大减小 L、C 的数值，这将使元件尺寸变小，储能和功率容量减小，且工艺上也难以实现。为了克服 LC 谐振回路在微波波段出现的问题，可采取以下措施：(1)为了减小电容 C，可增加电容器极板间的距离，如图 4.1-1(a)所示；(2)为了减小电感 L，可减小线圈匝数，极端情况变为一根直导线，如图 4.1-1(b)所示；(3)多根直导线并联，进一步减小电感值，如图 4.1-1(c)所示；(4)当并联的直导线数目无穷多时就变成了圆柱侧面，与两平板电容组合在一起，便形成了谐振腔，如图 4.1-1(d)所示。由图 4.1-1(d)可知，谐振腔是一个导体封闭的腔体，故避免了辐射损耗；增加了电流流过的导体表面积，从而减小了导体损耗；谐振腔中若填充空气，还可避免介质损耗。由此可见，谐振腔能够克服 LC 电路在微波波段的问题，适合用于微波波段。然而，与集中参数 LC 谐振回路不同的是，在谐振腔中，电磁场分布在整个空间，已不能找到电能

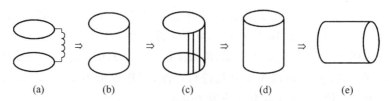

(a)　　(b)　　(c)　　(d)　　(e)

图 4.1-1　LC 谐振回路向谐振腔的过渡

和磁能单独集中的区域,因此,它是分布参数电路,上述过渡是一个从量变到质变的过程。微波谐振腔具有损耗小、Q 值高、结构坚固和使用安全等优点,在微波系统中得到广泛的应用。

2. 谐振腔中振荡的物理过程

在 LC 谐振回路中,电能储存在电容中,磁能储存在电感中,电容上的电压与电感中的电流随时间变化的相位差为 $\pi/2$。因此,谐振就是电磁场能量在电容和电感中相互转换的过程,当电能为最大时,磁能就为零;当电能为零时,磁能就为最大。图 4.1-1(d)所示的谐振腔旋转 90°便变成了图 4.1-1(e)。由图 4.1-1(e)可见,谐振腔也可以看成是一段两端短路的圆波导。已知圆波导在横截面内为纯驻波分布,当两端短路后则在纵向也呈纯驻波分布,即谐振腔中的电磁场在空间三个坐标方向上均呈驻波分布。根据驻波的特点,电场和磁场在时间上和空间上都有 $\pi/2$ 的相位差,即在电场为最大时磁场为零,而在电场为零时磁场为最大,而且在电场为最大处磁场为零,在电场为零处磁场最大。可见,谐振腔中的电磁振荡过程与在 LC 谐振回路中的一样,也是电磁场能量以电能和磁能两种形式相互转换的过程。谐振腔和 LC 谐振回路作为谐振元件的两种形式,具有两个共同的特性:(1)都具有储能和选频的特性;(2)具有相同的振荡过程。因此,可以在一定条件下将谐振腔等效为 LC 谐振回路。

谐振腔也有其本身的特性,它与 LC 谐振回路的主要区别在于:(1)谐振腔是分布参数电路,而 LC 回路是集中参数电路;(2)谐振腔具有多谐性,即在同一谐振腔中,由于腔中可以有不同模式的驻波场分布,与此对应就可以存在许多不同的谐振频率,而 LC 谐振回路只能有一个谐振频率;(3)谐振腔的 Q 值要比 LC 谐振回路高得多,故频率选择性较高。

3. 谐振腔的分类

谐振腔的形式很多,结构各异,通常按其构成原理可分为两大类。一类是传输线型谐振腔,它是由一段微波传输线所构成的,如矩形腔、圆柱腔、同轴腔、微带腔和介质腔等。另一类是非传输线谐振腔,它不是由简单的传输线段所构成,它的形式是多样的,几何形状较复杂,例如环形腔和多瓣腔等。本章只讨论前一类谐振腔,即传输线型谐振腔。

4.2　谐振腔的基本参量

LC 谐振回路的基本参量是电感 L、电容 C 和电阻 R(或电导 G)。作为基本参量,它们具有物理意义明确、便于实验测量和回路所有的其他参量(如谐振频率、品质因数和谐振阻抗)都可由它们导出的特点。对于谐振腔,L、C 已没有明确的物理意义,因此,在微波波段选择谐振波长 λ_r(或谐振频率 f_r)、品质因数 Q_0 和等效电导 G_0 作为它的基本参量。在以后的讨论中将会看到,这些参量在谐振腔中都有明确的物理意义,且可直接测量。值得一提的是,谐振腔的这三个基本参量都是对于腔中的某一个振荡模式而言的,模式不同,其基本参量的数值一般是不同的。

1. 谐振波长 λ_r 和谐振频率 f_r

谐振波长(Resonant Wavelength)和谐振频率(Resonant Frequency)分别定义为可以在谐振腔中激励起稳定电磁振荡的波长和频率,它们描述了电磁能量在谐振腔中振荡的规律。

对于两端短路的传输线型谐振腔,由图 4.2-1 给出的一段终端短路传输线上的纯驻波电压分布图可见,短路处为电压的波节点,因此,当在 B-B、D-D 等与短路终端相距 $\lambda_p/2$ 整数倍

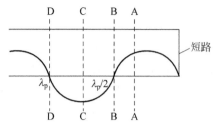

图 4.2-1 终端短路传输线中的
纯驻波电压分布

的电压波节点位置处插入短路板后,没有改变这些位置处的边界条件,故驻波电压分布不变,两短路面之间形成稳定振荡。但是当在 A-A、C-C 位置处加短路板时,便将这些非电压波节点变成了电压波节点。为了适应新的边界条件,电压分布就要发生变化,但无论怎样变化都不能使两个短路面处同时满足电压波节点的条件,所以,电压分布一直在变化,无法形成稳定的振荡。由此可见,形成稳定振荡的条件是腔两端壁间的距离 l 等于驻波波节间距 $\lambda_p/2$ 的整数倍,即

$$l = p \cdot \frac{\lambda_p}{2} \quad (p = 1, 2, \cdots) \tag{4.2-1}$$

上式表明,在一定的腔体尺寸下,不是任意波长的电磁波都能在腔中形成稳定振荡的,只有那些相波长 $\lambda_p = 2l/p$ 的电磁波才能在腔中形成稳定振荡。该电磁波所对应的介质中的波长就称为谐振波长 λ_r。

对于非色散波(TEM 波),因为 $\lambda_p = \lambda$,所以

$$\lambda_r = \lambda = \frac{2l}{p} \tag{4.2-2}$$

对于色散波(TE、TM 波),因为 $\lambda_p = \lambda_g = \dfrac{\lambda}{\sqrt{1-(\lambda/\lambda_c)^2}}$,所以

$$\lambda_r = \lambda = \frac{1}{\sqrt{(1/\lambda_c)^2 + (p/2l)^2}} \tag{4.2-3}$$

应注意,这里定义的谐振波长 λ_r 是指谐振时电磁波在腔内填充介质中的波长,仅当腔中为真空(或空气填充)时,它才等于自由空间波长 λ_0。因此,相应的谐振频率 f_r 为

对于非色散波 $$f_r = \frac{c}{\sqrt{\varepsilon_r}} \cdot \frac{p}{2l} \tag{4.2-4}$$

对于色散波 $$f_r = \frac{c}{\sqrt{\varepsilon_r}} \cdot \sqrt{(1/\lambda_c)^2 + (p/2l)^2} \tag{4.2-5}$$

式中,c 为真空中的光速;ε_r 为腔中填充介质的相对介电常数。

由式(4.2-2)~式(4.2-5)可见,传输线型谐振腔的谐振频率 f_r 与腔的形式、尺寸、工作模式和填充的介质均有关,但谐振波长 λ_r 则与腔的填充介质无关,而仅决定于腔的形式、尺寸和工作模式。这是因为当腔体长度为相应波形半个相波长的整数倍时就会产生谐振,因此,无论填充什么介质,都会在同一个谐振波长上产生谐振。但是电磁波在不同介质中的传播速度($v = c/\sqrt{\varepsilon_r}$)是不同的,因此由关系式 $f_r = v/\lambda_r$ 求得的谐振频率是不同的。

利用这一特性和式(4.2-4)、式(4.2-5),可以测量介质的相对介电常数 ε_r。假设腔内填充空气时测得的谐振频率是 f_{r1},然后再填入介质,测得谐振频率为 f_{r2},则由式 $\sqrt{\varepsilon_r} = f_{r1}/$

f_{r2} 即可求出介质的相对介电常数 ε_r。

2. 品质因数 Q_0

品质因数（Quality Factor）是描述谐振系统的频率选择性优劣和能量损耗程度的一个物理量，它定义为谐振时腔中储能 W 与一个周期内腔中损耗能量 W_T 之比的 2π 倍，即

$$Q_0 = 2\pi \frac{W}{W_T} \tag{4.2-6}$$

若用一周期内腔的平均损耗功率 P_L 来表示，因为 $W_T = P_L \cdot T$，所以

$$Q_0 = \omega_r \frac{W}{P_L} \tag{4.2-7}$$

Q_0 值可以由以下公式进行计算

$$Q_0 = \frac{2}{\delta} \frac{\int_V |H|^2 \mathrm{d}v}{\oint_S |H_t| \mathrm{d}s} \tag{4.2-8}$$

式中，$\delta = \sqrt{\dfrac{2}{\omega_r \sigma \mu}}$，为腔壁导体的趋肤深度。对于非磁性材料，$\mu = \mu_0$，$|H|$ 为腔中磁场，$|H_t|$ 为腔壁导体表面的切向磁场。式（4.2-8）适用于各种形式的谐振腔，只要能够求出腔中的磁场分布就能够用它来计算 Q_0 值。事实上，只有少数形状简单的谐振腔才可用场理论的方法求出其电磁场分布，从而计算出 Q_0 值，而且由于计算中忽略了某些非理想的因素（如导体的光洁度等），所以，计算所得的理论值往往要比实际值高得多。因此，在工程中更多的是利用实验测量法来确定 Q_0 值。

3. 等效电导 G_0

等效电导（Equivalent Conductance）是将谐振腔等效为集中参数 LC 谐振回路时而得到的一个等效参数。为了研究谐振腔的工作特性，常常将谐振腔在某谐振频率附近不太宽的频带内等效为一个集中参数并联谐振回路，如图 4.2-2 所示，其中，G_0 就是等效电导。

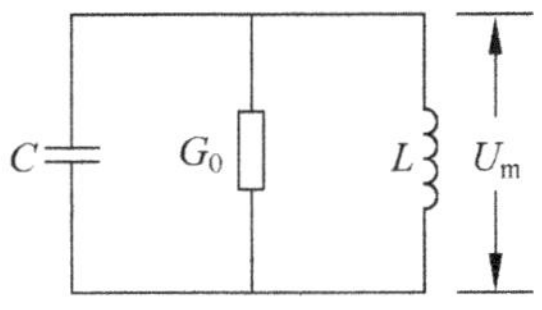

设并联等效电路上电压幅值为 U_m，腔的功率损耗为 P_L，则

图 4.2-2　谐振腔的并联 LC 等效电路

$$G_0 = \frac{2P_L}{U_m^2} \tag{4.2-9}$$

式（4.2-9）表明，损耗越小，腔口电压越高，G_0 值就越小。G_0 的计算与 Q_0 一样，必须知道腔中的场结构，这对于复杂形状的谐振腔是困难的，而且即使能计算其理论值，也与实际值相差较大。因此，通常它也是由实验确定的。

4.3　矩形谐振腔

矩形谐振腔（Rectangular Cavity Resonator）是由一段两端用导体板封闭的矩形波导构成的，如图 4.3-1 所示，它的腔体尺寸为 $a \times b \times l$。矩形腔是几何形状最简单的一种空腔谐振器，可用作微波炉的加热腔体、频率较低的速调管的振荡腔体以及滤波器和宽带天线开关

的腔体等。

矩形腔中能存在电磁振荡的原理可以用驻波的观点来定性说明。例如,当一端短路的矩形波导中输入 H_{10} 波时,在短路面处将产生全反射,形成纯驻波。如果在离短路面为 $\lambda_g/2$ 处,即电场波节、磁场波腹处再加一块金属板将波导封闭,则短路板的加入不会破坏原来的驻波分布。此时在这一段封闭的波导里可以存在半个电场纯驻波和半个磁场纯驻波,它们之间可以相互转换,并且电能和磁能的最大值相等。由此可见,一个封闭的矩形腔是能够在其内产生电磁振荡、完成谐振电路的作用的。

由矩形波导中 H_{10} 波的场分布和谐振腔的边界条件可以很方便地画出此时谐振腔中的场分布,如图 4.3-2 所示。由图可见:在 y 方向电磁场不变化,电场只有 E_y 分量,且在 $x=0$、$x=a$ 和 $z=0$、$z=l$ 处为零;在 $x=a/2$ 和 $z=l/2$ 处最强。磁场在 xz 平面内形成闭合曲线,在 $x=0$、$x=a$ 处,H_x 为零,而 H_z 最大;在 $z=0$、$z=l$ 处,H_x 最大而 H_z 为零。腔体内沿任何方向均无电磁能量传输,只有电、磁能量之间的相互转换,因而是一个理想的振荡系统。其实,矩形腔中的场分布不只是图 4.3-2 所示一种模式。由于矩形波导中可以存在无穷多个振荡模式 H_{mn} 和 E_{mn},因此,与此相对应,矩形腔中也存在多种模式,记作 H_{mnp} 模和 E_{mnp} 模。下标 m、n、p 分别表示场沿 x、y、z 方向分布的半驻波数。显然,图 4.3-2 所示场分布应为 H_{101} 模。另外,对于 H_{mnp} 模,m、n 中只能有一个为零,但 p 不能为零;对于 E_{mnp} 模,p 可以为零,但 m、n 都不能为零,否则腔中这种模式的所有场分量都将为零,故不存在这种模式。

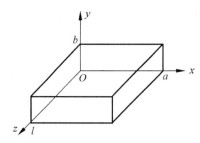
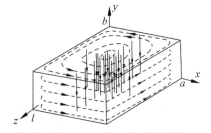

图 4.3-1 矩形谐振腔结构图   图 4.3-2 矩形腔中 H_{101} 模的场结构

根据式(4.2-3)可得到矩形腔谐振波长的计算公式为

$$\lambda_r = \frac{2}{\sqrt{(m/a)^2+(n/b)^2+(p/l)^2}} \tag{4.3-1}$$

由式(4.3-1)可见,矩形腔的谐振波长不仅与空腔尺寸 a、b、l 有关,而且还与振荡模式有关。当空腔几何尺寸一定时,谐振波长有无穷多个,因此它具有多谐性。由式(4.3-1)可知,H_{101} 模的谐振波长最长,故称 H_{101} 模为谐振腔的主模。H_{101} 模的 λ_r、Q_0、G_0 分别由以下公式计算

$$\lambda_r(H_{101}) = \frac{2al}{\sqrt{a^2+l^2}} \tag{4.3-2}$$

$$Q_0(H_{101}) = \frac{abl}{\delta} \cdot \frac{a^2+l^2}{2b(a^3+l^3)+al(a^2+l^2)} \tag{4.3-3}$$

$$G_0(H_{101}) = \frac{R_s}{\eta^2} \cdot \frac{2b(a^3+l^3)+al(a^2+l^2)}{2b^2(a^2+l^2)} \tag{4.3-4}$$

其中，$\delta = \sqrt{\dfrac{2}{\omega_r \sigma \mu}}$，为腔壁导体的趋肤深度；$\eta = \sqrt{\dfrac{\mu}{\varepsilon}}$，为波阻抗；$R_s = \sqrt{\dfrac{\pi f_r \mu}{\sigma}}$，为表面电阻。

4.4 圆柱形谐振腔

圆柱形谐振腔(Cylindrical Cavity Resonator)是由一段两端用导体板封闭的圆波导构成的，如图 4.4-1 所示。它的半径为 R，长度为 l。和矩形腔一样，圆柱腔中也可以存在无穷多个 H^o_{mnp} 模和 E^o_{mnp} 模。其中，下标 m 表示场沿圆周分布的驻波数，n 表示场沿半径分布的半驻波数，p 表示场沿 z 方向分布的半驻波数；上标"o"表示是圆柱腔中的模式，以此表示与矩形腔中模式的区别。另外，对于 H^o_{mnp} 模和 E^o_{mnp} 模都有：$m = 0, 1, 2, \cdots$；$n = 1, 2, 3, \cdots$。而对于 H^o_{mnp} 模，$p = 1, 2, 3, \cdots$，p 不能为零；对于 E^o_{mnp} 模，$p = 0, 1, 2, \cdots$，p 可以为零。

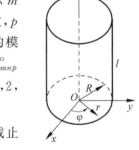

图 4.4-1 圆柱谐振腔

已知在圆波导中常用的波形是 H^o_{11}、E^o_{01}、H^o_{01} 三种模式，截止波长分别为

$$\lambda_c(H^o_{11}) = 3.41R, \quad \lambda_c(E^o_{01}) = 2.62R, \quad \lambda_c(H^o_{01}) = 1.64R$$

在圆柱腔中，与上述三种波型相应的振荡模式为 H^o_{11p}，E^o_{01p}，H^o_{01p}，各振荡模的谐振波长可由式(4.2-3)得到，它们分别为

$$\lambda_r(H^o_{11p}) = \frac{1}{\sqrt{\left(\dfrac{1}{3.41R}\right)^2 + \left(\dfrac{p}{2l}\right)^2}} \tag{4.4-1}$$

$$\lambda_r(E^o_{01p}) = \frac{1}{\sqrt{\left(\dfrac{1}{2.62R}\right)^2 + \left(\dfrac{p}{2l}\right)^2}} \tag{4.4-2}$$

$$\lambda_r(H^o_{01p}) = \frac{1}{\sqrt{\left(\dfrac{1}{1.64R}\right)^2 + \left(\dfrac{p}{2l}\right)^2}} \tag{4.4-3}$$

由于 H^o_{mnp} 模中，$p \neq 0$；E^o_{mnp} 模中，p 可以为零。故相应于上述三种振荡模式的最低振荡模应分别为：H^o_{111}、E^o_{010} 和 H^o_{011} 模。这三种模式也是最有实用意义的模式，下面分别进行讨论。

1. H^o_{111} 模-H^o_{mnp} 模中的最低振荡模

由式(4.4-1)可得 H^o_{111} 模的谐振波长为

$$\lambda_r(H^o_{111}) = \frac{1}{\sqrt{\left(\dfrac{1}{3.41R}\right)^2 + \left(\dfrac{1}{2l}\right)^2}} \tag{4.4-4}$$

因为 $\lambda_c(H^o_{11}) = 3.41R$ 是圆波导中最大的截止波长，$p = 1$ 是 H^o_{mnp} 模中 p 的最小取值，所以，H^o_{111} 模是 H^o_{mnp} 模中的最低振荡模。H^o_{111} 模的场结构如图 4.4-2 所示。

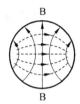

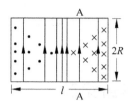

(a) A-A横截面场分布　　(b) B-B纵截面场分布

图 4.4-2　圆柱腔中 H_{111}^o 模的场结构

H_{111}^o 模具有极化简并,因此,为了避免由于加工偏差产生模式分裂而引起的双峰谐振,就必须要求较高的加工精度。H_{111}^o 模的 Q_0 值为

$$Q_0(H_{111}) = \frac{\lambda_r}{\delta} \cdot \frac{0.207(1+0.728(D/l)^2)^{3/2}}{1+0.728(D/l)^3 + 0.215(D/l)^2(1-D/l)} \tag{4.4-5}$$

式中,$D=2R$。

H_{111}^o 模是圆柱腔的低次模,在给定工作波段下,H_{111}^o 模圆柱腔的体积较小,单模调谐范围较宽,但 Q 值不高,可用作中精度波长计。由于它具有极化简并特性,对加工精度要求较高,从而使它的应用受到限制。

2. E_{010}^o 模-E_{mnp}^o 模中的最低振荡模

由式(4.4-2)可得 E_{010}^o 模的谐振波长为

$$\lambda_r(E_{010}^o) = 2.62R \tag{4.4-6}$$

可见,它的谐振波长决定于腔体半径 R,而与腔长 l 无关,因此它的调谐不能采用调节腔长的办法来实现,而只能通过在腔端壁轴线处插入一长度可调的金属销钉来进行微调。另外,显然 E_{010}^o 模的谐振波长是 E_{mnp}^o 模中最长的。与 H_{111}^o 模相比,哪个模的谐振波长更长则取决于比值 l/R 的大小。比较式(4.4-4)和式(4.4-6),令 $\lambda_r(E_{010}^o) > \lambda_r(H_{111}^o)$,可以得到

$$l < 2.1R \tag{4.4-7}$$

式(4.4-7)表明,当腔长 l 小于 $2.1R$ 时,圆柱腔的最低模式是 E_{010}^o 模,而不是 H_{111}^o 模。反之,圆柱腔的最低模式是 H_{111}^o 模。

E_{010}^o 模的场结构如图 4.4-3 所示。其电场只有纵向分量 $\boldsymbol{E}_z$,且在轴心最强;磁场只有圆周方向分量 H_φ,且在靠近腔壁处最强;场沿轴向没有变化。

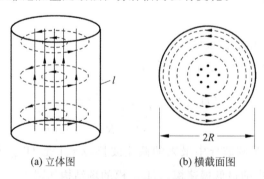

(a) 立体图　　　　　(b) 横截面图

图 4.4-3　E_{010}^o 模的场结构

E_{010}^{o} 模的品质因数由下式确定

$$Q_0(E_{010}) = \frac{1}{\delta} \cdot \frac{R}{1+R/l} \qquad (4.4-8)$$

可见，E_{010}^{o} 模的 Q_0 值随腔长 l 的增加而增大，并逐渐趋向一个近似恒定的值。

E_{010}^{o} 模圆柱腔由于它的场结构简单、稳定，且具有明显的电场和磁场集中的区域，因此它常用作参量放大器的振荡腔和介质测量的微扰腔。又由于它在轴线上具有较强的轴向电场，所以它还用作电子直线加速器和在微波电子管中作为高频场与所穿过的电子注有效地交换能量的部件。

3. H_{011}^{o} 模-高 Q 振荡模

因为圆波导中的 H_{01}^{o} 模具有低损耗的特点，所以圆柱腔中与它相应的 H_{011}^{o} 模也具有低损耗、高 Q 的特性。由式(4.4-3)可得 H_{011}^{o} 模的谐振波长为

$$\lambda_r(H_{011}^{o}) = \frac{1}{\sqrt{\left(\dfrac{1}{1.64R}\right)^2 + \left(\dfrac{1}{2l}\right)^2}} \qquad (4.4-9)$$

H_{011}^{o} 模的场结构如图 4.4-4 所示。它的电场只有圆周方向分量，而磁场没有圆周方向分量。由于它的谐振波长与腔长 l 有关，因此在实用中可方便地将一端壁做成不接触式活塞来进行调谐而不会影响它的特性。此外，H_{011}^{o} 模由于 $m=0$ 而不存在极化简并模式，这样，即使腔体有微小变形或加工偏差也不会引起极化面的偏转。可见，它还具有场结构稳定的优点。

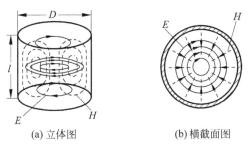

(a) 立体图 　　　(b) 横截面图

图 4.4-4 　圆柱腔中 H_{011}^{o} 模的场结构

H_{011}^{o} 模的 Q_0 值为

$$Q_0(H_{011}^{o}) = 0.610 \frac{\lambda_r}{\delta} \cdot \frac{(1+0.168(D/l)^2)^{3/2}}{1+0.168(D/l)^3} \qquad (4.4-10)$$

式中，$D=2R$。值得一提的是，由于 H_{011}^{o} 模不是圆柱腔中的主模，从而在工作频带中容易出现较多的干扰模式。因此，使用 H_{011}^{o} 模工作时必须设法避免它们的影响。由于 H_{011}^{o} 模圆柱腔具有高 Q 特性，因而主要用于高 Q 波长计、振荡器的稳频腔和雷达回波箱等。

4.5 　同轴谐振腔和微带谐振器

同轴线和微带线分别工作于 TEM 模和准 TEM 模，因此由它们所构成的谐振腔具有工作频带宽、振荡模式简单和场结构稳定等优点。本节分别对它们进行讨论。

4.5.1 同轴谐振腔

由 1.4 节知识可知,终端开路线和终端接纯电抗负载的传输线中也会形成纯驻波,所以,同轴谐振腔(Coaxial Cavity Resonators)除了有两端短路的 $\lambda/2$ 同轴腔外,还有 $\lambda/4$ 同轴腔和电容加载同轴腔两种形式,如图 4.5-1 所示。

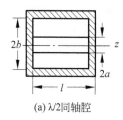
(a) $\lambda/2$ 同轴腔

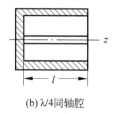
(b) $\lambda/4$ 同轴腔

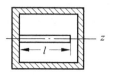
(c) 电容加载同轴腔

图 4.5-1 同轴谐振腔

1. $\lambda/2$ 同轴腔

$\lambda/2$ 同轴腔是由一段两端短路的同轴线构成的,如图 4.5-2 所示。

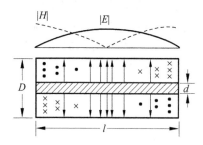

图 4.5-2 $\lambda/2$ 同轴腔电磁场分布

为了满足腔的两端面为纯驻波电压波节点的边界条件,在谐振时,其腔长应等于二分之一波长的整数倍,即 $l = p\lambda_p/2$。由于同轴线中传输的是 TEM 波,所以,它的谐振波长为

$$\lambda_r = \lambda_p = 2l/p \quad (p=1,2,\cdots) \quad (4.5\text{-}1)$$

可见,当腔长 l 一定时,相应于不同的 p 值存在许多个谐振波长;而当谐振波长一定时,则存在许多个腔的谐振长度,这表明 TEM 谐振腔同样具有多谐性。同轴腔的 Q_0 值可由以下公式计算

$$Q_0 = \frac{D}{\delta} \cdot \frac{\ln\left(\dfrac{D}{d}\right)}{1 + \dfrac{D}{d} + 2\dfrac{D}{d}\ln\left(\dfrac{D}{d}\right)} \quad (4.5\text{-}2)$$

由此可见,当 D 一定时,Q_0 是 $\left(\dfrac{D}{d}\right)$ 的函数。计算结果表明,$\dfrac{D}{d} \approx 3.6$ 时,Q_0 值达最大,且在 $2 \leqslant D/d \leqslant 6$ 范围内,Q_0 值的变化不大。

2. $\lambda/4$ 同轴腔

$\lambda/4$ 同轴腔是由一段一端短路、一端开路的同轴线构成的,如图 4.5-3 所示,它的开路端是利用一段处于截止状态的圆波导来实现的。

根据两端面边界条件,在谐振时,其腔长应等于 1/4 波长的奇数倍,即 $l=(2p-1)\lambda_p/4(p=1,2,\cdots)$,所以,它的谐振波长为

$$\lambda_r = \lambda_p = \frac{4l}{2p-1} \quad (p=1,2,\cdots) \quad (4.5\text{-}3)$$

$\lambda/4$ 同轴腔的 Q_0 值与 $\lambda/2$ 同轴腔的差别仅在于它少一

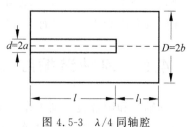

图 4.5-3 $\lambda/4$ 同轴腔

个端面的导体损耗,其值为

$$Q_0 = \frac{\lambda_r}{\delta} \cdot \frac{1}{4 + \dfrac{l}{D} \cdot \dfrac{1 + D/d}{\ln(D/d)}} \tag{4.5-4}$$

同轴腔横向尺寸的选择应由下列条件确定:

(1) 为保证腔工作于 TEM 模而不出现高次模,要求

$$\pi(d + D)/2 < \lambda_{0\min} \tag{4.5-5}$$

式中,$\lambda_{0\min}$ 为频带内最高频率对应的最小波长。

(2) 为保证腔有较高的 Q_0 值,应取 $2 \leqslant D/d \leqslant 6$。

(3) 对于 $\lambda/4$ 同轴腔还要保证开路端的圆波导处于截止状态,即要求: $3.41a \approx 1.71D < \lambda_{0\min}$。

同轴线谐振腔主要用于中、低精度的宽带波长计及振荡器、倍频器和放大器等器件中。

3. 电容加载同轴腔

其结构和电磁场分布如图 4.5-4(a)所示。采用等效电路的方法,A-A′ 左侧内、外导体端面间的间隙部分可看作一个集中电容,而 A-A′ 右侧可看作一段终端短路的同轴线,因此称它为电容加载同轴腔,其等效电路如图 4.5-4(b)所示。

谐振电路的谐振条件是:谐振时在某一参考面上,电路的总电纳等于零,即 $B(f_r) = 0$。在图 4.5-4(b)所示等效电路中,在参考面 A-A′ 处运用谐振条件得

$$\omega_r C - \frac{1}{Z_0}\cot\left(\frac{2\pi}{\lambda_r}l\right) = 0 \tag{4.5-6a}$$

即

$$2\pi f_r Z_0 C = \cot\left(2\pi \frac{f_r}{c}l\right) \tag{4.5-6b}$$

求解上述方程即可确定谐振频率。

集中电容 C 近似等于左侧内、外导体端面间的平板电容,即

$$C \approx \varepsilon\pi a^2/h \tag{4.5-7}$$

式中,a 为内导体半径; h 为两端面的间距。

式(4.5-6b)是一个 f_r 的超越方程,可用数值法或图解法求解。图 4.5-5 给出了其图解法。直线

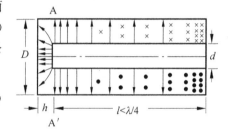

(a) 电磁场分布

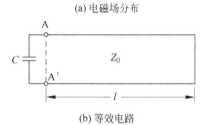

(b) 等效电路

图 4.5-4　电容加载同轴腔的场分布及等效电路

$2\pi f Z_0 C$ 与余切曲线 $\cot(2\pi fl/c)$ 的一系列交点的横坐标即为方程的解,亦即谐振腔的谐振频率。可见,当结构一定,即 l 和 C 一定时,存在有许多个谐振频率 f_{r1},f_{r2},f_{r3},…。另一方面,如果给定 f_r 和 C,则由式(4.5-6a)可得

$$l = \frac{\lambda_r}{2\pi}\arctan\left(\frac{1}{\omega_r C Z_0}\right) \tag{4.5-8}$$

因为 $0 < \arctan(1/\omega_r C Z_0) < \pi/2$,所以,$l < \lambda_r/4$,也就是说,集中电容的存在将使谐振腔的长度要比没有电容存在时的 $\lambda/4$ 同轴腔来得短,且 C 越大,l 越短。所以,这个电容被称为

"缩短电容"。电容加载同轴腔主要应用于振荡器和混合式波长计中。

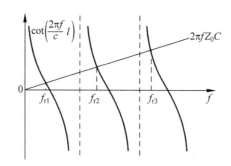

图 4.5-5 电容加载同轴腔谐振频率的图解法

4.5.2 微带谐振器

1. $\lambda/2$ 和 $\lambda/4$ 微带谐振器

与同轴线谐振器相类似,一段两端短路或两端开路的微带线段可构成 $\lambda/2$ 微带谐振器 (Microstrip Resonators);一段一端短路、一端开路的微带线段可构成 $\lambda/4$ 微带谐振器。由于在微带中短路不易实现,而开路却较容易实现,所以,两端开路的 $\lambda/2$ 微带谐振器用的较多,如图 4.5-6(a)所示。

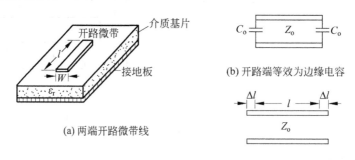

(a) 两端开路微带线

(b) 开路端等效为边缘电容

(c) 开路端等效为理想开路线段

图 4.5-6 $\lambda/2$ 开路微带谐振器结构及等效电路

应该注意的是,微带导体带条的中断并非是理想的开路,它的边缘效应在忽略其辐射损耗时可以用一个接地电容来等效,如图 4.5-6(b)所示。而该电容又可用一段长 $\Delta l < \lambda/4$ 的理想开路线来等效,因此,$\lambda/2$ 开路微带线谐振器可等效成图 4.5-6(c)所示电路,由此可得其谐振条件为

$$l + 2\Delta l = p \cdot \frac{\lambda_p}{2} \quad (p = 1, 2, 3, \cdots) \tag{4.5-9}$$

式中,l 为微带线长度;λ_p 为带内相波长;Δl 的值可由式(3.3-15)近似计算。由此可见,开路微带边缘电容的存在将使微带线谐振器所需的实际长度缩短。由于微带线中传输的是准 TEM 波,故谐振波长 $\lambda_r = \lambda_p$,可由式(4.5-9)求得。

类似地,对于 $\lambda/4$ 微带谐振器应有

$$l + \Delta l = (2p - 1)\lambda_p/4 \quad (p = 1, 2, \cdots) \tag{4.5-10}$$

同理可求得其谐振波长。

2. 微带环形谐振器

微带环形谐振器结构如图 4.5-7 所示。当微带环的平均周长等于微带带内波长的整数倍时,在微带环内即形成稳定的振荡。因此,微带环谐振器的谐振条件为

$$\pi(r_1 + r_2) = p\lambda_p \quad (p = 1, 2, \cdots) \quad (4.5\text{-}11)$$

式中,r_1、r_2 分别为环的内、外半径。由上式可求得微带环谐振器的谐振波长为

$$\lambda_r = \lambda_p = \frac{\pi(r_1 + r_2)}{p} \quad (4.5\text{-}12)$$

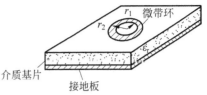

图 4.5-7 微带环形谐振器

3. 微带谐振器的品质因数

微带谐振器的品质因数 Q 值在 X 波段以下主要取决于微带的导体损耗,在 X 波段以上则已不能忽视微带基片的介质损耗及表面波导致的辐射损耗,它们都会使 Q 值下降,使微带谐振器的性能变差。

微带谐振器固有品质因数由下式计算

$$Q_0 = \left(\frac{1}{Q_r} + \frac{1}{Q_c} + \frac{1}{Q_d} + \frac{1}{Q_{sw}} \right)^{-1} \quad (4.5\text{-}13)$$

式中,Q_r 为与辐射损耗对应的品质因数;Q_c 为与导体损耗对应的品质因数;Q_d 为与介质损耗对应的品质因数;Q_{sw} 为与表面波损耗对应的品质因数。它们的计算公式分别为

$$\begin{cases} Q_r = \dfrac{c\sqrt{\varepsilon_e}}{4f_r h} \\[2mm] Q_c = h\sqrt{\mu_0 \pi f_r \sigma} \\[2mm] Q_d = \dfrac{1}{\tan\delta} \\[2mm] Q_{sw} = \left[\dfrac{1}{3.4\sqrt{\varepsilon_r - 1}\,\dfrac{h}{\lambda_r}} - 1 \right] \cdot Q_r \end{cases} \quad (4.5\text{-}14)$$

式中,c 为真空中的光速;ε_e 为介质基片的有效相对介电常数;h 为微带基片厚度;f_r 为谐振频率;μ_0 为空气的磁导率;σ 为导体的电导率;$\tan\delta$ 为基片材料的损耗角正切;ε_r 为基片材料的相对介电常数。

4.6 谐振腔的调谐、激励与耦合

4.6.1 谐振腔的调谐

所谓谐振腔的调谐就是改变其谐振频率。对于谐振频率与腔体长度有关的谐振腔,常用短路活塞进行调谐;对于谐振频率与腔体长度无关的谐振腔,则不能用活塞调谐法,需用微扰(Perturbation)调谐法。活塞调谐法简单、易理解、易操作,故下面只介绍微扰法。

当谐振腔的腔壁有微小变化,或填充的介质有微小的变化时,谐振频率将发生微小的变化,采用微扰法可估算频率的这种微小变化。其基本的想法是研究能量变化与频率变化之间的关系,而不去研究微扰引起的场分布变化。

1. 腔壁微扰

由电磁场理论可知,当腔壁受到微扰时,有以下关系

$$\frac{\omega - \omega_r}{\omega_r} = \frac{(\overline{w}_e - \overline{w}_m) \cdot \Delta v}{\overline{W}} \tag{4.6-1}$$

式中,ω 为微扰后的谐振角频率;ω_r 为微扰前的谐振角频率;$\overline{w}_e$、$\overline{w}_m$ 分别为微扰前微扰处的平均电能密度和磁能密度;Δv 为体积变化,当腔壁内凹时,$\Delta v < 0$,当腔壁外凸时,$\Delta v > 0$;$\overline{W}$ 为微扰后谐振腔内总的平均电磁能。由式(4.6-1)可知,对于内向微扰,因为 $\Delta v < 0$,所以,当腔壁的变化发生在强磁场、弱电场区域时,$\overline{w}_m > \overline{w}_e$,那么 $\omega - \omega_r > 0$,即频率升高;若微扰发生在强电场、弱磁场区域时,$\overline{w}_e > \overline{w}_m$,那么 $\omega - \omega_r < 0$,即谐振频率降低。对于外向微扰其结论则相反。表 4.6-1 清楚地说明了频率变化的情况。

表 4.6-1　腔壁微扰时谐振频率的变化

微 扰 区 域	微 扰 性 质	
	内向微扰($\Delta v < 0$)	外向微扰($\Delta v > 0$)
强磁场、弱电场	$\omega > \omega_r$	$\omega < \omega_r$
弱磁场、强电场	$\omega < \omega_r$	$\omega > \omega_r$

例如,圆柱腔的 E_{010}° 模的电力线和磁力线分布如图 4.4-3 所示。如果将其上底和下底的中央部分做成具有弹性的壁(如图 4.6-1 所示),使这部分壁在机械压力下向内或向外有一微小变形,就可改变它的谐振频率。因为微扰发生在强电场和弱磁场区域,所以,根据微扰理论,当腔壁向外扩张时,谐振角频率 ω 上升;当腔壁向内压缩时,谐振角频率 ω 下降。但是如果腔的上、下底整个地向内或向外变化时,其谐振角频率 ω 将不变化。因为圆柱腔的工作模式为 E_{010}° 时谐振频率与圆柱腔的长度无关,这表明电能的变化量等于磁能的变化量。

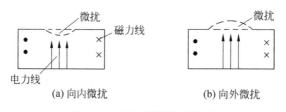

(a) 向内微扰　　　　　　　　(b) 向外微扰

图 4.6-1　E_{010}° 模圆柱腔微扰

2. 介质微扰

若在谐振腔中一小区域 Δv 内介质参数由 μ、ε 改变为 $\mu + \Delta\mu$ 和 $\varepsilon + \Delta\varepsilon$,则有

$$\frac{\omega - \omega_r}{\omega_r} = -\frac{(\Delta\varepsilon \boldsymbol{E}_1^2 + \Delta\mu \boldsymbol{H}_1^2)\Delta v}{4\overline{W}} \tag{4.6-2}$$

式中,$\boldsymbol{E}_1$、$\boldsymbol{H}_1$ 分别为微扰前的场量;$\overline{W}$ 是腔内总的平均电磁能。式(4.6-2)表明,在谐振腔内,μ 和 ε 的任何增加都将使谐振频率降低。

由于波导在横截面内也为纯驻波分布,故可以把波导的横截面看作一个"二维的谐振腔"。由于当工作频率等于波导的截止频率 f_c 时,波截止,不能沿传输方向传输,而在横截

面内振荡,故波导的截止频率可认为是二维谐振腔的谐振频率。所以,可用微扰理论分析波导截止频率的变化,只要将微扰理论中的谐振频率换成截止频率即可。

例如,在图 4.6-2 中,矩形波导的四个直角由于加工精度问题变成了圆角,这相当于在四个直角处发生了向内微扰。由于微扰发生在磁场强、电场弱的区域,因而根据微扰理论可知,相应的 H_{10} 波的截止频率 f_c 将升高。又如在图 4.6-3 中,矩形波导中加脊也相当于向内微扰,微扰发生在强电场、弱磁场区域,因而 f_c 降低。当然,如果脊的尺寸较大,用微扰法计算出来的结果就不精确了。

$(f_c\nearrow)$　　　　　　　　　$(f_c\searrow)$

图 4.6-2　圆角波导　　　　　图 4.6-3　脊波导

除了上述机械调谐外,还可在腔中引入变容二极管,通过改变在其上的偏压而改变其电容,从而实现腔的电调谐;或者在腔中引入 YIG 铁氧体单晶小球,通过改变加在其上的直流磁场来改变其谐振频率,从而实现腔的磁调谐。

4.6.2　谐振腔的激励与耦合

前面所讨论的谐振腔都是孤立的,没有考虑它和外界的联系,而实际的微波谐振腔必须与外电路相连接组成微波系统才能工作,即它必须由外电路中的微波信号激励才能在腔中建立振荡;而腔中的振荡又必须通过耦合才能输出到外界负载上去。由于微波元件的可逆特性,谐振腔的激励元件和耦合元件的结构和工作特性是完全相同的。也就是说,一个元件用作激励和用作耦合时所具有的特性完全相同,它们两者的差别仅在于波在其中的传输方向相反。

对谐振腔激励元件的基本要求是:它必须能够在腔中激励所需模式的振荡,而且必须能够避免激励其他不需要的干扰模式。

谐振腔中振荡的建立是通过激励元件首先在腔中某处激励与所需激励模式相一致的电场或磁场分量,然后再由这个电场或磁场分量在整个腔中激励起所需模式的振荡。激励元件所提供的场分量与哪个模式的场分布越接近,哪个模式就越容易被激励;反之,激励元件提供的场分量与哪个模式的场分布相差越多,哪个模式就越不容易被激励。谐振腔的激励方法大致有三类:探针激励、环激励和孔激励。无论采用哪一种方法,都必须知道谐振腔中的场分布,不仅所需模式的场分布需要了解,而且对于干扰模式的场分布也必须了解。前者是为了激励它,后者则是为了不使干扰模式被激励。

1. 探针激励(电激励)

探针是利用插入谐振腔壁孔的一个小探针来实现激励的,探针的轴线方向必须和腔中所需模式在该处的电力线方向相一致,因为这时主要是通过电场的作用来实现激励的,所以也称之为电激励。

探针激励常用于同轴线与谐振腔之间的耦合,其中探针是由同轴线内导体在腔中的延伸所构成的。图 4.6-4 分别给出了同轴线激励同轴腔和 H_{102} 模矩形腔的探针激励装置。探针激励的强弱决定于探针在腔中的位置和插入的深度,探针所在处腔中电场越强、插入深度越深,其激励就越强。探针通常装置在腔中所需模式电场最强处,而仅由调节其插入深度来改变它激励的强弱。

2. 环激励(磁激励)

环激励是利用插入谐振腔壁孔的耦合环来实现激励的,耦合环的环平面应与腔中所需模式在该处的磁力线相交链,因为这时激励主要是通过磁场的作用实现的,所以又称为磁激励。

环激励常用于同轴线激励或耦合谐振腔,其中,耦合环是由同轴线内导体在腔中延伸弯曲而成的。图 4.6-5 所示为同轴线激励同轴腔的环激励装置。

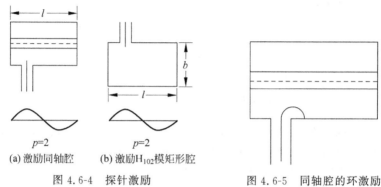

(a) 激励同轴腔　　(b) 激励H_{102}模矩形腔

图 4.6-4　探针激励　　　　图 4.6-5　同轴腔的环激励

环激励的强弱决定于耦合环与腔中磁力线交链的多少,环所在处的磁场越强,环的面积越大及环平面越垂直于磁力线,与环平面交链的磁通就越多,激励就越强。耦合环通常安置在腔中所需模式磁场最强处,且环平面与磁力线垂直。

3. 孔激励

波导激励谐振腔通常采用耦合孔,它是利用谐振腔与波导公共壁上的小孔来实现激励的。耦合孔位置的选择应使孔所在处,腔中所需模式的电力线或磁力线与波导中传输波形在该处的同类力线相一致。根据耦合孔位置不同,可以是单一的电力线激励或单一的磁力线激励,也可以是电、磁力线激励同时存在的混合激励。

图 4.6-6(a)、(b)、(c)分别给出了矩形波导中 H_{10} 波激励圆柱腔中 H_{111}^o、E_{010}^o 和 H_{011}^o 模的激励装置。由图可见,在耦合孔附近的矩形波导中,H_{10} 波的磁力线与圆柱腔中相应模式的磁力线是一致的,因此,它们主要依靠的都是磁激励。孔激励的强弱取决于耦合孔的位置、大小和形状。

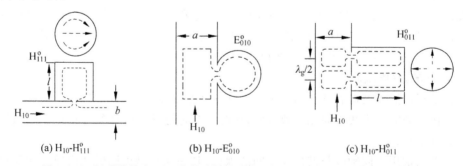

(a) H_{10}-H_{111}^o　　　　(b) H_{10}-E_{010}^o　　　　(c) H_{10}-H_{011}^o

图 4.6-6　矩形波导中 H_{10} 波激励圆柱腔中 H_{111}^o、E_{010}^o 和 H_{011}^o 模的激励装置

值得一提的是,不论是激励探针、激励环的引入,还是耦合孔的引入,都将引起谐振腔谐振频率的微小改变。其中,探针的深入相当于在强电场处压缩腔壁,故使谐振频率降低;而

环的深入相当于在强磁场处压缩腔壁,故使谐振频率升高;孔的存在使腔中的电磁场向外扩展,如果孔在强磁场处,则使谐振频率降低;如果孔在强电场处,则使谐振频率升高。

4. 激励装置避免干扰模式的方法

在谐振腔的激励中,必须避免干扰模式的激励,其方法是:

(1) 使在激励元件处所需激励或耦合模式的力线方向与干扰模式的力线方向垂直,从而使干扰模式不能被激励或耦合。

(2) 把激励元件的位置选在所需模式的场为最大、而干扰模式的场为最小的位置附近。例如,在图 4.6-7(a)中,H_{111}° 模圆柱腔的耦合孔开在腔底中心处($r=0$),在该处,H_{111}° 模的磁场 H_r 为最大,故可有效地激励;但其他模式(H_{01p}°、H_{02p}°、H_{21p}° 和 E_{11p}° 等)在该处的磁场 H_r 则为零,如图 4.6-7(b)~(e)所示,故它们都不能被激励。

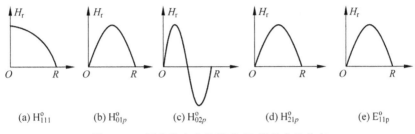

(a) H_{111}° (b) H_{01p}° (c) H_{02p}° (d) H_{21p}° (e) E_{11p}°

图 4.6-7   圆柱腔中几种模式 H_r 沿径向的分布

4.7   谐振腔的等效电路和它与外电路的连接

对谐振腔的研究可采用电磁场理论和电路理论两种分析方法。电路理论的方法就是把谐振腔在某谐振频率 f_{ri} 附近等效为一个集中参数的谐振回路,它对于研究谐振腔的外部特性,特别是研究包含谐振腔的微波系统的特性是十分方便的。本节就讨论谐振腔的等效电路及其与外电路连接后的特性。

1. 孤立谐振腔的等效电路

因为谐振腔具有与 LC 谐振回路相同的电磁特性,所以,它可以用并联谐振回路或串联谐振回路两种形式的 LC 谐振回路来等效,如图 4.7-1 所示。通常,并联谐振回路用得更普遍。

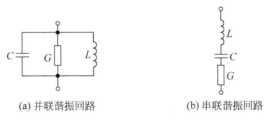

(a) 并联谐振回路   (b) 串联谐振回路

图 4.7-1   孤立谐振腔的等效电路

等效谐振回路中的等效参数 L、C、G 可由谐振腔基本参量 f_r、Q_0 和 G 来确定,显然两者的 G 是相同的。

因为

$$\omega_r = 1/\sqrt{LC} \tag{4.7-1}$$

$$Q_0 = \omega_r \cdot \frac{W}{P_L} = \omega_r \cdot \frac{CU_m^2/2}{GU_m^2/2} = \frac{\omega_r C}{G} \tag{4.7-2}$$

其中,U_m 表示加在谐振回路两端的电压幅值。所以有

$$C = \frac{Q_0 G}{\omega_r} \tag{4.7-3}$$

$$L = \frac{1}{\omega_r Q_0 G} \tag{4.7-4}$$

值得一提的是,由于谐振腔具有与 LC 谐振回路所不同的多谐性,因此,将它等效为 LC 谐振回路只是在谐振腔某个谐振频率附近很窄的频带内才是可行的。

2. 谐振腔的有载 Q 值

实际使用的谐振腔总是要与外电路相连接的。当谐振腔与外电路连接时,它的损耗除了腔本身的功率损耗 P_G 以外,还将有一部分功率 P_e 传输给外界负载或反射回信号源中。同时考虑这两种功率损耗所定义的谐振腔的品质因数称为腔的有载品质因数(Loaded Quality Factor),用 Q_L 表示,于是

$$Q_L = \omega_r \frac{W}{P_G + P_e} \tag{4.7-5}$$

或

$$\frac{1}{Q_L} = \frac{P_G}{\omega_r W} + \frac{P_e}{\omega_r W} = \frac{1}{Q_0} + \frac{1}{Q_e} \tag{4.7-6}$$

其中

$$Q_0 = \omega_r \frac{W}{P_G} \tag{4.7-7}$$

$$Q_e = \omega_r \frac{W}{P_e} \tag{4.7-8}$$

式中,Q_0 就是前面所讨论的仅考虑腔本身损耗时的品质因数,称为固有品质因数,它仅决定于腔本身的特性,而与外电路无关;而 Q_e 为考虑腔在外界负载上功率损耗时的品质因数,称为外界品质因数。

如果谐振腔同时与 N 个外界负载相耦合,则式(4.7-6)相应地变为

$$\frac{1}{Q_L} = \frac{1}{Q_0} + \frac{1}{Q_{e1}} + \cdots + \frac{1}{Q_{eN}} \tag{4.7-9}$$

3. 谐振腔与外电路耦合时的等效电路

谐振腔与外电路的连接通常有终端型、传输型和反应型等几种方式,如图 4.7-2 所示。

为了做出包含谐振腔的微波系统的等效电路,通常采用的基本方法是:把谐振腔等效为并联谐振回路;把信号源等效为恒流(或恒压)源,如果是匹配信号源,则其内导纳(或内阻抗)就等于所连接传输线的特性导纳(或特性阻抗);把连接系统的微波传输线等效为长线;而腔的耦合元件的作用是实现阻抗变换的,因此,如果忽略它的损耗,则可把耦合元件等效为理想变压器。按照上述方法,可以做出图 4.7-2 中所示的终端型、传输型和反应型谐

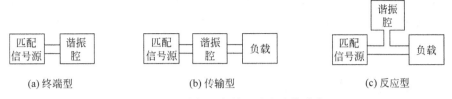

图 4.7-2 谐振腔与外电路的连接形式

振系统的等效电路,分别如图 4.7-3(a)、(b)、(c)所示。其中,在传输型和反应型系统中,都已假定了负载是匹配的,且在反应型系统中,由于它是串联电路,所以为了方便,通常将信号源等效为恒压源。

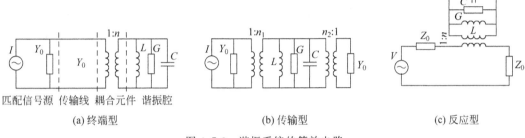

图 4.7-3 谐振系统的等效电路

图 4.7-4 所示为圆柱腔与矩形波导耦合的三种连接方式及其等效电路。图中,矩形波导与圆柱腔在耦合孔处的场分布与 E_{010}° 模吻合,故在圆柱腔内均激励起 E_{010}° 谐振模。将矩形波导等效为双线,圆柱腔等效为 LC 并谐回路,即可得等效电路。图 4.7-4(a)所示为"终端型",矩形波导终端与圆柱腔通过端壁上的孔进行耦合,这种连接方式可等效为谐振回路与波导双线的终端连接。图 4.7-4(b)所示为"传输型",矩形波导与圆柱腔通过窄壁上的孔进行耦合,可等效为谐振回路经过一段 1/4 波长线后与波导双线"并联",即并联谐振回路至

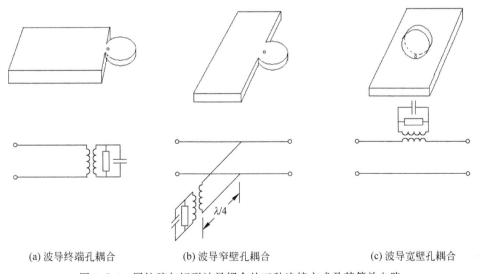

(a) 波导终端孔耦合   (b) 波导窄壁孔耦合   (c) 波导宽壁孔耦合

图 4.7-4 圆柱腔与矩形波导耦合的三种连接方式及其等效电路

波导双线的距离为 1/4 波长,这是因为矩形波导本身可看成是无限多的 1/4 波长短路线并联而成的(见图 2.4-2)。图 4.7-4(c)所示为反应型,波导与圆柱腔通过波导宽壁上的孔进行耦合,可等效为谐振回路与波导双线"串联"[5]。

4.8 微波谐振腔的应用

4.8.1 微波炉

目前,微波炉(Microwave Oven)已广泛应用于家庭烹饪中,图 4.8-1 所示就是一个简单的微波炉结构示意图,其主要由高功率微波源、馈电波导和炉腔三大部分组成。微波源一般是工作在 2.45GHz 的磁控管,它的输出功率通常为 $500 \sim 1500\text{W}$。炉腔具有金属壁,电气尺寸相对较大,是一个典型的矩形谐振腔。已知矩形谐振腔谐振时,腔中电磁场为不均匀的纯驻波分布,因此,为了减小由于炉子内存在驻波所引起的不均匀加热,在微波炉中用一种金属风扇叶片制作的"模扰动器"来扰乱腔内场分布,使场分布变均匀。另外,在使用时,还将食品放在随电机旋转的大浅盘上,让食品随转盘在腔中移动,从而使食品加热进一步均匀。

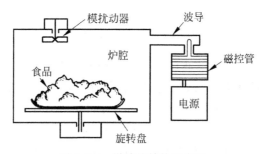

图 4.8-1 微波炉结构示意图

对于矩形腔,相应于不同的模式指数 m、n、p,谐振腔有不同的谐振模式。由式(4.3-1)可知,一般情况下,当腔体尺寸一定时,不同的谐振模式具有不同的谐振频率,而且随着模式指数 m、n、p 的增大,谐振频率也随之增高;同时,不同谐振模式之间的谐振频率的差值越来越小。当改变空腔长度进行调谐时,除了需要的某种工作模式,还可能出现其他不需要的干扰模式。干扰模式的出现,破坏了谐振腔的正常工作。当矩形腔工作在最低谐振模式——TE_{101} 模时,无干扰模式影响的调谐范围最宽,故矩形谐振腔通常几乎总是采用最低谐振模式——TE_{101} 模。然而,用作微波加热炉的加热腔体却是矩形多模腔。所谓"多模腔"就是在腔中同时存在许多振荡模式。采用多模腔的目的是使腔中的电场分布更均匀,以改善温度分布的均匀性。

设计微波炉时最要紧的是安全。由于使用的微波功率源输出功率很高,泄漏电平必须很小,以避免使用户暴露在有害的辐射中。因此,磁控管、馈电波导和炉腔都必须仔细地屏蔽。对微波炉门的设计要求很高,门周围的连通通常利用射频吸收材料和一个 1/4 波长扼流法兰盘,以使微波泄漏降低到可允许电平[3]。

4.8.2 波长计

波长计(Wavelength Meter)是微波技术中常用的一种测量仪器,它能准确迅速地测出微波信号的波长,故称为波长计。波长计是由微波谐振腔构成的,通常有圆柱型和同轴型两种,如图 4.8-2 和图 4.8-3 所示。图 4.8-2(a)所示为 H^o_{111} 模圆柱腔构成的中等精度的波长计。它由矩形波导中的 II_{10} 波通过矩形波导侧壁与谐振腔端壁间的耦合孔进行激励。在该结构的圆柱腔中,采用了抗流活塞装置,此装置一方面可调节腔体长度,另一方面可保证腔壁与可移动端壁之间有良好的电接触。由于可移动端壁与腔侧壁之间无机械接触,可免除接触损耗。图 4.8-2(b)所示为 H^o_{011} 模圆柱腔构成的高精度波长计。由图 4.4-4 所示的 H^o_{011} 模磁场分布可知,该模式只有圆周方向的电流,故其调谐结构可以做成非接触式的活塞,活塞与腔壁之间的间隙并不影响谐振腔的性能。图 4.8-3 所示为同轴型波长计,该波长计中的同轴腔由同轴线通过环耦合的方式进行磁激励。

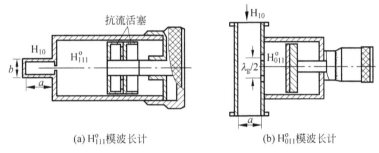

(a) H^o_{111}模波长计　　(b) H^o_{011}模波长计

图 4.8-2　H^o_{111} 模中等精度波长计和 H^o_{011} 模高精度波长计

波长计在测量系统中通常有通过式和吸收式两种接法。通过式接法可以用并联在主传输线上的并联谐振电路来表示,如图 4.8-4(a)所示;或用串联在主传输线上的串联谐振电路来表示,如图 4.8-4(b)所示。通过式接法在谐振腔谐振时输出端得到最大的输出,其输出随频率的变化曲线如图 4.8-4(c)所示。吸收式接法可以用串接在主传输线上的并联谐振电路来表示,如图 4.8-5(a)所示;或用并联在主传输线上的串联谐振电路来表示,如

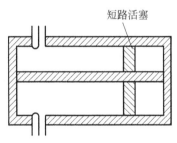

图 4.8-3　同轴腔波长计

图 4.8-5(b)所示。这种接法在谐振腔谐振时有最小的功率传输,其输出随频率变化的曲线如图 4.8-5(c)所示。利用这一特性可精确测得传输信号的波长。

吸收式波长计测波长的方法:旋转波长计的转筒,即改变谐振腔的腔体长度,从而改变谐振腔的谐振波长和谐振频率。当转筒旋转到某位置处使输出端指示最小时,则意味着谐振腔谐振了,此时谐振腔的谐振频率等于传输线中所传输信号的频率,所以,从波长计上的读数即可知道波长计此时的谐振频率,此谐振频率也就是传输线中所传输波的工作频率。

通过式波长计测波长的方法与此类似,这里不再赘述。

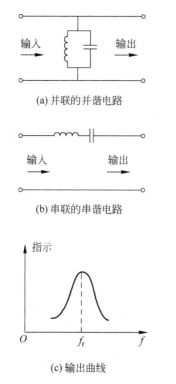

(a) 并联的并谐电路

(b) 串联的串谐电路

(c) 输出曲线

图 4.8-4 通过式波长计等效电路及输出端
指示曲线

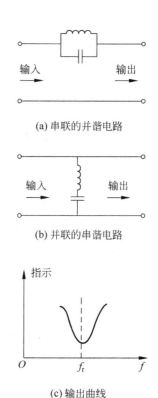

(a) 串联的并谐电路

(b) 并联的串谐电路

(c) 输出曲线

图 4.8-5 吸收式波长计等效电路及输出端
指示曲线

习题

4.1 有一矩形谐振腔$(b=a/2)$,已知当 $f=3\text{GHz}$ 时它谐振于 H_{101} 模;当 $f=6\text{GHz}$ 时它谐振于 H_{103} 模,求此谐振腔的尺寸。

4.2 一空气填充的矩形谐振腔尺寸为 $3\times1.5\times4\text{cm}^3$。求

(1) 当它工作于 H_{101} 模时的谐振频率;

(2) 若在腔中全填充某种介质后,在同一工作频率上它谐振于 H_{102} 模,则该介质的相对介质电常数为多少?

4.3 有一半径为 $R=3\text{cm}$,长度分别为 $l_1=6\text{cm}$ 和 $l_2=8\text{cm}$ 的两个圆柱腔,求它们的最低振荡模的谐振频率。

4.4 已知圆柱腔的半径为 $R=3\text{cm}$,对同一频率谐振于 E_{012}° 模时比 E_{011}° 模时的腔体长度长 2.32cm,求此谐振频率。

4.5 如题 4.5 图所示,一尺寸为 $2.3\times1.0\text{cm}^2$ 的空气填充矩形波导传输 H_{10} 波,与一半径为 $R=2.28\text{cm}$ 的空气填充圆柱形波长计耦合,今测得调谐活塞在相距 $d=2.5\text{cm}$ 的位置 Ⅰ、Ⅱ 上时分别对 H_{011}° 和 H_{012}° 模谐振。求:

(1) 腔的谐振波长 λ_r 以及波导的工作波长 λ_0 和它相应的波导波长 λ_g 各为多少?

(2) 如波导传输的信号波长变为 $\lambda_0=2.08\text{cm}$,问活塞在 Ⅰ 处是否还能谐振?若能,是

什么模式?

4.6　设计一个 $\lambda/4$ 空气填充同轴腔,要求它的频率覆盖范围为 $2.5\sim3.75\text{GHz}$,同轴线的特性阻抗 $Z_0=75\Omega$,已知其内导体外径 $d=1\text{cm}$,求腔外导体的内径 D 及内导体活塞的调谐范围。

4.7　某矩形腔振荡于 H_{101} 模,如题 4.7 图所示。当 m 点($y=0$ 面中点)和 n 点($x=a$ 面中点)分别向内微扰 Δv 时,试问谐振频率如何变化?

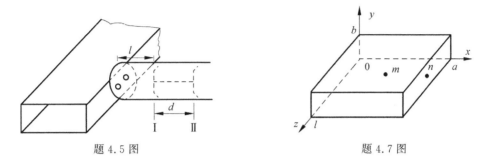

题 4.5 图　　　　　　　　　　　　题 4.7 图

4.8　如题 4.8 图所示,三个半径为 R 的圆柱形谐振腔分别工作在 E°_{010} 模、H°_{111} 模和 H°_{011} 模。如在 E°_{010} 模和 H°_{111} 模谐振腔的上底中央插入螺钉,它们的谐振频率分别如何变化? 如在 H°_{011} 模谐振腔的上底 $r=R/2$ 处插入螺钉,其谐振频率如何变化? 为什么?

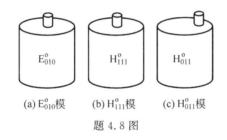

(a) E°_{010}模　　(b) H°_{111}模　　(c) H°_{011}模

题 4.8 图

4.9　设计一个 E°_{010} 模式圆柱腔,谐振波长为 3cm,求单模振荡下的腔体尺寸。

4.10　用矩形波导的主模——TE_{10} 模激励谐振腔,要求在矩形腔中产生 TE_{101} 的振荡模,在圆柱腔中分别产生 E°_{010}、H°_{011} 和 H°_{111} 的振荡模。问应分别采用何种激励方式? 说明并画图表示激励机构(孔、缝、探针、环等)在波导和腔体上的位置。

4.11　试解释为什么在矩形腔中,H_{mnp} 模的 p 不能为零,而 E_{mnp} 模的 p 可以为零。

第 5 章

微波网络基础

5.1 概论

1. 研究微波系统的方法

研究微波系统的方法通常可分为两大类：一类是电磁场理论的方法，它是应用麦克斯韦方程组，结合系统边界条件，求解出系统中电磁场的空间分布，从而得出其工作特性的；另一类是网络（Network）理论的方法，它是把一个微波系统用一个网络来等效，从而把一个本质上是电磁场的问题转换为一个网络的问题，然后利用网络理论来进行分析，求解出系统各端口间信号的相互关系。电磁场理论的方法是严格的，原则上是普遍适用的，但是其数学运算较烦琐，仅对于少数具有规则边界和均匀介质填充的问题才可严格求解。网络理论的方法是近似的，它采用网络参量来描述网络的特性，它仅能得出系统的外部特性，而不能得出系统内部区域的电磁场分布。采用这种方法的优点是网络参量可以测定，且对大多数读者来说，网络理论比电磁场理论更容易被理解和掌握。实际上，电磁场理论、网络理论及实验分析三者是相辅相成的，实际中应根据所研究对象的不同，选取适当的研究方法。

2. 如何将微波系统等效为微波网络

任何微波系统或元件都可看成是由某些边界封闭的不均匀区和几路与外界相连的微波均匀传输线所组成的，如图 5.1-1(a)所示。

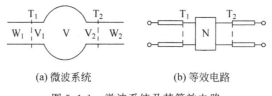

(a) 微波系统　　　　　　(b) 等效电路

图 5.1-1　微波系统及其等效电路

所谓不均匀区就是指与均匀传输线具有不同边界或不同介质填充的区域，如波导中出现的膜片、金属杆、阶梯、拐角等。在不均匀区域(V)及其邻近区域(V_1、V_2)，为了满足其不规则的边界条件，其电磁场分布是非常复杂的，可以表示为多种传输模式的某种叠加，但是由于在均匀传输线中通常只允许传输单一模式，而所有其他高次模都将被截止，从而在远离不均匀区的传输线远区(W_1、W_2)中就只剩单一工作模式的传输波，由此可把微波系统等效

为微波网络,其基本步骤是:

(1) 选定微波系统与外界相连接的参考面,它应是单模均匀传输的横截面(在远区);

(2) 把参考面以外的单模均匀微波传输线等效为平行双线传输线;

(3) 把参考面以内的不均匀区等效为微波网络,如图 5.1-1(b)所示。

值得一提的是,等效不等于全同,因为等效的微波网络只能给出各参考面以外的进、出微波之间的关系,并不能反映不均匀区域内部及其附近区域中电磁场的分布情况。因此这只是一种完全撇开不均匀区内部复杂情况后的外部等效。正因为如此,才能化繁为简,将一个复杂的"场"的问题归结为一个简单的"路"的问题,这是等效网络法的优点,同时也是它的缺点。

3. 微波网络的分类

微波网络的分类方法较多,通常有以下几种分类方法:

(1) 按照与网络连接的传输线数目,微波网络可分为单端口网络、双端口网络、三端口网络和四端口网络等。由于网络的一个端口有两根导线,因此,又可以分别称它们为二端网络、四端网络、六端网络和八端网络等。

(2) 按照网络的特性是否与所通过的电磁波的场强有关,微波网络可分成线性的和非线性的两大类。当微波系统内部的媒质是线性的,即媒质的介电常数、磁导率和电导率的值与所加的电磁场场强无关时,该网络的特性参量也与场强无关,这种具有线性媒质的微波系统所构成的网络称为线性微波网络;反之则称为非线性微波网络。

(3) 按照网络的特性是否可逆,微波网络可分为可逆的和不可逆的两大类。当微波系统内部的媒质是可逆的,即媒质的介电常数、磁导率和电导率的值与电磁波的传输方向无关时,该网络的特性即是可逆的。这种具有可逆媒质的微波系统所构成的网络称为可逆网络,亦称为互易网络。反之,则称为不可逆网络(或非互易网络),这时媒质的参量及网络的特性与电磁波的传输方向有关,如某些含铁氧体的微波网络就是不可逆网络。

(4) 按照微波网络内部是否具有功率损耗可将它们分成无耗与有耗的两大类。

(5) 按照微波网络是否具有对称性可将它们分成对称的与非对称的两大类。

以上各种网络的分类方法分别从不同的角度描述网络的特性,对于某一具体网络,它可以同时具有多重性质,如某网络是线性、可逆、无耗、对称的二端口网络。

5.2　微波传输线与平行双线传输线间的等效

1. 微波传输线中的等效电压和等效电流

在网络理论中,平行双线传输线中的基本参量是电压和电流,它们具有明确的物理意义,且可进行直接测量。但是在波导等微波传输线中,分布参数效应显著,基本参量是电场和磁场,传输线横截面上的电压和电流已无明确的物理意义,当然也不可能进行测量。因此,欲将微波传输线与平行双线传输线进行等效,必须在微波传输线中引入等效电压和等效电流(Equivalent Voltage and Current)的概念,即将微波传输线中的电场和磁场等效为电压和电流。

因为在微波传输线和平行双线中信号的传输都用传输功率表示,因此,可以根据微波传输线中的传输功率应与等效平行双线传输线中传输功率相等的原则来引入等效电压和等效电流。已知在微波传输线中,传输的复功率可用波印亭矢量对横截面的积分来

表示,即

$$P = \frac{1}{2}\int_S \boldsymbol{E} \times \boldsymbol{H}^* \cdot \mathrm{d}\boldsymbol{s} = \frac{1}{2}\int_S (\boldsymbol{E}_\mathrm{T} \times \boldsymbol{H}_\mathrm{T}^*) \cdot \mathrm{d}\boldsymbol{s} \tag{5.2-1}$$

式中,$\boldsymbol{E}_\mathrm{T}$、$\boldsymbol{H}_\mathrm{T}$ 分别为电场和磁场的横向分量,两者叉乘后的矢量方向与横截面法线方向一致,因此,微波传输线中的纵向传输功率仅与电、磁场的横向分量有关,而与电、磁场的纵向分量无关。

在平行双线传输线中,通过传输线的复功率为

$$P = \frac{1}{2}VI^* \tag{5.2-2}$$

由电磁场理论可知,电压和电流分别与电场和磁场成正比,又因为在(u,v,z)坐标系中,平行双线中的电压、电流是只随 z 变化的标量,而微波传输线中的电场、磁场是随(u,v,z)变化的矢量,因此,可将微波传输线在某横截面上的横向电场$\boldsymbol{E}_\mathrm{T}$、横向磁场$\boldsymbol{H}_\mathrm{T}$ 与同一横截面上的等效电压 $V(z)$、等效电流 $I(z)$ 之间建立如下的等效关系

$$\begin{cases} \boldsymbol{E}_\mathrm{T}(u,v,z) = \boldsymbol{e}(u,v) \cdot V(z) \\ \boldsymbol{H}_\mathrm{T}(u,v,z) = \boldsymbol{h}(u,v) \cdot I(z) \end{cases} \tag{5.2-3}$$

式中,$\boldsymbol{e}(u,v)$ 和 $\boldsymbol{h}(u,v)$ 是二维矢量实函数,它们表示工作模式的场在传输线横截面上的分布,分别称为电压波型函数和电流波型函数。

将式(5.2-3)代入式(5.2-1)得

$$P = \frac{1}{2}VI^* \int_S (\boldsymbol{e} \times \boldsymbol{h}^*) \cdot \mathrm{d}\boldsymbol{s}$$

为使上式能化为式(5.2-2)的形式,$\boldsymbol{e}(u,v)$ 和 $\boldsymbol{h}(u,v)$ 需满足以下条件

$$\int_S (\boldsymbol{e} \times \boldsymbol{h}^*) \cdot \mathrm{d}\boldsymbol{s} = 1 \tag{5.2-4}$$

即只要适当选择 $\boldsymbol{e}$ 和 $\boldsymbol{h}$ 使之满足式(5.2-4),则由式(5.2-3)定义的等效电压和等效电流就能满足功率关系。

但是,式(5.2-3)中有四个未知数:$\boldsymbol{e}(u,v)$、$\boldsymbol{h}(u,v)$、$V(z)$ 和 $I(z)$,所以,式(5.2-3)和式(5.2-4)共三个方程还不能唯一地确定 $V(z)$ 和 $I(z)$。为此,需再利用阻抗关系,即规定等效电压与等效电流之比等于它所在点微波传输线的等效阻抗,即

$$\frac{V}{I} = Z = Z_0 \frac{1+\Gamma}{1-\Gamma} \tag{5.2-5}$$

式中,Γ 是该点的电压反射系数,可以直接测量,Z_0 是微波传输线的特性阻抗,也是已知的。因此,由式(5.2-3)、式(5.2-4)和式(5.2-5)共四个方程可以将微波传输线中的电场、磁场唯一地等效成双线传输线中的等效电压和等效电流。

2. 阻抗、等效电压和等效电流的归一化

实际中,微波系统的许多特性是与阻抗和特性阻抗的比值有关的,为此,人们将这一比值定义为归一化阻抗(用 z 或 $\overline{Z}$ 表示),即

$$z = \overline{Z} = \frac{Z}{Z_0} = \frac{1+\Gamma}{1-\Gamma} \tag{5.2-6}$$

相应于归一化阻抗下的等效电压、等效电流称为归一化等效电压 v 和归一化等效电流 i,它

们与非归一化等效电压 V、等效电流 I 的关系应满足功率相等及归一化阻抗相等的关系,即

$$V I^* = v i^*$$

$$\frac{1}{Z_0} \frac{V}{I} = \frac{v}{i}$$

求解上式得

$$\begin{cases} v = \dfrac{V}{\sqrt{Z_0}} \\ i = I \sqrt{Z_0} \end{cases} \tag{5.2-7}$$

值得注意的是,归一化参量 v 和 i 已经不再具有电路中原来的电压和电流的意义,v、i 也不再具有电压和电流的量纲。引入归一化参量的概念是为了处理问题的方便,同时也可使问题的分析及元器件的设计具有普遍意义,增加设计的灵活性。

5.3　微波网络参量

网络的特性是用网络参量(Network Parameters)来描述的。任何复杂的微波元件都可以用一个网络来代替,并可用网络端口参考面上两个选定的变量及其相互关系来描述特性。对于 n 端口网络,则可用 n 个微分方程来描述其特性。如果网络是线性的,则这些方程就是线性方程,方程中的系数完全由网络本身确定,在网络理论中将这些系数称为网络参量。那么如何确定网络参量呢? 这个问题的严格理论计算还是要应用电磁场理论,但是更方便的是直接利用实验测量的方法来得到。此外,还可根据组成系统的基本单元的等效电路及它们之间的连接关系来进行计算,而利用网络的某些特性也可以确定某些网络参量的相互关系、数值及其大致范围。

为了研究微波网络,首先必须确定微波网络与其相连的等效平行双线传输线的分界面,即网络参考面,下面首先介绍网络参考面的选定方法。

5.3.1　网络参考面

网络参考面(Network Reference Plane)位置的选择应该遵循以下两个原则:

(1) 参考面必须是微波传输线的横截面,因为这样参考面上的电场、磁场为横向电场、磁场,分别与参考面上的等效电压、等效电流对应;

(2) 对于单模传输线,参考面通常应选择在高次模可忽略的远离不均匀性的远区。

除了上述限制外,参考面位置的选择是任意的,可根据解决问题的方便而定。但它一经选定,网络参量就确定了,亦即网络就确定了。由于微波传输线具有分布参数特性,因此,如果改变网络参考面,则网络的各参量也必定跟着一起改变,这时网络就变成另外一个网络了。图 5.3-1(a)所示为含有电容膜片的矩形波导,参考面 $T_1\text{-}T_2$ 和 $T_1'\text{-}T_2'$ 的选择均满足上述两个原则。若以 $T_1\text{-}T_2$ 为参考面则等效的网络为 N_1,若以 $T_1'\text{-}T_2'$ 为参考面则等效的网络为 N_2,分别如图 5.3-1(b)、图 5.3-1(c)所示。两种等效都是可以的,但 N_1 和 N_2 却是两个不同的网络。因此,对于某一实际结构等效的网络可以有无穷多个,但每一网络都是针对某特定参考面而言的。

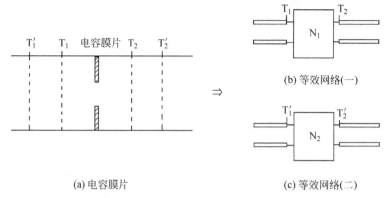

(a) 电容膜片　　　　　　　　　(c) 等效网络(二)

图 5.3-1　矩形波导中的电容膜片及等效网络

5.3.2　微波网络参量的定义

如前所述,微波网络参量是描述网络各端口间选定变量间关系的参量。若选定端口参考面上的变量为电压和电流,就得到 Z 参量、Y 参量和 A 参量;若选定端口参考面上的变量为入射波电压和反射波电压,就得到 s 参量和 t 参量。下面以二端口网络(Two-Port Network)为例逐一介绍。

1. 阻抗参量

对于图 5.3-2 所示的二端口网络,阻抗参量(Impedance Parameter)的定义如下:

$$Z_{11} = \frac{V_1}{I_1}\bigg|_{I_2=0} \qquad \text{表示 } T_2 \text{ 面开路时 } T_1 \text{ 面的输入阻抗;}$$

$$Z_{22} = \frac{V_2}{I_2}\bigg|_{I_1=0} \qquad \text{表示 } T_1 \text{ 面开路时 } T_2 \text{ 面的输入阻抗;}$$

$$Z_{12} = \frac{V_1}{I_2}\bigg|_{I_1=0} \qquad \text{表示 } T_1 \text{ 面开路时,端口(2)至端口(1)的转移阻抗;}$$

$$Z_{21} = \frac{V_2}{I_1}\bigg|_{I_2=0} \qquad \text{表示 } T_2 \text{ 面开路时,端口(1)至端口(2)的转移阻抗。}$$

电压、电流的意义见图 5.3-2 所示。

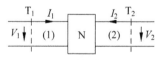

图 5.3-2　二端口网络电压、电流示意图

由 Z 参量可将两端口的电压和电流联系起来,其关系为

$$\begin{cases} V_1 = Z_{11}I_1 + Z_{12}I_2 \\ V_2 = Z_{21}I_1 + Z_{22}I_2 \end{cases} \tag{5.3-1}$$

或表示为矩阵形式,即

$$\begin{bmatrix} V_1 \\ V_2 \end{bmatrix} = \begin{bmatrix} Z_{11} & Z_{12} \\ Z_{21} & Z_{22} \end{bmatrix} \begin{bmatrix} I_1 \\ I_2 \end{bmatrix} \tag{5.3-2a}$$

也可简单表示为

$$[V] = [Z][I] \tag{5.3-2b}$$

在微波网络中,为了理论分析的普遍性,常把各端口的电压、电流对端口所接传输线的

特性阻抗归一化。若 T_1 和 T_2 面外接传输线的特性阻抗分别为 Z_{01}、Z_{02},则以 Z_{01} 作为参考阻抗对 V_1 和 I_1 归一化,以 Z_{02} 作为参考阻抗对 V_2 和 I_2 归一化,于是可将式(5.3-1)改写为

$$\frac{V_1}{\sqrt{Z_{01}}} = \frac{Z_{11}}{Z_{01}} I_1 \sqrt{Z_{01}} + \frac{Z_{12}}{\sqrt{Z_{01}Z_{02}}} I_2 \sqrt{Z_{02}}$$

$$\frac{V_2}{\sqrt{Z_{02}}} = \frac{Z_{21}}{\sqrt{Z_{01}Z_{02}}} I_1 \sqrt{Z_{01}} + \frac{Z_{22}}{Z_{02}} I_2 \sqrt{Z_{02}}$$

将上式写成归一化参量形式,得

$$\begin{cases} v_1 = z_{11} i_1 + z_{12} i_2 \\ v_2 = z_{21} i_1 + z_{22} i_2 \end{cases} \tag{5.3-3}$$

式中

$$v_1 = \frac{V_1}{\sqrt{Z_{01}}}, \quad i_1 = I_1 \sqrt{Z_{01}}, \quad v_2 = \frac{V_2}{\sqrt{Z_{02}}}, \quad i_2 = I_2 \sqrt{Z_{02}}$$

分别是端口(1)和端口(2)的归一化电压和归一化电流,而

$$z_{11} = \frac{Z_{11}}{Z_{01}}, \quad z_{12} = \frac{Z_{12}}{\sqrt{Z_{01}Z_{02}}}, \quad z_{21} = \frac{Z_{21}}{\sqrt{Z_{01}Z_{02}}}, \quad z_{22} = \frac{Z_{22}}{Z_{02}}$$

则称为归一化阻抗参量,它们都是无量纲的参数。

2. 导纳参量

对于图 5.3-2 所示的二端口网络,导纳参量(Admittance Parameter)的定义如下:

$Y_{11} = \dfrac{I_1}{V_1} \bigg|_{V_2=0}$　　表示 T_2 面短路时 T_1 面的输入导纳;

$Y_{22} = \dfrac{I_2}{V_2} \bigg|_{V_1=0}$　　表示 T_1 面短路时 T_2 面的输入导纳;

$Y_{12} = \dfrac{I_1}{V_2} \bigg|_{V_1=0}$　　表示 T_1 面短路时,端口(2)至端口(1)的转移导纳;

$Y_{21} = \dfrac{I_2}{V_1} \bigg|_{V_2=0}$　　表示 T_2 面短路时,端口(1)至端口(2)的转移导纳。

用 Y 参量表示的两端口间电压、电流关系为

$$\begin{cases} I_1 = Y_{11} V_1 + Y_{12} V_2 \\ I_2 = Y_{21} V_1 + Y_{22} V_2 \end{cases} \tag{5.3-4}$$

用矩阵表示为

$$\begin{bmatrix} I_1 \\ I_2 \end{bmatrix} = \begin{bmatrix} Y_{11} & Y_{12} \\ Y_{21} & Y_{22} \end{bmatrix} \begin{bmatrix} V_1 \\ V_2 \end{bmatrix} \tag{5.3-5a}$$

亦即

$$[I] = [Y][V] \tag{5.3-5b}$$

若 T_1 和 T_2 面外接传输线的特性导纳分别为 Y_{01} 和 Y_{02},则对式(5.3-4)中的电压、电流归一化便得

$$\begin{cases} i_1 = y_{11} v_1 + y_{12} v_2 \\ i_2 = y_{21} v_1 + y_{22} v_2 \end{cases} \tag{5.3-6}$$

式中

$$i_1 = \frac{I_1}{\sqrt{Y_{01}}}, \quad v_1 = V_1\sqrt{Y_{01}}, \quad i_2 = \frac{I_2}{\sqrt{Y_{02}}}, \quad v_2 = V_2\sqrt{Y_{02}}$$

分别是端口(1)和端口(2)的归一化电流与归一化电压,而

$$y_{11} = \frac{Y_{11}}{Y_{01}}, \quad y_{12} = \frac{Y_{12}}{\sqrt{Y_{01}Y_{02}}}, \quad y_{21} = \frac{Y_{21}}{\sqrt{Y_{01}Y_{02}}}, \quad y_{22} = \frac{Y_{22}}{Y_{02}}$$

则称为归一化导纳参量,它们都是无量纲的参数。

3. 转移参量

对于图 5.3-2 所示的二端口网络,转移参量(Transfer Parameter)定义为:

$$A_{11} = \frac{V_1}{V_2}\bigg|_{I_2=0} \qquad 表示端口(2)开路时端口(2)到端口(1)的电压转移系数;$$

$$A_{22} = \frac{I_1}{-I_2}\bigg|_{V_2=0} \qquad 表示端口(2)短路时端口(2)到端口(1)的电流转移系数;$$

$$A_{12} = \frac{V_1}{-I_2}\bigg|_{V_2=0} \qquad 表示端口(2)短路时端口(2)到端口(1)的转移阻抗;$$

$$A_{21} = \frac{I_1}{V_2}\bigg|_{I_2=0} \qquad 表示端口(2)开路时端口(2)到端口(1)的转移导纳。$$

用 A 参量表示的电压、电流关系为

$$\begin{cases} V_1 = A_{11}V_2 + A_{12}(-I_2) \\ I_1 = A_{21}V_2 + A_{22}(-I_2) \end{cases} \tag{5.3-7}$$

或

$$\begin{bmatrix} V_1 \\ I_1 \end{bmatrix} = \begin{bmatrix} A_{11} & A_{12} \\ A_{21} & A_{22} \end{bmatrix} \begin{bmatrix} V_2 \\ -I_2 \end{bmatrix} \tag{5.3-8}$$

式中,I_2 前的负号表示与图 5.3-2 中的电流正方向相反,即 $-I_2$ 表示从网络流出端口(2)的电流,这种定义法在网络级联中非常方便。

若用 Z_{01}、Z_{02} 对式(5.3-7)归一化则得

$$\begin{cases} v_1 = a_{11}v_2 + a_{12}(-i_2) \\ i_1 = a_{21}v_2 + a_{22}(-i_2) \end{cases} \tag{5.3-9}$$

式中

$$a_{11} = A_{11}\sqrt{\frac{Z_{02}}{Z_{01}}}, \quad a_{12} = \frac{A_{12}}{\sqrt{Z_{01}Z_{02}}}, \quad a_{21} = A_{21}\sqrt{Z_{01}Z_{02}}, \quad a_{22} = A_{22}\sqrt{\frac{Z_{01}}{Z_{02}}}$$

称为归一化转移参量,它们都是无量纲的参数。

在微波电路的分析和综合中,常用 A 参量来表示电路的各种性能指标。例如,若在图 5.3-3(a)所示的二端口网络的端口(2)接负载阻抗为

$$Z_L = \frac{V_2}{-I_2}$$

的负载,则端口(1)的输入阻抗可用 A 参量和负载阻抗表示为

$$Z_{\text{in1}} = \frac{V_1}{I_1} = \frac{A_{11}V_2 + A_{12}(-I_2)}{A_{21}V_2 + A_{22}(-I_2)} = \frac{A_{11}\left(\dfrac{V_2}{-I_2}\right) + A_{12}}{A_{21}\left(\dfrac{V_2}{-I_2}\right) + A_{22}} = \frac{A_{11}Z_L + A_{12}}{A_{21}Z_L + A_{22}} \tag{5.3-10}$$

同理,若在图 5.3-3(b)所示的二端口网络的端口(1)所接信号源内阻抗为 $Z_g = V_1/(-I_1)$,则端口(2)的输入阻抗为

$$Z_{\text{in2}} = \frac{V_2}{I_2} = \frac{A_{22}Z_g + A_{12}}{A_{21}Z_g + A_{11}} \tag{5.3-11}$$

以上两式在实际中非常有用。

(a) 端口(2)接负载   (b) 端口(1)接信号源

图 5.3-3 A 参量表示的二端口网络

4. 散射参量

前面介绍的参量 Z、Y 及 A 都是表示端口间电压、电流关系的参量。但是在微波网络中,通过测量各端口上的电压和电流从而测得这些参量是困难的。通常,在微波网络中,应用最广泛的是便于测量的散射参量(Scattering Parameter)。散射参量也有归一化和非归一化之分,通常所说的散射参量是指归一化散射参量,用 s_{ij} 表示,它给出的是各端口归一化入、反射波电压之间的关系;而非归一化散射参量则称为电压散射参量,用 S_{ij} 表示,它给出的是各端口非归一化的入、反射波电压之间的关系。

对于图 5.3-4 所示的二端口网络,假设进入网络的波为入射波,离开网络的波为反射波,且各端口的入射波电压用上标"+"号表示,反射波电压用上标"−"号表示,则归一化散射参量定义为

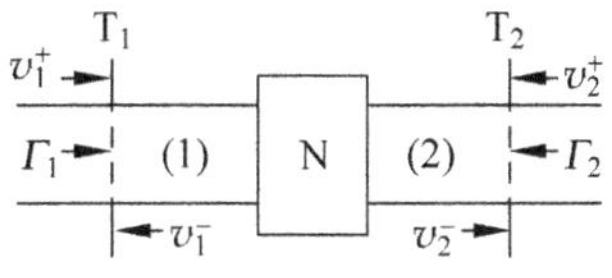

图 5.3-4   二端口网络归一化入、反射波示意图

$$s_{11} = \frac{v_1^-}{v_1^+}\Bigg|_{v_2^+ = 0} \qquad \text{端口(2)接匹配负载时,端口(1)的归一化电压反射系数;}$$

$$s_{22} = \frac{v_2^-}{v_2^+}\Bigg|_{v_1^+ = 0} \qquad \text{端口(1)接匹配负载时,端口(2)的归一化电压反射系数;}$$

$$s_{12} = \frac{v_1^-}{v_2^+}\Bigg|_{v_1^+ = 0} \qquad \text{端口(1)接匹配负载时,端口(2)到端口(1)的归一化电压传输系数;}$$

$$s_{21} = \frac{v_2^-}{v_1^+}\Bigg|_{v_2^+ = 0} \qquad \text{端口(2)接匹配负载时,端口(1)到端口(2)的归一化电压传输系数。}$$

可见,归一化散射参量都是无量纲的参数。用散射参量表示的归一化入、反射波电压 v^+、v^- 的关系为

$$\begin{cases} v_1^- = s_{11}v_1^+ + s_{12}v_2^+ & \text{(5.3-12a)} \\ v_2^- = s_{21}v_1^+ + s_{22}v_2^+ & \text{(5.3-12b)} \end{cases}$$

写成矩阵形式为

$$\begin{bmatrix} v_1^- \\ v_2^- \end{bmatrix} = \begin{bmatrix} s_{11} & s_{12} \\ s_{21} & s_{22} \end{bmatrix} \begin{bmatrix} v_1^+ \\ v_2^+ \end{bmatrix} \tag{5.3-13a}$$

或简写成

$$[v^-] = [s][v^+] \tag{5.3-13b}$$

当要描述各端口非归一化入、反射波电压 V^+、V^- 之间的关系时,需用电压散射参量 S,其关系为

$$\begin{cases} V_1^- = S_{11}V_1^+ + S_{12}V_2^+ \\ V_2^- = S_{21}V_1^+ + S_{22}V_2^+ \end{cases} \tag{5.3-14}$$

或

$$\begin{bmatrix} V_1^- \\ V_2^- \end{bmatrix} = \begin{bmatrix} S_{11} & S_{12} \\ S_{21} & S_{22} \end{bmatrix} \begin{bmatrix} V_1^+ \\ V_2^+ \end{bmatrix} \tag{5.3-15}$$

S_{ij} 与 s_{ij} 之间的关系可由定义式(5.3-12)和式(5.3-14)推出,结果为

$$S_{11} = s_{11}, \quad S_{12} = \sqrt{\frac{Z_{01}}{Z_{02}}}\, s_{12}, \quad S_{21} = \sqrt{\frac{Z_{02}}{Z_{01}}}\, s_{21}, \quad S_{22} = s_{22} \tag{5.3-16}$$

在微波网络分析中,当各端口所接传输线的特性阻抗相同时,采用散射参量较为方便;而当各端口所接传输线的特性阻抗不同时,则采用电压散射参量较为方便。实际中最常用的是散射参量,它描述的是归一化入、反射波电压之间的关系,故下面对此做进一步的讨论。

因为传输线的特性阻抗定义为

$$Z_0 = \frac{V^+}{I^+} = -\frac{V^-}{I^-}$$

于是由归一化电压与电流的定义可知

$$v_i^+ = \frac{V_i^+}{\sqrt{Z_{0i}}}$$

$$v_i^- = \frac{V_i^-}{\sqrt{Z_{0i}}}$$

$$i_i^+ = I_i^+ \sqrt{Z_{0i}} = \frac{V_i^+}{Z_{0i}} \sqrt{Z_{0i}} = \frac{V_i^+}{\sqrt{Z_{0i}}}$$

$$i_i^- = I_i^- \sqrt{Z_{0i}} = -\frac{V_i^-}{Z_{0i}} \sqrt{Z_{0i}} = -\frac{V_i^-}{\sqrt{Z_{0i}}}$$

式中,$i = 1, 2$ 分别对应端口(1)和端口(2)的量。

由上式可见,对入射波来说,归一化电压与归一化电流相等;对反射波来说,归一化电压与归一化电流大小相等、符号相反,即

$$\begin{cases} v_i^+ = i_i^+ \\ v_i^- = -i_i^- \end{cases} \tag{5.3-17}$$

这是因为归一化电压、电流已不再具有电压和电流的量纲了,因此二者是可以相等的。

由式(5.3-17)可知,用归一化入、反射波电压就可以完全确定端口的电压和电流,它们之间的关系为

$$\begin{cases} v_i = v_i^+ + v_i^- \\ i_i = i_i^+ + i_i^- = v_i^+ - v_i^- \end{cases} \tag{5.3-18}$$

另外,由散射参量的定义可知,散射参量是在端口接匹配负载的条件下定义的,这一点很重要。例如,对于图 5.3-4 所示的二端口网络,当端口(2)所接负载阻抗 $Z_L \neq Z_{02}$ 时(如图 5.3-5 所示),端口(1)的归一化电压反射系数 Γ_1 就不再等于 s_{11} 了。

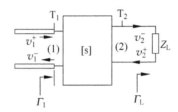

图 5.3-5 接不匹配负载的二端口网络

由图 5.3-5 可知,端口(2)的负载归一化电压反射系数可表示为 $\Gamma_L = \dfrac{v_2^+}{v_2^-}$,代入式(5.3-12b)可得

$$\frac{v_2^-}{v_2^+} = \frac{1}{\Gamma_L} = s_{21} \frac{v_1^+}{v_2^+} + s_{22}$$

于是得

$$\frac{v_1^+}{v_2^+} = \frac{1}{s_{21}} \left(\frac{1}{\Gamma_L} - s_{22} \right) = \frac{1 - s_{22} \Gamma_L}{s_{21} \Gamma_L}$$

将上式代入式(5.3-12a)得

$$\Gamma_1 = \frac{v_1^-}{v_1^+} = s_{11} + s_{12} \frac{v_2^+}{v_1^+} = s_{11} + \frac{s_{12} s_{21} \Gamma_L}{1 - s_{22} \Gamma_L} \tag{5.3-19}$$

显然,只有当 $Z_L = Z_{02}$,即 $\Gamma_L = 0$ 时,Γ_1 才等于 s_{11}。

当 $Z_L \neq Z_{02}$ 时,由端口(1)到端口(2)的归一化电压传输系数 T 也不等于 s_{21},同理可得以下计算公式

$$T = \frac{v_2^-}{v_1^+} = s_{21} + \frac{s_{22} s_{21} \Gamma_L}{1 - s_{22} \Gamma_L} = \frac{s_{21}}{1 - s_{22} \Gamma_L} \tag{5.3-20}$$

显然,只有当 $Z_L = Z_{02}$,即 $\Gamma_L = 0$ 时,T 才等于 s_{21}。式(5.3-19)和式(5.3-20)在实际中非常有用。

值得注意的是,"端口接匹配负载"和"端口匹配"是两个不同的概念。例如,在图 5.3-5 中,"端口(2)接匹配负载"意味着 $v_2^+ = 0$,而"端口(2)匹配"则意味着 $v_2^- = 0$。"端口匹配"

又分两种：①"网络的端口(i)匹配"指的是其他各端口均接匹配负载时,该端口的反射系数为0,即 $s_{ii}=0$；②"N 端口网络完全匹配"是指所有端口都达到匹配,即 $s_{jj}=0(j=1,2,\cdots,N)$。

5. 传输参量

传输参量(Transmission Parameter)t_{ij} 也表示各端口归一化入、反射波电压之间的关系,其关系为

$$\begin{cases} v_1^+ = t_{11}v_2^- + t_{12}v_2^+ \\ v_1^- = t_{21}v_2^- + t_{22}v_2^+ \end{cases} \tag{5.3-21}$$

写成矩阵形式为

$$\begin{bmatrix} v_1^+ \\ v_1^- \end{bmatrix} = \begin{bmatrix} t_{11} & t_{12} \\ t_{21} & t_{22} \end{bmatrix} \begin{bmatrix} v_2^- \\ v_2^+ \end{bmatrix} \tag{5.3-22}$$

t_{ij} 参量中,除 t_{11} 表示端口(2)接匹配负载时端口(1)到端口(2)的归一化电压传输系数的倒数外,其余各参量并无明显的物理意义,所以,t 参量不容易计算或测量,可以通过网络参量间的关系,由其他网络参量转换得到。与 A 参量相似,t 参量对级联网络也十分有用,下一节将有所介绍。

以上所述都是针对二端口网络而言的,对于多端口网络也有类似的定义。例如,对于四端口网络来说,若用 s 参量表示,则有

$$\begin{cases} v_1^- = s_{11}v_1^+ + s_{12}v_2^+ + s_{13}v_3^+ + s_{14}v_4^+ \\ v_2^- = s_{21}v_1^+ + s_{22}v_2^+ + s_{23}v_3^+ + s_{24}v_4^+ \\ v_3^- = s_{31}v_1^+ + s_{32}v_2^+ + s_{33}v_3^+ + s_{34}v_4^+ \\ v_4^- = s_{41}v_1^+ + s_{42}v_2^+ + s_{43}v_3^+ + s_{44}v_4^+ \end{cases} \tag{5.3-23}$$

或用矩阵表示为

$$\begin{bmatrix} v_1^- \\ v_2^- \\ v_3^- \\ v_4^- \end{bmatrix} = \begin{bmatrix} s_{11} & s_{12} & s_{13} & s_{14} \\ s_{21} & s_{22} & s_{23} & s_{24} \\ s_{31} & s_{32} & s_{33} & s_{34} \\ s_{41} & s_{42} & s_{43} & s_{44} \end{bmatrix} \begin{bmatrix} v_1^+ \\ v_2^+ \\ v_3^+ \\ v_4^+ \end{bmatrix} \tag{5.3-24}$$

由式(5.3-23)可知,s_{ij} 的第一个下标 i 对应输出端口,第二个下标 j 对应输入端口。例如,s_{21} 表示只有端口(1)输入,且 $v_1^+=1$ 时,端口(2)的输出。

同理可得其他多端口网络参量。

5.3.3 网络参量间的相互关系

上述五种网络参量可用来表征同一个微波网络,因此它们之间必定能够相互转换。Z、Y、A 三个参量均是表示网络各端口间电压、电流关系的参量,所以根据定义式适当调整即可得各参量之间的转换关系。同样,s、t 两个参量均是表示网络端口间归一化入、反射波电压关系的参量,故二者的转换关系也很容易得出。而 Z、Y、A 参量与 s、t 参量间的转换则需要用到式(5.3-18)。网络各参量之间的转换关系如表 5.3-1 所示。在表 5.3-1 中,

表 5.3-1 二端口网络各种参量换算表

	以[z]表示	以[y]表示	以[a]表示	以[s]表示	以[t]表示
[z]	z_{11} z_{12} z_{21} z_{22}	$z_{11}=\dfrac{y_{22}}{\lvert y\rvert}$ $z_{12}=-\dfrac{y_{12}}{\lvert y\rvert}$ $z_{21}=-\dfrac{y_{21}}{\lvert y\rvert}$ $z_{22}=\dfrac{y_{11}}{\lvert y\rvert}$	$z_{11}=\dfrac{a_{11}}{a_{21}}$ $z_{12}=\dfrac{\lvert a\rvert}{a_{21}}$ $z_{21}=\dfrac{1}{a_{21}}$ $z_{22}=\dfrac{a_{22}}{a_{21}}$	$z_{11}=\dfrac{1+s_{11}-s_{22}-\lvert s\rvert}{1-s_{11}-s_{22}+\lvert s\rvert}$ $z_{12}=\dfrac{2s_{12}}{1-s_{11}-s_{22}+\lvert s\rvert}$ $z_{21}=\dfrac{2s_{21}}{1-s_{11}-s_{22}+\lvert s\rvert}$ $z_{22}=\dfrac{1-s_{11}+s_{22}-\lvert s\rvert}{1-s_{11}-s_{22}+\lvert s\rvert}$	$z_{11}=\dfrac{t_{21}+t_{22}+t_{11}+t_{12}}{t_{21}+t_{22}-t_{11}-t_{12}}$ $z_{12}=\dfrac{-2\lvert t\rvert}{t_{21}+t_{22}-t_{11}-t_{12}}$ $z_{21}=\dfrac{-2}{t_{21}+t_{22}-t_{11}-t_{12}}$ $z_{22}=\dfrac{t_{21}-t_{22}+t_{11}-t_{12}}{t_{21}+t_{22}-t_{11}-t_{12}}$
[y]	$y_{11}=\dfrac{z_{22}}{\lvert z\rvert}$ $y_{12}=-\dfrac{z_{12}}{\lvert z\rvert}$ $y_{21}=-\dfrac{z_{21}}{\lvert z\rvert}$ $y_{22}=\dfrac{z_{11}}{\lvert z\rvert}$	y_{11} y_{12} y_{21} y_{22}	$y_{11}=\dfrac{a_{22}}{a_{12}}$ $y_{12}=-\dfrac{\lvert a\rvert}{a_{12}}$ $y_{21}=-\dfrac{1}{a_{12}}$ $y_{22}=\dfrac{a_{11}}{a_{12}}$	$y_{11}=\dfrac{1-s_{11}+s_{22}-\lvert s\rvert}{1+s_{11}+s_{22}+\lvert s\rvert}$ $y_{12}=\dfrac{-2s_{12}}{1+s_{11}+s_{22}+\lvert s\rvert}$ $y_{21}=\dfrac{-2s_{21}}{1+s_{11}+s_{22}+\lvert s\rvert}$ $y_{22}=\dfrac{1+s_{11}-s_{22}-\lvert s\rvert}{1+s_{11}+s_{22}+\lvert s\rvert}$	$y_{11}=\dfrac{t_{11}-t_{12}-t_{21}+t_{22}}{t_{21}-t_{22}+t_{11}-t_{12}}$ $y_{12}=\dfrac{-2\lvert t\rvert}{t_{21}-t_{22}+t_{11}-t_{12}}$ $y_{21}=\dfrac{-2}{t_{21}-t_{22}+t_{11}-t_{12}}$ $y_{22}=\dfrac{t_{11}+t_{12}+t_{21}+t_{22}}{t_{21}-t_{22}+t_{11}-t_{12}}$
[a]	$a_{11}=\dfrac{z_{11}}{z_{21}}$ $a_{12}=\dfrac{\lvert z\rvert}{z_{21}}$ $a_{21}=\dfrac{1}{z_{21}}$ $a_{22}=\dfrac{z_{22}}{z_{21}}$	$a_{11}=-\dfrac{y_{22}}{y_{21}}$ $a_{12}=-\dfrac{1}{y_{21}}$ $a_{21}=-\dfrac{\lvert y\rvert}{y_{21}}$ $a_{22}=-\dfrac{y_{11}}{y_{21}}$	a_{11} a_{12} a_{21} a_{22}	$a_{11}=\dfrac{1}{2s_{21}}(1+s_{11}-s_{22}-\lvert s\rvert)$ $a_{12}=\dfrac{1}{2s_{21}}(1+s_{11}+s_{22}+\lvert s\rvert)$ $a_{21}=\dfrac{1}{2s_{21}}(1-s_{11}-s_{22}+\lvert s\rvert)$ $a_{22}=\dfrac{1}{2s_{21}}(1-s_{11}+s_{22}-\lvert s\rvert)$	$a_{11}=\dfrac{1}{2}(t_{11}+t_{12}+t_{21}+t_{22})$ $a_{12}=\dfrac{1}{2}(t_{11}-t_{12}+t_{21}-t_{22})$ $a_{21}=\dfrac{1}{2}(t_{11}+t_{12}-t_{21}-t_{22})$ $a_{22}=\dfrac{1}{2}(t_{11}-t_{12}-t_{21}+t_{22})$

续表

	以[z]表示	以[y]表示	以[a]表示	以[s]表示	以[t]表示
[s]	$s_{11}=\dfrac{\lvert z\rvert-1+z_{11}-z_{22}}{\lvert z\rvert+1+z_{11}+z_{22}}$	$s_{11}=\dfrac{1-\lvert y\rvert-y_{11}+y_{22}}{\lvert y\rvert+1+y_{11}+y_{22}}$	$s_{11}=\dfrac{a_{11}+a_{12}-a_{21}-a_{22}}{a_{11}+a_{12}+a_{21}+a_{22}}$	s_{11}	$s_{11}=\dfrac{t_{21}}{t_{11}}$
	$s_{12}=\dfrac{2z_{12}}{\lvert z\rvert+1+z_{11}+z_{22}}$	$s_{12}=\dfrac{-2y_{12}}{\lvert y\rvert+1+y_{11}+y_{22}}$	$s_{12}=\dfrac{2\lvert a\rvert}{a_{11}+a_{12}+a_{21}+a_{22}}$	s_{12}	$s_{12}=t_{22}-t_{21}\dfrac{t_{12}}{t_{11}}$
	$s_{21}=\dfrac{2z_{21}}{\lvert z\rvert+1+z_{11}+z_{22}}$	$s_{21}=\dfrac{-2y_{21}}{\lvert y\rvert+1+y_{11}+y_{22}}$	$s_{21}=\dfrac{2}{a_{11}+a_{12}+a_{21}+a_{22}}$	s_{21}	$s_{21}=\dfrac{1}{t_{11}}$
	$s_{22}=\dfrac{\lvert z\rvert-1-z_{11}+z_{22}}{\lvert z\rvert+1+z_{11}+z_{22}}$	$s_{22}=\dfrac{1-\lvert y\rvert+y_{11}-y_{22}}{\lvert y\rvert+1+y_{11}+y_{22}}$	$s_{22}=\dfrac{-a_{11}+a_{12}-a_{21}+a_{22}}{a_{11}+a_{12}+a_{21}+a_{22}}$	s_{22}	$s_{22}=-\dfrac{t_{12}}{t_{11}}$
[t]	$t_{11}=\dfrac{1}{2z_{21}}(\lvert z\rvert+1+z_{11}+z_{22})$	$t_{11}=-\dfrac{1}{2y_{21}}(\lvert y\rvert+1+y_{11}+y_{22})$	$t_{11}=\dfrac{1}{2}(a_{11}+a_{12}+a_{21}+a_{22})$	$t_{11}=\dfrac{1}{s_{21}}$	t_{11}
	$t_{12}=\dfrac{1}{2z_{21}}(\lvert z\rvert-1+z_{11}-z_{22})$	$t_{12}=\dfrac{1}{2y_{21}}(1-\lvert y\rvert+y_{11}-y_{22})$	$t_{12}=\dfrac{1}{2}(a_{11}-a_{12}+a_{21}-a_{22})$	$t_{12}=-\dfrac{s_{22}}{s_{21}}$	t_{12}
	$t_{21}=\dfrac{1}{2z_{21}}(\lvert z\rvert-1-z_{11}+z_{22})$	$t_{21}=\dfrac{1}{2y_{21}}(\lvert y\rvert-1+y_{11}-y_{22})$	$t_{21}=\dfrac{1}{2}(a_{11}+a_{12}-a_{21}-a_{22})$	$t_{21}=\dfrac{s_{11}}{s_{21}}$	t_{21}
	$t_{22}=\dfrac{1}{2z_{21}}(-\lvert z\rvert-1+z_{11}+z_{22})$	$t_{22}=\dfrac{1}{2y_{21}}(\lvert y\rvert+1-y_{11}-y_{22})$	$t_{22}=\dfrac{1}{2}(a_{11}-a_{12}-a_{21}+a_{22})$	$t_{22}=s_{12}-s_{11}\dfrac{s_{22}}{s_{21}}$	t_{22}

$|z|,|y|,|a|,|s|,|t|$ 表示各个矩阵的行列式,例如,$|z| = \begin{vmatrix} z_{11} & z_{12} \\ z_{21} & z_{22} \end{vmatrix} = z_{11}z_{22} - z_{12}z_{21}$。

在微波网络的综合与分析中,常常要用到网络参量之间的转换关系,需要时可查此表。

5.3.4　网络参量的性质

般情况下,二端口网络的独立参量数目是四个。但当网络具有某种特性(如对称性或可逆性等)时,网络的独立参量数将减少。

1. 可逆网络

可逆网络(Reciprocal Network)的可逆性用网络参量表示为

$$z_{12} = z_{21} \tag{5.3-25a}$$

$$y_{12} = y_{21} \tag{5.3-25b}$$

$$a_{11}a_{22} - a_{12}a_{21} = 1 \tag{5.3-25c}$$

$$s_{12} = s_{21} \tag{5.3-25d}$$

$$t_{11}t_{22} - t_{12}t_{21} = 1 \tag{5.3-25e}$$

可见,由于可逆二端口网络的可逆性,网络的独立参量数将由四个减少至三个。

2. 对称网络

对称网络(Symmetrical Network)的网络参量有如下关系

$$z_{11} = z_{22} \tag{5.3-26a}$$

$$y_{11} = y_{22} \tag{5.3-26b}$$

$$a_{11} = a_{22} \tag{5.3-26c}$$

$$s_{11} = s_{22} \tag{5.3-26d}$$

$$t_{12} = -t_{21} \tag{5.3-26e}$$

3. 无耗网络

对于无耗网络(Lossless Network),其 $[Z]$ 和 $[Y]$ 中各参量均为虚数；$[A]$ 中的 A_{11} 和 A_{22} 为实数,A_{12} 和 A_{21} 为虚数；$[s]$ 则满足幺正性,即

$$[s]^+[s] = [1] \tag{5.3-27}$$

式中,$[s]^+$ 表示艾米特(Hermite)矩阵,$[s]^+ = [s]^{*\text{T}}$,其中,"$*$"表示共轭,"T"表示转置,$[1]$ 表示单位矩阵(Unit Matrix)。

将式(5.3-27)展开得

$$\begin{bmatrix} s_{11}^* & s_{21}^* \\ s_{12}^* & s_{22}^* \end{bmatrix} \begin{bmatrix} s_{11} & s_{12} \\ s_{21} & s_{22} \end{bmatrix} = \begin{bmatrix} |s_{11}|^2 + |s_{21}|^2 & s_{11}^*s_{12} + s_{21}^*s_{22} \\ s_{12}^*s_{11} + s_{22}^*s_{21} & |s_{12}|^2 + |s_{22}|^2 \end{bmatrix} = \begin{bmatrix} 1 & 0 \\ 0 & 1 \end{bmatrix}$$

于是可得

$$|s_{11}|^2 + |s_{21}|^2 = 1 \tag{5.3-28a}$$

$$s_{11}^*s_{12} + s_{21}^*s_{22} = 0 \tag{5.3-28b}$$

$$s_{12}^*s_{11} + s_{22}^*s_{21} = 0 \tag{5.3-28c}$$

$$|s_{12}|^2 + |s_{22}|^2 = 1 \tag{5.3-28d}$$

而对 t 参量则有

$$\begin{cases} t_{11} = t_{22}^* \\ t_{12} = t_{21}^* \end{cases}$$

(5.3-28e)

5.3.5　常用基本电路单元的网络参量

一个复杂的微波网络往往可以分解成一些简单的网络,称为基本电路(Basic Circuit)单元。若基本电路单元的网络参量已知,则复杂网络的参量便可通过矩阵运算来得到。经常遇到的二端口基本电路单元有:串联阻抗、并联导纳、一段传输线和理想变压器等。下面举例说明基本电路单元网络参量的计算方法。

【例 5.3-1】　试求图 5.3-6 所示归一化串联阻抗 z 的归一化转移参量矩阵 $[a]$。

解:归一化串联阻抗电路单元如图 5.3-6 所示。由归一化转移参量的定义得

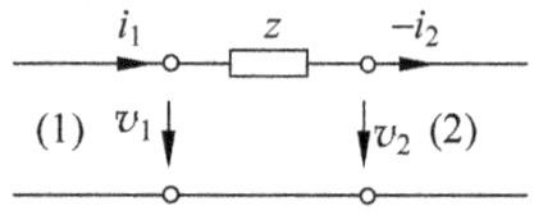

图 5.3-6　串联阻抗示意图

$$a_{11} = \frac{v_1}{v_2}\Big|_{i_2=0} = 1$$

$$a_{12} = -\frac{v_1}{i_2}\Big|_{v_2=0} = z$$

由网络的对称性可知

$$a_{22} = a_{11} = 1$$

由网络的可逆性可知

$$a_{11}a_{22} - a_{12}a_{21} = 1$$

由此可求得

$$a_{21} = \frac{a_{11}a_{22} - 1}{a_{12}} = 0$$

因此可求得其归一化转移参量矩阵为

$$[a] = \begin{bmatrix} 1 & z \\ 0 & 1 \end{bmatrix}$$

【例 5.3-2】　求理想变压器的散射矩阵 $[s]$。

解:对于图 5.3-7 所示的理想变压器,由散射参量的定义及理想变压器的性质得

$$s_{11} = \frac{v_1^-}{v_1^+}\Big|_{v_2^+=0} = \Gamma_1\Big|_{v_2^+=0} = \frac{z_{i1}-1}{z_{i1}+1}\Big|_{v_2^+=0} = \frac{\dfrac{1}{n^2}-1}{\dfrac{1}{n^2}+1} = \frac{1-n^2}{1+n^2}$$

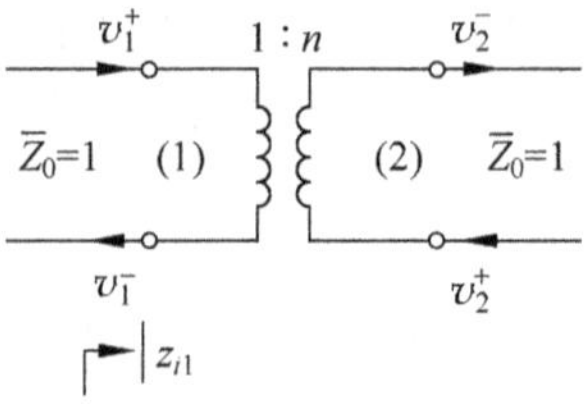

图 5.3-7　理想变压器示意图

因为

$$v_1 = v_1^+ + v_1^-, \quad v_2 = v_2^+ + v_2^-$$

所以,当端口(2)接匹配负载,即 $v_2^+=0$ 时,有

$$v_1 = v_1^+ + s_{11}v_1^+ = (1+s_{11})v_1^+, \quad v_2 = v_2^-$$

于是得

$$v_1^+ = \frac{v_1}{1+s_{11}}, \quad v_2 = v_2^-$$

因此

$$s_{21} = \frac{v_2^-}{v_1^+}\bigg|_{v_2^+=0} = \frac{v_2}{\dfrac{v_1}{1+s_{11}}} = (1+s_{11})\,n = \left(1 + \frac{1-n^2}{1+n^2}\right)n = \frac{2n}{1+n^2}$$

采用与 s_{11} 相似的求解方法可得

$$s_{22} = \Gamma_2\big|_{v_1^+=0} = \frac{n^2-1}{n^2+1}$$

采用与 s_{21} 相似的求解方法可得

$$s_{12} = \frac{2n}{1+n^2}$$

或由网络的可逆性求解,即

$$s_{12} = s_{21} = \frac{2n}{1+n^2}$$

于是,变比为 $1:n$ 的理想变压器的散射参量矩阵为

$$[s] = \begin{bmatrix} \dfrac{1-n^2}{1+n^2} & \dfrac{2n}{1+n^2} \\[2mm] \dfrac{2n}{1+n^2} & \dfrac{n^2-1}{1+n^2} \end{bmatrix}$$

值得一提的是,在求解 s_{21} 时运用了 s_{11} 的结果,因为二者条件相同,即均需要端口(2)接匹配负载。若由 s_{11} 直接求 s_{12} 就行不通了。因为 s_{12} 与 s_{22} 条件相同,均需端口(1)接匹配负载,故欲求 s_{12} 需先求 s_{22}。由此可见,在 s 参数的求解过程中要注意求解顺序。

类似可得其他电路单元的网络参量,如表 5.3-2 所示。

网络参量还可以通过测量的方法得到。下面介绍互易二端口网络 s 参量的测量方法[8]。

对于互易网络,$s_{12}=s_{21}$,故只有三个独立的 s 参量。由式(5.3-19)可知,如在网络的输出端依次接入已知的三种负载,分别测出输入端口的三个反射系数,就可求出全部 s 参量。

测量系统示意图如图 5.3-8 所示。在待测网络的输出端分别接入匹配负载($\Gamma_L=0$)、短路负载(用短路活塞实现,$\Gamma_L=-1$)和开路负载(用短路活塞和一段 $\lambda_g/4$ 线实现,$\Gamma_L=1$),并在输入端分别测出对应的反射系数 Γ_{in}、Γ_s 和 Γ_o。将此三组数据代入式(5.3-19)可求得

$$\begin{cases} s_{11} = \Gamma_{in} \\[2mm] s_{22} = \dfrac{\Gamma_o + \Gamma_s - 2\Gamma_{in}}{\Gamma_o - \Gamma_s} \\[3mm] s_{12} = \dfrac{2(\Gamma_o - \Gamma_{in})(\Gamma_{in} - \Gamma_s)}{\Gamma_o - \Gamma_s} \end{cases} \tag{5.3-29}$$

上述测量方法在微波测量中称为三点法。该法简单方便,但误差较大。

表 5.3-2 基本电路单元的网络参量

	串联阻抗 Z	并联导纳 Y	接头	传输线 βl, Z₀	变压器 1:n
电路	$T_1 \mid Z \mid T_2$, Z_{01}, Z_{02}	T_1, Y, T_2, Z_{01}, Z_{02}	T_1, T_2, Z_{01}, Z_{02}	$T_1 \leftarrow \beta l \rightarrow T_2$, Z_0, Z_{01}, Z_{02}	T_1 1:n T_2, Z_{01}, Z_{02}
$[A]$	$\begin{bmatrix} 1 & Z \\ 0 & 1 \end{bmatrix}$	$\begin{bmatrix} 1 & 0 \\ Y & 1 \end{bmatrix}$	$\begin{bmatrix} 1 & 0 \\ 0 & 1 \end{bmatrix}$	$\begin{bmatrix} \cos\beta l & \mathrm{j}Z_0\sin\beta l \\ \dfrac{\mathrm{j}\sin\beta l}{Z_0} & \cos\beta l \end{bmatrix}$	$\begin{bmatrix} \dfrac{1}{n} & 0 \\ 0 & n \end{bmatrix}$
$[a]$	$\begin{bmatrix} \sqrt{\dfrac{Z_{02}}{Z_{01}}} & \dfrac{Z}{\sqrt{Z_{01}Z_{02}}} \\ 0 & \sqrt{\dfrac{Z_{01}}{Z_{02}}} \end{bmatrix}$	$\begin{bmatrix} \sqrt{\dfrac{Z_{02}}{Z_{01}}} & 0 \\ Y\sqrt{Z_{01}Z_{02}} & \sqrt{\dfrac{Z_{01}}{Z_{02}}} \end{bmatrix}$	$\begin{bmatrix} \sqrt{\dfrac{Z_{02}}{Z_{01}}} & 0 \\ 0 & \sqrt{\dfrac{Z_{01}}{Z_{02}}} \end{bmatrix}$	$\begin{bmatrix} \sqrt{\dfrac{Z_{02}}{Z_{01}}}\cos\beta l & \mathrm{j}\dfrac{Z_0\sin\beta l}{\sqrt{Z_{01}Z_{02}}} \\ \mathrm{j}\dfrac{\sqrt{Z_{01}Z_{02}}\sin\beta l}{Z_0} & \sqrt{\dfrac{Z_{01}}{Z_{02}}}\cos\beta l \end{bmatrix}$	$\begin{bmatrix} \dfrac{1}{n}\sqrt{\dfrac{Z_{02}}{Z_{01}}} & 0 \\ 0 & n\sqrt{\dfrac{Z_{01}}{Z_{02}}} \end{bmatrix}$
$[s]$ ($Z_{01}=Z_{02}=Z_0$)	$\begin{bmatrix} \dfrac{z}{2+z} & \dfrac{2}{2+z} \\ \dfrac{2}{2+z} & \dfrac{z}{2+z} \end{bmatrix}$ $\left(z=\dfrac{Z}{Z_0}\right)$	$\begin{bmatrix} \dfrac{-y}{2+y} & \dfrac{2}{2+y} \\ \dfrac{2}{2+y} & \dfrac{-y}{2+y} \end{bmatrix}$ $\left(y=\dfrac{Y}{Y_0}=YZ_0\right)$	$\begin{bmatrix} 0 & 1 \\ 1 & 0 \end{bmatrix}$	$\begin{bmatrix} 0 & \mathrm{e}^{-\mathrm{j}\beta l} \\ \mathrm{e}^{-\mathrm{j}\beta l} & 0 \end{bmatrix}$	$\begin{bmatrix} \dfrac{1-n^2}{1+n^2} & \dfrac{2n}{1+n^2} \\ \dfrac{2n}{1+n^2} & \dfrac{n^2-1}{1+n^2} \end{bmatrix}$

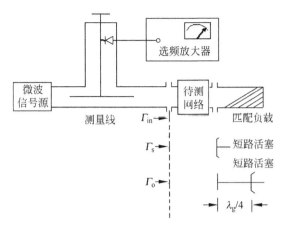

图 5.3-8 s 参数三点测量法测量系统示意图

5.3.6 参考面移动时网络参量的变化

以上所述的各种网络参量都是对选定的参考面而言的。当参考面移动以后,网络参量将发生变化,可以说此时它已变成另外一个网络了。如果以总电压、总电流作为端口的状态变量,则当参考面移动时,它们将发生复杂的变化,从而使网络的 Z、Y、A 参量也将发生复杂的变化;而如果以归一化入、反射波电压作为状态变量,则当参考面移动时仅仅是归一化入、反射波电压的相角发生变化,其大小并不变,网络的 s、t 参量只发生简单的变化,因此,此时采用 s 参量和 t 参量分析较方便。

如果网络原来的参考面为 T_1、T_2(如图 5.3-9 所示),对应此参考面的散射参量为 $[s]$,即

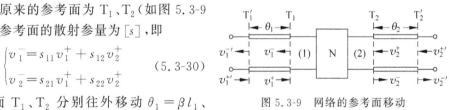

图 5.3-9 网络的参考面移动

$$\begin{cases} v_1^- = s_{11}v_1^+ + s_{12}v_2^+ \\ v_2^- = s_{21}v_1^+ + s_{22}v_2^+ \end{cases} \quad (5.3\text{-}30)$$

当参考面 T_1、T_2 分别往外移动 $\theta_1 = \beta l_1$、$\theta_2 = \beta l_2$ 的电长度以后,对应新的参考面 T_1'、T_2',散射参量为 $[s']$,即

$$\begin{cases} v_1^{-\prime} = s_{11}'v_1^{+\prime} + s_{12}'v_2^{+\prime} \\ v_2^{-\prime} = s_{21}'v_1^{+\prime} + s_{22}'v_2^{+\prime} \end{cases} \quad (5.3\text{-}31)$$

由于入、反射波均为行波,因此有

$$v_1^{-\prime} = v_1^- \, \mathrm{e}^{-\mathrm{j}\theta_1} \qquad v_2^{-\prime} = v_2^- \, \mathrm{e}^{-\mathrm{j}\theta_2}$$

$$v_1^{+\prime} = v_1^+ \, \mathrm{e}^{\mathrm{j}\theta_1} \qquad v_2^{+\prime} = v_2^+ \, \mathrm{e}^{\mathrm{j}\theta_2}$$

将以上各式代入式(5.3-31),得

$$\begin{cases} v_1^- \, \mathrm{e}^{-\mathrm{j}\theta_1} = s_{11}'v_1^+ \, \mathrm{e}^{\mathrm{j}\theta_1} + s_{12}'v_2^+ \, \mathrm{e}^{\mathrm{j}\theta_2} \\ v_2^- \, \mathrm{e}^{-\mathrm{j}\theta_2} = s_{21}'v_1^+ \, \mathrm{e}^{\mathrm{j}\theta_1} + s_{22}'v_2^+ \, \mathrm{e}^{\mathrm{j}\theta_2} \end{cases}$$

整理得

$$\begin{cases} v_1^- = s_{11}' e^{j2\theta_1} v_1^+ + s_{12}' e^{j(\theta_1+\theta_2)} v_2^+ \\ v_2^- = s_{21}' e^{j(\theta_1+\theta_2)} v_1^+ + s_{22}' e^{j2\theta_2} v_2^+ \end{cases}$$

将上式与式(5.3-30)比较系数得

$$s_{11}' e^{j2\theta_1} = s_{11} \qquad s_{12}' e^{j(\theta_1+\theta_2)} = s_{12}$$

$$s_{21}' e^{j(\theta_1+\theta_2)} = s_{21} \qquad s_{22}' e^{j2\theta_2} = s_{22}$$

于是得参考面移动后网络的 s 参数为

$$[s'] = \begin{bmatrix} s_{11} e^{-j2\theta_1} & s_{12} e^{-j(\theta_1+\theta_2)} \\ s_{21} e^{-j(\theta_1+\theta_2)} & s_{22} e^{-j2\theta_2} \end{bmatrix} \tag{5.3-32}$$

可见,当参考面移动时,各参量的模不变,只是相角做简单的变化。若参考面不是向外移动而是向内移动,则相应的 θ_i 取负值即可。

实际中若需要知道参考面移动后其他参量的变化情况,可以由 $[s']$,并利用表 5.3-1 中的换算关系式得出。

5.4 二端口网络的组合

实际的微波系统往往是由多个简单的网络经过一定的组合方式组合而成的。二端口微波网络的基本组合方式有级联、并联-并联和串联-串联三种(如图 5.4-1 所示)。不论哪种组合方式,最终都可等效为一个组合的二端口网络,且该组合网络的网络参量可由各子网络的网络参量导出。

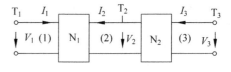

(a) 级联

1. 级联

网络 N_1、N_2 以级联(Cascade)方式连接时如图 5.4-1(a)所示。若网络 N_1、N_2 的转移参量矩阵方程分别为

$$\begin{bmatrix} V_1 \\ I_1 \end{bmatrix} = \begin{bmatrix} A_{11} & A_{12} \\ A_{21} & A_{22} \end{bmatrix}_1 \begin{bmatrix} V_2 \\ -I_2 \end{bmatrix}$$

$$\begin{bmatrix} V_2 \\ -I_2 \end{bmatrix} = \begin{bmatrix} A_{11} & A_{12} \\ A_{21} & A_{22} \end{bmatrix}_2 \begin{bmatrix} V_3 \\ -I_3 \end{bmatrix}$$

由此得

$$\begin{bmatrix} V_1 \\ I_1 \end{bmatrix} = \begin{bmatrix} A_{11} & A_{12} \\ A_{21} & A_{22} \end{bmatrix}_1 \begin{bmatrix} A_{11} & A_{12} \\ A_{21} & A_{22} \end{bmatrix}_2 \begin{bmatrix} V_3 \\ -I_3 \end{bmatrix}$$

故组合二端口网络的转移参量矩阵为

$$\begin{bmatrix} A_{11} & A_{12} \\ A_{21} & A_{22} \end{bmatrix} = \begin{bmatrix} A_{11} & A_{12} \\ A_{21} & A_{22} \end{bmatrix}_1 \begin{bmatrix} A_{11} & A_{12} \\ A_{21} & A_{22} \end{bmatrix}_2$$

或简写成

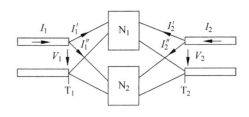

(b) 并联-并联

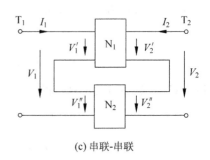

(c) 串联-串联

图 5.4-1 二端口网络的三种组合方式

$$[A] = [A]_1 [A]_2 \tag{5.4-1a}$$

以此类推,若转移参量矩阵分别为$[A]_1$,$[A]_2$,$\cdots$,$[A]_n$的n个二端口网络级联,则组合二端口网络的转移参量矩阵为

$$[A] = [A]_1 [A]_2 \cdots [A]_n \tag{5.4-1b}$$

分析级联网络除用$[A]$外,还可用$[t]$。传输参量矩阵分别为$[t]_1$,$[t]_2$,$\cdots$,$[t]_n$的n个二端口网络级联时,其组合二端口网络的$[t]$为

$$[t] = [t]_1 [t]_2 \cdots [t]_n \tag{5.4-2}$$

2. 并联-并联

网络N_1、N_2以并联-并联(Parallel Connection)组合方式连接时如图5.4-1(b)所示。若网络N_1、N_2的导纳矩阵方程为

$$\begin{bmatrix} I'_1 \\ I'_2 \end{bmatrix} = \begin{bmatrix} Y_{11} & Y_{12} \\ Y_{21} & Y_{22} \end{bmatrix}_1 \begin{bmatrix} V_1 \\ V_2 \end{bmatrix}$$

$$\begin{bmatrix} I''_1 \\ I''_2 \end{bmatrix} = \begin{bmatrix} Y_{11} & Y_{12} \\ Y_{21} & Y_{22} \end{bmatrix}_2 \begin{bmatrix} V_1 \\ V_2 \end{bmatrix}$$

因 $I_1 = I'_1 + I''_1$,$I_2 = I'_2 + I''_2$,故组合二端口网络的导纳矩阵方程为

$$\begin{bmatrix} I_1 \\ I_2 \end{bmatrix} = \left(\begin{bmatrix} Y_{11} & Y_{12} \\ Y_{21} & Y_{22} \end{bmatrix}_1 + \begin{bmatrix} Y_{11} & Y_{12} \\ Y_{21} & Y_{22} \end{bmatrix}_2 \right) \begin{bmatrix} V_1 \\ V_2 \end{bmatrix}$$

也可简写成

$$[\boldsymbol{I}] = ([Y]_1 + [Y]_2)[V]$$

故组合网络的导纳矩阵为

$$[\boldsymbol{Y}] = [Y]_1 + [Y]_2 \tag{5.4-3a}$$

同样,导纳参量矩阵分别为$[\boldsymbol{Y}]_1$,$[\boldsymbol{Y}]_2$,$\cdots$,$[\boldsymbol{Y}]_n$的n个二端口网络并联-并联连接时,组合二端口网络的导纳参量矩阵为

$$[\boldsymbol{Y}] = [Y]_1 + [Y]_2 + \cdots + [Y]_n \tag{5.4-3b}$$

3. 串联-串联

网络N_1、N_2以串联-串联(In Series)方式组合连接时如图5.4-1(c)所示。若网络N_1、N_2的阻抗参量矩阵方程为

$$\begin{bmatrix} V'_1 \\ V'_2 \end{bmatrix} = \begin{bmatrix} Z_{11} & Z_{12} \\ Z_{21} & Z_{22} \end{bmatrix}_1 \begin{bmatrix} I_1 \\ I_2 \end{bmatrix}$$

$$\begin{bmatrix} V''_1 \\ V''_2 \end{bmatrix} = \begin{bmatrix} Z_{11} & Z_{12} \\ Z_{21} & Z_{22} \end{bmatrix}_2 \begin{bmatrix} I_1 \\ I_2 \end{bmatrix}$$

则因 $V_1 = V'_1 + V''_1$,$V_2 = V'_2 + V''_2$,故组合二端口网络的阻抗参量矩阵方程为

$$\begin{bmatrix} V_1 \\ V_2 \end{bmatrix} = \left(\begin{bmatrix} Z_{11} & Z_{12} \\ Z_{21} & Z_{22} \end{bmatrix}_1 + \begin{bmatrix} Z_{11} & Z_{12} \\ Z_{21} & Z_{22} \end{bmatrix}_2 \right) \begin{bmatrix} I_1 \\ I_2 \end{bmatrix}$$

或简写成

$$[V] = ([Z]_1 + [Z]_2)[I]$$

故组合网络的阻抗参量矩阵为

$$[Z]=[Z]_1+[Z]_2 \tag{5.4-4a}$$

同样,阻抗参量矩阵分别为$[Z]_1,[Z]_2,\cdots,[Z]_n$的n个二端口网络串联-串联连接时,组合二端口网络的阻抗参量矩阵为

$$[Z]=[Z]_1+[Z]_2+\cdots+[Z]_n \tag{5.4-4b}$$

5.5 微波网络的工作特性参量

表征网络对外加微波信号变换作用的物理量称为网络的工作特性参量。网络的工作特性参量是在一定的端口条件下定义的,它与网络参量有一定的关系。二端口网络的主要工作特性参量有电压传输系数、插入衰减、回波损耗、插入相移、插入驻波比,下面以图 5.5-1 为例分别介绍。

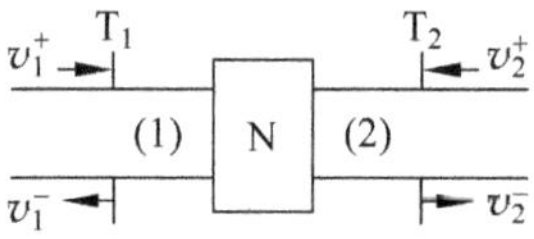

图 5.5-1 二端口网络

1. 电压传输系数

电压传输系数(Voltage Transmission Coefficient)是指输出端口接匹配负载时,输出端口归一化反射波电压与输入端口归一化入射波电压之比,即电压传输系数 T 定义为

$$T=\frac{v_2^-}{v_1^+}\bigg|_{v_2^+=0} \tag{5.5-1}$$

由散射参量的定义可知

$$T=s_{21} \tag{5.5-2}$$

由表 5.3-1 可知,T 也可用 a 参量表示为

$$T=\frac{2}{a_{11}+a_{12}+a_{21}+a_{22}} \tag{5.5-3}$$

这里必须注意,定义 T 时输出端口接匹配负载这一限制条件。如果没有这一限制条件,那么传输系数就不是一个确定的量,它将随终端负载的变化而变化,而不再单纯表征网络本身的工作特性。

2. 插入衰减

当网络输出端接匹配负载时,输入端口的入射波功率与负载接收的功率之比称为网络的插入衰减(Insert Attenuation)或插入损耗(Insert Loss),其定义式为

$$L=\frac{P_i}{P_L}\bigg|_{v_2^+=0} \tag{5.5-4}$$

由归一化条件可知

$$P_i=|v_1^+|^2, \quad P_L=|v_2^-|^2$$

因此

$$L=\frac{|v_1^+|^2}{|v_2^-|^2}\bigg|_{v_2^+=0}=\frac{1}{|s_{21}|^2}=\frac{1}{|T|^2} \tag{5.5-5}$$

为了看清网络插入衰减产生的原因,可以把式(5.5-5)改写为

$$L=10\lg\frac{1-|s_{11}|^2}{|s_{21}|^2}+10\lg\frac{1}{1-|s_{11}|^2}=L_1+L_2 \tag{5.5-6}$$

式(5.5-6)表明,插入衰减是由两部分组成的,第一部分是由网络损耗引起的吸收衰减。当

网络无耗时,由散射参量的幺正性可知,$|s_{21}|^2=1-|s_{11}|^2$,即第一项 $L_1=0$,第二项表示由于输入端口不匹配所引起的反射衰减,当输入端口匹配时,$|s_{11}|=0$,$L_2=0$。

网络的插入衰减还可用 a 参量表示为

$$L=\frac{|a_{11}+a_{12}+a_{21}+a_{22}|^2}{4} \tag{5.5-7}$$

3. 回波损耗

当网络输入端失配时,输入的能量中会有一部分被反射回来,形成损耗,这种损耗称为回波损耗(Return Loss)。目前,在不同的应用场合,回波损耗可能会有以下两种不同的定义方式:

① 定义回波损耗为入射波功率与反射波功率之比,并用分贝值表示为

$$RL=10\lg\frac{P_i}{P_r}=-10\lg|\Gamma|^2=-20\lg|\Gamma| \tag{5.5-8a}$$

当网络输出端口接匹配负载时,回波损耗可用 s 参数表示为

$$RL=10\lg\frac{P_i}{P_r}=-20\lg|s_{11}| \tag{5.5-8b}$$

② 定义回波损耗为反射波功率与入射波功率之比,并用分贝值表示为

$$RL=10\lg\frac{P_r}{P_i}=10\lg|\Gamma|^2=20\lg|\Gamma| \tag{5.5-9a}$$

当网络输出端口接匹配负载时,回波损耗可用 s 参数表示为

$$RL=10\lg\frac{P_r}{P_i}=20\lg|s_{11}| \tag{5.5-9b}$$

第二种方式(式(5.5-9a)和式(5.5-9b))定义的回波损耗分贝值为负值。回波损耗越小,表明反射引起的功率损耗就越小,故本书采用这种定义方式。实际中,通常要求工作频带内的回波损耗小于 $-10\mathrm{dB}$,即反射的功率小于输入功率的 $1/10$,反射系数小于 0.3162,相应的驻波比小于 1.925。

4. 插入相移

插入相移(Insert Phase Shift)是指当网络输出端口接匹配负载时,输出端口输出波对输入端口入射波的相移,因此插入相移 θ 也就是电压传输系数的相角,即

$$\theta=\arg T=\arg s_{21} \tag{5.5-10}$$

式中符号 arg 的意义是取其后面的复数 T(或 s_{21})的相角。

5. 插入驻波比

插入驻波比(Insert Standing Wave Ratio)是指当网络的输出端接匹配负载时输入端的驻波比。因为当输出端口接匹配负载时,输入端口的电压反射系数 $\Gamma_1=s_{11}$,故驻波比 ρ 可用下式计算

$$\rho=\frac{1+|\Gamma_1|}{1-|\Gamma_1|}=\frac{1+|s_{11}|}{1-|s_{11}|} \tag{5.5-11}$$

或

$$|s_{11}|=\frac{\rho-1}{\rho+1} \tag{5.5-12}$$

对于无耗网络,因为 $|s_{21}|^2 = 1 - |s_{11}|^2$,因此

$$L = \frac{1}{|s_{21}|^2} = \frac{1}{1 - |s_{11}|^2} = \frac{(\rho + 1)^2}{4\rho} \tag{5.5-13}$$

上式表明,无耗二端口网络的插入衰减 L 和插入驻波比 ρ 并不是两个彼此独立的工作特性参量,这是因为无耗网络的衰减是由反射引起的,而驻波比是描述反射状态的量。

由上述讨论可见,二端口微波网络的五个工作特性参量 T、L、RL、θ 和 ρ 均与前面介绍的网络参量有关。在不同的微波网络中,上述五个工作特性参量的用途不同,主次地位也不相同,而且各工作特性参量之间有一定的矛盾,往往需要折中考虑。

习题

5.1 求题 5.1 图所示由参考面 T_1、T_2 所确定的网络的转移参量矩阵 $[\boldsymbol{A}]$。

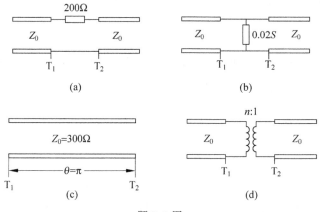

题 5.1 图

5.2 求题 5.2 图所示由参考面 T_1、T_2 所确定的网络的散射参量矩阵 $[\boldsymbol{s}']$。

5.3 已知题 5.3 图所示二端口网络的归一化转移参量矩阵 $[\boldsymbol{a}] = \begin{bmatrix} a_{11} & a_{12} \\ a_{21} & a_{22} \end{bmatrix}$,参考面 T_2 处接归一化负载 z_L。试证明参考面 T_1 处的归一化输入阻抗为

$$z_i = \frac{a_{11} z_L + a_{12}}{a_{21} z_L + a_{22}}$$

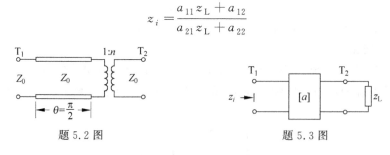

题 5.2 图   题 5.3 图

5.4 已知二端口网络的转移参量矩阵为

$$[\boldsymbol{A}] = \begin{bmatrix} 0 & jZ_0 \\ j/Z_0 & 0 \end{bmatrix}$$

两个端口外接传输线的特性阻抗均为 Z_0。求该二端口网络的归一化阻抗参量矩阵 $[z]$、归一化导纳参量矩阵 $[y]$ 及散射参量矩阵 $[s]$。

5.5 如题 5.5 图所示，一个可逆、对称、无耗二端口网络参考面 T_2 处接匹配负载，测得离参考面 T_1 距离为 $l=0.125\lambda_p$ 处是电压波节点，驻波比 $\rho=1.5$，试求

(1) 此二端口网络的散射参量矩阵 $[s]$；

(2) 此二端口网络的插入衰减 L、回波损耗 RL、插入驻波比 ρ 和插入相移 θ。

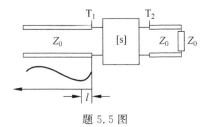

题 5.5 图

5.6 试用网络参量法证明第 3 章中介绍的一段传输线与 T 形电路的等效关系式(3.3-26)和与 Π 形电路的等效关系式(3.3-27)。

5.7 试求题 5.7 图所示以 T_1-T_2 为参考面的网络的 $[A]$。

5.8 试求题 5.8 图所示以 T_1-T_2 为参考面的网络的归一化散射参量矩阵。

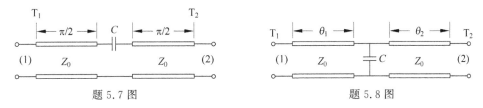

题 5.7 图   题 5.8 图

5.9 求题 5.9 图所示参考面 T_1-T_2 所确定的网络的转移参量矩阵。

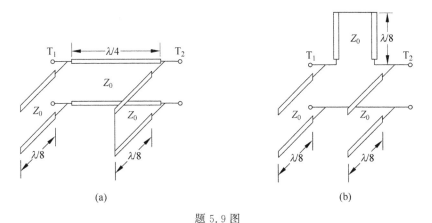

(a)   (b)

题 5.9 图

5.10 均匀波导中设置有两组间距为 l 的金属膜片，如题 5.10 图(a)所示，其等效电路如题 5.10 图(b)所示。试推导 TE_{10} 波通过两个膜片组成的网络时的插入衰减和回波损耗的计算公式，并讨论此双膜片网络所引入插入衰减最小的条件和不产生附加反射的条件。图中，$\theta=2\pi l/\lambda_g$。

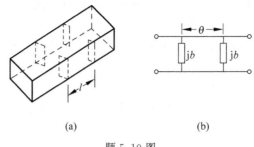

(a)   (b)

题 5.10 图

5.11 已知某二端口网络有如下散射参量矩阵

$$[s] = \begin{bmatrix} 0.15\angle 0° & 0.85\angle -45° \\ 0.85\angle 45° & 0.2\angle 0° \end{bmatrix}$$

(1) 试判断该网络是不是互易网络？是不是无耗网络？

(2) 若端口(2)接有匹配负载,则从端口(1)看入的回波损耗为多少？

(3) 若端口(2)短路,则从端口(1)看入的回波损耗又为多少？

第6章

CHAPTER 6

定向耦合器和功率分配器

6.1 概论

定向耦合器(Directional Couplers)是一种有方向性的功率耦合器件,它由通过耦合装置联系在一起的两对传输线构成,如图 6.1-1 所示。图中,(1)—(2)为一条传输线,信号从端口(1)输入,称为主线;(3)—(4)为另一条传输线,没有信号输入,称为副线。当信号功率由端口(1)输入时,一部分功率直接从端口(2)输出,另一部分功率则耦合到副线中,从端口(3)输出,端口(4)无输出;或从端口(4)输出,端口(3)无输出,形成定向耦合。究竟哪个端口无输出取决于定向耦合器的耦合机构。假定端口(4)无输出,则端口(4)与端口(1)之间互相隔离,称端口(4)为隔离端,而端口(3)则称为耦合端,且称端口(2)为直通端。

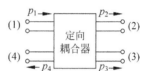

图 6.1-1　定向耦合器框图

1. 定向耦合器的种类

定向耦合器的种类很多,若从结构上来分,有微带型、波导型和同轴型等形式;若从耦合装置来分,则有分支线耦合、微带平行耦合线耦合和小孔(槽或缝)耦合等形式。图 6.1-2 所示为几种常用的定向耦合器结构,其中,图 6.1-2(a)为微带双分支定向耦合器,图 6.1-2(b)为微带混合环,图 6.1-2(c)为微带平行耦合线定向耦合器,图 6.1-2(d)为波导单孔定向耦合器,图 6.1-2(e)为波导多孔定向耦合器,图 6.1-2(f)为波导匹配双 T。

2. 定向耦合器的应用

定向耦合器在实际中有广泛的应用。例如,定向耦合器可以用作功率分配器(Power Dividers)、衰减器,可用来测量传输系统的反射系数,可用来进行功率检测等。图 6.1-3 所示电路就是定向耦合器用于监测功率的例子。其中,微波信号发生器的输出功率大部分传送给负载,另外一小部分由定向耦合器耦合至功率监测器。只要知道定向耦合器的耦合度,就可以由功率监测器的读数得知信号发生器的输出功率。显然,这种功率监测方法既不影响器件的正常工作,又能实现功率监测的目的。

3. 定向耦合器的技术指标

图 6.1-4 所示为定向耦合器输入、输出特性示意图,图中的箭头表示端口(1)、(3)互为耦合端,端口(2)、(4)互为耦合端。当信号从端口(1)输入时,端口(2)为直通端,端口(3)为耦合端,端口(4)为隔离端;当信号从端口(4)输入时,端口(3)为直通端,端口(2)为耦合端,

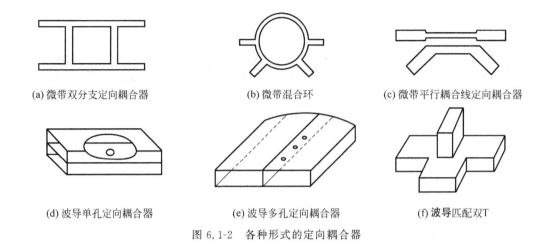

(a) 微带双分支定向耦合器   (b) 微带混合环   (c) 微带平行耦合线定向耦合器

(d) 波导单孔定向耦合器   (e) 波导多孔定向耦合器   (f) 波导匹配双T

图 6.1-2   各种形式的定向耦合器

端口(1)为隔离端;以此类推。下面以端口(1)输入情况为例给出定向耦合器几个主要技术指标的定义。

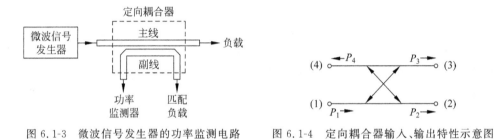

图 6.1-3   微波信号发生器的功率监测电路   图 6.1-4   定向耦合器输入、输出特性示意图

(1) 耦合度(Coupling):各端口接匹配负载时,输入端口(1)的输入功率 P_1 与耦合端口(3)的输出功率 P_3 之比。

耦合度通常记为 C,并以 dB 为单位,则

$$C = 10\lg \frac{P_1}{P_3} = 20\lg \frac{1}{|s_{31}|} \tag{6.1-1}$$

按上式定义,耦合度为 3dB 的定向耦合器耦合端输出的功率是输入端输入功率的一半,耦合度为 10dB 的定向耦合器耦合端输出的功率是输入端输入功率的 1/10。由此可见,耦合度越小,则耦合能力越强。对定向耦合器耦合度大小的要求视具体情况不同而不同,并不是越小越好。

(2) 隔离度(Isolation):各端口接匹配负载时,输入端口(1)的输入功率 P_1 与隔离端口(4)的输出功率 P_4 之比。

通常记隔离度为 D,并以 dB 为单位,则

$$D = 10\lg \frac{P_1}{P_4} = 20\lg \frac{1}{|s_{41}|} \tag{6.1-2}$$

在理想情况下,副线中隔离端口(4)应无输出,此时隔离度为无穷大。但实际中,由于设计或加工制作的不完善,常有少量功率 P_4 从隔离端输出,使隔离度不再为无穷大。显然,隔离度越大,定向耦合器的定向耦合特性就越好,通常定向耦合器的隔离度应大于 30dB。

有时还用定向性(Directivity)来表示隔离性能,定向性通常记为 D',并以 dB 为单位,它是耦合端口(3)的输出功率 P_3 与隔离端口(4)的输出功率 P_4 之比,即

$$D' = 10\lg \frac{P_3}{P_4} = 20\lg \frac{|s_{31}|}{|s_{41}|} = D - C \tag{6.1-3}$$

显然,定向性越大,定向耦合器的定向耦合特性越好。定向性不是一个独立的技术指标,它与隔离度和耦合度均有关。

(3) 输入驻波比(Insert VSWR):各端口接匹配负载时,输入端口(1)的驻波比。

因为此时输入端口的电压反射系数 Γ_1 即为散射参量 s_{11},因此有以下关系

$$\rho_1 = \frac{1 + |s_{11}|}{1 - |s_{11}|} \tag{6.1-4}$$

(4) 频带宽度(Bandwidth):耦合度、隔离度(或定向性)及输入驻波比都满足指标要求时定向耦合器的工作频带宽度。

6.2　微带定向耦合器

6.2.1　微带分支线定向耦合器

1. 微带双分支定向耦合器

微带双分支(Double Branch)定向耦合器由主线、副线和两个耦合分支线构成,如图 6.2-1 所示。分支线长度及其间距均为 $\lambda_{p0}/4$。下面用定性分析和定量分析两种方法分析微带双分支定向耦合器的工作原理。

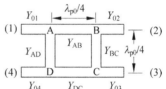

图 6.2-1　微带双分支定向
耦合器的构成

1) 定性分析

所有定向耦合器的定向耦合特性都是通过两个或两个以上的波或波分量在耦合端口处相加、并在隔离端口处相抵消而产生的。对于图 6.2-1 所示的微带双分支定向耦合器,假定微波信号由端口(1)输入,则输入信号从 A 点传输到 D 点有两条路径:一是由 A 直接到 D,波程为 $\lambda_{p0}/4$;二是沿 A→B→C→D 传输到 D 点,总波程为 $3\lambda_{p0}/4$。显然,沿两条不同路径传输到 D 点的两路波的波程差为 $\lambda_{p0}/2$,对应的相位差为 π。如果适当选择各段传输线的特性导纳,使这两路波的电压振幅相等,则二者互相抵消,使端口(4)成为隔离端。同样道理,波从 A 点传到 B 点的路径也有两条,一条是沿 A→B,另一条是沿 A→D→C→B,二者波程差亦为 $\lambda_{p0}/2$,由此是否也能得出端口(2)无输出的结论呢? 不能,因为虽然两路波电压反相,但它们振幅相差很大,虽然相消,但不能完全抵消,故端口(2)有输出,且端口(2)的输出波比端口(1)的输入波相位落后 $\pi/2$。由于从 A 到 C 的两条路径(A→B→C 和 A→D→C)长度均为 $\lambda_{p0}/2$,因而两路波的电压等幅、同相、互相叠加,故端口(3)有信号输出,且端口(3)输出波的相位比端口(1)输入波相位落后 π。总之,当信号从端口(1)输入时,端口(2)为直通端,端口(3)为耦合端,端口(4)为隔离端。由以上分析可见,微带双分支定向耦合器的定向耦合特性是由两路不同路径的传输波互相干涉而形成的。为构成理想隔离,端口(4)的两路输出应等幅。下面用定量分析法分析微带双分支定向耦合器的特性及使端口(4)两路输出波等幅的条件。

2) 定量分析

在图 6.2-1 中,分支线与主线是并联的,故各段线的特性均用特性导纳表示,其中,$Y_{01} = Y_{04} = Y_0$,$Y_{02} = Y_{03} = \dfrac{1}{R}Y_0$,$R$ 称为变阻比,$Y_{AD} = a_1 Y_0$,$Y_{BC} = a_2 Y_0$,$Y_{AB} = Y_{DC} = b Y_0$。使用这类定向耦合器可以同时起到定向耦合和阻抗变换的作用,因此,称为"变阻定向耦合器"。微带双分支定向耦合器可以等效为一个四端口网络,直接分析四端口网络较困难,一般都是利用奇模和偶模的概念把四端口网络化成二端口网络以后再进行分析,这种分析方法称为"奇偶模分析法"。下面就用"奇偶模分析法"来分析微带双分支定向耦合器的工作原理和特性。

为了分析定向耦合器的输入端反射系数、耦合度和隔离度等指标,假设信号从端口(1)入射,入射波电压为 v_1^+,端口(2)、(3)、(4)均接匹配负载,即 $v_2^+ = v_3^+ = v_4^+ = 0$,求此条件下的 v_1^-/v_1^+、v_1^+/v_3^- 和 v_1^+/v_4^- 即可得反射系数、耦合度和隔离度。因为都是比值关系,所以假定 $v_1^+ = 1$ 进行求解比较方便。此时,需求解的问题转化为:在 $v_1^+ = 1$,$v_4^+ = 0$ 激励条件下求解各端口的输出,如图 6.2-2(a) 所示。这两个激励电压分别可以分解成两个分量的叠加,即

$$v_1^+ = 1 = \frac{1}{2} + \frac{1}{2}, \quad v_4^+ = 0 = \frac{1}{2} - \frac{1}{2}$$

故图 6.2-2(b) 的激励状态与图 6.2-2(a) 的激励状态是等效的。由于定向耦合器是线性网络,故图 6.2-2(b) 所示的四端口网络的各端口输出波电压可用图 6.2-2(c) 所示的奇模激励和图 6.2-2(d) 所示的偶模激励两种工作情况下的输出波电压叠加得到。

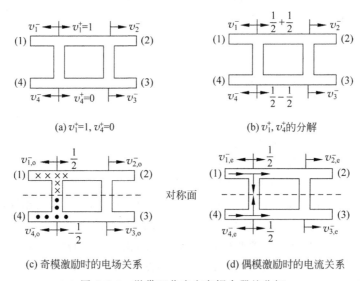

(a) $v_1^+ = 1$, $v_4^+ = 0$　　　　　　(b) v_1^+, v_4^+ 的分解

(c) 奇模激励时的电场关系　　　　　　(d) 偶模激励时的电流关系

图 6.2-2　微带双分支定向耦合器的分解

由图 6.2-2(c) 可见,在奇模激励工作情况下,分支线对称面上的电压等于零,等效为短路,故可以沿对称面将定向耦合器分成两个独立的二端口网络,如图 6.2-3 所示,其中,两个并联分支线的长度均为 $\lambda_{p0}/8$。由图 6.2-2(d) 可见,在偶模激励工作情况下,分支线对称面上的电流为零,等效为开路,故也可以沿对称面将定向耦合器分成两个独立的二端口网络,如图 6.2-4 所示,其中,两个并联分支线的长度也为 $\lambda_{p0}/8$。可见,此时四端口网络已经转化

成两个二端口网络,一个二端口网络是主线及部分分支线构成的,另一个二端口网络是副线及部分分支线构成的,其中每个二端口网络的端口电压都是奇模激励和偶模激励两种工作情况下端口电压的叠加。下面以主线(1)—(2)构成的二端口网络为例进行分析。

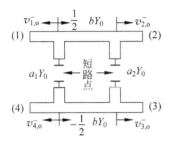

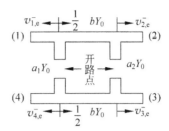

图 6.2-3　奇模激励时等效的二端口网络　　图 6.2-4　偶模激励时等效的二端口网络

奇模激励时和偶模激励时二端口网络的等效电路分别如图 6.2-5 和图 6.2-6 所示,其中,$\lambda_{p0}/8$ 的并联分支线用其输入导纳表示。由于 $\lambda_{p0}/8$ 终端短路、开路线的输入导纳分别为

$$Y_{\text{in短}} = \frac{1}{jZ_0 \tan\beta l} = -jY_0$$

$$Y_{\text{in开}} = \frac{1}{-jZ_0 \cot\beta l} = jY_0$$

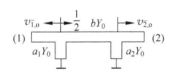

(a) 二端口网络

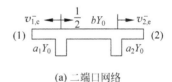

(a) 二端口网络

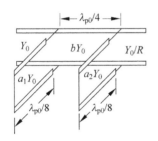

(b) 等效电路

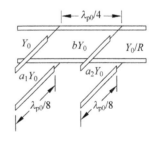

(b) 等效电路

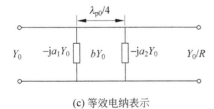

(c) 等效电纳表示

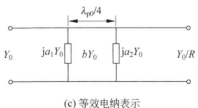

(c) 等效电纳表示

图 6.2-5　奇模激励时的二端口网络及
　　　　　等效电路

图 6.2-6　偶模激励时的二端口网络及
　　　　　等效电路

于是,由第 5 章介绍的网络理论可得两网络的转移矩阵分别为

$$
\begin{bmatrix} A_{11} & A_{12} \\ A_{21} & A_{22} \end{bmatrix}\Big|_{o} = \begin{bmatrix} 1 & 0 \\ -ja_1 Y_0 & 1 \end{bmatrix} \begin{bmatrix} 0 & \dfrac{j}{bY_0} \\ jbY_0 & 0 \end{bmatrix} \begin{bmatrix} 1 & 0 \\ -ja_2 Y_0 & 1 \end{bmatrix}
$$

$$
= \begin{bmatrix} \dfrac{a_2}{b} & \dfrac{j}{bY_0} \\ jY_0\left(b - \dfrac{a_1 a_2}{b}\right) & \dfrac{a_1}{b} \end{bmatrix} \tag{6.2-1a}
$$

$$
\begin{bmatrix} A_{11} & A_{12} \\ A_{21} & A_{22} \end{bmatrix}\Big|_{e} = \begin{bmatrix} 1 & 0 \\ ja_1 Y_0 & 1 \end{bmatrix} \begin{bmatrix} 0 & \dfrac{j}{bY_0} \\ jbY_0 & 0 \end{bmatrix} \begin{bmatrix} 1 & 0 \\ ja_2 Y_0 & 1 \end{bmatrix}
$$

$$
= \begin{bmatrix} -\dfrac{a_2}{b} & \dfrac{j}{bY_0} \\ jY_0\left(b - \dfrac{a_1 a_2}{b}\right) & -\dfrac{a_1}{b} \end{bmatrix} \tag{6.2-1b}
$$

式中,下标"o"表示奇模,下标"e"表示偶模。由于二端口网络外接传输线的特性阻抗分别为 $Z_{01} = Z_0$ 及 $Z_{02} = RZ_0$,故对应奇模激励和偶模激励的归一化转移参量分别为

$$
\begin{cases} a_{11,o} = \dfrac{a_2}{b}\sqrt{R} \\[2mm] a_{12,o} = \dfrac{j}{b\sqrt{R}} \\[2mm] a_{21,o} = j\left(b - \dfrac{a_1 a_2}{b}\right)\sqrt{R} \\[2mm] a_{22,o} = \dfrac{a_1}{b\sqrt{R}} \end{cases} \tag{6.2-2a}
$$

$$
\begin{cases} a_{11,e} = -\dfrac{a_2}{b}\sqrt{R} \\[2mm] a_{12,e} = \dfrac{j}{b\sqrt{R}} \\[2mm] a_{21,e} = j\left(b - \dfrac{a_1 a_2}{b}\right)\sqrt{R} \\[2mm] a_{22,e} = -\dfrac{a_1}{b\sqrt{R}} \end{cases} \tag{6.2-2b}
$$

由上两式可见

$$
a_{11,o} = -a_{11,e}, \quad a_{12,o} = a_{12,e}, \quad a_{21,o} = a_{21,e}, \quad a_{22,o} = -a_{22,e} \tag{6.2-3}
$$

奇模激励时,已知输入端口(1)的入射波电压为 $1/2$,若用 Γ_o 表示输入端电压反射系数,用 T_o 表示网络的电压传输系数,则端口(1)和端口(2)的反射波电压分别为

$$
v_{1,o}^- = \dfrac{1}{2}\Gamma_o, \quad v_{2,o}^- = \dfrac{1}{2}T_o \tag{6.2-4a}
$$

同理,对于图 6.2-3 下面的一个结构完全相同的二端口网络来说,端口(4)和端口(3)的反射波电压分别为

$$v_{4,\text{o}}^- = -\frac{1}{2}\Gamma_\text{o}, \quad v_{3,\text{o}}^- = -\frac{1}{2}T_\text{o} \tag{6.2-4b}$$

偶模工作时可得类似结果,即

$$v_{1,\text{e}}^- = \frac{1}{2}\Gamma_\text{e} \quad v_{2,\text{e}}^- = \frac{1}{2}T_\text{e} \tag{6.2-5a}$$

$$v_{4,\text{e}}^- = \frac{1}{2}\Gamma_\text{e} \quad v_{3,\text{e}}^- = \frac{1}{2}T_\text{e} \tag{6.2-5b}$$

应用叠加原理得 $v_1^+ = 1$ 时各端口的输出为

$$v_1^- = v_{1,\text{o}}^- + v_{1,\text{e}}^- = \frac{1}{2}(\Gamma_\text{o} + \Gamma_\text{e}) \tag{6.2-6a}$$

$$v_2^- = v_{2,\text{o}}^- + v_{2,\text{e}}^- = \frac{1}{2}(T_\text{o} + T_\text{e}) \tag{6.2-6b}$$

$$v_3^- = v_{3,\text{o}}^- + v_{3,\text{e}}^- = \frac{1}{2}(-T_\text{o} + T_\text{e}) \tag{6.2-6c}$$

$$v_4^- = v_{4,\text{o}}^- + v_{4,\text{e}}^- = \frac{1}{2}(-\Gamma_\text{o} + \Gamma_\text{e}) \tag{6.2-6d}$$

当各端口接匹配负载时,式中 Γ 和 T 可用网络的转移参量表示为

$$\begin{cases} \Gamma_\text{o} = s_{11,\text{o}} = \dfrac{v_{1,\text{o}}^-}{v_{1,\text{o}}^+} = \dfrac{(a_{11,\text{o}} - a_{22,\text{o}}) + (a_{12,\text{o}} - a_{21,\text{o}})}{(a_{11,\text{o}} + a_{22,\text{o}}) + (a_{12,\text{o}} + a_{21,\text{o}})} \\[3mm] T_\text{o} = s_{21,\text{o}} = \dfrac{v_{2,\text{o}}^-}{v_{1,\text{o}}^+} = \dfrac{2}{(a_{11,\text{o}} + a_{22,\text{o}}) + (a_{12,\text{o}} + a_{21,\text{o}})} \end{cases} \tag{6.2-7}$$

$$\begin{cases} \Gamma_\text{e} = s_{11,\text{e}} = \dfrac{v_{1,\text{e}}^-}{v_{1,\text{e}}^+} = \dfrac{(a_{11,\text{e}} - a_{22,\text{e}}) + (a_{12,\text{e}} - a_{21,\text{e}})}{(a_{11,\text{e}} + a_{22,\text{e}}) + (a_{12,\text{e}} + a_{21,\text{e}})} \\[3mm] T_\text{e} = s_{21,\text{e}} = \dfrac{v_{2,\text{e}}^-}{v_{1,\text{e}}^+} = \dfrac{2}{(a_{11,\text{e}} + a_{22,\text{e}}) + (a_{12,\text{e}} + a_{21,\text{e}})} \end{cases} \tag{6.2-8}$$

由式(6.2-6a)可知,当端口(1)完全匹配,即 $v_1^- = 0$ 时,应有

$$v_1^- = \frac{1}{2}(\Gamma_\text{o} + \Gamma_\text{e}) = 0$$

而端口(1)与端口(4)理想隔离,即 $v_4^- = 0$ 时,应有

$$v_4^- = \frac{1}{2}(\Gamma_\text{e} - \Gamma_\text{o}) = 0$$

可见,欲使上述两式同时成立,Γ_o 和 Γ_e 必须同时为零。由式(6.2-7)和式(6.2-8),并考虑到无耗网络的转移参量 a_{11}、a_{22} 为实数,a_{12}、a_{21} 为虚数,则 $\Gamma_\text{o} = \Gamma_\text{e} = 0$ 时必有

$$a_{11,\text{o}} = a_{22,\text{o}}, \quad a_{12,\text{o}} = a_{21,\text{o}} \tag{6.2-9}$$

$$a_{11,\text{e}} = a_{22,\text{e}}, \quad a_{12,\text{e}} = a_{21,\text{e}} \tag{6.2-10}$$

由式(6.2-3)可知,式(6.2-9)与式(6.2-10)是等价的,故式(6.2-9)或式(6.2-10)是端口(1)完全匹配、端口(1)和端口(4)彼此理想隔离的充分条件。

将式(6.2-2a)代入式(6.2-9),得

$$a_1 = Ra_2 \tag{6.2-11}$$

$$(b^2 - a_1 a_2)R = 1 \tag{6.2-12}$$

由式(6.2-7)、式(6.2-8)给出的 T_o 及 T_e 可以计算 v_2^- 和 v_3^-。当满足端口(1)完全匹配及端口(1)与端口(4)彼此理想隔离的条件时,可得

$$T_o = \frac{1}{a_{11,o} + a_{12,o}}, \quad T_e = \frac{1}{a_{11,e} + a_{12,e}}$$

将式(6.2-2a)、式(6.2-2b)代入得

$$T_o = \frac{b}{a_2^2 + \frac{1}{R^2}} \left(a_2 - \frac{j}{R} \right) \Big/ \sqrt{R}$$

$$T_e = \frac{-b}{a_2^2 + \frac{1}{R^2}} \left(a_2 + \frac{j}{R} \right) \Big/ \sqrt{R}$$

将 T_o、T_e 代入式(6.2-6b)、式(6.2-6c),得

$$v_2^- = \frac{1}{2}(T_e + T_o) = \frac{-j \dfrac{b}{R} \dfrac{1}{\sqrt{R}}}{a_2^2 + \dfrac{1}{R^2}} = \frac{-jb\sqrt{R}}{(Ra_2)^2 + 1} \tag{6.2-13}$$

$$v_3^- = \frac{1}{2}(T_e - T_o) = \frac{-b \dfrac{a_2}{\sqrt{R}}}{a_2^2 + \dfrac{1}{R^2}} = \frac{-ba_2 R^{\frac{3}{2}}}{(Ra_2)^2 + 1} \tag{6.2-14}$$

式(6.2-13)第二个等号右边的"$-j$"表示 v_2^- 的相位比 v_1^+ 的相位落后 $\pi/2$,式(6.2-14)第二个等号右边的"$-$"号表示 v_3^- 的相位比 v_1^+ 的相位落后 π。这个结论与定性分析时所得出的结论是一致的。这种相位关系在平衡混频器中得到了充分的应用。

因为前面曾假设 $v_1^+ = 1$,故微带双分支定向耦合器的耦合度为

$$C = 10\lg \frac{P_1}{P_3} = 10\lg \frac{|v_1^+|^2}{|v_3^-|^2} = 10\lg \frac{1}{|v_3^-|^2}$$

由此可得

$$|v_3^-| = \sqrt{\frac{1}{10^{\frac{C}{10}}}} \tag{6.2-15}$$

当耦合度指标给定时,可以算出 $|v_3^-|$,然后联立解式(6.2-11)、式(6.2-12)及式(6.2-14)便得到计算双分支变阻定向耦合器各段线归一化导纳值的一组公式

$$\begin{cases} b = \dfrac{1}{\sqrt{R(1 - |v_3^-|^2)}} \\[3mm] a_1 = b |v_3^-| \sqrt{R} \\[3mm] a_2 = \dfrac{a_1}{R} \end{cases} \tag{6.2-16}$$

对于不变阻双分支定向耦合器(即 $R=1$),则用下列公式计算

$$
\begin{cases}
|v_3^-| = \sqrt{\dfrac{1}{10^{\frac{C}{10}}}} \\[3mm]
b = \dfrac{1}{\sqrt{1-|v_3^-|^2}} \\[3mm]
a_1 = b|v_3^-| \\[2mm]
a_2 = a_1
\end{cases}
\qquad (6.2\text{-}17)
$$

图 6.2-7(a)所示为用归一化导纳表示的不变阻双分支定向耦合器。根据各线段的归一化特性导纳和各端口传输线的特性阻抗 Z_0,可由下式计算出图 6.2-7(b)所示非归一化阻抗表示的不变阻双分支定向耦合器中各微带线段的特性阻抗分别为

$$
Z_{a1} = \frac{1}{Y_{a1}} = \frac{Z_0}{a_1}
$$

$$
Z_{a2} = \frac{1}{Y_{a2}} = \frac{Z_0}{a_2}
$$

$$
Z_b = \frac{1}{Y_b} = \frac{Z_0}{b}
\qquad (6.2\text{-}18)
$$

可见,Z_b 通常不等于 Z_0,故两者的导体带条宽度不等。为了减小由此而引入的反射,根据 3.3.2 节介绍的方法,在连接处进行了削角处理,如图 6.2-7 所示。

对于耦合度为 3 分贝的不变阻双分支定向耦合器,由式(6.2-17)可得耦合端的输出和各段微带线的归一化特性导纳分别为

$$
|v_3^-| = \frac{1}{\sqrt{2}} \quad b = \sqrt{2} \quad a_1 = a_2 = 1 \quad (6.2\text{-}19)
$$

将式(6.2-19)代入式(6.2-13)、式(6.2-14)可得 $v_2^- = -\dfrac{\mathrm{j}}{\sqrt{2}}$,$v_3^- = -\dfrac{1}{\sqrt{2}}$。

综合以上结果可知,当各端口均接匹配负载,且只有端口(1)输入 $v_1^+ = 1$ 时,3dB 不变阻双分支定向耦合器各端口的输出分别为

$$
v_1^- = 0, \quad v_2^- = -\frac{\mathrm{j}}{\sqrt{2}}, \quad v_3^- = -\frac{1}{\sqrt{2}}, \quad v_4^- = 0
$$

代入式(5.3-23)可得

$$
s_{11} = 0, \quad s_{21} = -\frac{\mathrm{j}}{\sqrt{2}}, \quad s_{31} = -\frac{1}{\sqrt{2}}, \quad s_{41} = 0
$$

同理可得只有其他某个端口输入时各端口的输出。根据这些结果可直接写出理想 3 分贝不变阻双分支定向耦合器的散射参量矩阵为

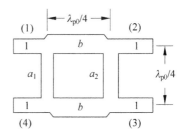

(a) 归一化导纳表示

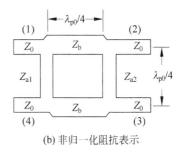

(b) 非归一化阻抗表示

图 6.2-7 不变阻双分支定向耦合器

$$[s] = \frac{1}{\sqrt{2}} \begin{bmatrix} 0 & -j & -1 & 0 \\ -j & 0 & 0 & -1 \\ -1 & 0 & 0 & -j \\ 0 & -1 & -j & 0 \end{bmatrix} \qquad (6.2\text{-}20)$$

3) 设计方法及设计实例

微带双分支定向耦合器的设计步骤:

① 确定耦合器技术指标。

包括耦合度 $C(\mathrm{dB})$、输入端口所接传输线的特性阻抗 $Z_0(\Omega)$、变阻比 R、中心频率 f_0(GHz)和介质基板参数(ε_r, h)。可根据实际工程需要确定或由用户提供。

② 利用式(6.2-15)和式(6.2-16)计算出各线段的归一化导纳。

③ 利用式(6.2-18)计算各段微带线的特性阻抗;利用式(2.7-8)计算主线和各微带线段的导体带条宽度。

④ 根据给定的工作频率,利用式(2.7-7)和式(2.7-3)计算相应微带线段的相波长和导体带条长度。

【设计实例 6.2-1】 试设计一个 3dB 微带双分支定向耦合器,已知各端口微带线特性阻抗均为 50Ω,中心频率为 5GHz,介质基板的相对介电常数 $\varepsilon_r = 9.6$,基板厚度 $h = 0.8\mathrm{mm}$。

解: 由题意知,$C = 3\mathrm{dB}$,$R = 1$,于是由式(6.2-17)得各微带线段的归一化导纳为

$$b = \sqrt{2}, \quad a_1 = a_2 = 1$$

相应的特性阻抗为

$$Z_{a1} = \frac{Z_0}{a_1} = 50\Omega$$

$$Z_{a2} = \frac{Z_0}{a_2} = 50\Omega$$

$$Z_b = \frac{Z_0}{b} = 35.4\Omega$$

由式(2.7-8)得主线和各微带线段的导体带条宽度分别为

$$W_0 = W_{a1} = W_{a2} = 0.796\mathrm{mm}, \quad W_b = 1.486\mathrm{mm}$$

微带线等效相对介电常数、线内相波长及各线段长度分别为

$$\varepsilon_{ea1} = \varepsilon_{ea2} = 6.593$$

$$\lambda_{pa1} = \lambda_{pa2} = \frac{c}{f_0 \sqrt{\varepsilon_{ea1}}} = 23.367\mathrm{mm}$$

$$L_{a1} = L_{a2} = \frac{\lambda_{pa1}}{4} = 5.842\mathrm{mm}$$

$$\varepsilon_{eb} = 7.002, \quad \lambda_{pb} = \frac{c}{f_0 \sqrt{\varepsilon_{eb}}} = 22.675\mathrm{mm}$$

$$L_b = \frac{\lambda_{pb}}{4} = 5.669\mathrm{mm}$$

各尺寸含义如图 6.2-8 所示。

运用 HFSS 仿真软件对该定向耦合器进行仿真,图 6.2-9(a)、图 6.2-9(b)所示分别为其仿真模型和 s 参数模的仿真曲线。图中,$|s_{ij}|/\mathrm{dB}=20\lg|s_{ij}|$,该关系对本书中其他地方出现的仿真结果也同样适用,以后不再重复说明。

由图 6.2-9(b)可见,在中心频率 5GHz 处,$|s_{11}|\approx|s_{41}|\approx-24\mathrm{dB}$,$|s_{21}|\approx|s_{31}|\approx-3\mathrm{dB}$,基本满足要求,但 $|s_{21}|\approx|s_{31}|\approx-3\mathrm{dB}$ 的频带较窄。

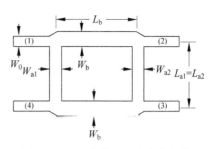

图 6.2-8　3dB 微带双分支定向耦合器结构示意图

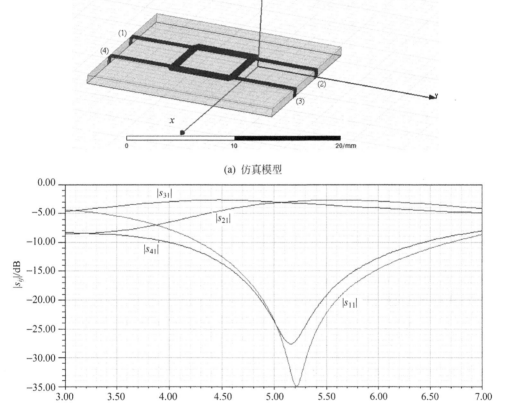

(a) 仿真模型

(b) s 参数模的仿真曲线

图 6.2-9　微带双分支定向耦合器的仿真模型和仿真结果

2. 微带多分支定向耦合器

微带双分支定向耦合器的主线和分支线的长度均与频率有关,故频带较窄。为了展宽频带,可采用多分支定向耦合器结构。

在微波集成电路中,一般最多用到三分支线。图 6.2-10 给出了两种微带结构的三分支定向耦合器的示意图,图 6.2-10(a)中的主线特性导纳保持不变;图 6.2-10 (b)中的主线特性导纳有所变化,频带较宽。

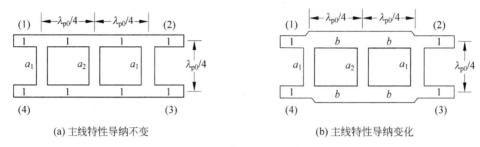

(a) 主线特性导纳不变   (b) 主线特性导纳变化

图 6.2-10 微带三分支定向耦合器

对于图 6.2-10 所示结构的微带三分支定向耦合器,可以采用与双分支定向耦合器相似的方法进行分析。

对于图 6.2-10(a)所示结构的定向耦合器,可得以下关系式

$$\begin{cases} C = -20\lg a_2 \\ a_1 = \dfrac{1 - \sqrt{1 - a_2^2}}{a_2} \end{cases} \tag{6.2-21}$$

对于图 6.2-10(b)所示结构的定向耦合器,可得以下关系式

$$\begin{cases} C = -20\lg \dfrac{2a_1}{1 + a_1^2} \\ a_2 = \dfrac{2a_1 b^2}{1 + a_1^2} \end{cases} \tag{6.2-22}$$

在式(6.2-22)中,有两个方程,三个未知量(a_1, a_2, b),其中每个量的数值可以任选,故增加了设计的自由度。

下面讨论两种特殊情况。

1) 0dB 三分支定向耦合器

当图 6.2-10(a)中的 $a_2 = 1$,图 6.2-10(b)中的 $a_1 = 1$ 时,$C = 0$dB,即输入端口(1)的信号全部由耦合端口(3)输出。

在图 6.2-10(b)中,若 $a_1 = 1$,且 $b = \sqrt{2}$,则 $a_2 = 2$。由式(6.2-19)和图 6.2-7(a)可知,这种情况相当于两个 3dB 双分支定向耦合器的级联,即第一个 3dB 双分支定向耦合器的第二个分支与第二个 3dB 双分支定向耦合器的第一个分支在公共参考面处并联,并联后的归一化导纳恰好为 $1 + 1 = 2 = a_2$。

0dB 三分支定向耦合器的[s]可表示为

$$[s] = \begin{bmatrix} 0 & 0 & j & 0 \\ 0 & 0 & 0 & j \\ j & 0 & 0 & 0 \\ 0 & j & 0 & 0 \end{bmatrix} \tag{6.2-23}$$

0dB 三分支定向耦合器是一种交叉耦合器,可用于实现微带电路中的交叉跨越线,这一

特性在 Butler 矩阵中得到很好的应用。

Butler 矩阵是多波束切换天线阵中的一种常用馈电网络,图 6.2-11(a)所示为一个 4 入 4 出的 4×4 Butler 矩阵的构成框图。当信号分别从不同的输入端口(P_1、P_2、P_3、P_4)输入时,相邻输出端口间的信号相位差分别为 $-45°$、$+135°$、$-135°$、$+45°$。用这些信号分别给 4 元天线阵馈电,便可控制天线阵的波束指向 4 个不同的方向,从而实现波束切换。

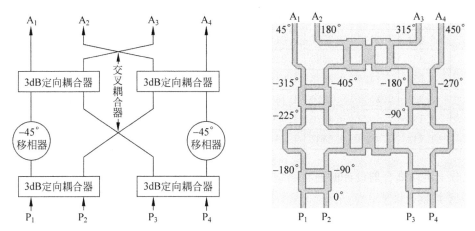

图 6.2-11　4×4 Butler 矩阵结构框图及微带电路图

由图 6.2-11(a)可见,该 Butler 矩阵主要由 3dB 定向耦合器、$-45°$ 移相器和交叉耦合器构成。其中,3dB 定向耦合器可采用微带双分支定向耦合器实现,$-45°$ 移相器可由一段延长的线段实现,而交叉耦合器则可由微带三分支定向耦合器实现,如图 6.2-11(b)所示。图 6.2-11(b)中还给出了当信号从 P_2 端口输入时各相应点处信号的相位值,其中交叉耦合器及其各端口引出线使其相移量为 $360°$ 的整数倍,A_1 端口和 A_4 端口引出线的相移量也为 $360°$ 的整数倍。其他端口输入时的信号相位关系同理可知。该 Butler 矩阵具有单层板平面结构,易于实现,便于集成,因此得到广泛应用。

2）3dB 三分支线定向耦合器

当图 6.2-10(a)中的 $a_2 = 0.707$,图 6.2-10(b)中的 $a_1 = 0.414$,或 $a_1 = 2.414$ 时,$C = 3\text{dB}$,其 $[s]$ 可表示为

$$[s] = \frac{1}{\sqrt{2}} \begin{bmatrix} 0 & -1 & j & 0 \\ -1 & 0 & 0 & j \\ j & 0 & 0 & -1 \\ 0 & j & -1 & 0 \end{bmatrix} \tag{6.2-24}$$

利用三分支耦合线可以实现宽带定向耦合器。由上述分析可见,同样的结构,尺寸不同,性能可能完全不同。

对于图 6.2-10(b)所示结构的微带三分支定向耦合器,也可以采用奇偶模分析法进行分析,它把一个四端口的定向耦合器网络简化成为奇模激励和偶模激励的两个二端口网络。若将网络中的半截分支短截线看成是 1/4 波长阶梯阻抗变换器的阶梯不连续性,则可以借用 1/4 波长阶梯阻抗变换器的设计方法和结果进行设计。表 6.2-1 给出了这种三分支(相应于 2 节 1/4 波长阶梯阻抗变换器)定向耦合器的归一化导纳的数据表,供设计时查用[4]。

表 6.2-1　三分支定向耦合器的归一化导纳数值表($N=2$)

R	C(dB)	$W_q=0.20$			$W_q=0.40$			$W_q=0.60$		
		b	a_1	a_2	b	a_1	a_2	b	a_1	a_2
1.50	13.979	1.0155	0.1022	0.2036	1.0159	0.1061	0.1958	1.0165	0.1128	0.1824
2.00	9.542	1.0453	0.1733	0.3594	1.0464	0.1807	0.3456	1.0483	0.1925	0.3220
2.50	7.360	1.0790	0.2282	0.4922	1.0811	0.2376	0.4733	1.0846	0.2539	0.4408
3.00	6.021	1.1135	0.2717	0.6111	1.1166	0.2835	0.5876	1.1218	0.3037	0.5471
4.00	4.437	1.1803	0.3385	0.8229	1.1857	0.3543	0.7913	1.1945	0.3818	0.7363
5.00	3.522	1.2425	0.3883	1.0121	1.2053	0.4078	0.9731	1.2630	0.4418	0.9051
6.00	2.923	1.3000	0.4276	1.1859	1.3102	0.4506	1.1400	1.3269	0.4906	1.0598
8.00	2.183	1.4029	0.4870	1.5007	1.4181	0.5162	1.4424	1.4430	0.5674	1.3398
10.00	1.743	1.4929	0.5307	1.7845	1.5132	0.5655	1.7148	1.5464	0.6271	1.5917

三分支定向耦合器设计时通常给定以下技术指标：

① 平均耦合度 C；

② 具有最佳性能的相对带宽 W_b；

③ 通带内最大输入驻波比 ρ_{max}；

④ 中心频率 f_0；

⑤ 输入、输出端接传输线特性阻抗 Z_0。

三分支定向耦合器的设计步骤如下：

(1) 由耦合度 C 和相对带宽 W_b 确定设计中用的阻抗变换比 R 和 W_q，它们之间有以下关系

$$\begin{cases} C=20\lg\dfrac{R+1}{R-1} \\ W_b=0.6W_q \end{cases} \qquad (6.2\text{-}25)$$

(2) 通过数据表 6.2-1 查得定向耦合器各分支线和主线的归一化导纳 a_1、a_2、b。

(3) 由中心频率和主线及分支线的特性导纳确定定向耦合器的结构尺寸。

需要说明的是，上述设计过程中所用的变阻比 R 和相对带宽 W_q 都只是为了借用 1/4 波长阶梯阻抗变换器的设计结果而引入的，并不是定向耦合器的实际变阻比和带宽。该定向耦合器是不变阻的，即 $R=1$，带宽为 W_b。

【设计实例 6.2-2】　试设计一个微带三分支定向耦合器，技术指标为：耦合度 $C=3$dB，输入电压驻波比 $\rho_{max} \leqslant 1.2$，相对带宽 $W_b=24\%$，中心频率 $f_0=3.5$GHz。输入、输出端接传输线特性阻抗为 50Ω，介质基板的相对介电常数 $\varepsilon_r=2.55$，基板厚度 $h=1.0$mm。

解：由式(6.2-25)得 $R=5.84$，$W_q=W_b/0.6=0.4$。由 $W_q=0.4$，$R=5.84$，从表 6.2-1 中查得

$$b \approx 1.2053+(1.3102-1.2053)\times\frac{5.84-5.0}{6-5} \approx 1.2934$$

$$a_1 \approx 0.4078+(0.4506-0.4078)\times\frac{5.84-5}{6-5} \approx 0.4438$$

$$a_2 \approx 0.9731 + (1.14 - 0.9731) \times \frac{5.84 - 5}{6 - 5} \approx 1.1133$$

因为输入、输出端接传输线特性阻抗为 50Ω，故各主线和分支线的特性阻抗分别为

$$Z_{a1} = \frac{Z_0}{a_1} \approx 112.663\Omega$$

$$Z_{a2} = \frac{Z_0}{a_2} \approx 44.912\Omega$$

$$Z_b = \frac{Z_0}{b} \approx 38.658\Omega$$

查表 2.7-1 得

$$W_0/h \approx 2.8; \quad W_{a1}/h \approx 0.59, \sqrt{\varepsilon_{ea1}} \approx 1.4$$

$$W_{a2}/h \approx 3.3, \sqrt{\varepsilon_{ea2}} \approx 1.47; \quad W_b/h \approx 4.1, \sqrt{\varepsilon_{eb}} \approx 1.481$$

因为 $h = 1\text{mm}$，于是得

$$W_0 \approx 2.8\text{mm}; \quad W_{a1} \approx 0.59\text{mm}; \quad W_{a2} \approx 3.3\text{mm}; \quad W_b \approx 4.1\text{mm}$$

由于中心频率 $f_0 = 3.5\text{GHz}$，故得各分支线和主线的长度分别为

$$l_{a1} = \frac{c}{4 f_0 \sqrt{\varepsilon_{ea1}}} \approx 15.306\text{mm}$$

$$l_{a2} = \frac{c}{4 f_0 \sqrt{\varepsilon_{ea2}}} \approx 14.577\text{mm}$$

$$l_b = \frac{c}{4 f_0 \sqrt{\varepsilon_{eb}}} \approx 14.469\text{mm}$$

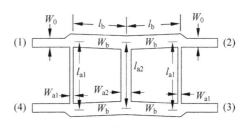

图 6.2-12　设计实例 6.2-2 图

各尺寸的含义如图 6.2-12 所示。

该定向耦合器的仿真模型和仿真结果如图 6.2-13 所示。

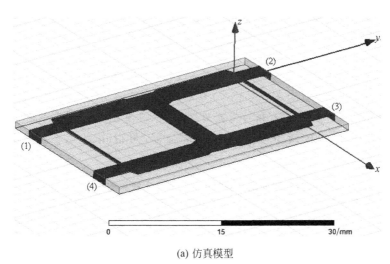

(a) 仿真模型

图 6.2-13　三分支微带定向耦合器的仿真模型和仿真结果

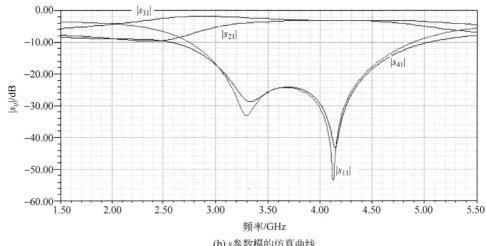

(b) s参数模的仿真曲线

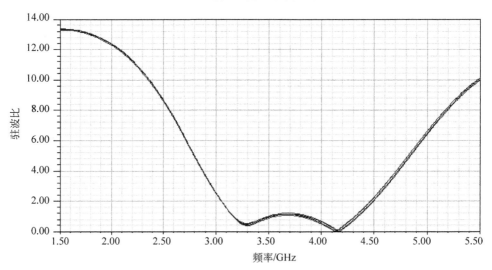

(c) 各端口驻波比随频率变化的仿真曲线

图 6.2-13 （续）

由图 6.2-13(b) 可见，该定向耦合器在 $3.5\sim4.7\text{GHz}$ 频段内 $|s_{21}|$ 和 $|s_{31}|$ 接近 -3dB，且 $|s_{11}|$ 和 $|s_{41}|$ 小于 -13dB；由图 6.2-13(c) 可见，在 $3.11\sim4.4\text{GHz}$ 频段内，驻波比 $\rho\leqslant1.2$。可见，公共频带为 $3.5\sim4.4\text{GHz}$，相对带宽为 22.8%，具有较宽的频带特性。

对于更宽频带的 3dB 微带三分支定向耦合器，可以用表 6.2-2 给出的结果进行设计[10]。

表 6.2-2　3dB 三分支定向耦合器的相对带宽及主线和支线归一化导纳数值表

$\Delta f/f_0$	a_1	b	a_2
0.50	0.5499	1.3491	0.9413
0.60	0.6294	1.3742	0.7824
0.70	0.7263	1.3982	0.5884

6.2.2 微带混合环

1. 普通混合环

图 6.2-14 所示是一种微带混合环（Microstrip Hybrid Coupler）。微带混合环的周长为 $3\lambda_{p0}/2$，由四段分支线构成，其中，端口（1）和端口（4）之间的分支线长度为 $\lambda_{p0}/4$，特性导纳为 aY_0；端口（2）和端口（3）之间的分支线长度为 $3\lambda_{p0}/4$，特性导纳为 cY_0；另外两段分支线长度为 $\lambda_{p0}/4$，特性导纳为 bY_0；四个端口所接传输线特性导纳均为 Y_0。

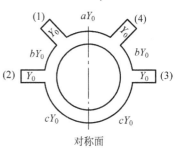

图 6.2-14 微带混合环

对微带混合环可采用与微带双分支定向耦合器相同的方法进行分析。在用奇偶模法进行定量分析时，可将混合环从图 6.2-14 中所示的对称面处将混合环分成两个二端口网络，如图 6.2-15（a）、图 6.2-15（b）所示，其中，并联分支线的长度分别为 $\lambda_{p0}/8$ 和 $3\lambda_{p0}/8$。对于每个二端口网络，可等效成图 6.2-16 和图 6.2-17 所示的等效电路。以下的分析过程与微带双分支定向耦合器完全类似，这里不再赘述。

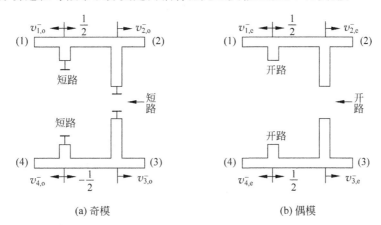

(a) 奇模   (b) 偶模

图 6.2-15 奇模激励和偶模激励时等效的两个二端口网络

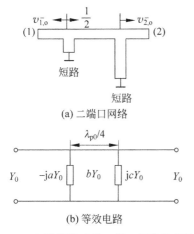

图 6.2-16 奇模激励时的二端口网络及等效电路

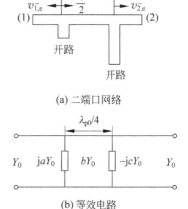

图 6.2-17 偶模激励时的二端口网络及等效电路

定量分析的结果是：当各端口接匹配负载且构成圆环的各段传输线的特性导纳均为

$aY_0 = bY_0 = cY_0 = \dfrac{Y_0}{\sqrt{2}}$(即圆环的特性阻抗 $Z_r = \sqrt{2}Z_0$)时，微带混合环具有两个端口互相隔

离、另外两个端口平分输入功率的特性，可以看作一个 3dB 定向耦合器。例如，当各端口接匹配负载时，若信号由端口(1)输入，则端口(3)无输出，端口(2)和端口(4)有等幅、同相的信号电压输出；若信号由端口(3)输入，则端口(1)无输出，端口(2)和端口(4)有等幅、反相的信号电压输出。于是，根据微带混合环的特性，可写出其散射参量矩阵为

$$[s] = \frac{1}{\sqrt{2}} \begin{bmatrix} 0 & -j & 0 & -j \\ -j & 0 & -j & 0 \\ 0 & -j & 0 & -j \\ -j & 0 & -j & 0 \end{bmatrix} \tag{6.2-26}$$

2. 宽带混合环

普通混合环由于结构尺寸与波长有关，当频率发生变化时，性能会变差，尤其是其中的 $3\lambda_{p0}/4$ 线段对频率更为敏感，导致其带宽只有 $20\% \sim 40\%$。但是若将混合环的结构稍加更改，用一段相移 270° 的耦合线节代替对频率敏感的 $3\lambda_{p0}/4$ 线段(如图 6.2-18 所示)，便可获得较大的带宽[10]。

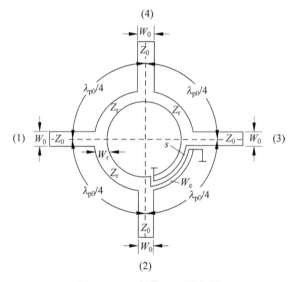

图 6.2-18 宽带 3dB 混合环

为了使常用的 3dB 混合环在倍频程带宽内实现 3 ± 0.3dB 的耦合量，隔离端的隔离度保持在 20dB 左右，并维持低的电压驻波比，可采取如下措施：

(1) 使圆环的传输线特性阻抗由 $Z_r = \sqrt{2}Z_0$ 增至 $Z_r = 1.46Z_0$；

(2) 为了降低对频率的敏感度，可以把环上的 $3\lambda_{p0}/4$ 传输线段用中心频率上阻抗为 $Z_r = 1.46Z_0$ 的宽带倒相网络来代替。

宽带倒相网络可以用一段 1/4 波长的短路交指型对称耦合线节近似构成。由式(2.8-19)可知，一段电长度为 θ 的短路交指型对称耦合线节的 $[Y]$ 为

$$[\boldsymbol{Y}] = \begin{bmatrix} -\mathrm{j}\dfrac{Y_{0\mathrm{o}}+Y_{0\mathrm{e}}}{2}\cot\theta & -\mathrm{j}\dfrac{Y_{0\mathrm{o}}-Y_{0\mathrm{e}}}{2}\csc\theta \\ -\mathrm{j}\dfrac{Y_{0\mathrm{o}}-Y_{0\mathrm{e}}}{2}\csc\theta & -\mathrm{j}\dfrac{Y_{0\mathrm{o}}+Y_{0\mathrm{e}}}{2}\cot\theta \end{bmatrix} \tag{6.2-27}$$

运用表 5.3-1 的网络参量转换关系可知,一段 1/4 波长的短路交指型对称耦合线节在中心频率处($\theta=\pi/2$)的散射参量 s_{21} 为正的纯虚数,即耦合线节的输出信号比输入信号相位超前 90°(或落后 270°),与 $3\lambda_{\mathrm{p0}}/4$ 传输线段的相移特性相同。而且由图 2.8-8(b)所示的等效电路可知,当 $\theta=\pi/2$ 时,短路交指型对称耦合线节退化为特性阻抗为 Z_e、长度为 $\lambda/4$ 的传输线段,且 Z_e 由下式确定

$$Z_\mathrm{e} = \frac{2Z_{0\mathrm{e}}Z_{0\mathrm{o}}}{Z_{0\mathrm{e}}-Z_{0\mathrm{o}}} \tag{6.2-28}$$

根据措施(2)的要求,令

$$Z_\mathrm{e} = \frac{2Z_{0\mathrm{e}}Z_{0\mathrm{o}}}{Z_{0\mathrm{e}}-Z_{0\mathrm{o}}} = Z_\mathrm{r} \tag{6.2-29}$$

另外,为了使耦合线与环上其余部分特性阻抗为 Z_r 的传输线匹配,由式(2.8-6)可知,必须有

$$\sqrt{Z_{0\mathrm{e}}Z_{0\mathrm{o}}} = Z_\mathrm{r} \tag{6.2-30}$$

由式(6.2-29)、式(6.2-30)可解得

$$\begin{cases} Z_{0\mathrm{e}} = (\sqrt{2}+1)Z_\mathrm{r} \\ Z_{0\mathrm{o}} = (\sqrt{2}-1)Z_\mathrm{r} \end{cases} \tag{6.2-31}$$

知道了耦合线的奇、偶模阻抗后,用 2.8 节给出的方法便可确定耦合线节的截面尺寸 W_e 和 s。

【设计实例 6.2-3】 试分别用窄带设计法和宽带设计法设计 3dB 微带混合环,已知混合环各端所接传输线的特性阻抗均为 50Ω,微带基片的 $\varepsilon_\mathrm{r}=9$,$h=0.8\mathrm{mm}$,中心工作频率 $f_0=3\mathrm{GHz}$。

解:(1)窄带设计

由前面分析可知,当圆环的各段传输线的特性导纳均为 $aY_0=bY_0=cY_0=\dfrac{Y_0}{\sqrt{2}}$(即圆环的特性阻抗 $Z_\mathrm{r}=\sqrt{2}Z_0$)时,微带混合环可以看作一个 3dB 定向耦合器。

由 $Z_\mathrm{r}=\sqrt{2}Z_0=70.71\Omega$,$\varepsilon_\mathrm{r}=9$,查表 2.7-1 得圆环的导体带条宽度为 $W_\mathrm{r}\approx0.476\times0.8=0.381\mathrm{mm}$,相应的 $\sqrt{\varepsilon_\mathrm{e}}\approx2.42$,相波长 $\lambda_\mathrm{p}=\dfrac{c}{f_0\sqrt{\varepsilon_\mathrm{e}}}=41.322\mathrm{mm}$。

输入、输出端口 50Ω 微带线的宽度为

$$W_0 \approx 1.045\times0.8 = 0.836\mathrm{mm}$$

各微带线段长度分别为

$$l_\mathrm{AB} = l_\mathrm{CD} = l_\mathrm{AD} = \frac{\lambda_\mathrm{p}}{4} \approx 10.33\mathrm{mm}$$

$$l_{BC} = \frac{3\lambda_p}{4} \approx 31\text{mm}$$

各尺寸含义如图 6.2-19 所示。

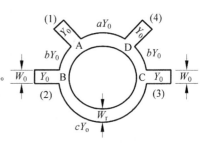

图 6.2-19　窄带混合环

该混合环的仿真模型和仿真结果如图 6.2-20 所示。

由图 6.2-20(b)可知,该定向耦合器的中心频率约为 3GHz,且在 $2.6 \sim 3.4$GHz 频带范围内,$|s_{21}| \approx |s_{41}| \approx -3$dB,说明端口(2)和端口(4)的输出功率相等,均是端口(1)输入功率的一半;$|s_{31}|$ 和 $|s_{11}|$ 小于 -20dB,说明隔离度和回波损耗特性较好,相对带宽约为 26.7%。

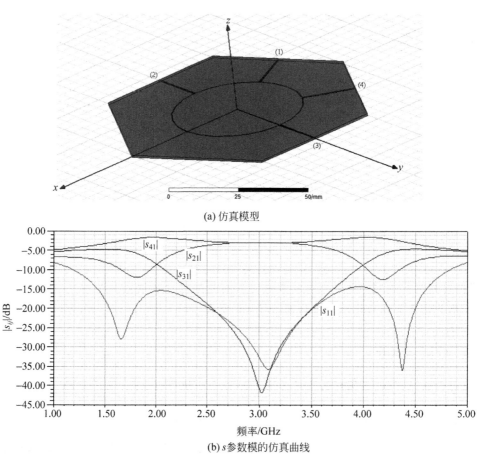

(a) 仿真模型

(b) s 参数模的仿真曲线

图 6.2-20　窄带混合环的仿真结果

（2）宽带设计

采用图 6.2-18 所示结构进行设计。圆环线的特性阻抗为 $Z_r = 1.46 \times 50 = 73\Omega$,耦合线的奇、偶模阻抗分别为

$$Z_{0o} = (\sqrt{2} - 1) \times 73 = 30.2\Omega, \quad Z_{0e} = (\sqrt{2} + 1) \times 73 = 176.2\Omega$$

环上传输线（$Z_r = 73\Omega$）的尺寸为

$$W_r/h = 0.428, \quad W_r = 0.34\text{mm}$$

$$\sqrt{\varepsilon_{e1}} = 2.41, \quad l = \frac{\lambda_{p0}}{4} = \frac{c}{4f_0\sqrt{\varepsilon_{e1}}} = 10.37\text{mm}$$

环上耦合线的尺寸为

$$W_e/h \approx 0.12, \quad W_e \approx 0.096\text{mm}$$

$$s/h \approx 0.043, \quad s \approx 0.034\text{mm}$$

耦合线长度可由非耦合线的相波长近似确定。由 $W_e/h \approx 0.12$ 查表 2.7-1 得

$$\sqrt{\varepsilon_{e2}} \approx 2.311, \quad \text{故} \quad l_2 \approx \frac{3 \times 10^{11}}{4 \times 3 \times 10^9 \times 2.311} = 10.818\text{mm}$$

输入、输出端口微带线的宽度为

$$W_0/h \approx 1.045, \quad W_0 = 0.836\text{mm}$$

该混合环的仿真模型和 s 参数模的仿真结果如图 6.2-21 所示。

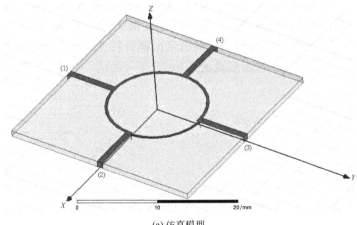

(a) 仿真模型

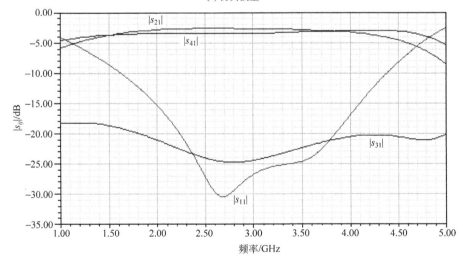

(b) s 参数模的仿真曲线

图 6.2-21　宽带混合环的仿真模型和仿真曲线

由图 6.2-21(b)可以看出,在 2.22～3.83GHz 频段范围内,$|s_{11}|$ 和 $|s_{31}|$ 小于 —20dB,$|s_{21}|$ 和 $|s_{41}|$ 接近 —3dB,相对带宽约为 53%,与窄带混合环相比,具有较宽的频带特性。

6.2.3 微带平行耦合线定向耦合器

微带平行耦合线(Coupling Line)定向耦合器是由两段互相平行、彼此靠得很近的微带线段构成的,微带线段的长度通常为 1/4 波长,如图 6.2-22 所示。

1. 定性分析

如图 6.2-22(b)所示,当信号从端口(1)输入时,在传输线(1)—(2)中将有交变电流 i_1 流过。由于传输线(3)—(4)与传输线(1)—(2)彼此靠得很近,两线之间存在耦合电容和耦合电感,因此,通过耦合电感和耦合电容,传输线(1)—(2)中的交变电流 i_1 将在传输线(3)—(4)中感应出电流。其中,下标"L"表示通过电感耦合的电流,下标"C"表示通过电容耦合的电流。由图可见,在端口(3),耦合电流 i_{L3} 和 i_{C3} 方向相同,互相叠加,故端口(3)为耦合端;在端口(4),耦合电流 i_{L4} 和 i_{C4} 方向相反,互相抵消,故端口(4)为隔离端。因为此类定向耦合器的耦合波传输方向与输入波传输方向相反,故称为"反向型定向耦合器"。由以上分析可见,微带平行耦合线定向耦合器的定向耦合特性是通过电容的电耦合和通过电感的磁耦合两路耦合波互相干涉而形成的。

(a) 结构图   (b) 电磁耦合示意图

图 6.2-22 微带平行耦合线定向耦合器结构图及电磁耦合示意图

2. 定量分析

由图 6.2-22(a)可见,微带平行耦合线定向耦合器也有对称面,因此也可用奇、偶模分析法进行分析。首先,把奇、偶模激励时的微带平行耦合线定向耦合器(四端口网络)分别分解为两个二端口网络,其过程如图 6.2-23 所示。由图可见,每个二端口网络都是一段孤立微带线,对于奇模激励的两个二端口网络,微带线的特性阻抗为 Z_{0o},端口(1)和端口(3)输入的电压波分别为 1/2 和 —1/2;对于偶模激励的两个二端口网络,微带线的特性阻抗为 Z_{0e},端口(1)和端口(3)输入的电压波均为 1/2。由第 5 章知识可知,特性阻抗为 Z_{0o}、Z_{0e},电长度为 $\theta = \beta l$ 的微带线段的归一化转移参量矩阵分别为

$$[\boldsymbol{a}]_o = \begin{bmatrix} \cos\theta & \mathrm{j}z_{0o}\sin\theta \\ \mathrm{j}\dfrac{\sin\theta}{z_{0o}} & \cos\theta \end{bmatrix} \tag{6.2-32}$$

$$[\boldsymbol{a}]_e = \begin{bmatrix} \cos\theta & \mathrm{j}z_{0e}\sin\theta \\ \mathrm{j}\dfrac{\sin\theta}{z_{0e}} & \cos\theta \end{bmatrix} \tag{6.2-33}$$

其中,$z_{0o} = Z_{0o}/Z_0$、$z_{0e} = Z_{0e}/Z_0$,Z_0 为外接传输线的特性阻抗。

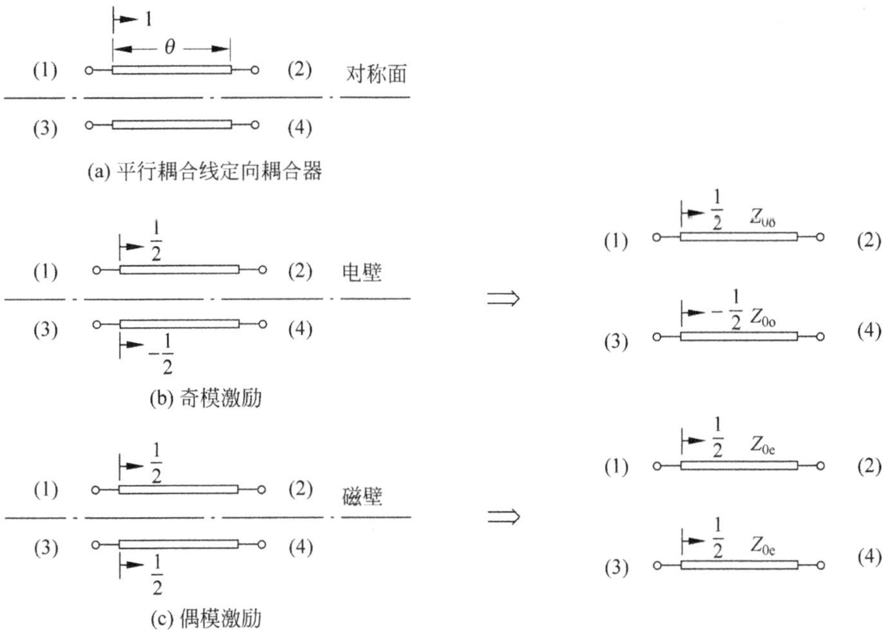

图 6.2-23 微带平行耦合线定向耦合器的分解

当各端口接匹配负载时,由以上两式可求得相应的 Γ_{o}、T_{o} 及 Γ_{e}、T_{e} 的表达式

$$\Gamma_{\mathrm{o}} = s_{11,\mathrm{o}} = \frac{(a_{11,\mathrm{o}} - a_{22,\mathrm{o}}) + (a_{12,\mathrm{o}} - a_{21,\mathrm{o}})}{(a_{11,\mathrm{o}} + a_{22,\mathrm{o}}) + (a_{12,\mathrm{o}} + a_{21,\mathrm{o}})} = \frac{\mathrm{j}\sin\theta\left(z_{0\mathrm{o}} - \dfrac{1}{z_{0\mathrm{o}}}\right)}{2\cos\theta + \mathrm{j}\sin\theta\left(z_{0\mathrm{o}} + \dfrac{1}{z_{0\mathrm{o}}}\right)} \quad (6.2\text{-}34\mathrm{a})$$

$$T_{\mathrm{o}} = s_{21,\mathrm{o}} = \frac{2}{(a_{11,\mathrm{o}} + a_{22,\mathrm{o}}) + (a_{12,\mathrm{o}} + a_{21,\mathrm{o}})} = \frac{2}{2\cos\theta + \mathrm{j}\sin\theta\left(z_{0\mathrm{o}} + \dfrac{1}{z_{0\mathrm{o}}}\right)} \quad (6.2\text{-}34\mathrm{b})$$

$$\Gamma_{\mathrm{e}} = s_{11,\mathrm{e}} = \frac{(a_{11,\mathrm{e}} - a_{22,\mathrm{e}}) + (a_{12,\mathrm{e}} - a_{21,\mathrm{e}})}{(a_{11,\mathrm{e}} + a_{22,\mathrm{e}}) + (a_{12,\mathrm{e}} + a_{21,\mathrm{e}})} = \frac{\mathrm{j}\sin\theta\left(z_{0\mathrm{e}} - \dfrac{1}{z_{0\mathrm{e}}}\right)}{2\cos\theta + \mathrm{j}\sin\theta\left(z_{0\mathrm{e}} + \dfrac{1}{z_{0\mathrm{e}}}\right)} \quad (6.2\text{-}34\mathrm{c})$$

$$T_{\mathrm{e}} = s_{21,\mathrm{e}} = \frac{2}{(a_{11,\mathrm{e}} + a_{22,\mathrm{e}}) + (a_{12,\mathrm{e}} + a_{21,\mathrm{e}})} = \frac{2}{2\cos\theta + \mathrm{j}\sin\theta\left(z_{0\mathrm{e}} + \dfrac{1}{z_{0\mathrm{e}}}\right)} \quad (6.2\text{-}34\mathrm{d})$$

应用叠加原理得

$$\begin{cases} v_1^- = \dfrac{1}{2}(\Gamma_{\mathrm{e}} + \Gamma_{\mathrm{o}}) \\[2mm] v_2^- = \dfrac{1}{2}(T_{\mathrm{e}} + T_{\mathrm{o}}) \\[2mm] v_3^- = \dfrac{1}{2}(\Gamma_{\mathrm{e}} - \Gamma_{\mathrm{o}}) \\[2mm] v_4^- = \dfrac{1}{2}(T_{\mathrm{e}} - T_{\mathrm{o}}) \end{cases} \quad (6.2\text{-}35)$$

若耦合线的奇、偶模特性阻抗满足下列关系

$$z_{0o}z_{0e}=1 \qquad\qquad (6.2\text{-}36\mathrm{a})$$

或

$$Z_{0o}Z_{0e}=Z_0^2 \qquad\qquad (6.2\text{-}36\mathrm{b})$$

则由式(6.2-34a)和式(6.2-34c)得到 $\Gamma_o=-\Gamma_e$,由式(6.2-34b)和式(6.2-34d)得到 $T_o=T_e$,结合式(6.2-35),便得到各端口输出电压与耦合线参量之间的关系为

$$
\begin{cases}
v_1^-=0 \\[2mm]
v_2^-=T_e=\dfrac{2}{2\cos\theta+\mathrm{j}\sin\theta\left(z_{0e}+\dfrac{1}{z_{0e}}\right)} \\[6mm]
v_3^-=\Gamma_e=\dfrac{\mathrm{j}\sin\theta\left(z_{0e}-\dfrac{1}{z_{0e}}\right)}{2\cos\theta+\mathrm{j}\sin\theta\left(z_{0e}+\dfrac{1}{z_{0e}}\right)} \\[6mm]
v_4^-=0
\end{cases}
\qquad (6.2\text{-}37)
$$

由以上分析可得到以下几点结论:

① 不论耦合区电长度 θ 为何值,要获得理想匹配及理想隔离特性,即 $v_1^-=0$,$v_4^-=0$,必须满足条件 $z_{0o}z_{0e}=1$(或 $Z_{0o}Z_{0e}=Z_0^2$)。

② 耦合端口(3)的输出电压 v_3^- 及直通端口(2)的输出电压 v_2^- 都是 θ 的函数。当 $\theta=\dfrac{\pi}{2}$(即耦合区长度等于1/4波长)时,耦合端输出为最大,即

$$(v_3^-)_{\max}=\dfrac{z_{0e}-\dfrac{1}{z_{0e}}}{z_{0e}+\dfrac{1}{z_{0e}}}=\dfrac{z_{0e}-z_{0o}}{z_{0e}+z_{0o}}=\dfrac{Z_{0e}-Z_{0o}}{Z_{0e}+Z_{0o}}$$

且 $(v_3^-)_{\max}$ 与 v_1^+ 同相。通常令上式中

$$\dfrac{Z_{0e}-Z_{0o}}{Z_{0e}+Z_{0o}}=k \qquad\qquad (6.2\text{-}38)$$

k 称为中心频率的电压耦合系数。故

$$(v_3^-)_{\max}=k \qquad\qquad (6.2\text{-}39)$$

③ 当 $\theta<\pi$ 时,耦合端输出电压 v_3^- 的相位比直通端输出电压 v_2^- 的相位超前 $\dfrac{\pi}{2}$。

当 $\theta=\dfrac{\pi}{2}$ 时,定向耦合器的耦合度由下式确定

$$C=10\lg\dfrac{P_1}{P_{3\max}}=10\lg\dfrac{1}{|s_{31}|^2}=10\lg\dfrac{1}{k^2}(\mathrm{dB}) \qquad (6.2\text{-}40)$$

因此,一旦给定中心频率时的耦合度 C,便可由式(6.2-40)解得

$$k=\sqrt{\dfrac{1}{10^{\frac{C}{10}}}} \qquad\qquad (6.2\text{-}41)$$

由式(6.2-38)可导出

$$\frac{Z_{0e}}{Z_{0o}} = \frac{1+k}{1-k} \qquad (6.2\text{-}42)$$

将理想隔离条件 $Z_{0o}Z_{0e} = Z_0^2$ 代入上式,便得

$$Z_{0e} = Z_0\sqrt{\frac{1+k}{1-k}}, \quad Z_{0o} = Z_0\sqrt{\frac{1-k}{1+k}} \qquad (6.2\text{-}43)$$

设计定向耦合器时,首先由给定的耦合度 C 及各端口引出线的特性阻抗 Z_0,利用式(6.2-41)和式(6.2-43)计算 Z_{0o} 和 Z_{0e},再通过图 2.8-3 所示曲线确定耦合器的结构尺寸。

由于微带线奇、偶模相波长不等,故在决定耦合区长度 l 时,相波长通常取奇、偶模相波长的平均值。另外,研究发现,奇、偶模相波长的平均值和非耦合微带线的相波长几乎相等,故耦合微带线的长度可近似取为

$$l \approx \frac{1}{4}\left(\frac{\lambda_{po}+\lambda_{pe}}{2}\right) \approx \frac{\lambda_{p0}}{4} \qquad (6.2\text{-}44)$$

这种方法虽然是近似的,但对设计平行耦合微带线定向耦合器来说,仍是一种有效的方法。

因为式(6.2-37)是在假设各端口接匹配负载的条件下得到的,所以,将 $\theta = \frac{\pi}{2}$ 和式(6.2-43)代入式(6.2-37),并考虑到微带平行耦合线定向耦合器所等效的四端口网络具有可逆、无耗、对称特性,便可得出微带平行耦合线定向耦合器所等效的四端口网络的散射参量矩阵为

$$[s] = \begin{bmatrix} 0 & -\mathrm{j}\sqrt{1-k^2} & k & 0 \\ -\mathrm{j}\sqrt{1-k^2} & 0 & 0 & k \\ k & 0 & 0 & -\mathrm{j}\sqrt{1-k^2} \\ 0 & k & -\mathrm{j}\sqrt{1-k^2} & 0 \end{bmatrix} \qquad (6.2\text{-}45)$$

【设计实例 6.2-4】 设计一平行耦合线定向耦合器,指标为:中心频率 $f_0 = 3.5\mathrm{GHz}$,耦合度 $C = 15\mathrm{dB}$,引出线特性阻抗 $Z_0 = 50\Omega$,介质基片 $\varepsilon_r = 9.6$,$h = 1\mathrm{mm}$。

解: 根据所要求的耦合度由式(6.2-41)计算耦合系数,得

$$k = \sqrt{\frac{1}{10^{\frac{15}{10}}}} = 0.178$$

由 k 和式(6.2-43)计算 Z_{0e}、Z_{0o},得

$$Z_{0e} = Z_0\sqrt{\frac{1+k}{1-k}} \approx 59.9\Omega$$

$$Z_{0o} = Z_0\sqrt{\frac{1-k}{1+k}} \approx 41.8\Omega$$

根据给定的介质基片的 ε_r、h 和算得的 Z_{0e}、Z_{0o},查图 2.8-3(d)可得

$$W_1/h = 0.97, \quad W_1 = 0.97\mathrm{mm}; \quad s/h = 0.62, \quad s = 0.62\mathrm{mm}$$

耦合线段的长度近似认为等于未耦合单根线的 $1/4$ 波长。由式(2.7-7)得非耦合单根微带线的有效相对介电常数为

$$\varepsilon_e = \frac{9.6+1}{2} + \frac{9.6-1}{2}\left(1+\frac{10}{0.97}\right)^{-\frac{1}{2}} = 6.579$$

故得耦合线的长度为

$$l = \frac{c}{4f_0\sqrt{\varepsilon_e}} = 8.354\text{mm}$$

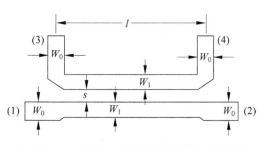

50Ω引出线的宽度由式(2.7-8)计算可得

$$W_0 = 0.99\text{mm}$$

定向耦合器的结构及各尺寸含义如图 6.2-24 所示。

图 6.2-24 平行耦合微带线结构及尺寸示意图

由于耦合段(考虑相互影响时)的单线特性阻抗必须等于引出线(孤立单线)的特性阻抗,因此,耦合段的线宽应和引出线的线宽不同。在耦合较紧时,这种差别较为显著。为了减小导体带条宽度不同所引起的反射,在连接处进行了削角处理。

在耦合段以外的引出线区域,主、副线的引出线之间应避免寄生耦合,一般两者之间的距离应大于3~4倍介质基片厚度。图 6.2-24 所示结构中,(3)—(4)线做成了匹配直角拐角的形式,这种情况下主、副线引出线间的耦合最小。

该定向耦合器的仿真模型和s参数模的仿真结果如图 6.2-25 所示。

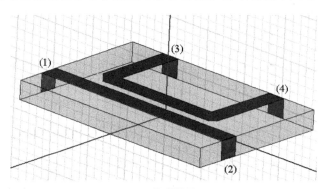

(a) 仿真模型

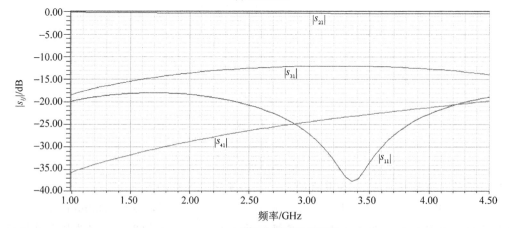

(b) s参数模的仿真结果

图 6.2-25 平行耦合线定向耦合器的仿真模型及仿真结果

由图 6.2-25(b)可以看出,在中心频率 3.5GHz 处,$|s_{11}|$ 小于 -33.5dB 时,回波损耗特性较好;$|s_{41}|$ 约为 -23dB 时,隔离度指标略差;$|s_{31}|$ 大约为 -12dB 时,耦合度比要求的 15dB 小。通过仿真软件优化,可以使定向耦合器的各性能指标均达到设计要求。

6.3 矩形波导定向耦合器

矩形波导定向耦合器通常是通过主、副波导公共壁上的耦合小孔(槽或缝)进行耦合的。根据耦合孔(槽或缝)的数目和形状,波导定向耦合器可分为单孔定向耦合器、多孔定向耦合器、十字孔定向耦合器、匹配双 T 和波导裂缝电桥等多种结构形式,下面分别介绍。

6.3.1 矩形波导单孔定向耦合器

矩形波导单孔(Single Hole)定向耦合器的结构如图 6.3-1(a)所示,其主、副波导的公共壁是宽壁,圆孔开在公共宽壁的中心线上。当主模 H_{10} 波从主波导端口(1)输入后,大部分信号能量从端口(2)输出,一小部分信号能量通过圆孔耦合到副波导中去,而且耦合到副波导中的大部分波从端口(3)输出,端口(4)输出很少,因此这种波导结构具有定向耦合作用。这种定向耦合作用可用图 6.3-1(b)和图 6.3-1(c)进行说明。当 H_{10} 波从主波导的端口(1)输入而抵达耦合孔时,电场分量 E_y 会通过小孔而落在副波导的公共宽壁上,使圆孔左右两方向得到大小相等而方向相同的电场,如图 6.3-1(b)所示。由于圆孔开在波导宽面的中心线上,故在圆孔处,除了电场分量 E_y 外,还有磁场分量 H_x,磁场分量 H_x 的存在使公共宽壁上产生轴向表面电流,该电流流过小孔时,在孔处被截断,于是在孔的两侧将分别积累正、负电荷,并产生图 6.3-1(c)所示的电场分布。将电场 E_y 激励的耦合波与磁场 H_x 激励的耦合波叠加起来,便得到端口(3)和端口(4)的耦合波。由图可知,在端口(3)的两耦合波同向叠加,在端口(4)的两耦合波反向相消,因此这种结构具有定向耦合作用,称为"单孔定向耦合器"。由上述可见,单孔定向耦合器的定向耦合作用是由电耦合波和磁耦合波相互干涉而产生的。

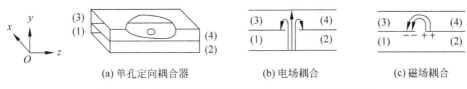

(a) 单孔定向耦合器   (b) 电场耦合   (c) 磁场耦合

图 6.3-1 单孔定向耦合器的结构及电磁耦合的场分布

对单孔定向耦合器的定量分析需利用小孔耦合理论,由于篇幅有限,这里就不进行详细讨论了,下面只给出利用小孔耦合理论所得到的单孔定向耦合器耦合度 C 和隔离度 D 的计算公式

$$C = 20\lg \frac{3ab\lambda_g}{8\pi r_0^3 \left[1 + \frac{1}{2}\left(\frac{\lambda_g}{\lambda}\right)^2\right]} \tag{6.3-1}$$

$$D = 20\lg \frac{3a\,b\lambda_g}{8\pi r_0^3 \left[1 - \frac{1}{2}\left(\frac{\lambda_g}{\lambda}\right)^2\right]} \tag{6.3-2}$$

式中,a、b 分别为波导的宽、窄边尺寸,$\lambda_g = \dfrac{\lambda}{\sqrt{1 - \left(\dfrac{\lambda}{2a}\right)^2}}$ 为波导波长,r_0 为圆孔半径,λ 为工

作波长。由式(6.3-2)可见,当 $\lambda = \sqrt{2}\,a$ 时,$D = \infty$,此时单孔定向耦合器达到理想隔离。

6.3.2 矩形波导多孔定向耦合器

矩形波导多孔定向耦合器(Multihole Directional Coupler)的主、副波导互相平行,公共壁为波导窄壁,在公共窄壁上开有若干个彼此相隔一定距离的小孔。最简单的波导多孔定向耦合器是双孔定向耦合器,其结构如图 6.3-2 所示,两孔之间的距离为 $\lambda_{g0}/4$,λ_{g0} 为中心工作频率对应的波导波长。

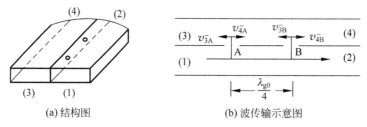

(a) 结构图 (b) 波传输示意图

图 6.3-2 双孔定向耦合器

当信号从端口(1)输入时,在主波导中就有 H_{10} 波传输,由于 H_{10} 波在窄壁上只有纵向磁场分量,因此通过每个孔都只有一种耦合波,若要在副波导中形成定向耦合,至少需要开两个孔。设由孔 A 耦合到副波导中的波记为 v_{3A}^-、v_{4A}^-,因耦合孔很小,所以认为到达孔 B 的波的振幅与到达孔 A 的波的振幅近似相等,只是相位落后 $\beta\lambda_{g0}/4 = \pi/2$。这样,由孔 B 耦合到副波导中的波可以表示为

$$v_{3B}^- \approx v_{3A}^- \cdot \mathrm{e}^{-\mathrm{j}\frac{\pi}{2}} = -\mathrm{j}v_{3A}^-$$
$$v_{4B}^- \approx v_{4A}^- \cdot \mathrm{e}^{-\mathrm{j}\frac{\pi}{2}} = -\mathrm{j}v_{4A}^- \tag{6.3-3}$$

当 v_{3B}^- 传输到孔 A 与 v_{3A}^- 合成时,相位又落后 $\beta\lambda_{g0}/4 = \pi/2$,因此,由端口(3)输出的合成波为

$$v_3^- = v_{3A}^- + v_{3B}^- \cdot \mathrm{e}^{-\mathrm{j}\frac{\pi}{2}} \approx 0 \tag{6.3-4}$$

同理,由端口(4)输出的合成波为

$$v_4^- = v_{4A}^- \cdot \mathrm{e}^{-\mathrm{j}\frac{\pi}{2}} + v_{4B}^- \approx -\mathrm{j}2v_{4A}^- \tag{6.3-5}$$

由以上两式可知,端口(3)为隔离端,端口(4)为耦合端。另外,由上述分析可知,双孔定向耦合器的定向耦合作用是由两孔耦合的波互相干涉而得到的。多孔定向耦合器的结构和工作原理与双孔定向耦合器的结构和工作原理类似,但多孔定向耦合器的频带较宽、耦合度较小。

6.3.3　矩形波导十字孔定向耦合器

波导十字孔(Cross-hole)定向耦合器分单十字孔定向耦合器和双十字孔定向耦合器两种,图 6.3-3 所示为单十字孔定向耦合器,它的主、副波导互相垂直,公共壁为宽壁,十字孔开在波导相交面的对角线上。十字孔的两个缝通常很窄,所以可以忽略通过缝的电耦合以及在缝的短轴方向的磁耦合,即每个缝都只有长轴方向的磁耦合。当 H_{10} 波从主波导的端口(1)输入、向端口(2)传输时,十字孔被激励,在副波导中产生耦合波,其中,通过横缝(垂直于主波导的轴线)产生的耦合波的磁场分布如图 6.3-4(a)所示,通过竖缝(平行于主波导的轴线)产生的耦合波的电、磁场分布如图 6.3-4(b)所示。由端口(1)的 H_{10} 波磁场分布可知,图 6.3-4(a)所示的耦合波比图 6.3-4(b)所示的耦合波早 1/4 周期被激励。图 6.3-4(a)中的场分布经过 1/4 周期后变成图 6.3-4(c)所示的场分布,即图 6.3-4(c)与图 6.3-4(b)是同一时刻的场分布。比较图 6.3-4(b)和图 6.3-4(c)可以看到,两缝在端口(3)同一参考面处产生的场方向相同相加,在端口(4)同一参考面

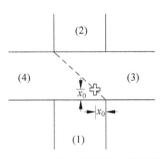

图 6.3-3　单十字孔定向耦合器

处产生的场方向相反而相消,所以,端口(3)有能量输出,是耦合端,端口(4)为隔离端。由上述可见,十字孔定向耦合器的定向耦合作用是两个缝的耦合波相互干涉产生的。

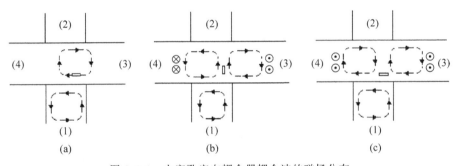

图 6.3-4　十字孔定向耦合器耦合波的磁场分布

十字孔还可以开在两波导公共宽面对角线的其他位置,如图 6.3-5 所示。各种定向耦合器的特性可用上述相同的方法进行分析,其结果如图 6.3-5 所示。

十字孔定向耦合器的定量分析也是采用小孔耦合理论。由小孔耦合理论可知,当十字孔的缝很窄时,十字孔定向耦合器的耦合度和隔离度由下式计算

$$\begin{cases} C = 20\lg \dfrac{a^2 b}{\pi M_l \sin\left(\dfrac{2\pi}{a}x_0\right)} \\ D = \infty \end{cases} \tag{6.3-6}$$

式中,$M_l = \dfrac{\pi l^3}{16\left[\ln\left(\dfrac{4l}{w}\right)-1\right]}$ 为缝的长轴方向的磁极化率;l 为缝的长度;w 为缝的宽度。

由式(6.3-6)可知,当十字孔的缝很窄时,十字孔定向耦合器的耦合度和隔离度与频率

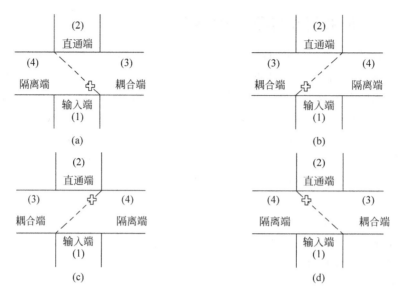

图 6.3-5　十字孔定向耦合器的特性

无关,因此,是一种宽频带定向耦合器。另外,由式(6.3-6)还可以看出,当

$$\sin\left(\frac{2\pi x_0}{a}\right)=1 \quad x_0=\frac{a}{4} \tag{6.3-7}$$

时,耦合度最小,最小耦合度为

$$C=20\lg\frac{a^2 b}{\pi M_l} \tag{6.3-8}$$

通常,磁极化率 M_l 很小,故单十字孔定向耦合器的耦合度一般较大。为了降低耦合度,增强耦合,常采用双十字孔定向耦合器。由图 6.3-5 可知,在同一对角线上的两个十字孔具有

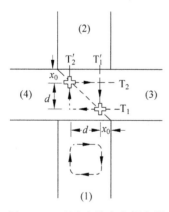

图 6.3-6　双十字孔定向耦合器

相同的耦合端,故可构成图 6.3-6 所示的双十字孔定向耦合器。其中,两个十字孔的中心均在同一条对角线上,且离主、副波导壁的距离均为 x_0,两孔中心之间的距离为 d。由于两十字孔的耦合端均为端口(3)、隔离端均为端口(4),因此,只要两个十字孔在端口(3)同一参考面处的耦合波同相,则两路波就会叠加,使耦合度降低。

由图 6.3-6 可知,两个十字孔的中心位于主波导轴线的两侧,因此,两十字孔耦合波的相位差为 π;又主波导中的波从 T_1 面传输到 T_2 面时,相位落后 βd,因此,激励左上角十字孔的波比激励右下角十字孔的波相位落后 βd,相应的耦合波相位差也为 βd;另外,左上角十字孔的耦合波从 T_2' 面传输到 T_1' 面时,相位又落后 βd,故总的相位差为 $(\pi+2\beta d)$。

此时端口(3)的耦合输出波为

$$s'_{31}=s_{31}+s_{31}\mathrm{e}^{-\mathrm{j}(\pi+2\beta d)}=s_{31}(1-\mathrm{e}^{-\mathrm{j}2\beta d})$$

其中,s_{31} 为单十字孔定向耦合器在端口(3)的耦合输出波。于是有:

$$|s'_{31}|=|s_{31}|\cdot|1-\mathrm{e}^{-\mathrm{j}2\beta d}|=|s_{31}|\cdot|\mathrm{e}^{-\mathrm{j}\beta d}(\mathrm{e}^{\mathrm{j}\beta d}-\mathrm{e}^{-\mathrm{j}\beta d})|=|s_{31}|\cdot|2\sin\beta d|$$

于是得双十字孔定向耦合器的耦合度为

$$C' = 20\lg \frac{a^2 b}{2\pi M_l \sin\left(\frac{2\pi}{a}x_0\right) \sin\beta d} \tag{6.3-9}$$

耦合度最小的条件是

$$\sin\left(\frac{2\pi}{a}x_0\right) = 1, \quad x_0 = \frac{a}{4}$$

$$\sin\beta d = 1, \quad d = \frac{\lambda_g}{4} \tag{6.3-10}$$

此时耦合度为

$$C' = 20\lg \frac{a^2 b}{2\pi M_l} \tag{6.3-11}$$

比较式(6.3-8)和式(6.3-11)可知,双十字孔定向耦合器的耦合度比单十字孔定向耦合器的耦合度减少 6dB。由式(6.3-9)可知,双十字孔定向耦合器的耦合度是频率的函数,因此频带较窄。

6.3.4 矩形波导匹配双 T

波导双 T(Double T)是由具有公共对称面的 E-T 分支(Branch)和 H-T 分支组合在一起所构成的接头,如图 6.3-7 所示。如果波导双 T 接头内部接有匹配元件,则成为匹配双 T(Matched Double T),或称为魔 T(Magic T)。下面首先介绍 T 接头的特性。

1. T 接头

波导 T 接头(T-Connectors)就是波导中的分支。波导中的分支有 E-T 分支和 H-T 分支两种,若分支波导的轴线平行于主波导中 H_{10} 波的电场,则称为 E-T 分支,如图 6.3-8(a)所示;若分支波导的轴线平行于主波导中 H_{10} 波的磁场平面,则称为 H-T 分支,如图 6.3-8(b)所示。下面分别进行介绍。

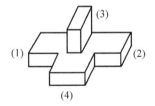

图 6.3-7 波导双 T 接头

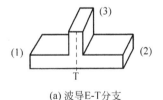

(a) 波导E-T分支

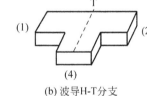

(b) 波导H-T分支

图 6.3-8 波导 T 形分支

1) E-T 分支

E-T 分支具有如下特性:

① 当信号从端口(1)输入时,端口(2)、(3)均有输出,如图 6.3-9(a)所示;

② 当信号从端口(2)输入时,端口(1)、(3)均有输出,如图 6.3-9(b)所示;

③ 当信号由端口(3)输入时,由图 6.3-9(c)中电力线分布可知,端口(1)、(2)有等幅、反相波输出;

④ 当信号从端口(1)、(2)同相输入时,在(1)—(2)波导中将形成驻波,且对称面处为电压波腹点,此时两路波在端口(3)产生的电场反向相消,如图 6.3-9(d)所示,故端口(3)输出

最小;

⑤ 当信号从端口(1)、(2)反相输入时,在(1)-(2)波导中将形成驻波,且对称面处为电压波节点,此时两路波在端口(3)产生的电场同向叠加,如图 6.3-9(e)所示,故端口(3)有最大输出。

根据以上分析,如果把主波导等效为双线,则因为 E-T 分支在电压波腹(电流波节)处时分支输出最小,而在电压波节(电流波腹)处时分支输出最大,与串联双线分支相似,故 E-T 分支可以等效为一个串联双线分支,如图 6.3-9(f)所示。

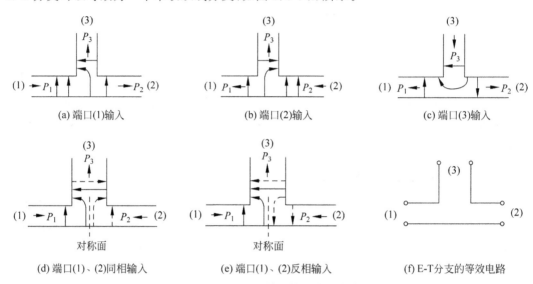

图 6.3-9　E-T 分支的传输特性及其等效电路

2) H-T 分支

H-T 分支具有如下特性:

① 当信号从端口(1)输入时,端口(2)、(4)均有输出,且同相,如图 6.3-10(a)所示;

② 当信号从端口(2)输入时,端口(1)、(4)均有输出,且同相,如图 6.3-10(b)所示;

③ 当信号从端口(4)输入时,端口(1)、(2)有等幅、同相波输出,如图 6.3-10(c)所示;

④ 当信号从端口(1)、(2)同相输入时,在(1)-(2)波导中将形成驻波,且对称面处为电压波腹点,此时两路波在端口(4)产生的电场同向叠加,如图 6.3-10(d)所示,故端口(4)输出最大;

⑤ 当信号从端口(1)、(2)反相输入时,在(1)-(2)波导中将形成驻波,且对称面处为电压波节点,此时两路波在端口(4)产生的电场反向相消,如图 6.3-10(e)所示,故端口(4)有最小输出。

根据以上分析,如果把主波导等效为双线,则因为 H-T 分支在电压波节处时分支输出最小,而在电压波腹处时分支输出最大,与并联双线分支相似,故 H-T 分支可以等效为一个并联双线分支,如图 6.3-10(f)所示。

2. 普通双 T 分支

普通双 T 分支是由具有公共对称面的 E-T 分支和 H-T 分支组合而成的,如图 6.3-7 所示,其中,E-T 分支称为 E 臂,H-T 分支称为 H 臂,另外两个分支称为平分臂。由 E-T 分支

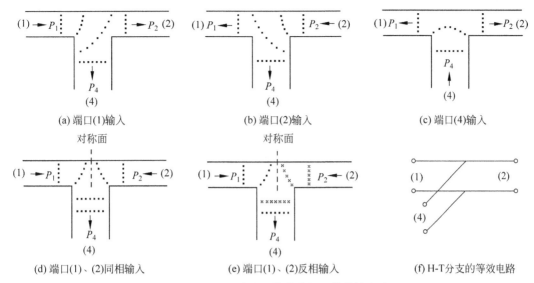

(a) 端口(1)输入　　　　(b) 端口(2)输入　　　　(c) 端口(4)输入

(d) 端口(1)、(2)同相输入　　　(e) 端口(1)、(2)反相输入　　　(f) H-T分支的等效电路

图 6.3-10　H-T 分支的传输特性及其等效电路

和 H-T 分支的特性可知,普通双 T 具有如下特性:

① 当各端口接匹配负载时,由 E 臂输入的信号从平分臂等幅、反相输出,H 臂无输出,所以,$s_{13}=-s_{23}$,$s_{43}=0$;

② 当各端口接匹配负载时,由 H 臂输入的信号从平分臂等幅、同相输出,E 臂无输出,所以,$s_{14}=s_{24}$,$s_{34}=0$;

③ 当各端口接匹配负载时,若由两平分臂输入的信号在公共对称面上等幅、同相(使公共对称面处为电压波腹点),则信号从 H 臂输出,E 臂无输出;若由两平分臂输入的信号在公共对称面上等幅、反相(使公共对称面处为电压波节点),则信号从 E 臂输出,H 臂无输出。

因为双 T 分支可逆,所以 $s_{12}=s_{21}$,$s_{13}=s_{31}$,$s_{14}=s_{41}$,$s_{23}=s_{32}$,$s_{24}=s_{42}$,$s_{34}=s_{43}$。又因为端口(1)、(2)对称,所以 $s_{11}=s_{22}$。由上述特性,可以写出普通双 T 分支的散射参量矩阵为

$$[\boldsymbol{s}]=\begin{bmatrix} s_{11} & s_{12} & s_{13} & s_{14} \\ s_{12} & s_{11} & -s_{13} & s_{14} \\ s_{13} & -s_{13} & s_{33} & 0 \\ s_{14} & s_{14} & 0 & s_{44} \end{bmatrix} \tag{6.3-12}$$

3. 匹配双 T

由以上分析可知,对于普通双 T,当各端口接匹配负载时,E 臂和 H 臂是互相隔离的,但 E 臂和 H 臂不一定是匹配的,即不能保证 $s_{33}=0$,$s_{44}=0$。为此,人们在普通双 T 接头中加入匹配元件,使 E 臂和 H 臂匹配,即 $s_{33}=0$,$s_{44}=0$,此时的双 T 称为匹配双 T,也称魔 T。魔 T 的散射参量矩阵可写成

$$[\boldsymbol{s}] = \begin{bmatrix} s_{11} & s_{12} & s_{13} & s_{14} \\ s_{12} & s_{11} & -s_{13} & s_{14} \\ s_{13} & -s_{13} & 0 & 0 \\ s_{14} & s_{14} & 0 & 0 \end{bmatrix} \qquad (6.3\text{-}13)$$

因为魔 T 为无耗元件,故其[s]应满足幺正性,即

$$\begin{bmatrix} s_{11}^* & s_{12}^* & s_{13}^* & s_{14}^* \\ s_{12}^* & s_{11}^* & -s_{13}^* & s_{14}^* \\ s_{13}^* & -s_{13}^* & 0 & 0 \\ s_{14}^* & s_{14}^* & 0 & 0 \end{bmatrix} \cdot \begin{bmatrix} s_{11} & s_{12} & s_{13} & s_{14} \\ s_{12} & s_{11} & -s_{13} & s_{14} \\ s_{13} & -s_{13} & 0 & 0 \\ s_{14} & s_{14} & 0 & 0 \end{bmatrix} = \begin{bmatrix} 1 & 0 & 0 & 0 \\ 0 & 1 & 0 & 0 \\ 0 & 0 & 1 & 0 \\ 0 & 0 & 0 & 1 \end{bmatrix}$$

由对应矩阵元素相等得

$$\begin{cases} |s_{13}|^2 + |s_{13}|^2 = 1 \\ |s_{14}|^2 + |s_{14}|^2 = 1 \\ |s_{11}|^2 + |s_{12}|^2 + |s_{13}|^2 + |s_{14}|^2 = 1 \end{cases} \qquad (6.3\text{-}14)$$

于是得

$$|s_{13}| = |s_{14}| = \frac{1}{\sqrt{2}} \qquad (6.3\text{-}15)$$

$$|s_{11}|^2 + |s_{12}|^2 = 0 \qquad (6.3\text{-}16)$$

由式(6.3-16)及网络的对称性和可逆性得

$$|s_{11}| = |s_{22}| = 0 \qquad (6.3\text{-}17)$$

$$|s_{12}| = |s_{21}| = 0 \qquad (6.3\text{-}18)$$

式(6.3-17)说明端口(1)和端口(2)是匹配的,式(6.3-18)说明端口(1)和端口(2)是互相隔离的。由式(6.3-15)及网络的对称性可知,$|s_{13}| = |s_{23}| = 1/\sqrt{2}$,$|s_{14}| = |s_{24}| = 1/\sqrt{2}$,这说明当信号从端口(3)或端口(4)输入时,能量在端口(1)和端口(2)中平分输出。又由网络的可逆性可知,$|s_{31}| = |s_{41}| = 1/\sqrt{2}$,$|s_{32}| = |s_{42}| = 1/\sqrt{2}$,这说明当信号从端口(1)或端口(2)输入时,能量在端口(3)和端口(4)中平分输出。总之,魔 T 具有如下特性:

① 当信号从 E 臂输入时,E 臂没有反射,信号从两平分臂等幅、反相输出,H 臂没有输出,为隔离臂;

② 当信号从 H 臂输入时,H 臂没有反射,信号从两平分臂等幅、同相输出,E 臂没有输出,为隔离臂;

③ 当信号从某一平分臂输入时,该平分臂没有反射,信号从 E 臂和 H 臂平分输出,另一平分臂没有输出,为隔离臂。

由此可见,魔 T 是一个理想的 3dB 定向耦合器,适当选择各端口参考面,使 $s_{13} = |s_{13}| = 1/\sqrt{2}$,$s_{14} = |s_{14}| = 1/\sqrt{2}$,则魔 T 的散射参量矩阵为

$$[\boldsymbol{s}] = \frac{1}{\sqrt{2}} \begin{bmatrix} 0 & 0 & 1 & 1 \\ 0 & 0 & -1 & 1 \\ 1 & -1 & 0 & 0 \\ 1 & 1 & 0 & 0 \end{bmatrix} \qquad (6.3\text{-}19)$$

图 6.3-11(a)所示的匹配双 T 是一个立体结构,不易表示。实用中,常用波导的轴线简单表示波导,即用图 6.3-11(b)所示结构表示匹配双 T。

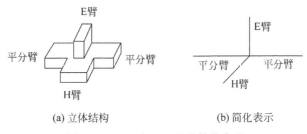

(a) 立体结构　　　　　　　(b) 简化表示

图 6.3-11　匹配双 T 及其简化表示

4. 匹配双 T 的应用

匹配双 T 在微波技术中有着广泛的应用,可用于天线收发开关、移相器、平衡混频器及阻抗测量电桥等,下面介绍匹配双 T 的几个应用。

1) 匹配双 T 在天线收发开关中的应用

图 6.3-12 所示为由两只匹配双 T 和两个气体放电盒组成的平衡式天线收发开关。当信号从发射机输入到 H 臂时,等幅、同相地从两个平分臂输出,分别传输到放电盒时,放电盒中的气体放电、短路,波被反射回来,重新进入匹配双 T。由于两路波波程差为 $\lambda_p/2$,故重新输入到匹配双 T 时反相,从 E 臂(即天线)输出。

当接收信号从天线输入到 E 臂时,等幅、反相地从两平分臂输出,由于接收信号较弱,故经过放电盒时放电盒不放电,进入下面的匹配双 T,由于是等幅、反相输入,故从 E 臂(即接收机)输出。

2) 匹配双 T 在微波标准移相器中的应用

图 6.3-13 所示为一标准移相器电路,其中,Z_L 为匹配负载,即 $\Gamma_L=0$,$v_4^+=0$。以端口(1)、(2)、(3)、(4)为参考面的网络为匹配双 T。端口(1)、

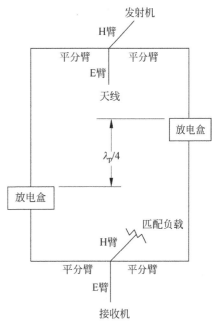

图 6.3-12　平衡式天线收发开关

(2)接可调短路活塞,故有 $\Gamma_{L1}=\Gamma_{L2}=-1$。短路活塞距端口(1)、(2)参考面距离分别为 L 和 $L+\lambda_g/4$,则端口(1)、(2)参考面处的反射系数分别为

$$\Gamma_1 = -\mathrm{e}^{-\mathrm{j}2\beta L}$$

$$\Gamma_2 = -\mathrm{e}^{-\mathrm{j}2\beta(L+\lambda_g/4)} = \mathrm{e}^{-\mathrm{j}2\beta L} = -\Gamma_1$$

于是得

$$v_1^+ = \Gamma_1 v_1^- = -\mathrm{e}^{-\mathrm{j}2\beta L} v_1^-$$

$$v_2^+ = \Gamma_2 v_2^- = \mathrm{e}^{-\mathrm{j}2\beta L} v_2^-$$

由匹配双 T 的散射方程得

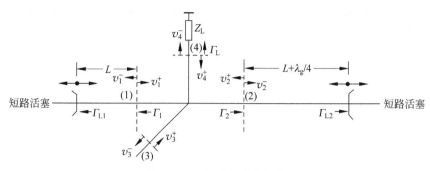

图 6.3-13　微波标准移相器

$$
\begin{bmatrix} v_1^- \\ v_2^- \\ v_3^- \\ v_4^- \end{bmatrix} = \frac{1}{\sqrt{2}} \begin{bmatrix} 0 & 0 & 1 & 1 \\ 0 & 0 & 1 & -1 \\ 1 & 1 & 0 & 0 \\ 1 & -1 & 0 & 0 \end{bmatrix} \begin{bmatrix} -e^{-j2\beta L}v_1^- \\ e^{-j2\beta L}v_2^- \\ v_3^+ \\ 0 \end{bmatrix} = \frac{1}{\sqrt{2}} \begin{bmatrix} v_3^+ \\ v_3^+ \\ (-v_1^- + v_2^-)e^{-j2\beta L} \\ (-v_1^- - v_2^-)e^{-j2\beta L} \end{bmatrix}
$$

由上式知

$$
v_1^- = v_2^- = \frac{1}{\sqrt{2}} v_3^+
$$

$$
v_3^- = \frac{1}{\sqrt{2}} (-v_1^- + v_2^-) e^{-j2\beta L}
$$

$$
v_4^- = \frac{1}{\sqrt{2}} (-v_1^- - v_2^-) e^{-j2\beta L}
$$

于是得

$$
v_3^- = 0, \quad v_4^- = \frac{1}{\sqrt{2}} \cdot (-2) \cdot \frac{1}{\sqrt{2}} v_3^+ \cdot e^{-j2\beta L} = -v_3^+ e^{-j2\beta L} = v_3^+ e^{-j(\pi + 2\beta L)}
$$

上式表明,当端口(4)接匹配负载时,端口(3)输入的信号将无反射地全部由端口(4)输出,但相位要落后,落后的相移量为

$$
\Delta\varphi = \pi + 2\beta L
$$

可见,网络输出信号 v_4^- 与输入信号 v_3^+ 间的相位差与活塞位置 L 呈线性关系,因此是一个标准移相器。移相器的精度取决于活塞位置的精度。

3) 匹配双 T 在平衡混频器中的应用

在雷达和通信系统的接收机中广泛使用微波混频器,其作用是将天线接收的微波信号和本振源的微波信号差频,得到中频输出信号。混频器有单管混频器、双管平衡混频器等多种形式。与单管混频器相比,双管平衡混频器具有较低的噪声,因而应用广泛。图 6.3-14 所示是一种波导平衡混频器,为使本振信号和天线接收信号相互隔离,可将它们分别接在匹配双 T 的 E 臂和 H 臂上,而主线上的两个平分臂内装接混频二极管 VD_1 和 VD_2。这样,本振信号和接收信号都能以相等的幅度、适当的相位加在两个二极管上进行混频,其差频信号送到中放电路中进行放大。如果两个二极管的特性完全一致,则本振信号不会传到天线而辐射出去,天线接收的信号也不会漏到本振源电路中。采用平衡混频电路的好处是本振信号与天线接收的微波信号间互相隔离,并可以抑制本振源噪声,有利于降低噪声系数,提高混频器性能。

4) 匹配双 T 在阻抗测量电桥中的应用

利用匹配双 T 可以构成图 6.3-15 所示的典型的阻抗测量电桥。信号由端口(1)输入,端口(4)接匹配的功率指示器,端口(2)、(3)分别接阻抗为 Z_0 和 Z_x 的负载。Z_0 为已知标准阻抗,可调;Z_x 为被测负载阻抗,未知。

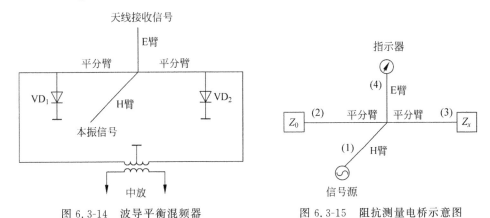

图 6.3-14 波导平衡混频器   图 6.3-15 阻抗测量电桥示意图

当信号由 H 臂的端口(1)输入时,则等幅、同相地从平分臂的端口(2)和(3)输出。如果 $Z_0 = Z_x$,则它们引起的反射波也是等幅、同相的,E 臂的端口(4)不会有信号输出,指示器的指示值为零。如果 $Z_0 \neq Z_x$,则它们引起的反射波就不是等幅、同相的,因此端口(4)就有输出,指示器的指示也就不为零。此时可调整已知阻抗 Z_0,直到指示器的指示为零时,则被测的阻抗 Z_x 就等于调整后的已知阻抗 Z_0 了。

6.3.5 矩形波导裂缝电桥

矩形波导裂缝电桥是由两个尺寸相同、具有公共窄壁的矩形波导构成的,其耦合机构是公共窄壁上的一段长度为 l 的裂缝(切除一段长度为 l 的公共窄壁),如图 6.3-16 所示。假设各端口均接匹配负载,信号从端口(1)输入,且输入的 H_{10} 波的电场幅度为1,则输入波电场强度的横向分布为

$$E_1 = \sin\frac{\pi}{a}x \quad (0 < x < a) \tag{6.3-20}$$

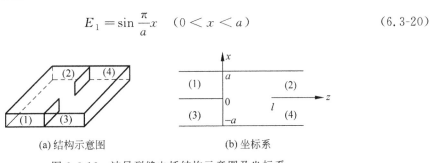

(a) 结构示意图   (b) 坐标系

图 6.3-16 波导裂缝电桥结构示意图及坐标系

设端口(3)的输入为零，即

$$E_3 = 0 \quad (-a < x < 0) \tag{6.3-21}$$

这种激励情况可等效成奇模激励和偶模激励的叠加，如图 6.3-17 所示。由于在裂缝的输入端存在不均匀性，将产生高次模。选择裂缝段波导的尺寸 a' 满足下列条件

$$\lambda < a' < \frac{3}{2}\lambda \tag{6.3-22}$$

可使裂缝段只有 H_{10} 波和 H_{20} 波传输，其他高次模全部截止。在小波导(1)中，由单模传输条件知，$\lambda < 2a < 2\lambda$。与式(6.3-22)比较，并考虑到波导壁有一定厚度，故 $a' < 2a$，如图 6.3-18 所示。

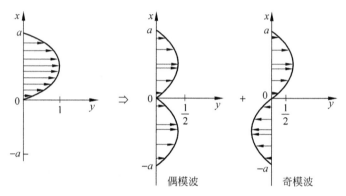

图 6.3-17　矩形波导中激励波的分解

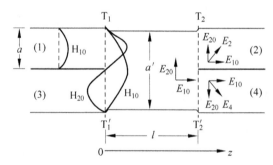

图 6.3-18　波导裂缝电桥中的波传播情况示意图

由于偶模激励波在非耦合区的两波导(简称小波导)中分别传输的是同相的 H_{10} 波，故大波导中的 H_{10} 波可看成是由偶模波激励的；由于奇模激励波在非耦合区的小波导中分别传输的是反相的 H_{10} 波，在大波导宽边中央处的电场为零，故大波导中的 H_{20} 波可看成是由奇模波激励的。由图 6.3-18 可见，H_{10} 波和 H_{20} 波在端口(3)反向相消，故有极少能量输出，为隔离端。

大波导中的 H_{10} 波经耦合区传输后，其相位滞后 $\beta_{10}l$，H_{20} 波经耦合区传输后相位滞后 $\beta_{20}l$。在裂缝输出端 H_{10} 波相位比 H_{20} 波相位落后

$$\theta = \beta_{10}l - \beta_{20}l = \left(\frac{2\pi}{\lambda_{g10}} - \frac{2\pi}{\lambda_{g20}}\right)l \tag{6.3-23}$$

其中，$\lambda_{g10} = \dfrac{\lambda}{\sqrt{1-\left(\dfrac{\lambda}{2a'}\right)^2}}$，$\lambda_{g20} = \dfrac{\lambda}{\sqrt{1-\left(\dfrac{\lambda}{a'}\right)^2}}$。

设 $z=0$ 处偶模波和奇模波的相位均为零，则当它们传输至 $z=l$ 处相互叠加时使端口(2)和端口(4)的输出波电场分别为

$$E_2 = E_{2,e} + E_{2,o} = \frac{1}{2}e^{-j\beta_{10}l} + \frac{1}{2}e^{-j\beta_{20}l} = \frac{1}{2}e^{-j\beta_{10}l}(1+e^{j\theta}) \tag{6.3-24}$$

$$E_4 = E_{4,e} + E_{4,o} = \frac{1}{2}e^{-j\beta_{10}l} - \frac{1}{2}e^{-j\beta_{20}l} = \frac{1}{2}e^{-j\beta_{10}l}(1-e^{j\theta}) \tag{6.3-25}$$

端口(4)和端口(2)的输出功率比为

$$\frac{P_4}{P_2} = \left|\frac{E_4}{E_2}\right|^2 = \left|\frac{1-e^{j\theta}}{1+e^{j\theta}}\right|^2 = \left|\frac{e^{j\frac{\theta}{2}}(e^{-j\frac{\theta}{2}} - e^{j\frac{\theta}{2}})}{e^{j\frac{\theta}{2}}(e^{-j\frac{\theta}{2}} + e^{j\frac{\theta}{2}})}\right|^2 = \left|\frac{-j\sin\dfrac{\theta}{2}}{\cos\dfrac{\theta}{2}}\right|^2 = \tan^2\frac{\theta}{2} \tag{6.3-26}$$

对于 3dB 电桥，要求等分功率，即 $P_4 = P_2 = P_1/2$，则 $|E_4| = |E_2| = 1/\sqrt{2}$，即 $\tan(\theta/2) = \pm 1$，于是得

$$\theta = (\beta_{10} - \beta_{20})l = \frac{(2n+1)\pi}{2} \quad (n = 0, \pm 1, \pm 2, \cdots) \tag{6.3-27}$$

通常取 $\theta = \dfrac{\pi}{2}$，于是得

$$l = \frac{\dfrac{\pi}{2}}{\beta_{10} - \beta_{20}} = \frac{\dfrac{\lambda}{4}}{\sqrt{1-\left(\dfrac{\lambda}{2a'}\right)^2} - \sqrt{1-\left(\dfrac{\lambda}{a'}\right)^2}} \tag{6.3-28}$$

此时

$$\frac{E_4}{E_2} = \frac{-j\sin\dfrac{\theta}{2}}{\cos\dfrac{\theta}{2}}\Bigg|_{\theta=\frac{\pi}{2}} = -j\tan\frac{\pi}{4} = -j \tag{6.3-29}$$

可见，端口(4)输出波比端口(2)输出波相位落后 $90°$，幅度相同。由图 6.3-13 中矢量图也可得此结论。

综上所述，当波导裂缝电桥的各个端口均接匹配负载时，若信号从端口(1)输入，则端口(3)无输出，为隔离端，端口(2)、(4)平分信号能量，且端口(4)输出波相位落后端口(2)输出波相位 $\dfrac{\pi}{2}$。当信号从其他端口输入时，同理可得相应的结论。根据波导裂缝电桥的这些特性，并适当选择各端口参考面的位置，可写出波导裂缝电桥的散射参量矩阵为

$$[s] = \frac{1}{\sqrt{2}}\begin{bmatrix} 0 & 1 & 0 & -j \\ 1 & 0 & -j & 0 \\ 0 & -j & 0 & 1 \\ -j & 0 & 1 & 0 \end{bmatrix} \tag{6.3-30}$$

前面讨论各种定向耦合器的特性时都是假定各端口均接匹配负载，且只有一个端口输入。下面通过两个例子介绍当输出端口接不匹配负载，或多个端口同时输入时各端口输出的计

算方法。

【例 6.3-1】 一个 3dB 裂缝电桥,在距离端口(2)和端口(4)的 d 处分别接短路活塞,端口(3)接匹配负载,如图 6.3-19 所示。当信号电压由端口(1)输入时,试求各端口的输出。

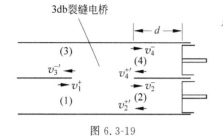

图 6.3-19

解:设端口(1)输入为 $v_1^+ = 1$,则由式(6.3-30)可得各端口的输出分别为

$$v_1^- = 0$$

$$v_2^- = \frac{1}{\sqrt{2}}$$

$$v_3^- = 0$$

$$v_4^- = \frac{-j}{\sqrt{2}}$$

端口(2)、(4)的输出波传输 d 距离后,相位落后 βd,到达短路活塞,全反射,又引入 π 的相移,反向传输 d 距离后重新进入端口(2)和(4),此时端口(2)、(4)同时输入,输入波分别为

$$v_2^{+\prime} = v_2^- e^{-j(\beta d + \pi + \beta d)} = -\frac{1}{\sqrt{2}} e^{-j2\beta d}$$

$$v_4^{+\prime} = v_4^- e^{-j(\beta d + \pi + \beta d)} = \frac{j}{\sqrt{2}} e^{-j2\beta d}$$

代入式(6.3-30)可得第二次输入后各端口的输出分别为

$$v_1^{-\prime} = \frac{1}{\sqrt{2}} v_2^{+\prime} - \frac{j}{\sqrt{2}} v_4^{+\prime} = \frac{1}{\sqrt{2}} \left(-\frac{1}{\sqrt{2}} e^{-j2\beta d} \right) - \frac{j}{\sqrt{2}} \cdot \frac{j}{\sqrt{2}} e^{-j2\beta d} = 0$$

$$v_2^{-\prime} = 0$$

$$v_3^{-\prime} = \frac{-j}{\sqrt{2}} v_2^{+\prime} + \frac{1}{\sqrt{2}} v_4^{+\prime} = \frac{-j}{\sqrt{2}} \left(-\frac{1}{\sqrt{2}} e^{-j2\beta d} \right) + \frac{1}{\sqrt{2}} \left(\frac{j}{\sqrt{2}} e^{-j2\beta d} \right) = j e^{-j2\beta d} = e^{j\left(\frac{\pi}{2} - 2\beta d \right)}$$

$$v_4^{-\prime} = 0$$

可知,当信号从端口(1)输入时,全部从端口(3)输出,但产生一相移,该相移随 d 而变,故为可变移相器。

值得一提的是,尽管 3dB 裂缝电桥在各端口接匹配负载时,若信号从端口(1)输入,则端口(3)为隔离端,但当端口(2)、(4)接短路活塞时,若信号从端口(1)输入,则端口(3)有信号输出,不再为隔离端,这也是前面叙述各定向耦合器特性时必须强调各端口接匹配负载的原因。

【例 6.3-2】 有两个 3dB 裂缝电桥如图 6.3-20 所示连接,端口(1)、(2)、(3)、(4)均接匹配负载,求当信号从端口(3)输入时,各端口的输出。

解:设端口(3)输入为 $v_3^+ = 1$,则对第一个 3dB 裂缝电桥由式(6.3-30)可得各端口的输出为

$$v_1^- = 0, \quad v_{2'}^- = \frac{-j}{\sqrt{2}}, \quad v_3^- = 0, \quad v_{4'}^- = \frac{1}{\sqrt{2}}$$

设 $\theta = \beta d$,则第二个 3dB 裂缝电桥的输入为

$$v_{3'}^+ = v_{4'}^- e^{-j\theta} = \frac{1}{\sqrt{2}} e^{-j\theta}$$

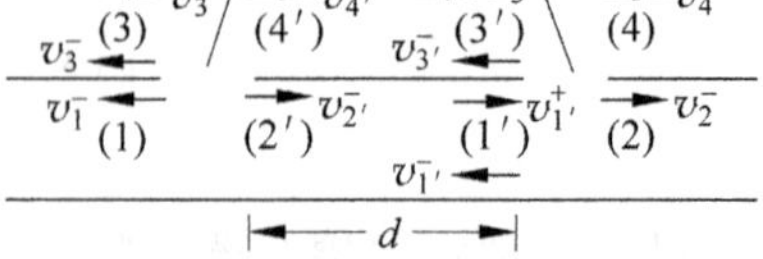

图 6.3-20

$$v_{1'}^+ = v_{2'}^- \mathrm{e}^{-\mathrm{j}\theta} = \frac{-\mathrm{j}}{\sqrt{2}}\mathrm{e}^{-\mathrm{j}\theta}$$

在此输入情况下,由式(6.3-30)可得第二个 3dB 裂缝电桥各端口的输出分别为

$$v_{1'}^- = 0$$

$$v_2^- = \frac{1}{\sqrt{2}}v_{1'}^+ - \frac{\mathrm{j}}{\sqrt{2}}v_{3'}^+ = \frac{1}{\sqrt{2}}\left(\frac{-\mathrm{j}}{\sqrt{2}}\mathrm{e}^{-\mathrm{j}\theta}\right) - \frac{\mathrm{j}}{\sqrt{2}}\left(\frac{1}{2}\mathrm{e}^{-\mathrm{j}\theta}\right) = -\mathrm{j}\mathrm{e}^{-\mathrm{j}\theta}$$

$$v_{3'}^- = 0$$

$$v_4^- = \frac{-\mathrm{j}}{\sqrt{2}}v_{1'}^+ + \frac{1}{\sqrt{2}}v_{3'}^+ = \frac{-\mathrm{j}}{\sqrt{2}}\left(\frac{-\mathrm{j}}{\sqrt{2}}\mathrm{e}^{-\mathrm{j}\theta}\right) + \frac{1}{\sqrt{2}}\frac{1}{\sqrt{2}}\mathrm{e}^{-\mathrm{j}\theta} = 0$$

可知,当端口(3)输入信号时,信号将全部从端口(2)输出。

3dB 裂缝电桥在实际中有着广泛的应用,图 6.3-21 所示为其在天线收、发开关中的应用。

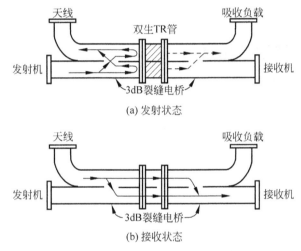

(a) 发射状态

(b) 接收状态

图 6.3-21　双生 TR 管收、发开关

天线收、发开关的作用是:在利用同一副天线发射来自发射机的强信号和接收来自天线的弱信号的同时,确保两路信号互不干扰。发射信号时接通天线与发射机,而将接收机断开;待发射信号完毕,立刻接通天线与接收机,而将发射机断开。

图 6.3-21 所示为由一个双生 TR 管(收发放电管)和两个 3dB 裂缝电桥构成的收、发开关。发射信号时,来自发射机的强脉冲信号先经 3dB 裂缝电桥等分为两个相位差 $\pi/2$ 的波向前传播,遇到双生 TR 管后使之放电短路,产生全反射。由例 6.3-1 的结果可知,反射后的波再次进入 3dB 裂缝电桥后将从天线输出,没有功率返回发射机,发射的功率几乎全部从天线辐射出去。漏过 TR 管的功率本已很小,在经过右边的 3dB 裂缝电桥时,由例 6.3-2 的结果可知,漏波信号将从吸收负载输出,接收机无输出,从而进一步保护了接收机。接收信号时,信号从天线输入,由于发射机在隔离端,故无信号进入发射机,而双生 TR 管对来自天线的弱信号不放电,故信号可顺利通过双生 TR 管。由例 6.3-2 的结果可知,信号将从接收机输出。

6.4　功率分配器

微波功率分配器(Power Divider)简称功分器,是将一路输入功率按一定比例分成 n 路输出功率的一种多端口微波网络。前面几节讨论的定向耦合器都可以作为一路分成二路的功率分配器使用。但是它们的结构较复杂,成本也较高,在单纯进行功率分配的情况下,用得并不多,通常用专门设计的功率分配器进行功率分配。反之,有时候需要把 n 路微波功率叠加起来从一路输出,实现这一功能的微波网络称为微波功率合成器。一个设计正确的微波功率分配器同时也具有微波功率合成器的功能,故统称为微波功率混合器。

大量的不同种类的功率分配器在天线阵和各种系统中得到广泛应用。通常,大功率微波功率分配器采用波导或同轴线结构,中小功率微波功率分配器采用带状线或微带结构。

下面首先介绍最简单的一路分成两路的二路功率分配器。

6.4.1　二路功率分配器

因为二路功率分配器是一个三端口网络,所以下面首先讨论三端口网络的性质。

1. 三端口网络的性质

一个三端口网络的散射参量矩阵可以表示为

$$[\boldsymbol{s}] = \begin{bmatrix} s_{11} & s_{12} & s_{13} \\ s_{21} & s_{22} & s_{23} \\ s_{31} & s_{32} & s_{33} \end{bmatrix} \tag{6.4-1a}$$

若网络是互易的,则散射参量矩阵为

$$[\boldsymbol{s}] = \begin{bmatrix} s_{11} & s_{12} & s_{13} \\ s_{12} & s_{22} & s_{23} \\ s_{13} & s_{23} & s_{33} \end{bmatrix} \tag{6.4-1b}$$

若三个端口均匹配,则此时散射参量矩阵简化为

$$[\boldsymbol{s}] = \begin{bmatrix} 0 & s_{12} & s_{13} \\ s_{12} & 0 & s_{23} \\ s_{13} & s_{23} & 0 \end{bmatrix} \tag{6.4-1c}$$

若网络还是无耗的,则满足幺正性,即

$$\begin{cases} |s_{12}|^2 + |s_{13}|^2 = 1 \\ |s_{12}|^2 + |s_{23}|^2 = 1 \\ |s_{13}|^2 + |s_{23}|^2 = 1 \end{cases} \tag{6.4-2a}$$

$$s_{12}^* s_{23} = s_{13}^* s_{23} = s_{13}^* s_{12} = 0 \tag{6.4-2b}$$

式(6.4-2b)表明, s_{12}、s_{13}、s_{23} 三个参数中至少有两个必须为零,但此条件与式(6.4-2a)不相容。这说明一个三端口网络不可能同时满足既无耗、互易、又完全匹配的条件。

2. 二路 T 形结功率分配器

T 形结(T-junction)功率分配器是一个简单的三端口网络,能用于功率分配和功率合成。图 6.4-1 所示为波导结构和微带结构的 T 形结,这种 T 形结是无耗、互易的,故不能在全部端口同时实现匹配。T 形结可以化成三条传输线的结,如图 6.4-2 所示。

(a) E面波导T形结　　　　(b) H面波导T形结　　　　(c) 微带T形结

图 6.4-1　T 形结功率分配器

当有信号传输时,在不连续性连接处会产生高次模。高次模不能传输,就在结处储存起来,可等效为集中参数的电纳 B。若信号从端口(3)输入,从端口(1)、(2)分配输出,则为了使输入端口(3)匹配,必须有

$$Y_{in} = jB + \frac{1}{Z_1} + \frac{1}{Z_2} = \frac{1}{Z_0} \qquad (6.4\text{-}3)$$

当 $B=0$ 时,上式简化为

$$\frac{1}{Z_1} + \frac{1}{Z_2} = \frac{1}{Z_0} \qquad (6.4\text{-}4)$$

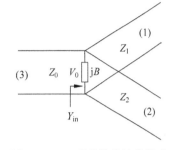

图 6.4-2　T 形结的传输线模型

若 B 是不可忽略的,则常常将某种类型的电抗性调谐元件添加在分配器的结处,以便抵消电纳 B。

根据功率分配比的要求,可以求出所需要的输出传输线的特性阻抗 Z_1 和 Z_2。假定在结处电压为 V_0,则结处的输入功率可表示为

$$P_{in} = \frac{1}{2} \frac{V_0^2}{Z_0} \qquad (6.4\text{-}5)$$

假设输出功率分配比为 $k_1 : k_2$,则在输入端口匹配、无反射的情况下,输出端口的输出功率分别为

$$P_1 = \frac{1}{2} \frac{V_0^2}{Z_1} = \frac{k_1}{k_1 + k_2} P_{in} \qquad (6.4\text{-}6)$$

$$P_2 = \frac{1}{2} \frac{V_0^2}{Z_2} = \frac{k_2}{k_1 + k_2} P_{in} \qquad (6.4\text{-}7)$$

由以上公式可解得端口(1)和端口(2)输出传输线的特性阻抗分别为

$$\begin{cases} Z_1 = \left(1 + \dfrac{k_2}{k_1}\right) Z_0 \\[2mm] Z_2 = \left(1 + \dfrac{k_1}{k_2}\right) Z_0 \end{cases} \qquad (6.4\text{-}8)$$

例如,对于 50Ω 的输入传输线,3dB(等分,$k_1 = k_2$)功率分配器可选用两个 100Ω 的输出传输线。若两输出传输线接匹配负载,则输入传输线是匹配的。但这种功率分配器的两个输出端口间没有隔离,且输出端口也是失配的。

【设计实例6.4-1】　试设计一个微带结构的无耗 T 形结功率分配器,要求使输入功率分配为 1∶2 的输出功率。已知源阻抗为 50Ω,微带线介质基片的相对介电常数 $\varepsilon_r = 9.8$,厚度 $h = 1\text{mm}$。

解:由题意知,$k_1 = 1$,$k_2 = 2$,则由式(6.4-8)可得端口(1)、(2)输出传输线的特性阻抗分别为

$$Z_1 = 3Z_0 = 150\Omega, \quad Z_2 = \frac{3}{2}Z_0 = 75\Omega$$

又由已知条件 $Z_3 = 50\Omega$,故由微带线特性阻抗计算公式(2.7-8)可得各段传输线的导体带条宽度分别为

$$W_3 = 0.977\text{mm}, \quad W_1 = 0.0198\text{mm}, \quad W_2 = 0.362\text{mm}$$

结构尺寸的含义如图 6.4-3 所示。

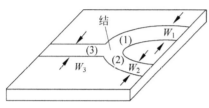

图 6.4-3　微带 T 形结尺寸

在结处,由端口(3)向右看入的输入阻抗和反射系数分别为

$$Z_{\text{in3}} = \frac{75 \times 150}{75 + 150} = 50\Omega \quad , \Gamma_3 = \frac{50 - 50}{50 + 50} = 0$$

由端口(1)向左看入的输入阻抗和反射系数分别为

$$Z_{\text{in1}} = \frac{75 \times 50}{75 + 50} = 30\Omega, \quad \Gamma_1 = \frac{30 - 150}{30 + 150} = -0.667$$

由端口(2)向左看入的输入阻抗和反射系数分别为

$$Z_{\text{in2}} = \frac{150 \times 50}{150 + 50} = 37.5\Omega, \quad \Gamma_2 = \frac{37.5 - 75}{37.5 + 75} = -0.333$$

由以上结果可见,输入端口(3)是匹配的,但输出端口(1)、(2)是不匹配的。

该功分器的仿真模型和仿真结果如图 6.4-4 所示。

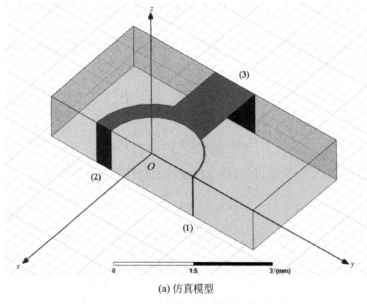

(a) 仿真模型

图 6.4-4　微带 T 形结功分器仿真模型及 s 参数模的仿真曲线

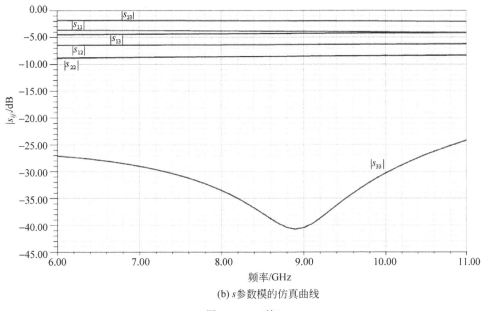

(b) s 参数模的仿真曲线

图 6.4-4　（续）

由图 6.4-4(b)可见，$|s_{23}|-|s_{13}|\approx 3\text{dB}$，即端口(1)和端口(2)的输出功率比近似为 1：2。$|s_{33}|<-24\text{dB}$，故输入端回波损耗满足要求。$|s_{12}|\approx -6.5\text{dB}$，故输出端口(1)和端口(2)间的隔离度较小。另外，端口(1)、(2)均不匹配，这些都是这种功分器的缺点。但其也有两个突出的优点，即结构简单、频带较宽，因此在实际中也有较多应用。

T形结功率分配器因为无耗、互易，故不能在全部端口实现匹配。实用中，设计三端口元件时，为了使三个端口都实现匹配，或者将其设计成非互易元件（如三端口环形器，将在第8章中介绍），或者将其设计成有耗元件（如下面将要介绍的电阻性三端口功率分配器——威尔金森功率分配器）。

3. 二路威尔金森功率分配器

威尔金森（Wilkinson）功率分配器是一种功率混合器，既可以用于功率分配，也可以用于功率合成。下面以微带结构的威尔金森功率分配器为例进行讨论。

图 6.4-5 所示是微带结构的二路威尔金森功率分配器的原理图。信号由所接传输线特性阻抗为 Z_0 的端口(1)输入，分别经过特性阻抗为 Z_{02}、Z_{03} 的 1/4 波长微带线，从端口(2)和端口(3)输出。端口(2)和端口(3)的负载电阻分别为 R_2 及 R_3，端口(2)和端口(3)之间接有隔离电阻 r，使两端口之间没有耦合。可见，这是一个有耗网络，因此可以使各个端口都实现匹配。

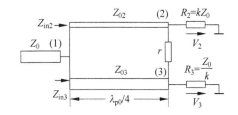

图 6.4-5　二路威尔金森功率分配器原理示意图

威尔金森功率分配器应满足下列条件：

① 端口(2)与端口(3)的输出功率比可为任意指定值；

② 端口(1)无反射；

③ 端口(2)与端口(3)的输出电压等幅、同相,即二者互相隔离。

由这些条件可确定 Z_{02}、Z_{03} 及 R_2、R_3。

由于端口(2)、端口(3)的输出功率与输出电压的关系分别为

$$P_2 = \frac{V_2^2}{2R_2}, \quad P_3 = \frac{V_3^2}{2R_3}$$

设输出功率比为

$$\frac{P_2}{P_3} = \frac{1}{k^2} \tag{6.4-9}$$

则

$$\frac{V_2^2}{2R_2} k^2 = \frac{V_3^2}{2R_3}$$

由条件③可知,$V_2 = V_3$,于是由上式可得

$$R_2 = k^2 R_3$$

若取

$$R_2 = k Z_0 \tag{6.4-10a}$$

则

$$R_3 = \frac{Z_0}{k} \tag{6.4-10b}$$

条件②要求端口(1)无反射,故要求由 Z_{in2} 与 Z_{in3} 并联而成的总输入阻抗等于 Z_0,即

$$Z_{in} = \frac{Z_{in2} Z_{in3}}{Z_{in2} + Z_{in3}} = Z_0 \tag{6.4-11}$$

在中心频率处,$Z_{in2} = Z_{02}^2 / R_2$,$Z_{in3} = Z_{03}^2 / R_3$,均为纯电阻,所以

$$Y_0 = \frac{1}{Z_0} = \frac{R_2}{Z_{02}^2} + \frac{R_3}{Z_{03}^2} \tag{6.4-12}$$

如以输入电阻表示功率比,则

$$\frac{P_2}{P_3} = \frac{Z_{in3}}{Z_{in2}} = \frac{Z_{03}^2}{R_3} \cdot \frac{R_2}{Z_{02}^2} = \frac{1}{k^2} \tag{6.4-13}$$

联立式(6.4-12)和式(6.4-13)可解得

$$Z_{02} = Z_0 \sqrt{k(1+k^2)}$$

$$Z_{03} = Z_0 \sqrt{\frac{1+k^2}{k^3}} \tag{6.4-14}$$

由于 V_2 与 V_3 等幅、同相,故在端口(2)、(3)间跨接一个电阻 r 并不会影响功率分配器的性能。但当该三端口网络作为一个功率合成器使用(即信号由端口(2)、(3)输入)时,为使端口(2)、(3)两个端口彼此隔离,就必须在其间加一个吸收电阻 r 起隔离作用。隔离电阻 r 的数值可由图 6.4-6 所示的等效电路分析得到。

图 6.4-6 所示的等效电路可看成是两个二端口网络以并联-并联方式连接而成,故用 Y 参量分析较方便。

串联电阻 r 的 Y 矩阵为

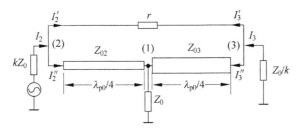

图 6.4-6　二路威尔金森功率分配器的等效电路

$$[\boldsymbol{Y}]_1 = \begin{bmatrix} 1/r & -1/r \\ -1/r & 1/r \end{bmatrix} \tag{6.4-15}$$

Z_{02}、Z_{03} 两段传输线与并联电阻 Z_0 的级联网络的 $\boldsymbol{A}$ 矩阵为

$$[\boldsymbol{A}]_2 = \begin{bmatrix} 0 & \mathrm{j}Z_{02} \\ \mathrm{j}/Z_{02} & 0 \end{bmatrix} \cdot \begin{bmatrix} 1 & 0 \\ 1/Z_0 & 1 \end{bmatrix} \cdot \begin{bmatrix} 0 & \mathrm{j}Z_{03} \\ \mathrm{j}/Z_{03} & 0 \end{bmatrix}$$

$$= \begin{bmatrix} -Z_{02}/Z_{03} & -Z_{02}Z_{03}/Z_0 \\ 0 & -Z_{03}/Z_{02} \end{bmatrix} = \begin{bmatrix} -k^2 & -Z_0(1+k^2)/k \\ 0 & -1/k^2 \end{bmatrix} \tag{6.4-16}$$

相应的 Y 参量为

$$Y_{11} = \frac{A_{22}}{A_{12}} = \frac{1}{k(1+k^2)Z_0}$$

$$Y_{12} = -\frac{|A|}{A_{12}} = -\frac{1}{-Z_0(1+k^2)/k} = \frac{k}{Z_0(1+k^2)}$$

$$Y_{21} = -\frac{1}{A_{12}} = \frac{k}{Z_0(1+k^2)}$$

$$Y_{22} = \frac{A_{11}}{A_{12}} = \frac{k^3}{Z_0(1+k^2)}$$

即

$$[\boldsymbol{Y}]_2 = \begin{bmatrix} \dfrac{1}{k(1+k^2)Z_0} & \dfrac{k}{(1+k^2)Z_0} \\ \dfrac{k}{(1+k^2)Z_0} & \dfrac{k^3}{(1+k^2)Z_0} \end{bmatrix} \tag{6.4-17}$$

于是得并联网络的 $\boldsymbol{Y}$ 矩阵为

$$[\boldsymbol{Y}] = [\boldsymbol{Y}]_1 + [\boldsymbol{Y}]_2 = \begin{bmatrix} Y_{11} & Y_{12} \\ Y_{21} & Y_{22} \end{bmatrix} = \begin{bmatrix} \dfrac{1}{k(1+k^2)Z_0} + \dfrac{1}{r} & \dfrac{k}{(1+k^2)Z_0} - \dfrac{1}{r} \\ \dfrac{k}{(1+k^2)Z_0} - \dfrac{1}{r} & \dfrac{k^3}{(1+k^2)Z_0} + \dfrac{1}{r} \end{bmatrix} \tag{6.4-18}$$

对 kZ_0 和 Z_0/k 归一化后得

$$[\boldsymbol{Y}] = \begin{bmatrix} Y_{11}kZ_0 & Y_{12}Z_0 \\ Y_{21}Z_0 & Y_{22}Z_0/k \end{bmatrix} \tag{6.4-19}$$

要使端口(2)和(3)隔离,则要求上述网络相应的散射参数中的 $s_{12} = s_{21} = 0$。由

$$s_{12} = \frac{-2y_{12}}{|y|+1+y_{11}+y_{22}}$$

$$s_{21} = \frac{-2y_{21}}{|y|+1+y_{11}+y_{22}} \tag{6.4-20}$$

可知,此时 $y_{12}=y_{21}=0$,即 $Y_{12}=Y_{21}=0$,代入式(6.4-18)得隔离电阻 r 的计算公式为

$$r = \frac{1+k^2}{k}Z_0 \tag{6.4-21}$$

隔离电阻 r 通常是用镍铬合金或电阻粉等材料制成的薄膜电阻。

实际中,输出端口(2)、(3)所接负载有时并不是电阻 R_2 和 R_3,而是特性阻抗为 Z_0 的传输线,因此,为要获得指定的功分比,需在其间各加一条 $\lambda_{p0}/4$ 线段作为阻抗变换器,如图 6.4-7 所示。变换段的特性阻抗分别为 Z_{04} 和 Z_{05},其计算公式为

$$\begin{cases} Z_{04} = \sqrt{R_2 Z_0} = \sqrt{k} Z_0 \\ Z_{05} = \sqrt{R_3 Z_0} = \dfrac{Z_0}{\sqrt{k}} \end{cases} \tag{6.4-22}$$

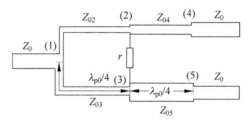

图 6.4-7 二路威尔金森功率分配器的实用结构

对于等功率分配器,$P_2=P_3$,$k=1$,于是由式(6.4-10a)、式(6.4-10b)、式(6.4-14)、式(6.4-21)得

$$\begin{cases} R_2 = R_3 = Z_0 \\ Z_{02} = Z_{03} = \sqrt{2} Z_0 \\ r = 2Z_0 \end{cases} \tag{6.4-23}$$

$R_2=R_3=Z_0$ 意味着不需要 Z_{04} 和 Z_{05} 两段传输即可满足要求。由上式确定的 Z_{02} 和 Z_{03},利用式(2.7-8)即可确定相应的微带导体带条宽度,导体带条长度为中心频率的 1/4 相波长。

【设计实例 6.4-2】 试用介电常数 $\varepsilon_r=4.4$,厚度 $h=1.0$mm 的介质基片设计一个二等分的威尔金森功分器。要求其中心频率为 1.8GHz,输入、输出端均接特性阻抗为 50Ω 的微带线。

解:由式(6.4-23)得

$$\begin{cases} R_2 = R_3 = Z_0 = 50\Omega \\ Z_{02} = Z_{03} = \sqrt{2} Z_0 = 70.7\Omega \\ r = 2Z_0 = 100\Omega \end{cases}$$

由式(2.7-8)得特性阻抗为 50Ω 和 70.7Ω 的微带线的导体带条宽度分别为

$$W_0 \approx 1.91\text{mm}, \quad W_{02} = W_{03} \approx 1.01\text{mm}$$

由式(2.7-7)得 70.7Ω 微带线的有效相对介电常数为 $\varepsilon_e=3.215$,故相应的 $\lambda/4$ 变换线的长度约为

$$l = \frac{c}{4f_0\sqrt{\varepsilon_e}} = \frac{3\times 10^{11}}{4\times 1.8\times 10^9\times\sqrt{3.215}}\text{mm} = 23.24\text{mm}$$

各结构尺寸的含义如图 6.4-8(a)所示，图 6.4-8(b)～图 6.4-8(d)分别为该功分器的仿真模型和仿真结果。由图 6.4-8(c)可见，在 1.8GHz 频率处，$|s_{21}|$、$|s_{31}|$ 曲线基本重合，且接近 -3dB，意味着两路输出相等，即等分；$|s_{11}|$ 约为 -20dB，故回波损耗特性较好；$|s_{23}|$ 约为 -23.5dB，说明隔离度不是很高。由图 6.4-8(d)可见，输入端口(1)的电压驻波比 $\rho_1 \leqslant 1.2$ 的频带范围为 1.88～2.04GHz，中心频率略高；端口(2)、(3)驻波比较小，匹配良好。

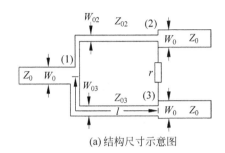

(a) 结构尺寸示意图

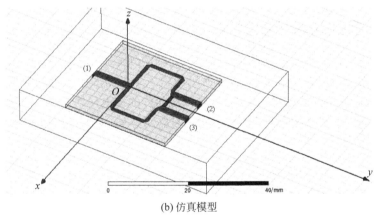

(b) 仿真模型

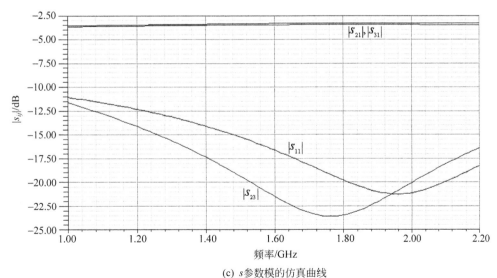

(c) s参数模的仿真曲线

图 6.4-8　二等分二路威尔金森功分器的结构及仿真结果

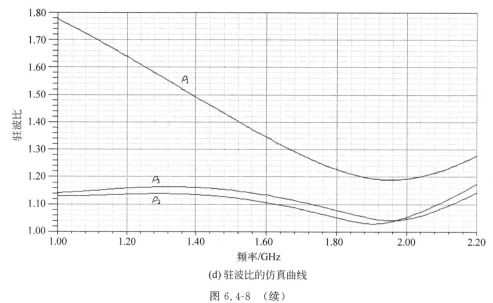

(d) 驻波比的仿真曲线

图 6.4-8 （续）

6.4.2 多路功率分配器

威尔金森功率分配器还可以制成多路输出的功率分配器。多路威尔金森功率分配器可以用多个二路功分器组合而成,图 6.4-9 所示为由三个二路威尔金森功分器构成的四路微带功率分配器,这种功分器可用作 2×2 微带天线面阵的馈电网络。

除了可用类似于图 6.4-9 所示的方法实现多路功分外,还可以用图 6.4-10 所示的更简单的结构来实现。

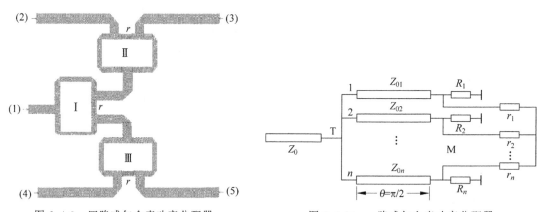

图 6.4-9　四路威尔金森功率分配器　　　　图 6.4-10　n 路威尔金森功率分配器

在图 6.4-10 中,信号由 T 端输入,经 n 路传输线分成 n 路输出,每条传输线的电长度在中心频率上都等于 $\pi/2$,特性阻抗分别为 Z_{01},Z_{02},$\cdots$,Z_{0n},输出负载电阻分别为 R_1,R_2,$\cdots$,R_n。

n 路威尔金森功率分配器需要满足下列三个条件:

① 输入端口无反射;

② 各路输出功率之比等于指定值,即 $P_1 : P_2 : \cdots : P_n = k_1 : k_2 : \cdots : k_n$;

③ 各路输出电压等幅、同相。

采用类似于二路威尔金森功分器的分析方法,可得满足上述三个条件时各路输出传输线段的特性阻抗为

$$
\begin{cases}
Z_{01} = \dfrac{Z_0 \sqrt{\sum\limits_{i=1}^{n} k_i}}{k_1} \\[4mm]
Z_{02} = \dfrac{Z_0 \sqrt{\sum\limits_{i=1}^{n} k_i}}{k_2} \\[4mm]
\vdots \\[2mm]
Z_{0n} = \dfrac{Z_0 \sqrt{\sum\limits_{i=1}^{n} k_i}}{k_n}
\end{cases}
\tag{6.4-24}
$$

此时,各路输出端所接的负载电阻分别为

$$
R_1 = Z_0/k_1, \quad R_2 = Z_0/k_2, \quad R_3 = Z_0/k_3, \quad \cdots, \quad R_n = Z_0/k_n \tag{6.4-25}
$$

各路隔离电阻 r_i 和各路负载电阻 R_i 相等,即

$$
r_i = Z_0/k_i = R_i \tag{6.4-26}
$$

式(6.4-24)、式(6.4-25)和式(6.4-26)是 n 路威尔金森功率分配器的基本关系式。

当 n 路威尔金森功率分配器的各路输出相等时,有

$$
\begin{aligned}
& k_1 = k_2 = \cdots = k_n = 1 \\
& R_1 = R_2 = \cdots = R_n = Z_0 \\
& r_1 = r_2 = \cdots = r_n = Z_0 \\
& Z_{01} = Z_{02} = \cdots = Z_{0n} = \sqrt{n}\, Z_0
\end{aligned}
\tag{6.4-27}
$$

当 $n=2$ 时,有

$$
\begin{aligned}
& k_1 = k_2 = 1 \\
& R_1 = R_2 = Z_0 \\
& r_1 = r_2 = Z_0 \\
& Z_{01} = Z_{02} = \sqrt{2}\, Z_0
\end{aligned}
$$

总隔离电阻为

$$
r = r_1 + r_2 = 2Z_0
$$

可见,此结果与式(6.4-23)所得结果一致。

显然,由以上公式设计出的功率分配器的工作频带较窄,其性能只在中心频率附近较理想,频率一旦偏移中心工作频率,无论是隔离度还是输入驻波比都将变差。

6.4.3　宽带功率分配器

在宽带应用场合,可采用多节变换的结构实现功率分配器的宽频带特性,下面介绍几种常用的方法。

1. 宽带二路功率分配器

图 6.4-11 所示为一个宽带二路功率分配器结构示意图,在其输入端引入了一节 $\lambda_{p0}/4$ 的传输线段,其展宽工作频带的原理与阶梯阻抗变换器展宽频带的原理相同。这种功分器可采用以下公式进行设计:

$$\begin{cases} P_3 = k^2 P_2 \\[6pt] Z_{01} = Z_0 \left(\dfrac{k}{1+k^2}\right)^{\frac{1}{4}} \\[6pt] Z_{02} = Z_0 k^{\frac{3}{4}} (1+k^2)^{\frac{1}{4}} \\[6pt] Z_{03} = \dfrac{Z_0}{k} \left(\dfrac{1+k^2}{k}\right)^{\frac{1}{4}} \\[6pt] Z_{04} = \sqrt{k Z_0 Z_2} \\[6pt] Z_{05} = \sqrt{\dfrac{Z_0 Z_3}{k}} \\[6pt] r = Z_0 \dfrac{1+k^2}{k} \end{cases} \qquad (6.4\text{-}28)$$

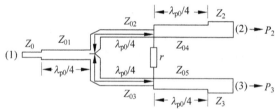

图 6.4-11 宽带二路功率分配器

各段微带线的长度都是该节微带线在中心频率上的 1/4 相波长。由于特性阻抗不同(宽度不同)的微带线在同一频率上的相波长不同,所以,各段微带线的实际长度可能并不相等。

【设计实例 6.4-3】 试用介电常数 $\varepsilon_r = 4.4$,厚度 $h = 1.0\,\text{mm}$ 的介质基片设计一个二等分宽带功分器。要求其中心频率为 1.8GHz,输入、输出端均接特性阻抗为 50Ω 的微带线。

解：因为要求两路输出等分,故 $k=1$。因为 $Z_0 = Z_2 = Z_3 = 50\Omega$,故由式(6.4-28)得
$$Z_{01} \approx 42\Omega, \quad Z_{02} = Z_{03} \approx 59.46\Omega, \quad Z_{04} = Z_{05} = Z_0 = 50\Omega, \quad r = 100\Omega$$
因为 $Z_{04} = Z_{05} = Z_0$,与输出微带线特性阻抗 Z_2、Z_3 相等,所以,Z_{04} 和 Z_{05} 两段微带线可以省掉。由式(2.7-8)得各段微带线的宽度分别为:$W_0 \approx 1.91\,\text{mm}$,$W_{01} \approx 2.52\,\text{mm}$,$W_{02} = W_{03} \approx 1.42\,\text{mm}$。由式(2.7-7)得各段微带线的有效相对介电常数分别为:$\varepsilon_{e01} \approx 3.46$,$\varepsilon_{e02} = \varepsilon_{e03} \approx 3.3$。因为该功分器的中心频率为 $f_0 = 1.8\text{GHz}$,故得各段微带线的长度分别为:$l_1 = \dfrac{c}{4 f_0 \sqrt{\varepsilon_{e01}}} \approx 22.4\,\text{mm}$,$l_2 = l_3 = \dfrac{c}{4 f_0 \sqrt{\varepsilon_{e02}}} \approx 22.94\,\text{mm}$。该功分器的结构示意图如图 6.4-12 所示。

该功分器的仿真模型和仿真结果如图 6.4-13 所示。

由图 6.4-13(b)可见,$|s_{21}| = |s_{31}| \approx -3\text{dB}$,说明端口(2)、(3)的电压传输系数近似相

等,该功分器为等分功率分配器;在1.8GHz频率处,$|s_{23}|$接近-30dB,说明输出端口间隔离度性能较好。由图6.4-13(c)可见,各端口电压驻波比$\rho\leqslant1.2$的频带范围为$1.3\sim1.92$GHz。与例6.4-2的结果比较可知,该功分器频带较宽,且具有较好的隔离度,但尺寸较大。

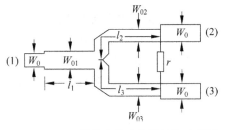

图6.4-12　二等分宽带功分器结构示意图

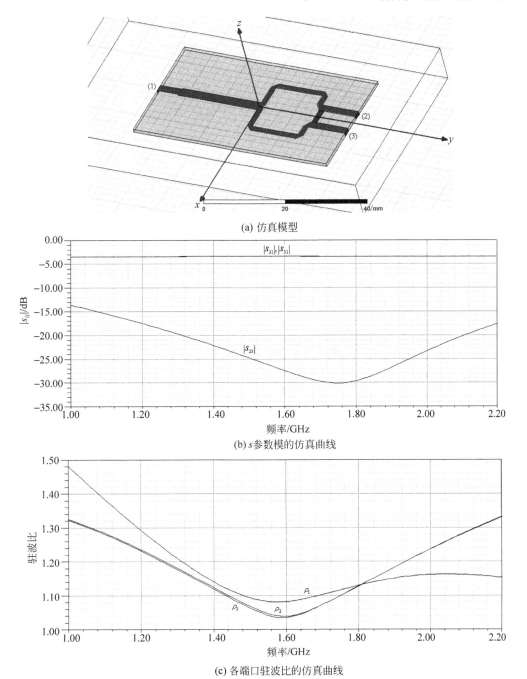

(a) 仿真模型

(b) s参数模的仿真曲线

(c) 各端口驻波比的仿真曲线

图6.4-13　二等分宽带功分器的仿真模型及仿真结果

2. m 节 n 路宽带功率分配器

采用多节变换的 m 节 n 路功率分配器的原理图如图 6.4-14 所示。这种功率分配器的分析比较复杂,下面仅讨论简单而常用的 m 节二路等功率分配器,其原理图简化为图 6.4-15。其中,各变换节的特性阻抗 Z_i 可采用 3.7 节阶梯阻抗变换器的公式和表格进行计算。求得归一化值 $\bar{Z}_i$ 后,乘以 Z_0 便得图 6.4-15 中的 Z_i 值。值得一提的是,当信号源内阻和负载阻抗均为 Z_0 时,各支路左边输入端的阻抗为 $2Z_0$,大于右边输出端的阻抗 Z_0。故为了使用 3.7 节的公式和表格,这里令阻抗变换比 $R = 2Z_0/Z_0 = 2 > 1$。由于阻抗变换比的定义与 3.7 节相反,故变换器和隔离电阻的序号也应相反,因此这里的序号是从右至左依次排列的(如图 6.4-15 所示)。变换节数可由工作频带的上、下限频率 f_2, f_1 及带内最大电压驻波比来决定。

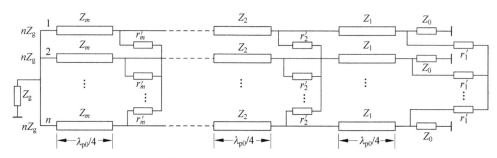

图 6.4-14　m 节 n 路功率分配器

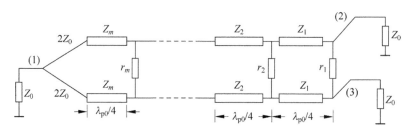

图 6.4-15　m 节二路等功率分配器

由传输线理论及奇、偶模分析法可以得到隔离电阻的计算公式。当 $m = 2$ 时,归一化隔离电阻 $\bar{r}_i$ 可按下列公式进行计算[10]。

$$
\begin{cases}
\bar{r}_2 = \dfrac{2\bar{Z}_1\bar{Z}_2}{\sqrt{(\bar{Z}_1 + \bar{Z}_2)(\bar{Z}_2 - \bar{Z}_1\cot^2\phi)}} \\[4mm]
\bar{r}_1 = \dfrac{2\bar{r}_2(\bar{Z}_1 + \bar{Z}_2)}{\bar{r}_2(\bar{Z}_1 + \bar{Z}_2) - 2\bar{Z}_2} \\[4mm]
\phi = \dfrac{\pi}{2}\left[1 - \dfrac{1}{\sqrt{2}}\dfrac{f_2/f_1 - 1}{f_2/f_1 + 1}\right]
\end{cases}
\tag{6.4-29}
$$

当 $m \geqslant 3$ 时,可按下列公式首先计算归一化隔离电导 $\bar{g}_i$,然后再由 $\bar{r}_i = 1/\bar{g}_i$ 计算归一化隔离电阻 $\bar{r}_i$[11]-[12]。

$$
\begin{cases}
\bar{g}_1 = 1 - \bar{Y}_1 \\[2mm]
\bar{g}_k = \dfrac{\bar{Y}_{k-1} - \bar{Y}_k}{\bar{Y}_{k-1} T_1 T_2 \cdots T_{k-1}} \quad (k = 2, 3, \cdots, m-1) \\[4mm]
\bar{g}_m = \cfrac{\dfrac{1}{2}\bar{Y}_{m-1}^2}{-2\bar{g}_{m-1} + \cfrac{\bar{Y}_{m-2}^2}{-2\bar{g}_{m-2} + \cfrac{\bar{Y}_{m-3}^2}{\genfrac{}{}{0pt}{}{\vdots}{-2\bar{g}_2 + \cfrac{\bar{Y}_1^2}{-2\bar{g}_1 + 1 + 0.7(\rho_e - 1)}}}}} \\[4mm]
T_k = \dfrac{4\bar{Y}_{k-1}\bar{Y}_k}{(\bar{Y}_{k-1} + \bar{Y}_k + 2\bar{g}_k)^2}
\end{cases}
\tag{6.4-30}
$$

式中，$\bar{Y}_k$ 为第 k 节传输线的归一化特性导纳，即 $\bar{Y}_k = 1/\bar{Z}_k$；$\rho_e = \begin{cases} 1, & (m \text{ 为奇数时}) \\ \rho_m, & (m \text{ 为偶数时}) \end{cases}$，$\rho_m$ 为输入端带内最大驻波比。

显然，利用以上公式计算隔离电阻非常麻烦。表 6.4-1 给出了 $m=2,3,4,7$ 时两路等功率分配器的 $\bar{Z}_i$ 和 $\bar{r}_i$ 值，表中还给出了输入和输出端口的最大电压驻波比 $\rho_{1\max}$、$\rho_{2\max}$、$\rho_{3\max}$[10]。

表 6.4-1　$n=2, m=2,3,4,7$ 的等功率分配器各节归一化阻抗值和归一化隔离电阻值

m	2	2	3	3	4	7
f_2/f_1	1.5	2.0	2.0	3.0	4.0	10.0
$\rho_{1\max}$	1.036	1.106	1.029	1.105	1.100	1.206
$\rho_{2\max}$、$\rho_{3\max}$	1.007	1.021	1.015	1.038	1.039	1.098
$D_{\min}$(dB)	36.6	27.3	38.7	27.9	26.8	19.4
$\bar{Z}_1$	1.1998	1.2197	1.1124	1.1497	1.1157	1.1274
$\bar{Z}_2$	1.6670	1.6398	1.4142	1.4142	1.2957	1.2051
$\bar{Z}_3$			1.7979	1.7396	1.5435	1.3017
$\bar{Z}_4$					1.7926	1.4142
$\bar{Z}_5$						1.5364
$\bar{Z}_6$						1.6597
$\bar{Z}_7$						1.7740
$\bar{r}_1$	5.3163	4.8204	10.0000	8.0000	9.6432	8.8496
$\bar{r}_2$	1.8643	1.9602	3.7460	4.2292	5.8326	12.3229
$\bar{r}_3$			1.9048	2.1436	3.4524	8.9246
$\bar{r}_4$					2.0633	6.3980
$\bar{r}_5$						4.3516
$\bar{r}_6$						2.5924
$\bar{r}_7$						4.9652

输入端口：$\rho_{1\max}$＝频带内的波纹大小 ρ_{m}；

输出端口：$\rho_{2\max}=\rho_{3\max}\approx1+0.2(\rho_{\mathrm{m}}-1)$。

输出端口间的最小隔离度近似为

$$D_{\min}\approx20\lg\frac{2.35}{\rho_{\mathrm{m}}-1}\mathrm{dB}$$

这种 m 节 2 路等功率分配器各变换节的长度也是 $\lambda_{\mathrm{p0}}/4$。

以上公式和表中的归一化阻抗值 $\overline{Z}_i$ 和归一化隔离电阻值 $\overline{r}_i$ 的下标序号均对应图 6.4-15。

【设计实例 6.4-4】 试设计一个二等分功分器，设计指标为：工作频带 0.8～2.5GHz；隔离度＞20dB；电压驻波比 $\rho\leqslant1.2$。设计采用 S1860 作为介质基板，其相对介电常数为 3.6，基板厚 0.5mm。各输出端均接 50Ω 微带线。

解：由功分器的下、上限频率 $f_1=0.8\mathrm{GHz}$，$f_2=2.5\mathrm{GHz}$，得 $f_2/f_1\approx3$。又由于电压驻波比 $\rho\leqslant1.2$，隔离度 $D>20\mathrm{dB}$，故查表 6.4-1 可知，取节数 $m=3$ 可满足要求，因此需要设计 3 节 2 路的功分器，如图 6.4-16 所示。由表 6.4-1 可查得图 6.4-16 中每节微带线归一化特征阻抗分别为 $\overline{Z}_1=1.1497$，$\overline{Z}_2=1.4142$，$\overline{Z}_3=1.7396$，相应的阻抗值为 $Z_1=57.485\Omega$，$Z_2=70.710\Omega$，$Z_3=86.980\Omega$，由此算出每节微带线宽度分别为：$W_1=0.87\mathrm{mm}$，$W_2=0.59\mathrm{mm}$，$W_3=0.38\mathrm{mm}$。由表 6.4-1 可查得，隔离电阻归一化值分别为 $\overline{r}_1=8.0000$，$\overline{r}_2=4.2292$，$\overline{r}_3=2.1436$，对应的隔离电阻分别为 $r_1\approx400\Omega$，$r_2\approx210\Omega$，$r_3\approx100\Omega$。该功分器的中心频率为 $f_0=\dfrac{f_1+f_2}{2}=1.65\mathrm{GHz}$，作为初值，取每节微带线长度近似相等，即 $l=\dfrac{\lambda_{\mathrm{p0}}}{4}\approx\dfrac{c}{4f_0\sqrt{\varepsilon_{\mathrm{r}}}}\approx24\mathrm{mm}$。该功分器的结构及各参量含义如图 6.4-16 所示。

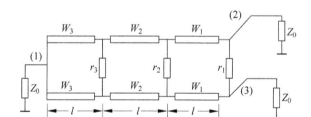

图 6.4-16 3 节 2 路等分功分器示意图

根据以上设计结果，运用 HFSS 软件进行仿真，仿真模型及仿真结果如图 6.4-17 所示[13]。

由图可知，在 0.8～2.5GHz 频带内，功分器的隔离度 $-|s_{23}|>25\mathrm{dB}$；输入、输出端驻波比小于 1.2；$-|s_{21}|\approx3\mathrm{dB}$，说明端口(2)的输出功率近似为端口(1)输入功率的一半，故另一输出端口(3)的输出功率也接近端口(1)输入功率的一半，即该功分器在两输出端口接近平分，可见，该功分器在 0.8～2.5GHz 频带内具有良好的性能指标，满足设计要求。

3. 平面结构的 m 节 n 路宽带功率分配器

在图 6.4-10 和图 6.4-14 所示的单节 n 路和 m 节 n 路威尔金森功率分配器中，每一节后的 n 个隔离电阻都连接到一个悬空的公共节点。当 $n\geqslant3$ 时，很难制作成平面结构。为

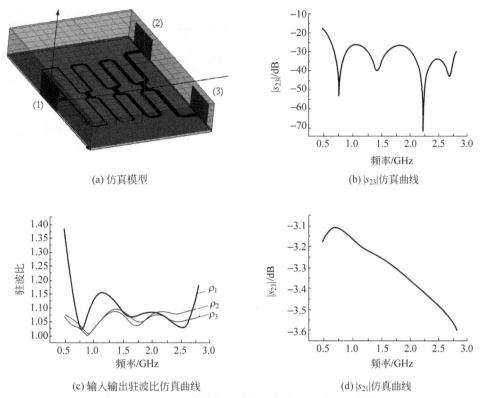

(a) 仿真模型

(b) $|s_{23}|$ 仿真曲线

(c) 输入输出驻波比仿真曲线

(d) $|s_{21}|$ 仿真曲线

图 6.4-17 3 节 2 路等分功分器的仿真模型及仿真结果

了解决这一问题,可将每个平面隔离电阻都连接到其相邻的传输线之间,如图 6.4-18 所示[14]。显然,这样制作的功分器具有平面结构。

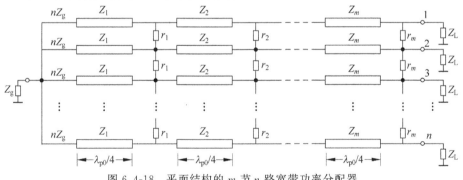

图 6.4-18 平面结构的 m 节 n 路宽带功率分配器

在图 6.4-18 中,当信号源内阻 Z_g 和负载阻抗 Z_L 均为 Z_0 时,变换节的阻抗计算仍采用 3.7 节阶梯阻抗变换器的表格和公式。注意,这里的阻抗变换比 $R = nZ_g/Z_L = n$,变换器和隔离电阻的序号是从左至右依次排列的,如图 6.4-18 所示,因此,图 6.4-18 中最后一个变换节的阻抗值对应 3.7 节表中的第一个变换节的阻抗值;图 6.4-18 中第一个变换节的阻抗值对应 3.7 节表中的最后一个变换节的阻抗值,其他的依次类推。

各变换节的特性阻抗 $Z_1, Z_2, \cdots, Z_L$ 确定后,可由下式确定隔离电阻 r_i 的值。

$$Z_0 = \cfrac{1}{\cfrac{h_i}{r_m} + \cfrac{1/Z_m^2}{\cfrac{h_i}{r_{m-1}} + \cfrac{1/Z_{m-1}^2}{\cfrac{\vdots}{\cfrac{h_i}{r_3} + \cfrac{1/Z_3^2}{\cfrac{h_i}{r_2} + \cfrac{1/Z_2^2}{\cfrac{h_i}{r_1}}}}}}} \quad (i = 2, 3, \cdots, n) \tag{6.4-31}$$

式中

$$h_i = 2 - 2\cos[\pi(i-1)/n] \quad (i = 1, 2, \cdots, n) \tag{6.4-32}$$

可以证明,各输出端口之间完全隔离的条件是:$m \geqslant n - 1$[15]。当 $m = n - 1$ 时,由式(6.4-31)和式(6.4-32)可确定各隔离电阻 $r_i(i = 1, 2, \cdots, m)$ 的值。对于 $m \neq n - 1$ 的情况,确定 r_i 可有 $m - (n-1) = m + 1 - n$ 个附加条件,即 $m + 1 - n$ 个隔离电阻是可以任意选择的。例如,当 $n = 2, m = 3$ 时,有 2 个附加条件。若令 $1/r_2 = 1/r_3 = 0$,即 r_2、r_3 处开路,则由式(6.4-32)得 $r_1 = h_2 Z_0 = 100\Omega$,这时与两路一节的情况相似,只是 r_1 后的负载阻抗由两段特性阻抗分别为 Z_2、Z_3 的 1/4 波长阻抗变换器变换得到。

这种情况表明,通过增加传输线的节数(而不必同时增加隔离电阻数目)可以改善在中心频率附近的匹配和隔离。

【设计实例 6.4-5】 试设计一个 2 节 3 路的平面结构等分功分器,假设该功分器的中心频率为 2.4GHz,输入端和三个输出端均接 50Ω 的负载,设计所用的介质基板厚 $h = 1$mm,相对介电常数 $\varepsilon_r = 4.4$。

解:2 节 3 路功分器的结构如图 6.4-19(a)所示。由题意可知,$Z_g = Z_L = Z_0 = 50\Omega$。假设采用平坦响应,则由式(3.7-14)得

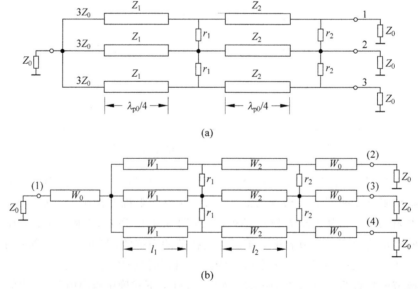

(a)

(b)

图 6.4-19 2 节 3 路功分器结构示意图

$$
\begin{cases}
\ln \dfrac{Z_1'}{Z_0} = 2^{-2} C_2^0 \ln \dfrac{3Z_0}{Z_0} \\[3mm]
\ln \dfrac{Z_2'}{Z_1'} = 2^{-2} C_2^1 \ln \dfrac{3Z_0}{Z_0}
\end{cases}
$$

由上式可解得：$Z_1' = 65.8\,\Omega$，$Z_2' = 114\,\Omega$。改变各特性阻抗的下标序号，得图 6.4-19 (a) 中各段传输线的特性阻抗值为：$Z_2 = Z_1' = 65.8\,\Omega$，$Z_1 = Z_2' = 114\,\Omega$。

由式 (6.4-31) 得

$$
\begin{cases}
Z_0 = \dfrac{1}{\dfrac{h_2}{r_2} + \dfrac{1/Z_2^2}{\dfrac{h_2}{r_1}}} \\[6mm]
Z_0 = \dfrac{1}{\dfrac{h_3}{r_2} + \dfrac{1/Z_2^2}{\dfrac{h_3}{r_1}}}
\end{cases}
$$

由式 (6.4-32) 得：$h_2 = 1$，$h_3 = 3$。代入上式解得：$r_1 = \dfrac{3Z_2^2}{4Z_0} = 64.95\,\Omega$，$r_2 = 4Z_0 = 200\,\Omega$。

由式 (2.7-8) 得各段微带线（$Z_0 = 50\,\Omega$，$Z_1 = 114\,\Omega$，$Z_2 = 65.8\,\Omega$）的导体带条宽度分别为：$W_0 = 1.9\,\text{mm}$，$W_1 = 0.304\,\text{mm}$，$W_2 = 1.178\,\text{mm}$。由式 (2.7-7) 得 Z_1、Z_2 段对应的有效相对介电常数为：$\varepsilon_{e1} = 2.992$，$\varepsilon_{e2} = 3.252$，从而得对应的长度分别为：$l_1 \approx 18.1\,\text{mm}$，$l_2 \approx 17.3\,\text{mm}$。各尺寸的含义如图 6.4-19(b) 所示。

其中，隔离电阻 $r_i (i = 1, 2)$ 均采用 2010 型号的厚膜片式电阻。

该功分器的仿真模型和仿真结果如图 6.4-20 所示。

由仿真结果可见，在中心频率 2.4GHz 附近，功分器各端口的回波损耗均小于 -15dB；三个端口的输出大小接近相等；端口(2)、(3) 间及端口(3)、(4) 间的隔离度均大于 30dB，隔离性能较好；而端口(2)、(4) 间的隔离度约为 21dB，隔离性能稍差，这是因为在端口(2)、(4) 之间没有添加实际的隔离电阻，但总体基本上能满足设计要求。

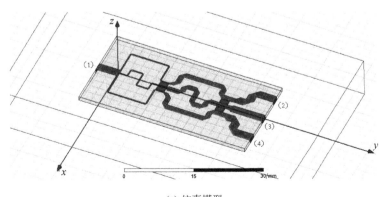

(a) 仿真模型

图 6.4-20 3 路 2 节功分器的仿真模型和仿真结果

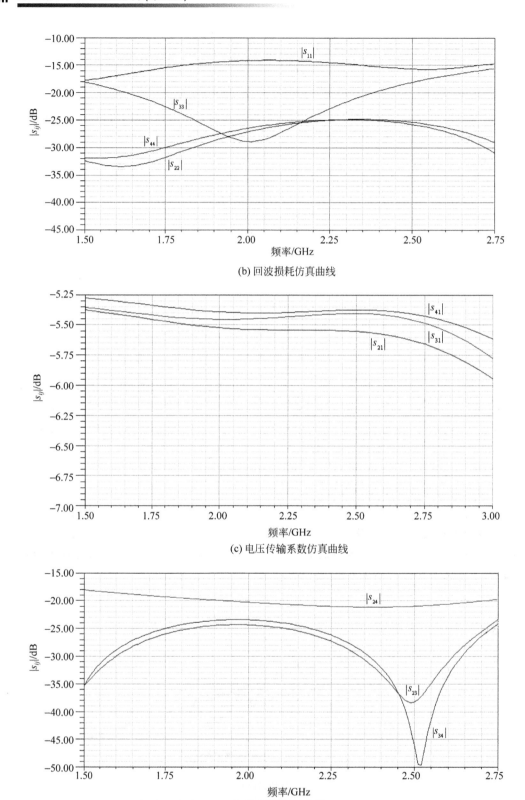

(b) 回波损耗仿真曲线

(c) 电压传输系数仿真曲线

(d) 端口间隔离度仿真曲线

图 6.4-20 （续）

当 $n \geqslant 4$ 时,利用式(6.4-31)和式(6.4-32)计算隔离电阻就会很麻烦。表 6.4-2 给出了 $n=3$、4、5,$m=n-1$ 和 $n=2$、3,$m=3$ 时等功率分配器各节归一化隔离电阻的计算公式。

表 6.4-2 $n=3$、4、5,$m=n-1$ 和 $n=2$、3,$m=3$ 时等功率分配器各节归一化隔离电阻值[15]

n,m	$n=3,m=2$	$n=4,m=3$	$n=5,m=4$	$n=2,m=3$	$n=3,m=3$
$\bar{r}_1$	$3\bar{Z}_2^2/4$	$3\bar{Z}_2^2/7\bar{Z}_3^2$	$37\bar{Z}_2^2\bar{Z}_4^2/132\bar{Z}_3^2$	$\dfrac{2\bar{Z}_2^2\left[\bar{r}_3\bar{r}_3-2(\bar{r}_3-2)\bar{Z}_3^2\right]}{(\bar{r}_3-2)\bar{r}_2\bar{Z}_3^2}$	$3(\bar{r}_3-4)\bar{Z}_0^2/\bar{r}_0\bar{r}_3$
$\bar{r}_2$	4	$14\bar{Z}_3^2/9$	$1320\bar{Z}_3^2/1369\bar{Z}_4^2$		
$\bar{r}_3$		6	$37\bar{Z}_4^2/16$		
$\bar{r}_4$			8		

上表中,各归一化量均是对输出端所接传输线的特性阻抗归一化的。

表 6.4-3 给出了传输线的特性阻抗按最平坦式阶梯阻抗变换器进行设计时归一化阻抗和归一化隔离电阻的数值。

表 6.4-3 $n=3$、4、5,$m=n-1$ 的最平坦响应等功率分配器各节归一化阻抗值和归一化隔离电阻值[15]

n,m	$n=3,m=2$	$n=4,m=3$	$n=5,m=4$
$\bar{Z}_1$	2.27951	3.35934	4.51259
$\bar{Z}_2$	1.31607	2.00000	3.01776
$\bar{Z}_3$		1.19071	1.65686
$\bar{Z}_4$			1.10801
$\bar{r}_1$	1.2990	1.2091	1.1416
$\bar{r}_2$	4.0000	2.2055	2.1560
$\bar{r}_3$		6.0000	2.8390
$\bar{r}_4$			8.0000

习题

6.1 一个定向耦合器有如下散射矩阵。当信号从端口(1)输入时,端口(2)为直通端,端口(3)为耦合端,端口(4)为隔离端,试求该定向耦合器的耦合度、隔离度以及当其他端口都接匹配负载时输入端口的回波损耗。

$$[s]=\begin{bmatrix} 0.05\angle 30° & 0.96\angle 0° & 0.1\angle 90° & 0.05\angle 90° \\ 0.96\angle 0° & 0.05\angle 30° & 0.05\angle 90° & 0.1\angle 90° \\ 0.1\angle 90° & 0.05\angle 90° & 0.05\angle 30° & 0.96\angle 0° \\ 0.05\angle 90° & 0.1\angle 90° & 0.96\angle 0° & 0.05\angle 30° \end{bmatrix}$$

6.2 有三只定向耦合器,其耦合度和隔离度分别如题 6.2 表所示,求当输入功率为 100mW 时,每只定向耦合器耦合端的输出功率 P_3 和隔离端的输出功率 P_4。

题 6.2 表

C(dB)	D(dB)	P_3(mW)	P_4(mW)
3	25		
6	30		
10	30		

6.3 一个 3dB 不变阻微带双分支定向耦合器,端口(4)接匹配负载,端口(2)和端口(3)分别在 l 处接短路活塞,如题 6.3 图所示。当信号电压($v^+=1$)由端口(1)输入时,试问哪个端口有输出?输出电压 $v^-=?$ 此时组件构成何类元件?

6.4 微带平行耦合线定向耦合器的耦合度为 10dB,特性阻抗为 50Ω,求其耦合线的奇、偶模特性阻抗,并写出它的散射参量矩阵$[s]$,设端口(1)为输入端,端口(2)为直通端,端口(3)为耦合端,端口(4)为隔离端。

题 6.3 图　　　　　　　　　　题 6.5 图

6.5 某微带平行耦合线定向耦合器的电压耦合系数为 k_0,在其两个共轭臂上接有反射系数为 Γ_D 的负载,如题 6.5 图所示。试求其输入端的电压反射系数和输出端的电压传输系数。

6.6 一匹配双 T 如题 6.6 图所示,信号自端口(4)输入,输入功率为 P_4。端口(3)接匹配负载,端口(1)和端口(2)所接负载均不匹配,反射系数分别为 Γ_1 和 Γ_2,试求端口(3)输出功率 P_3 与输入功率 P_4 之比。

6.7 某定向耦合器的耦合度为 20dB,隔离度为无穷大,用此定向耦合器监视输送到负载 Z_0 的功率,如题 6.7 图所示。功率计 A 的读数为 8 毫瓦,它对臂 4 产生的驻波比为 2;功率计 B 的读数为 2 毫瓦,它对臂 3 匹配。求:

(1) 损耗在负载 Z_0 上的功率;

(2) 臂 2 的驻波比。

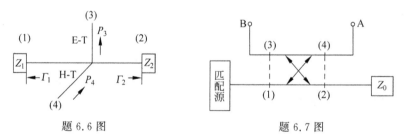

题 6.6 图　　　　　　　　　　题 6.7 图

6.8 从物理概念上定性地说明:

(1) 定向耦合器为什么会有方向性?

(2) 在工作于 TE_{10} 模的矩形波导中,若在两波导的公共窄壁上开一个小圆孔,能否构成一个定向耦合器,为什么?

6.9 利用两节定向耦合器构成一路分三路的等输出功分器,如题 6.9 图所示。问两节耦合器的耦合度各为多少?为什么?

6.10 两个耦合度为 $C=8.34$dB 的理想 90°耦合器(微带双分支定向耦合器)按题 6.10 图所示方法连接,其中,各外部连接端口均接匹配负载。求端口(1)

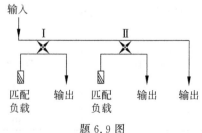

题 6.9 图

输入 $v_1^+=1$ 时, 端口 $(2')$ 和 $(3')$ 的输出波。

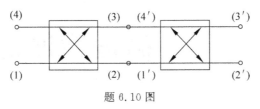

题 6.10 图

6.11 试设计一个微带结构的无耗 T 型结功率分配器, 要求使输入功率分配为 2 : 3 的输出功率。已知源阻抗为 50Ω, 微带线介质基片的相对介电常数 $\varepsilon_r=9.0$, 厚度 $h=0.8\text{mm}$。

6.12 试用介电常数 $\varepsilon_r=9.9$, 厚度 $h=1.2\text{mm}$ 的介质基片设计一个功分比为 4 : 1 的二路威尔金森功分器。要求其中心频率为 2.4GHz, 输入、输出端均接特性阻抗为 50Ω 的微带线。

6.13 试用介电常数 $\varepsilon_r=2.55$, 厚度 $h=0.8\text{mm}$ 的介质基片设计一个功分比为 1 : 3 的二路宽带功分器。要求其中心频率为 5.2GHz, 输入、输出端均接特性阻抗为 50Ω 的微带线。

6.14 试用介电常数 $\varepsilon_r=9.6$, 厚度 $h=1.0\text{mm}$ 的 FR4 介质基片设计一个二等分功分器, 设计指标: 工作频带为 $0.9\sim1.8\text{GHz}$; 传输损耗小于 0.5dB; 隔离度大于 20dB; 电压驻波比 $\rho<1.2$, 各输出端均接 50Ω 微带线。

6.15 试设计一个三路两节的平面结构功分器, 假设该功分器的中心频率为 3.5GHz, 输入端和三个输出端均接 50Ω 的负载, 设计所用的介质基板厚 $h=1\text{mm}$, 相对介电常数 $\varepsilon_r=6.0$。

6.16 有一平行耦合微带线定向耦合器如题 6.16 图所示, 其耦合度为 4.77dB。现欲用作合路器, 即在两个适当端口分别接入频率为 f_1 和 f_2 的微波信号源, 在另一端口合路输出。问:

(1) 用哪两个端口作为信号输入端? 哪一个端口作为输出端? 哪一个端口接匹配负载? 在图中标出。

(2) 若要求在输出端频率为 f_1 和 f_2 的信号各输出 1mW, 问输入功率应各为多少?

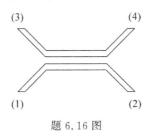

题 6.16 图

第 7 章

微波滤波器

微波滤波器(Microwave Filters)是应用在微波波段的滤波器,它在微波工程中有着广泛的应用,几乎所有的微波接收机、发射机和微波试验装备都需要微波滤波器。微波滤波器与集中参数滤波器都具有分离不同频率信号的作用,只是应用的频段不同而已,所以,二者有很多相似之处。在微波滤波器的设计过程中,可以首先采用集中参数滤波器的设计原理进行设计,然后根据所得的设计结果在具体的微波结构上加以实现,从而完成微波滤波器的设计。

7.1 滤波器的基本知识

1. 滤波器的一般知识

滤波器的主要作用是抑制不需要的信号,使其不能通过滤波器,而只让需要的信号通过,因此,滤波器是一种具有频率选择作用的二端口网络。假设图 7.1-1(a)所示为一滤波器网络,设输入信号具有图 7.1-1(b)所示的均匀功率谱,则通过滤波器网络以后,其匹配负载所吸收的功率谱不再是均匀的(如图 7.1-1(c)所示)。滤波器输出的频率选择性,可以用其传输系数的频率特性表示,也可以用其插入衰减的频率特性表示(如图 7.1-1(d)所示)。前者称为传输特性,后者称为衰减特性。

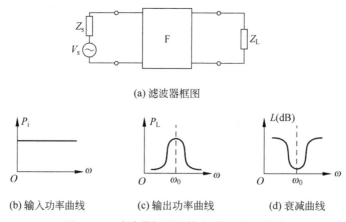

(a) 滤波器框图

(b) 输入功率曲线　　　　(c) 输出功率曲线　　　　(d) 衰减曲线

图 7.1-1　滤波器框图及输入、输出特性曲线

滤波器的衰减 L 定义为当滤波器输出口接匹配负载时,输入功率 P_i 与负载所吸收功率 P_L 之比,常用分贝(dB)表示,即

$$L = 10\lg(P_i/P_L) = -20\lg|s_{21}| \tag{7.1-1}$$

2. 滤波器的主要技术指标

理想的滤波器应具有如下特性:在通带范围内它可使微波信号完全被传输,而在阻带范围内它将使微波信号完全不能被传输。但实际滤波器的衰减特性不可能是理想的,在通带内衰减不可能处处为零,在通带与阻带交界频率处的衰减也不可能从零突变到无穷大,这是因为构成滤波器的元件通常为电抗元件,这些电抗元件都是频率的连续函数,是不会在某一频率上发生突变的,所以,在实际中,滤波器的衰减特性通常用近似曲线逼近。按照衰减特性的不同,滤波器可分为低通(Lowpass)、高通(Highpass)、带通(Bandpass)和带阻(Bandstop)滤波器四大类,图 7.1-2 所示为这四类集中参数滤波器的梯形电路及其相应的衰减特性。图中,衰减较小的频率范围称为通带,衰减较大的频率范围称为阻带。滤波器元件数目越多,其衰减特性就越逼近理想特性。

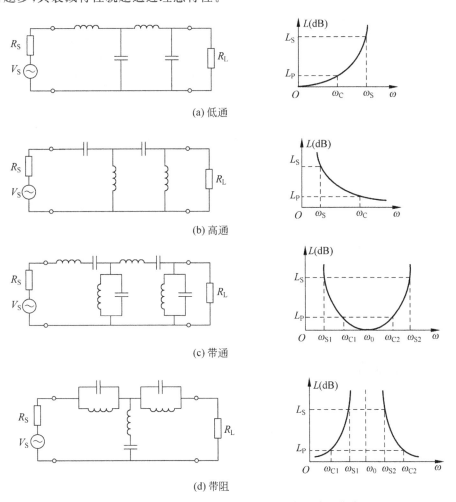

图 7.1-2　各种滤波器的梯形电路及其衰减特性曲线

衡量滤波器性能的主要技术指标有：

（1）截止频率 ω_C（对低、高通滤波器而言）、中心频率 ω_0 和通带边频 ω_{C2}、ω_{C1}（对带通、带阻滤波器而言）。

（2）通带内允许的最大衰减 L_P。滤波器的衰减通常包括反射衰减和吸收衰减两部分。在由纯电抗元件组成的无耗滤波器中，衰减就是指反射衰减。

（3）阻带边频 ω_S 处的最小衰减 L_S。这两个数值能表示出衰减特性曲线的陡峭程度。当 ω_S 一定时，L_S 越大，表示衰减曲线越陡；当 L_S 固定时，ω_S 离 ω_C 越近，则衰减曲线越陡。

（4）寄生通带，即阻带内出现的不希望有的通带。这是由于微波滤波器是由分布参数元件组成的，这些元件的参数随着频率而改变，且不仅数值变化，性质也会发生变化，即由感性电抗变成容性电抗，或相反。因此，在原来阻带范围内有可能出现通带，通常把这种阻带内出现的通带称为寄生通带，在设计中应使寄生通带避开需要抑制的频率。

3. 微波滤波器的综合设计方法

集中参数滤波器的综合设计方法是：根据给定的衰减特性，确定梯形电路的结构和集中参数元件的数值，这种方法已经很成熟，现已有一套完整的设计程序和图表。但这套图表是针对低通原型滤波器的各种衰减特性制定出来的，设计其他衰减特性的滤波器（如高通、带通或带阻滤波器）时，首先要把它们的衰减特性通过频率变换变成相应的低通原型衰减特性，再去查找相应的低通原型电路的结构和各元件的数值。有了低通原型的梯形电路结构和各元件的数值后，再应用频率变换得到所需滤波器（如高通、带通或带阻滤波器）的梯形电路及各元件的数值。低频滤波器的这一综合设计方法在微波滤波器的综合设计中也是适用的。在微波滤波器的综合设计中，关键是在有了所要设计的滤波器的梯形电路之后，如何用微波的方法加以实现，即如何用微波中的分布参数元件代替梯形电路中的集中参数元件。在微波滤波器的综合设计中，把这一过程称为微波实现。图 7.1-3 所示为实际微波滤波器的设计流程图。由图可见，低通原型滤波器是设计各种滤波器的基础，下面首先介绍低通原型滤波器。

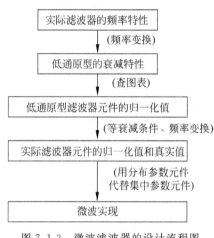

图 7.1-3　微波滤波器的设计流程图

7.2　低通原型滤波器

7.2.1　基本概念

低通原型（Low Pass Prototype）滤波器是一种以归一化频率 $\omega'=\omega/\omega_C$ 为自变量的衰减特性 $L(\omega')$ 为基础综合出来的低通滤波器。由于理想的低通滤波特性用有限个元件的电抗网络是不可能实现的，实际低通滤波器的衰减特性只能是逼近理想滤波器的衰减特性。因此在综合设计低通滤波器时，首先要确定一个逼近衰减特性的函数，然后根据这个逼近函数，综合出具体的电路结构。

逼近函数的种类很多，实际中用得最多的是最平坦式（Maximally Flat）滤波器和切比雪夫(Chebyshev)式滤波器两种。这两种滤波器的衰减特性曲线如图7.2-1所示,它们各有其特点。最平坦式特性表现为衰减量L随频率的增大而单调增大,但L随频率增加而缓慢增长,故带内特性较好,带外特性较差;而切比雪夫式特性表现在通带内有等波纹响应(Equal Ripple Response),通带外衰减量随频率变化较陡,故其带内特性较差,带外特性较好。实际设计中可根据实际要求适当选择。

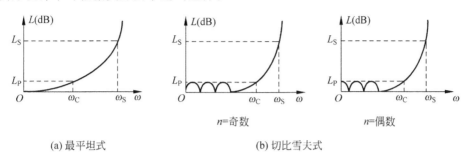

(a) 最平坦式   (b) 切比雪夫式

图 7.2-1　低通滤波器的两种典型衰减特性

7.2.2　最平坦式低通原型滤波器的综合设计

最平坦式低通滤波器又称 Butterworth 型低通滤波器,其衰减函数为
$$L(\omega) = 10\lg(1 + k^2\omega^{2n}) \tag{7.2-1}$$
其衰减-频率曲线如图7.2-2所示。

由于衰减随频率单调增加,通带内最大衰减L_P对应着截止频率ω_C,又因为阻带ω_S频率上对应的衰减为L_s,故

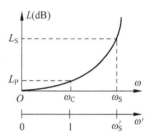

$$L_P = 10\lg(1 + k^2\omega_C^{2n}) \tag{7.2-2}$$

$$L_s = 10\lg(1 + k^2\omega_S^{2n}) \tag{7.2-3}$$

可见,低通滤波器的设计过程可归结为:按照设计要求所给定的四个数值L_P、ω_C、L_S和ω_S,用式(7.2-2)和式(7.2-3)确定系数k和n,从而确定$L(\omega)$,再根据衰减函数,利用网络综合法确定滤波器的梯形电路结构和各元件数值。但是,利用上述方法设计出来的梯形电路只能适用于某一组特定的ω_C

图 7.2-2　最平坦式低通滤波器衰减特性

和ω_S,换一组ω_C和ω_S后就必须重新进行综合设计。为了能使所得到的梯形电路对各种ω_C、ω_S的低通滤波器都能适用,可以用归一化频率ω'代替实际频率来进行综合设计。归一化频率ω'定义为实际频率ω对截止频率ω_C的比值,即
$$\omega' = \omega/\omega_C \tag{7.2-4}$$
这样,衰减特性就可以写成ω'的函数,即
$$L(\omega') = 10\lg(1 + k^2\omega'^{2n}) \tag{7.2-5}$$
图7.2-2中也画出了归一化频率ω'的横坐标。用$L(\omega')$综合设计出来的低通滤波器就称为低通原型。

最平坦式低通原型滤波器的综合设计步骤为:

(1) 将要求的L_P、$\omega_C' = 1$和L_S、$\omega_S' = \omega_S/\omega_C$代入式(7.2-5)可得
$$L_P = 10\lg(1 + k^2) \tag{7.2-6}$$

$$L_S = 10\lg(1 + k^2 \omega_S'^{2n}) \tag{7.2-7}$$

由上面两式可求出 k 和 n。

在最平坦式低通原型的设计中,通常取通带内最大衰减 $L_P = 3\text{dB}$,则由式(7.2-6)可求得 $k = 1$,于是,式(7.2-7)可写成

$$L_S = 10\lg(1 + \omega_S'^{2n}) \tag{7.2-8}$$

由式(7.2-8)可求得梯形结构电路元件数 n 为

$$n = \frac{\lg(10^{0.1L_S} - 1)}{2\lg\omega_S'} \tag{7.2-9}$$

为方便起见,现已有将式(7.2-8)以 n 作参变量制成的 L_S-ω_S'曲线,如图 7.2-3 所示。在后面将要介绍的低通到带通或带阻的频率变换时,可能会遇到 ω_S' 为负值的情况,这时的衰减与 ω_S' 为正值时的衰减相同,故在图 7.2-3 中,在 ω_S' 上加了绝对值符号。由要求的 L_S 和 ω_S' 即可查得 n 值。

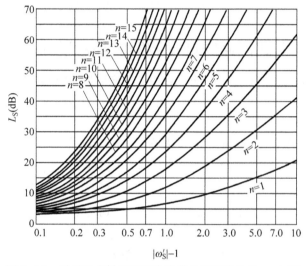

图 7.2-3 最平坦式低通原型滤波器的衰减特性($L_P = 3\text{dB}$)

(2) 由 n 决定梯形电路及其各元件的归一化数值。

为了使设计结果对各种信号源内阻都适用,低通原型滤波器电路中的串联电感值或并联电容值均是对信号源内阻的归一化值,用 $g_k (k = 1, 2, \cdots, n)$ 表示。从同一衰减特性出发综合设计出来的低通原型电路有电感输入式和电容输入式两种,它们彼此互为对偶的梯形电路,它们的归一化元件值 $g_k (k = 1, 2, \cdots, n, n+1)$ 一一对应相等,如图 7.2-4 所示。这里,用 g_0 表示信号源的归一化电阻值或电导值,用 g_{n+1} 表示负载的归一化电阻值或电导值。在图 7.2-4 中,阻抗和导纳是相间出现的,即若负载与 g_n 并联,则 g_n 应为归一化电容值,所以,g_{n+1} 表示负载的归一化电阻值;如果负载与 g_n 串联,则 g_n 应为归一化电感值,g_{n+1} 表示负载的归一化电导值。g_k 可由以下公式确定

$$g_0 = g_{n+1} = 1$$

$$g_k = 2\sin\frac{(2k-1)\pi}{2n} \quad (k = 1, 2, \cdots, n) \tag{7.2-10}$$

实际中,已将式(7.2-10)的计算结果制成表格,如表7.2-1所示。设计中可直接由 n 值从表中查得各元件的归一化值。

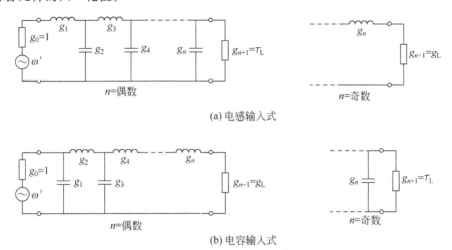

(a) 电感输入式

(b) 电容输入式

图 7.2-4 最平坦式低通原型滤波器

表 7.2-1 最平坦式低通原型滤波器的归一化元件值($L_P = 3$dB)

n	g_1	g_2	g_3	g_4	g_5	g_6	g_7	g_8	g_9	g_{10}	g_{11}
1	2.00	1.000									
2	1.414	1.414	1.000								
3	1.000	2.000	1.000	1.000							
4	0.7654	1.848	1.848	0.7654	1.000						
5	0.6180	1.6180	2.000	1.6180	0.6180	1.000					
6	0.5176	1.414	1.932	1.932	1.414	0.5176	1.000				
7	0.4450	1.247	1.802	2.000	1.802	1.247	0.4450	1.000			
8	0.3902	1.111	1.663	1.962	1.962	1.663	1.111	0.3902	1.000		
9	0.3473	1.000	1.532	1.879	2.000	1.879	1.532	1.000	0.3473	1.000	
10	0.3129	0.9080	1.414	1.782	1.975	1.975	1.782	1.414	0.9080	0.3129	1.000

由表7.2-1可见,所有 $g_{n+1} = 1$,即滤波器的负载电阻(或电导)均与信号源内阻(或内电导)相等,这是因为最平坦式衰减特性在 $\omega' = 0$ 处衰减为零,而 $\omega' = 0$ 时低通原型电路中的串联电感的感抗为零,并联电容的容纳为零,此时低通原型滤波器相当于两条传输线,信号源与负载直接相连,故为使(反射)衰减为零,负载阻抗必须与信号源匹配。

7.2.3 切比雪夫式低通原型滤波器的综合设计

与最平坦式低通原型一样,切比雪夫低通原型的综合设计也有相应的设计公式,也有曲线和表格可查。图7.2-5所示为切比雪夫式低通原型滤波器的衰减曲线,其衰减特性的数学表达式为

$$L(\omega') = 10\lg\left\{1 + \left(10^{\frac{L_P}{10}} - 1\right)\cos^2\left[n\arccos(\omega')\right]\right\} \quad (\omega' \leqslant 1)$$

$$L(\omega') = 10\lg\left\{1 + \left(10^{\frac{L_P}{10}} - 1\right)\cosh^2\left[n\,\mathrm{arcosh}(\omega')\right]\right\} \quad (\omega' > 1)$$

(7.2-11)

式中，n 是元件个数，L_P(dB)是通带内最大衰减。已知 ω_C、L_P、ω_S、L_S 时，可由下式确定元件个数 n

$$L_S = 10\lg\left\{1 + \left(10^{\frac{L_P}{10}} - 1\right)\cosh^2\left[n\,\mathrm{arcosh}(\omega'_S)\right]\right\} \tag{7.2-12a}$$

即

$$n = \frac{\cosh^{-1}\sqrt{\dfrac{10^{0.1L_S} - 1}{10^{0.1L_P} - 1}}}{\cosh^{-1}\omega'_S} \tag{7.2-12b}$$

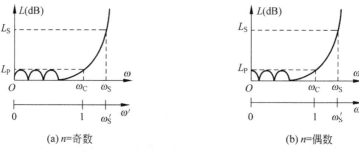

(a) n=奇数   (b) n=偶数

图 7.2-5　切比雪夫低通原型滤波器的衰减特性

切比雪夫式低通原型电路的结构形式与最平坦式的相同，只是各元件的归一化值不同。切比雪夫式低通原型归一化元件值可由下式计算

$$\begin{cases} g_0 = 1 \\[4pt] g_1 = \dfrac{2a_1}{\gamma} \\[8pt] g_k = \dfrac{4a_{k-1}a_k}{b_{k-1}g_{k-1}} \quad (k=2,3,\cdots,n) \\[10pt] g_{n+1} = \begin{cases} \coth^2\left(\dfrac{\beta}{4}\right) & (n \text{ 为偶数}) \\[6pt] 1 & (n \text{ 为奇数}) \end{cases} \end{cases} \tag{7.2-13}$$

式中

$$\beta = \ln\left(\coth\frac{L_P}{17.37}\right)$$

$$\gamma = \sinh\left(\frac{\beta}{2n}\right)$$

$$a_k = \sin\left[\frac{(2k-1)\pi}{2n}\right] \quad (k=1,2,\cdots,n)$$

$$b_k = \gamma^2 + \sin^2\left(\frac{k\pi}{n}\right) \quad (k=1,2,\cdots,n)$$

图 7.2-6 给出了切比雪夫式低通原型的衰减特性曲线，它是以 L_P、n 为参变量制成的曲线族，由给定的 L_S、ω'_S 和 L_P 值，查图 7.2-6 可得元件个数 n 的值(取偏大值)。图 7.2-6(a)、(b)、(c)分别对应 L_P=0.1dB、L_P=0.5dB、L_P=1.0dB 时的衰减特性曲线。

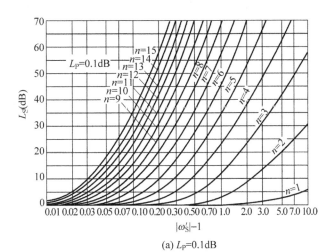

(a) $L_P=0.1\mathrm{dB}$

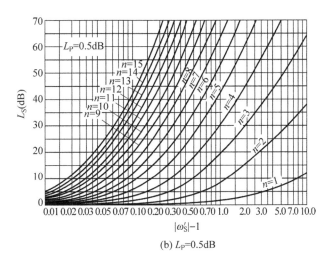

(b) $L_P=0.5\mathrm{dB}$

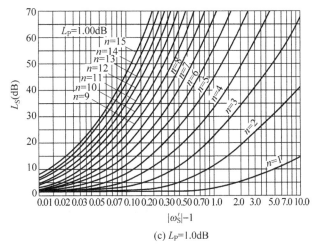

(c) $L_P=1.0\mathrm{dB}$

图 7.2-6　切比雪夫式低通原型滤波器的衰减特性

表 7.2-2(a)、(b)、(c)分别给出了在 $L_p=0.1\text{dB}$，$L_p=0.5\text{dB}$，$L_p=1.0\text{dB}$ 情况下切比雪夫式低通原型元件的归一化值。应用表 7.2-2 时，要注意负载 g_{n+1} 的两个特点：

(1) 当 $n=$ 奇数时，$g_{n+1}=1$；当 $n=$ 偶数时，$g_{n+1}\neq1$。这是因为由图 7.2-5 可知，$n=$ 奇数时，衰减曲线通过原点，即当 $\omega'=0$ 时，$L(\omega')=0$，所以要负载匹配，$g_{n+1}=1$；$n=$ 偶数时，曲线不通过原点，即当 $\omega'=0$ 时，$L(\omega')\neq0$，所以 $g_{n+1}\neq1$。

(2) g_{n+1} 有时代表归一化负载电阻值，有时代表归一化负载电导值，与最平坦式低通原型一样。

表 7.2-2 切比雪夫低通原型滤波器的归一化元件值（$g_0=1$）

(a) $L_p=0.1\text{dB}$

n	g_1	g_2	g_3	g_4	g_5	g_6	g_7	g_8	g_9	g_{10}	g_{11}
1	0.3052	1.0000									
2	0.8430	0.6220	1.3554								
3	1.0315	1.1474	1.0315	1.0000							
4	1.1088	1.3061	1.7703	0.8180	1.3554						
5	1.1468	1.3712	1.9750	1.3712	1.1468	1.0000					
6	1.1681	1.4039	2.0562	1.5170	1.9029	0.8618	1.3554				
7	1.1811	1.4228	2.0966	1.5733	2.0966	1.4228	1.1811	1.0000			
8	1.1897	1.4346	2.1199	1.6010	2.1699	1.5640	1.9444	0.8778	1.3554		
9	1.1956	1.4425	2.1345	1.6167	2.2053	1.6167	2.1345	1.4425	1.1956	1.0000	
10	1.1999	1.4481	2.1444	1.6265	2.2253	1.6418	2.2046	1.5821	1.9628	0.8853	1.3554

(b) $L_p=0.5\text{dB}$

n	g_1	g_2	g_3	g_4	g_5	g_6	g_7	g_8	g_9	g_{10}	g_{11}
1	0.6986	1.0000									
2	1.4029	0.7071	1.9841								
3	1.5963	1.0967	1.5963	1.0000							
4	1.6703	1.1926	2.3661	0.8419	1.9841						
5	1.7058	1.2296	2.5408	1.2296	1.7058	1.0000					
6	1.7254	1.2479	2.6064	1.3137	2.4758	0.8696	1.9841				
7	1.7372	1.2583	2.6381	1.3444	2.6381	1.2583	1.7372	1.0000			
8	1.7451	1.2647	2.6564	1.3590	2.6964	1.3389	2.5093	0.8796	1.9841		
9	1.7504	1.2690	2.6678	1.3673	2.7239	1.3673	2.6678	1.2690	1.7504	1.0000	
10	1.7543	1.2721	2.6754	1.3725	2.7392	1.3806	2.7231	1.3485	2.5239	0.8842	1.9841

(c) $L_p=1.0\text{dB}$

n	g_1	g_2	g_3	g_4	g_5	g_6	g_7	g_8	g_9	g_{10}	g_{11}
1	1.0177	1.0000									
2	1.8219	0.6850	2.6599								
3	2.2036	0.9941	2.2036	1.0000							
4	2.0991	1.0644	2.8311	0.7892	2.6599						
5	2.1349	1.0911	3.0009	1.0911	2.1349	1.0000					
6	2.1546	1.1041	3.0634	1.1518	2.9367	0.8101	2.6599				
7	2.1664	1.1116	3.0984	1.1736	3.0934	1.1116	2.1664	1.0000			
8	2.1744	1.1161	3.1107	1.1839	3.1488	1.1696	2.9685	0.8175	2.6599		
9	2.1797	1.1192	3.1215	1.1897	3.1747	1.1897	3.1215	1.1192	2.1797	1.0000	
10	2.1836	1.1213	3.1286	1.1933	3.1890	1.1990	3.1738	1.1763	2.9824	0.8210	2.6599

7.3 频率变换

上面介绍了低通原型滤波器的综合设计方法,但在实际应用中,微波滤波器不仅有低通滤波器,而且还有高通、带通和带阻滤波器,它们的衰减特性与低通原型滤波器的衰减特性差别很大。这种差别主要表现在两个方面:一个是衰减特性不同,即通带分布和频率尺度不同;另一个是元件的性质和数值也不同。因此,要利用低通原型滤波器的设计公式或曲线和表格设计实际滤波器,就必须解决衰减特性之间的变换问题和相应元件性质及数值之间的变换问题,这种变换称为频率变换(Frequency Transformation)。频率变换的作用是双向的,对于一个实际的滤波器,需通过频率变换,将其转化为低通原型滤波器,经过综合设计,有了低通原型滤波器的归一化元件值后,再通过频率变换,求出实际滤波器的归一化元件值,而后进一步求出真实的元件数值。由于在变换过程中仅对表示频率尺度的横坐标进行了变换,而对表示衰减尺度的纵坐标没有变换,故称之为等衰减条件下的频率变换。下面介绍低通原型滤波器与低通滤波器、高通滤波器、带通滤波器和带阻滤波器间的频率变换。

7.3.1 低通原型滤波器与低通滤波器间的频率变换

设低通原型滤波器和实际低通滤波器的频率变量分别为 ω' 和 ω,两者的衰减-频率特性分别如图 7.3-1(a)、(b)所示。比较图 7.3-1(a)和图 7.3-1(b)可见,欲使图 7.3-1(a)变成图 7.3-1(b),则要求 $\omega'=0,1,\omega'_S,\infty$ 的点与 $\omega=0,\omega_C,\omega_S,\infty$ 的点一一对应,为此,可采用如下频率变换式:

$$\omega'=\omega/\omega_C \tag{7.3-1}$$

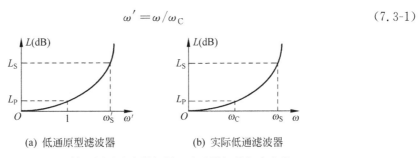

(a) 低通原型滤波器   (b) 实际低通滤波器

图 7.3-1 低通原型滤波器与低通滤波器间的频率变换

同时,还要求在上述对应点上的衰减量 L 相等。由于无耗滤波网络的衰减是由反射引起的,比较图 7.3-2(a)和图 7.3-2(b)可知,若两个网络中对应元件在两种频率变量下具有相同的阻抗,即

$$z_k(\omega')=z'_k(\omega) \quad (k=1,2,\cdots,n) \tag{7.3-2}$$

则输入端反射相同,衰减就相同,故称上式为等衰减条件。

在等衰减条件下,有

$$j\omega'g_k=j\frac{\omega}{\omega_C}g_k=j\omega L'_k$$

$$\frac{1}{j\omega'g_i}=\frac{1}{j\dfrac{\omega}{\omega_C}g_i}=\frac{1}{j\omega C'_i}$$

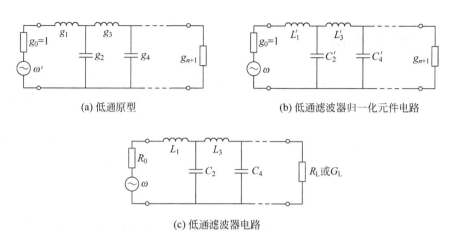

(a) 低通原型　　　　　　　　　　(b) 低通滤波器归一化元件电路

(c) 低通滤波器电路

图 7.3-2　低通原型和对应的低通滤波器电路

式中,g_k、g_i 分别为低通原型中串联电感和并联电容的归一化值,故 L'_k 和 C'_i 是实际低通滤波器串联电感和并联电容的归一化值。分别比较上两式左右两边可得

$$\begin{cases} L'_k = \dfrac{g_k}{\omega_C} \\[2mm] C'_i = \dfrac{g_i}{\omega_C} \end{cases} \tag{7.3-3}$$

对信号源内阻 R_0 反归一化即可得图 7.3-2(c)中元件的真实值,即

$$\begin{cases} L_k = L'_k R_0 = \dfrac{g_k}{\omega_C} R_0 \\[2mm] C_i = \dfrac{C'_i}{R_0} = \dfrac{g_i}{\omega_C R_0} \end{cases} \tag{7.3-4}$$

实际负载由原型电路中负载的性质确定。若 g_{n+1} 与 g_n 并联,则

$$R_L = g_{n+1} R_0 \tag{7.3-5a}$$

若 g_{n+1} 与 g_n 串联,则

$$G_L = g_{n+1} G_0 = \dfrac{g_{n+1}}{R_0} \tag{7.3-5b}$$

对于电容输入式,以上分析同样适用。

7.3.2　低通原型滤波器与高通滤波器间的频率变换

低通原型滤波器和高通滤波器的衰减特性分别如图 7.3-3(a)、(b)所示。其中,低通原型滤波器的衰减曲线经过了偶开拓,因为由低通原型滤波器的衰减函数表示式(7.2-5)和式(7.2-11)可知,其衰减是频率的偶函数。由图 7.3-3 可见,高通滤波器的衰减特性曲线与低通原型在第二象限中的衰减特性曲线类似。因此,为使图 7.3-3(a)变成图 7.3-3(b),需使 $\omega' = -\infty, -\omega'_S, -1, 0$ 的点与 $\omega = 0, \omega_S, \omega_C, \infty$ 的点一一对应,为此可采用以下频率变换式

$$\omega' = -\dfrac{\omega_C}{\omega} \tag{7.3-6}$$

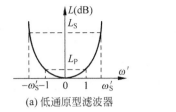
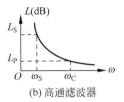

(a) 低通原型滤波器　　　　　　(b) 高通滤波器

图 7.3-3　低通原型滤波器与高通滤波器间的频率变换

图 7.3-4 展示了低通原型滤波器到高通滤波器的变换过程。

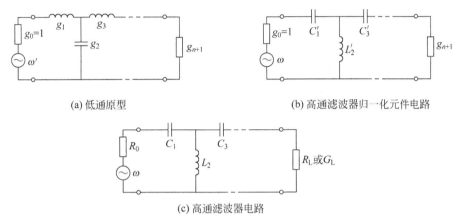

(a) 低通原型　　　　　　　　　　　(b) 高通滤波器归一化元件电路

(c) 高通滤波器电路

图 7.3-4　低通原型和对应的高通滤波器电路

运用等衰减条件关系式(7.3-2)可得

$$j\omega' g_k = j\left(-\frac{\omega_c}{\omega}\right) g_k = \frac{1}{j\omega\left(\dfrac{1}{\omega_C g_k}\right)} = \frac{1}{j\omega C'_k}$$

$$\frac{1}{j\omega' g_i} = \frac{1}{j\left(-\dfrac{\omega_c}{\omega}\right) g_i} = j\omega\left(\frac{1}{\omega_C g_i}\right) = j\omega L'_i$$

比较上两式左右两边可见,低通原型中的串联电感变换为高通滤波器中的串联电容;低通原型中的并联电容变换为高通滤波器中的并联电感,且高通滤波器元件的归一化值可由下式求得

$$\begin{cases} C'_k = \dfrac{1}{\omega_C g_k} \\[3mm] L'_i = \dfrac{1}{\omega_C g_i} \end{cases} \tag{7.3-7}$$

将上式对信号源内阻 R_0 反归一化可得高通滤波器中元件的真值,即

$$\begin{cases} C_k = \dfrac{1}{\omega_C g_k R_0} \\[3mm] L_i = \dfrac{R_0}{\omega_C g_i} \end{cases} \tag{7.3-8}$$

负载性质的判别同前。

7.3.3 低通原型滤波器与带通滤波器间的频率变换

低通原型滤波器与带通滤波器的衰减-频率特性如图 7.3-5(a)、(b)所示。由图可见,带通滤波器的衰减特性与低通原型滤波器在一、二象限的衰减特性相似。因此,为使图 7.3-5(a)变成图 7.3-5(b),需使 $\omega'=-\infty,-1,0,1,+\infty$ 的点与 $\omega=0,\omega_{C1},\omega_0,\omega_{C2},+\infty$ 的点一一对应,为此可采用以下频率变换式

$$\omega' = \frac{\omega_0}{\omega_{C2}-\omega_{C1}}\left(\frac{\omega}{\omega_0}-\frac{\omega_0}{\omega}\right) = \frac{1}{W}\left(\frac{\omega}{\omega_0}-\frac{\omega_0}{\omega}\right) \tag{7.3-9}$$

式中,$\omega_0=\sqrt{\omega_{C1}\omega_{C2}}$ 为中心频率;$W=\dfrac{\omega_{C2}-\omega_{C1}}{\omega_0}$ 为相对带宽。

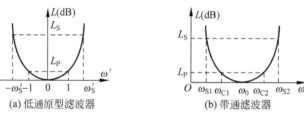

(a) 低通原型滤波器   (b) 带通滤波器

图 7.3-5 低通原型与带通滤波器间的频率变换

低通原型、带通滤波器归一化元件电路及带通滤波器集中参数电路如图 7.3-6 所示。

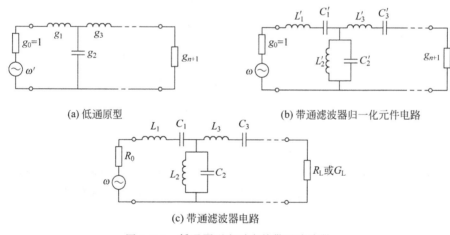

(a) 低通原型   (b) 带通滤波器归一化元件电路

(c) 带通滤波器电路

图 7.3-6 低通原型和对应的带通滤波器

运用等衰减条件关系式(7.3-2)可得

$$j\omega' g_k = j\frac{1}{W}\left(\frac{\omega}{\omega_0}-\frac{\omega_0}{\omega}\right)g_k = j\left(\omega\frac{g_k}{W\omega_0}-\frac{1}{\omega\dfrac{W}{\omega_0 g_k}}\right) = j\left(\omega L'_k-\frac{1}{\omega C'_k}\right) \tag{7.3-10a}$$

$$j\omega' g_i = j\frac{1}{W}\left(\frac{\omega}{\omega_0}-\frac{\omega_0}{\omega}\right)g_i = j\left(\omega\frac{g_i}{W\omega_0}-\frac{1}{\omega\dfrac{W}{\omega_0 g_i}}\right) = j\left(\omega C'_i-\frac{1}{\omega L'_i}\right) \tag{7.3-10b}$$

由此可得串、并联谐振电路的归一化元件值为

$$
\begin{cases}
L'_{\mathrm{k}} = \dfrac{g_{\mathrm{k}}}{W\omega_0}, & C'_{\mathrm{k}} = \dfrac{W}{\omega_0 g_{\mathrm{k}}} \\[3mm]
L'_{\mathrm{i}} = \dfrac{W}{\omega_0 g_{\mathrm{i}}}, & C'_{\mathrm{i}} = \dfrac{g_{\mathrm{i}}}{W\omega_0}
\end{cases}
\tag{7.3-11}
$$

可见,低通原型中的串联电感变换成为带通滤波器中的串联谐振电路,并联电容变换成为带通滤波器中的并联谐振电路,且串谐电路的谐振频率与并谐电路的谐振频率相等,都等于 ω_0,即

$$
\omega'_0 = \frac{1}{\sqrt{L'_{\mathrm{k}} C'_{\mathrm{k}}}} = \frac{1}{\sqrt{L'_{\mathrm{i}} C'_{\mathrm{i}}}} = \omega_0
\tag{7.3-12}
$$

当 $\omega = \omega_0$ 时,串臂的串谐电路和并臂的并谐电路均谐振,故此时反射最小,衰减最小,是带通滤波器的中心频率。

元件真实值的求得只需将 L'_{k}、C'_{k}、L'_{i}、C'_{i} 对信号源内阻反归一化即可,负载性质判别同前。

7.3.4 低通原型滤波器与带阻滤波器间的频率变换

低通原型滤波器与带阻滤波器的衰减特性曲线如图 7.3-7(a)、(b)所示。

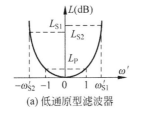 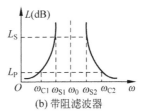

图 7.3-7 低通原型与带阻滤波器间的频率变换

由图可见,带阻滤波器的衰减特性曲线以 ω_0 为中心,其左、右两边分别与低通原型滤波器的第一、二象限衰减特性曲线的变化趋势一样。因此,为了将图 7.3-7(a)变成图 7.3-7(b),要求 $\omega' = +0, 1, \pm\infty, -1, -0$ 的点与 $\omega = 0, \omega_{\mathrm{C1}}, \omega_0, \omega_{\mathrm{C2}}, +\infty$ 的点一一对应。为此,可采用如下频率变换

$$
\omega' = \frac{1}{\dfrac{1}{W}\left(\dfrac{\omega_0}{\omega} - \dfrac{\omega}{\omega_0}\right)}
\tag{7.3-13}
$$

式中,$\omega_0 = \sqrt{\omega_{\mathrm{C1}} \omega_{\mathrm{C2}}}$ 为中心频率;$W = \dfrac{\omega_{\mathrm{C2}} - \omega_{\mathrm{C1}}}{\omega_0}$ 为相对带宽。

低通原型、带阻滤波器的归一化元件电路及带阻滤波器的集中参数电路如图 7.3-8 所示。运用等衰减条件关系式(7.3-2)可得

$$
\frac{1}{\mathrm{j}\omega' g_{\mathrm{k}}} = -\mathrm{j}\,\frac{1}{W}\left(\frac{\omega_0}{\omega} - \frac{\omega}{\omega_0}\right)\frac{1}{g_{\mathrm{k}}} = \frac{1}{\mathrm{j}\omega\left(\dfrac{W}{\omega_0} g_{\mathrm{k}}\right)} + \mathrm{j}\omega\,\frac{1}{W\omega_0 g_{\mathrm{k}}} = \frac{1}{\mathrm{j}\omega L'_{\mathrm{k}}} + \mathrm{j}\omega C'_{\mathrm{k}}
$$

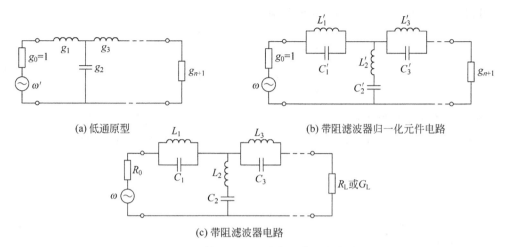

(a) 低通原型 (b) 带阻滤波器归一化元件电路

(c) 带阻滤波器电路

图 7.3-8 低通原型和对应的带阻滤波器

$$\frac{1}{j\omega' g_i} = -j\frac{1}{W}\left(\frac{\omega_0}{\omega} - \frac{\omega}{\omega_0}\right)\frac{1}{g_i} = \frac{1}{j\omega\left(\dfrac{W}{\omega_0}g_i\right)} + j\omega\frac{1}{W\omega_0 g_i} = \frac{1}{j\omega C_i'} + j\omega L_i'$$

因此可得

$$\begin{cases} C_k' = \dfrac{1}{W\omega_0 g_k}, & L_k' = \dfrac{W}{\omega_0}g_k \\ C_i' = \dfrac{W}{\omega_0}g_i, & L_i' = \dfrac{1}{W\omega_0 g_i} \end{cases} \tag{7.3-14}$$

可见,低通原型中的串联电感变成了带阻滤波器中的并谐电路;低通原型中的并联电容变成了带阻滤波器中的串谐电路。且由式(7.3-14)可知,串谐支路的谐振频率与并谐支路的谐振频率相等,且均等于 ω_0,即

$$\omega_0' = \frac{1}{\sqrt{L_k' C_k'}} = \frac{1}{\sqrt{L_i' C_i'}} = \omega_0 \tag{7.3-15}$$

当 $\omega = \omega_0$ 时,串臂的并谐电路和并臂的串谐电路均谐振,故此时反射最大,衰减最大,是带阻滤波器的中心频率。

元件真实值的计算和负载性质的判断方法同前。

7.4 变形低通原型及集中参数带通滤波器和带阻滤波器

由图 7.3-6 和图 7.3-8 可知,在带通和带阻滤波器中,它们的串、并臂是由串联谐振电路或并联谐振电路组成的,在具体的微波结构中,将多个串、并谐振器汇合到一个节点上是极为困难的。带通或带阻滤波器之所以有两种不同性质的谐振电路,是由于低通原型的串、并臂元件的电抗性质不同所致。如果低通原型电路只有串臂元件或只有并臂元件,则经过频率变换以后的带通、带阻滤波器就只有一种性质的谐振电路了,这样在微波结构中就便于实现了。为此,必须将原来的低通原型滤波器加以修改,使之变成只含一种性质的电抗元件(电感或电容),这种只含一种电抗元件的低通原型称为变形低通原型。将低通原型变成变形低通原型需要用倒置变换器,故下面首先介绍倒置变换器。

7.4.1 倒置变换器

倒置变换器是一个二端口网络,它能把其输出端所接的负载阻抗或导纳变换成其倒数(可差一系数)反映在它的输入端上,分别称为阻抗倒置变换器或导纳倒置变换器,如图 7.4-1 所示。其中,图 7.4-1(a)为阻抗倒置变换器(Impedance Inverter),其输入阻抗 Z_i 与负载阻抗 Z_L 的关系为

$$Z_i = K^2/Z_L \qquad (7.4\text{-}1)$$

式中,K 为常数,称为阻抗倒置变换器的特性阻抗。图 7.4-4(b)所示为导纳倒置变换器(Admittance Inverter),其输入导纳 Y_i 与负载导纳 Y_L 的关系为

$$Y_i = J^2/Y_L \qquad (7.4\text{-}2)$$

式中,J 为常数,称为导纳倒置变换器的特性导纳。

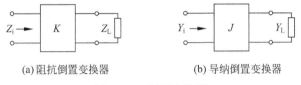

(a)阻抗倒置变换器   (b)导纳倒置变换器

图 7.4-1 倒置变换器

由式(7.4-1)和式(7.4-2)可以看出,任意一个串联电感经倒置变换器变换后,在其输入端看,相当于一个并联电容;任意一个并联电容经倒置变换器变换后,在其输入端看,相当于一个串联电感。因此,可以用倒置变换器把低通原型滤波器中的并联电容变换成串联电感;或者相反,把串联电感变成并联电容,从而使低通原型滤波器中只有一种电抗元件,这种低通原型称为变形低通原型。

倒置变换器有许多种实现方法,常用的有下面几种,它们在微波带通及带阻滤波器中得到了广泛的应用。

1. 用电长度 $\theta = n\dfrac{\pi}{2}$(n 为奇数)的均匀传输线实现

当 $n=1$ 时,即为大家熟知的 1/4 波长传输线段,这时负载阻抗 Z_L 与其输入阻抗 Z_i,负载导纳 Y_L 与输入导纳 Y_i 的关系分别为

$$Z_i = \frac{Z_0^2}{Z_L} = \frac{K^2}{Z_L}$$

$$Y_i = \frac{Y_0^2}{Y_L} = \frac{J^2}{Y_L}$$

上式对 1/4 波长奇数倍的传输线段都适合。由上式可见,这种 $\theta = n\pi/2$ 的均匀传输线段作为倒置变换器使用时,传输线的特性阻抗 Z_0 就是阻抗倒置变换器的特性阻抗 K,传输线的特性导纳 Y_0 就是导纳倒置变换器的特性导纳 J。

2. 用半集中参数电路实现

如图 7.4-2(a)所示是一个并联电抗型阻抗倒置变换器,其中,jX 为并联电抗,其两侧所接传输线段的电长度为 $\varphi/2$,特性阻抗为 Z_0;图 7.4-2(b)为其等效的阻抗倒置变换器,阻

抗倒置变换器的特性阻抗 $K = Z_0$,相移 $\theta = \dfrac{3\pi}{2}$。利用图 7.4-2(a)和(b)两网络的转移参量矩阵 $\boldsymbol{A}$ 相等这一条件,可以得到两者的等效条件为

$$\frac{X}{Z_0} = \frac{K/Z_0}{1 - (K/Z_0)^2} \tag{7.4-3a}$$

$$\varphi = -\arctan\frac{2X}{Z_0} \tag{7.4-3b}$$

可见,如果给定 K 和 Z_0,就可以求出并联电抗型倒置变换器电路的参数 X 和 φ。在式(7.4-3b)中,若 $X < 0$,即图 7.4-2(a)中并联的是电容时,则 φ 为正值;若 $X > 0$,即图 7.4-2(a)中并联的是电感时,则 φ 为负值。电长度 φ 为负值时可用两种方法来实现,一是加 1/2 波长的整数倍,使其变成正长度;二是用与其相邻的正长度线吸收,这样可使滤波器的总体尺寸减小,故实际中常用并联电感和两段负长度线来实现 K 变量器。

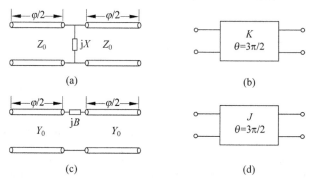

图 7.4-2 并联电抗型阻抗倒置变换器和串联电纳型导纳倒置变换器

对于图 7.4-2(c)和图 7.4-2(d)所示的串联电纳型倒置变换器电路,同样可求得其参数 Y_0、φ 与 J、B 的关系为

$$\frac{B}{Y_0} = \frac{J/Y_0}{1 - (J/Y_0)^2} \tag{7.4-4a}$$

$$\varphi = -\arctan\frac{2B}{Y_0} \tag{7.4-4b}$$

在式(7.4-4b)中,若 $B < 0$,即图 7.4-2(c)中串联的是电感时,φ 为正值;若 $B > 0$,即图 7.4-2(c)中串联的是电容时,φ 为负值。同样,为了使滤波器的总体尺寸减小,实际中常用串联电容和两段负长度线来实现 J 变量器。

3. 用终端开路的平行耦合线节实现

图 7.4-3(a)所示是两段电长度均为 φ 的均匀传输线与一个倒置变换器级联所形成的网络,这种网络可以用图 7.4-3(b)所示的终端开路的平行耦合线节来具体实现。令两者的 $\boldsymbol{A}$ 矩阵相等,可以求得其等效条件为

$$Z_{0e} = Z_0\left[1 + \frac{Z_0}{K} + \left(\frac{Z_0}{K}\right)^2\right] = \frac{1}{Y_0}\left[1 + \frac{J}{Y_0} + \left(\frac{J}{Y_0}\right)^2\right] \tag{7.4-5a}$$

$$Z_{0o} = Z_0\left[1 - \frac{Z_0}{K} + \left(\frac{Z_0}{K}\right)^2\right] = \frac{1}{Y_0}\left[1 - \frac{J}{Y_0} + \left(\frac{J}{Y_0}\right)^2\right] \tag{7.4-5b}$$

式中，Z_{0e}、Z_{0o} 分别是平行耦合线的偶模和奇模特性阻抗。

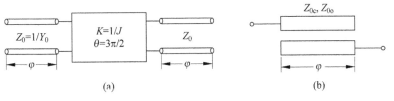

图 7.4-3　终端开路的平行耦合线节

7.4.2　变形低通原型

将倒置变换器加入到低通原型的元件之间，就可以形成只有一种电抗元件的变形低通原型。下面以图 7.4-4(a)所示的 2 元电感输入式低通原型为例说明其变换过程。

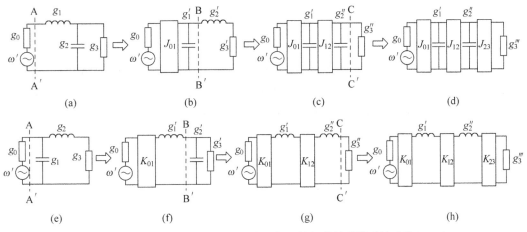

图 7.4-4　低通原型变换成只有一种电抗元件变形低通原型的过程($n=2$)

首先，在图 7.4-4(a)中的 A-A'处插入 J_{01} 变换器。为了保证在 J 变换器的输入端仍保持与原电路相同的特性，需将原电路中的串联电感 g_1 变成并联电容 g_1'，并联电容 g_2 变成串联电感 g_2'，电阻 g_3 变成电导 g_3'，如图 7.4-4(b)所示，从而保证图 7.4-4(a)与图 7.4-4(b)在输入端等效。再在图 7.4-4(b)中的 B-B'处插入 J 变换器 J_{12}，并做类似变化，可保证图 7.4-4(b)与图 7.4-4(c)在输入端等效。同理可得图 7.4-4(d)，并可保证图 7.4-4(c)与图 7.4-4(d)等效，最终得到了图 7.4-4(d)所示的只有一种电抗元件——并联电容的变形低通原型。

采用同样方法，可将图 7.4-4(e)所示的 2 元电容输入式低通原型经过图 7.4-4(f)、(g)、(h)的变换过程变换为图 7.4-4(h)所示的只有一种电抗元件——串联电感的变形低通原型。

同理，n 元低通原型变换成的变形低通原型如图 7.4-5 所示，其中，各元件值是对信号源电阻 R_0 或电导 G_0 反归一化之后的实际值。

变形低通原型在结构上与低通原型不同，但二者的衰减特性相同。由于两个原型电路

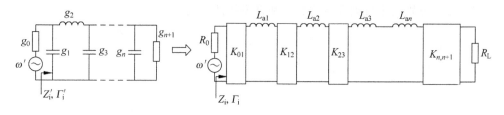

(a) 含K变量器

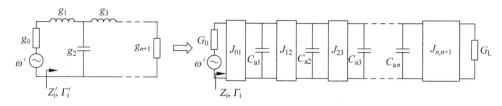

(b) 含J变量器

图 7.4-5 n 元低通原型变换成相应的变形低通原型

均由无耗元件构成,为无耗网络,故衰减仅由反射引起,欲使两电路衰减特性相同,只要输入端反射系数相同即可。由图 7.4-5(a)中的两个电路的输入端电压反射系数相等,可以得到变形低通原型与低通原型两个电路元件之间的关系式为

$$
\begin{cases}
K_{01} = \sqrt{\dfrac{R_0 L_{a1}}{g_0 g_1}} \\[2mm]
K_{k,k+1} = \sqrt{\dfrac{L_{ak} L_{a,k+1}}{g_k g_{k+1}}} \quad (k=1,2,\cdots,n-1) \\[2mm]
K_{n,n+1} = \sqrt{\dfrac{L_{an} R_L}{g_n g_{n+1}}}
\end{cases}
\tag{7.4-6}
$$

对于图 7.4-5(b),同理有

$$
\begin{cases}
J_{01} = \sqrt{\dfrac{G_0 C_{a1}}{g_0 g_1}} \\[2mm]
J_{k,k+1} = \sqrt{\dfrac{C_{ak} C_{a,k+1}}{g_k g_{k+1}}} \quad (k=1,2,\cdots,n-1) \\[2mm]
J_{n,n+1} = \sqrt{\dfrac{C_{an} G_L}{g_n g_{n+1}}}
\end{cases}
\tag{7.4-7}
$$

由于低通原型中有 $g_1,g_2,\cdots,g_{n+1}$ 共 $(n+1)$ 个元件,而变形低通原型中有 $L_{a1},L_{a2},\cdots,$ L_{an},R_L 和 $K_{01},K_{12},\cdots,K_{n,n+1}$ 共 $2(n+1)$ 个元件,所以,在变形低通原型中,有 $(n+1)$ 个元件是可以任选的,这给滤波器的设计带来了一定的灵活性。如果已知信号源内阻 R_0,则在任意选择了 $L_{a1},L_{a2},\cdots,L_{an},R_L$ 之后,即可由式(7.4-6)求得 K 值。反之,如果选定了 $K_{01},K_{12},\cdots,K_{n,n+1}$ 之后,也可由式(7.4-6)求得 $L_{a1},L_{a2},\cdots,L_{an}$ 及 R_L。

同样道理,$C_{a1},C_{a2},\cdots,C_{an}$ 和 G_L 也可任意选择。

在带通滤波器和带阻滤波器的设计中,都是采用变形低通原型进行设计的。下面介绍利用变形低通原型设计集中参数带通滤波器的方法。

7.4.3 含倒置变换器的集中参数带通滤波器

1. 含阻抗倒置变换器的集中参数带通滤波器的设计步骤

1) 确定低通原型

由微波带通滤波器的技术指标,利用频率变换关系式,可以确定相应的低通原型及其各元件的归一化值,如图 7.4-6(a)所示。

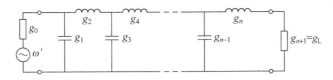

(a) 与微波带通滤波器相应的低通原型

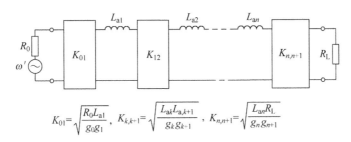

$$K_{01}=\sqrt{\frac{R_0 L_{a1}}{g_0 g_1}},\quad K_{k,k+1}=\sqrt{\frac{L_{ak}L_{a,k+1}}{g_k g_{k+1}}},\quad K_{n,n+1}=\sqrt{\frac{L_{an}R_L}{g_n g_{n+1}}}$$

(b) 含有阻抗倒置变换器的变形低通原型

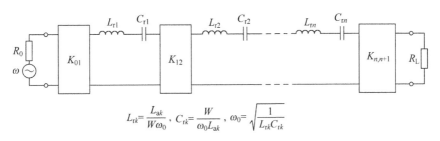

$$L_{rk}=\frac{L_{ak}}{W\omega_0},\quad C_{rk}=\frac{W}{\omega_0 L_{ak}},\quad \omega_0=\sqrt{\frac{1}{L_{rk}C_{rk}}}$$

(c) 由图(b)导出的带通滤波器

图 7.4-6 含阻抗倒置变换器的集中参数带通滤波器

2) 由低通原型变换为变形低通原型

利用阻抗倒置变换器可以把图 7.4-6(a)所示的低通原型变换为图 7.4-6(b)所示的变形低通原型。低通原型的参数 $g_0,g_1,\cdots,g_{n+1}$ 与变形低通原型参数 $K_{k,k+1}$、L_{ak} 之间的关系为

$$K_{01}=\sqrt{\frac{R_0 L_{a1}}{g_0 g_1}},\quad K_{k,k+1}=\sqrt{\frac{L_{ak}L_{a,k+1}}{g_k g_{k+1}}},\quad K_{n,n+1}=\sqrt{\frac{L_{an}R_L}{g_n g_{n+1}}}$$

3) 把变形低通原型中的串联电感 L_{ak} 变换成带通滤波器中的串联谐振电路

在把图 7.4-6(b)中的电感 L_{ak} 变换为图 7.4-6(c)中的串联谐振电路时,假设它们的每

个阻抗倒置变换器的特性阻抗——对应相等,则利用等衰减条件,即图 7.4-6(b)和图 7.4-6(c)中各对应支路的电抗相等,可以求得图 7.4-6(c)中 L_{rk}、C_{rk} 与 L_{ak} 之间的关系为

$$L_{rk} = \frac{L_{ak}}{W\omega_0}, \quad C_{rk} = \frac{W}{\omega_0 L_{ak}}, \quad \omega_0 = \sqrt{\frac{1}{L_{rk}C_{rk}}} \qquad (7.4\text{-}8)$$

根据以上公式计算所得的 $K_{k,k+1}$ 值和 L_{rk}、C_{rk} 值,选用集中参数元件,并按图 7.4-6(c)方式连接,便可实现集中参数的带通滤波器。

2. 含导纳倒置变换器的集中参数带通滤波器

图 7.4-7 给出了含导纳倒置变换器的集中参数带通滤波器的设计过程,各参量之间的关系式也列注在相应的图中。

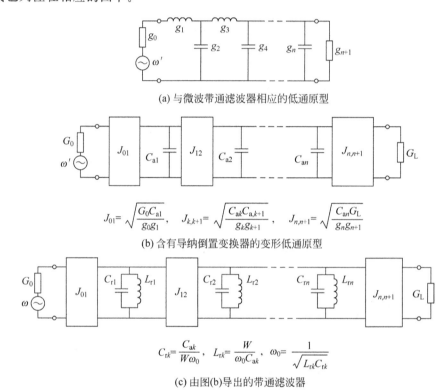

(a) 与微波带通滤波器相应的低通原型

$$J_{01} = \sqrt{\frac{G_0 C_{a1}}{g_0 g_1}}, \quad J_{k,k+1} = \sqrt{\frac{C_{ak}C_{a,k+1}}{g_k g_{k+1}}}, \quad J_{n,n+1} = \sqrt{\frac{C_{an}G_L}{g_n g_{n+1}}}$$

(b) 含有导纳倒置变换器的变形低通原型

$$C_{rk} = \frac{C_{ak}}{W\omega_0}, \quad L_{rk} = \frac{W}{\omega_0 C_{ak}}, \quad \omega_0 = \frac{1}{\sqrt{L_{rk}C_{rk}}}$$

(c) 由图(b)导出的带通滤波器

图 7.4-7　含导纳倒置变换器的集中参数带通滤波器

7.4.4　含倒置变换器的集中参数带阻滤波器

1. 含阻抗倒置变换器的集中参数带阻滤波器

图 7.4-8 给出了含阻抗倒置变换器的集中参数带阻滤波器的设计过程,各参量间的关系式也列注在相应的图中。

2. 含导纳倒置变换器的集中参数带阻滤波器

图 7.4-9 给出了含导纳倒置变换器的集中参数带阻滤波器的设计过程,各参量间的关系式也列注在相应的图中。

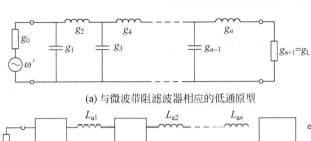

(a) 与微波带阻滤波器相应的低通原型

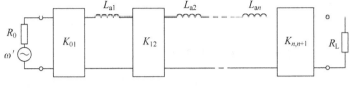

$$K_{01}=\sqrt{\frac{R_0 L_{a1}}{g_0 g_1}}, \qquad K_{k,k+1}=\sqrt{\frac{L_{ak} L_{a,k+1}}{g_k g_{k+1}}}, \qquad K_{n,n+1}=\sqrt{\frac{L_{an} R_L}{g_n g_{n+1}}}$$

(b) 含有阻抗倒置变换器的变形低通原型

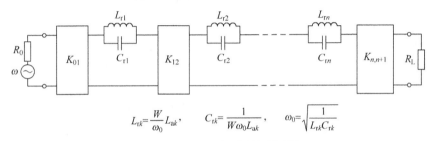

$$L_{rk}=\frac{W}{\omega_0} L_{ak}, \qquad C_{rk}=\frac{1}{W \omega_0 L_{ak}}, \qquad \omega_0=\sqrt{\frac{1}{L_{rk} C_{rk}}}$$

(c) 由图(b)导出的带阻滤波器

图 7.4-8 含阻抗倒置变换器的集中参数带阻滤波器

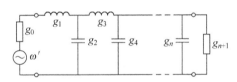

(a) 与微波带阻滤波器相应的低通原型

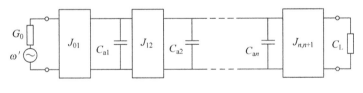

$$J_{01}=\sqrt{\frac{G_0 G_{a1}}{g_0 g_1}}, \qquad J_{k,k+1}=\sqrt{\frac{C_{ak} C_{a,k+1}}{g_k g_{k+1}}}, \qquad J_{n,n+1}=\sqrt{\frac{C_{an} G_L}{g_n g_{n+1}}}$$

(b) 含有导纳倒置变换器的变形低通原型

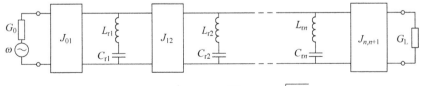

$$L_{rk}=\frac{1}{W \omega_0 C_{ak}}, \qquad C_{rk}=\frac{W}{\omega_0} C_{ak}, \qquad \omega_0=\sqrt{\frac{1}{L_{rk} C_{rk}}}$$

(c) 由图(b)导出的带阻滤波器

图 7.4-9 含导纳倒置变换器的集中参数带阻滤波器

7.5 滤波器电路的微波实现

前面通过低通原型滤波器经频率变换综合设计出了实际的低通、高通、带通和带阻滤波器的集中参数电路。在微波滤波器中还需用分布参数元件代替集中参数元件,这一过程称为滤波器电路的微波实现。下面分别介绍几种常用滤波器的微波实现方法。

7.5.1 微波低通滤波器的微波实现

由图 7.3-2(c)可知,实际微波低通滤波器电路是由一些串联电感和一些并联电容相间连接而组成的。在 3.3.2 节中曾介绍过利用高阻抗微带线实现串联电感、低阻抗微带线实现并联电容的方法,其实这种方法对同轴线等其他形式的 TEM 波传输线也是适用的。若将高、低特性阻抗的 TEM 波传输线相间连接,便得到了串联电感和并联电容相间连接的梯形电路,从而实现微波低通滤波器。

由同轴线的特性阻抗计算公式(2.3-2)可知,在外导体直径 $D=2b$ 一定的情况下,内导体直径 $d=2a$ 越小,特性阻抗越大,故可等效成串联电感;内导体直径 d 越大,特性阻抗越小,可等效成并联电容,因此,利用图 7.5-1(a)所示同轴线结构可实现同轴低通滤波器,图 7.5-1(b)是其等效电路。由表 2.7-1 可知,在基片厚度和介电常数一定的情况下,导体带条越窄,特性阻抗就越大,故可等效成串联电感;导体带条越宽,特性阻抗就越小,可等效成并联电容,因此,利用图 7.5-2(a)所示高、低阻抗微带线相间连接的结构可以实现微带低通滤波器。由于尺寸很短的终端开路线也可以等效为电容,故也可用高阻抗线和并联短开路分支线构成低通滤波器,如图 7.5-2(b)所示,图 7.5-2(c)所示是它们的等效电路。下面通过一个例子说明微波低通滤波器的完整设计过程。

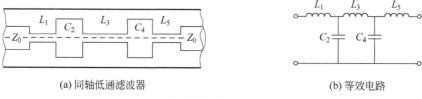

(a) 同轴低通滤波器   (b) 等效电路

图 7.5-1 同轴结构低通滤波器($n=5$)

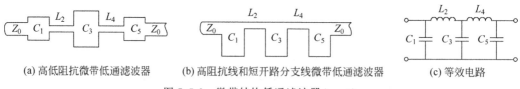

(a) 高低阻抗微带低通滤波器   (b) 高阻抗线和短开路分支线微带低通滤波器   (c) 等效电路

图 7.5-2 微带结构低通滤波器($n=5$)

【例 7.5-1】 分别用同轴结构和微带结构设计切比雪夫式微波低通滤波器,要求其截止频率 $f_C=3.2\text{GHz}$,带内最大衰减 $L_P=0.5\text{dB}$,在阻带边频 $f_S=6.4\text{GHz}$ 处,$L_S \geqslant 32\text{dB}$,输入、输出传输线的特性阻抗均为 $Z_0=50\Omega$。

解: 1) 根据技术指标 L_S、ω_S' 确定元件数 n

因为 $\omega_S'=f_S/f_C=2$,$\omega_S'-1=1$,故由 $L_P=0.5\text{dB}$,$L_S \geqslant 32\text{dB}$,从图 7.2-6(b)中查得 $n=5$。

2）求低通原型滤波器元件的归一化值

由表 7.2-2(b)查得 $n=5$ 时低通原型滤波器元件的归一化值为

$$g_1=g_5=1.7058, \quad g_2=g_4=1.2296, \quad g_3=2.5408, \quad g_6=1.0000 \tag{7.5-1}$$

3）选定梯形电路的形式，计算集中参数低通滤波器各元件的真实值

低通滤波器有电感输入式和电容输入式两种电路形式可以选择，这里选用电容输入式电路，如图 7.5-3 所示。

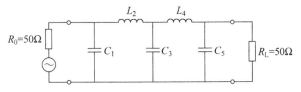

图 7.5-3　五阶低通滤波器集中参数电路图

由式(7.3-4)可求得各元件的真实值为

$$\begin{cases} C_1=C_5=\dfrac{g_1}{\omega_C Z_0} \approx 1.697 \text{PF} \\[3mm] C_3=\dfrac{g_3}{\omega_C Z_0} \approx 2.527 \text{PF} \\[3mm] L_2=L_4=\dfrac{g_2 Z_0}{\omega_C} \approx 3.058 \text{nH} \end{cases} \tag{7.5-2}$$

4）微波实现

在第 3 章中曾介绍过用高、低阻抗线实现串联电感和并联电容的方法，故可用高、低阻抗线实现低通滤波器。

由式(3.3-30)可知，高、低阻抗线等效的电感、电容由特性阻抗 Z_0 和线段长度 l 共同决定，故可以选择其中一个，然后利用式(3.3-30)确定另一个。实际中，通常是选择高、低阻抗线的特性阻抗 Z_{0h} 和 Z_{0l}，然后用式(3.3-30)确定线段长度 l。选择高、低阻抗时，应在可实现的前提下，选尽可能高的高阻抗和尽可能低的低阻抗，同时还要保证线段长度 $l<\lambda_p/8$（即满足 $l \ll \lambda_p$ 的条件），否则就不能满足式(3.3-30)要求的条件，致使由此式设计的滤波器性能变差。因此，为了保证选择的合理性，需首先进行初步的测算，下面介绍测算的方法。

由式(3.3-30)可知高、低阻抗线的长度为

$$\begin{cases} l_k \approx \dfrac{L_k v_p}{Z_{0h}} \\[3mm] l_i \approx C_i Z_{0l} v_p \end{cases}$$

考虑到高、低阻抗线的长度应小于 $\lambda_p/8$，并将式(7.3-4)代入，得

$$\begin{cases} l_k \approx \dfrac{L_k v_p}{Z_{0h}} = \dfrac{g_k R_0}{\omega_c} \cdot \dfrac{v_p}{Z_{0h}} \leqslant \dfrac{\lambda_p}{8} \\[3mm] l_i \approx \dfrac{g_i}{\omega_c R_0} Z_{0l} v_p \leqslant \dfrac{\lambda_p}{8} \end{cases}$$

于是得

$$\begin{cases} g_k \leqslant \dfrac{\lambda_p}{8} \cdot \dfrac{Z_{0h}}{v_p} \cdot \dfrac{\omega_C}{R_0} = \dfrac{1}{8} \cdot \dfrac{Z_{0h}}{f_c} \cdot \dfrac{\omega_C}{R_0} = \dfrac{\pi Z_{0h}}{4 R_0} \\[2mm] g_i \leqslant \dfrac{\lambda_p}{8} \dfrac{\omega_C R_0}{Z_{01} v_p} = \dfrac{\pi R_0}{4 Z_{01}} \end{cases} \qquad (7.5\text{-}3a)$$

当 $R_0 = 50\Omega$ 时

$$\begin{cases} g_k \leqslant \dfrac{Z_{0h}}{64} \\[2mm] g_i \leqslant \dfrac{39.27}{Z_{01}} \end{cases} \qquad (7.5\text{-}3b)$$

在确定了 g_k 和 g_i 后，就可以根据上式选尽可能高的高阻抗和尽可能低的低阻抗了。

（1）同轴结构

图 7.5-4 给出了同轴型低通滤波器的具体结构。由题意知，输入、输出同轴线的特性阻抗为 50Ω。假设同轴线的内外导体之间填充空气，外导体内直径 $D = 1.6\text{cm}$，则由式(2.3-2)可得 50Ω 输入、输出同轴线的内导体直径 $d = 0.695\text{cm}$。

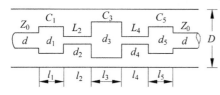

图 7.5-4　五阶同轴结构低通滤波器

由式(7.5-1)和式(7.5-3b)可知，可以选择便于计算的高、低阻抗线的特性阻抗值分别为：$Z_{0h} = 138\Omega$，$Z_{01} = 10\Omega$，即 l_2、l_4 段的高特性阻抗为

$$Z_{0h} = 60\ln\frac{D}{d_2} = 138\lg\frac{D}{d_2} = 138\Omega$$

$$d_2 = d_4 = 0.16\text{cm}$$

由式(3.3-30)可求得

$$l_2 = l_4 \approx \frac{L_2 v_p}{Z_{0h}} = 0.665\text{cm}$$

l_1、l_3、l_5 段的低特性阻抗为

$$Z_{01} = 138\lg\frac{D}{d_1} = 10\Omega$$

$$d_1 = d_3 = d_5 = 1.354\text{cm}$$

由式(3.3-30)可求得

$$l_1 = l_5 \approx C_1 Z_{01} v_p = 0.509\text{cm}, \quad l_3 \approx C_3 Z_{01} v_p = 0.758\text{cm}$$

该尺寸同轴低通滤波器在 HFSS 仿真软件中的仿真模型和 $|s_{21}|$ 仿真曲线如图 7.5-5(a)、(b)所示。

由图 7.5-5(b)可见，该低通滤波器的截止频率低于设计所要求的 $f_c = 3.2\text{GHz}$。究其原因是因为在以上的设计过程中没有考虑高、低阻抗连接处的不连续性。下面用图 7.5-6 所示结构分析这种不连续性的影响。

由图 7.5-6(a)可见，在高、低阻抗线连接处，内导体半径发生了突变，激起了高次模。为了满足不连续性处的边界条件，电磁场分布发生了畸变。由于 TEM 模只有径向电场，故不连续性处的纵向电场是由高次模产生的，高次模应是 TM 模。这些高次模的电场能量大于磁场能量，故可等效为一个并联电容 C_d，如图 7.5-6(b)所示。C_d 可用下式进行计算

$$C_d = \left[\frac{\varepsilon D}{100}\left(\frac{\alpha^2+1}{\alpha}\ln\frac{1+\alpha}{1-\alpha} - 2\ln\frac{4\alpha}{1-\alpha^2} \right) + 11.1(1-\alpha)(\tau-1) \times 10^{-15} \right]\text{F} \qquad (7.5\text{-}4)$$

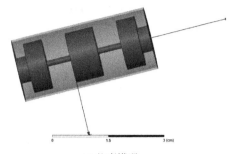

(a) 仿真模型

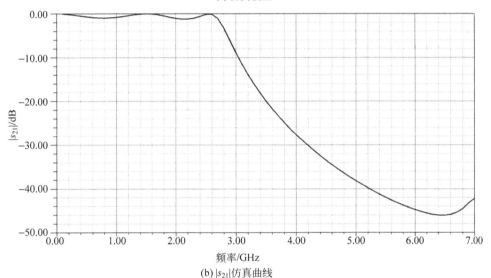

(b) $|s_{21}|$仿真曲线

图 7.5-5 五阶同轴低通滤波器的仿真模型和仿真结果

其中,$\varepsilon = \varepsilon_0 \varepsilon_r$,为同轴线填充介质的介电常数;$D$ 为外导体直径,单位为 cm;$\alpha = \dfrac{D - d_1}{D - d_2}$,$\tau = \dfrac{D}{d_2}$,$d_1$ 为阶梯不连续处直径较大的内导体直径,d_2 为阶梯不连续处直径较小的内导体直径。上式在 $0.01 \leqslant \alpha \leqslant 1.0$,$1.0 < \tau \leqslant 6.0$ 的范围内,最大误差不超过 $\pm 0.30 \times 10^{-15}\text{F}$。

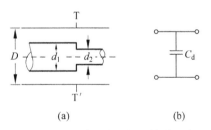

图 7.5-6 同轴不连续性及等效电路

下面利用式(7.5-4)对前面的设计结果进行修正。

在图 7.5-4 中,高、低阻抗线连接处的边缘电容可由下列式子求得。

$$\alpha_{12} = \frac{D - d_1}{D - d_2} = \frac{1.6 - 1.354}{1.6 - 0.16} = 0.171, \quad \tau_{12} = \frac{D}{d_2} = \frac{1.6}{0.16} = 10, \quad C_{d,12} \approx 0.476\text{PF}$$

50 欧姆线与 C_1,C_5 连接处的边缘电容可由下列式子求得。

$$\alpha_{01} = \frac{D - d_1}{D - d} = \frac{1.6 - 1.354}{1.6 - 0.695} = 0.272, \quad \tau_{01} = \frac{D}{d} = \frac{1.6}{0.695} = 2.302, \quad C_{d,01} \approx 0.277\text{PF}$$

修正后的电容值为

$$C_1' = C_5' \approx (1.697 - 0.277 - 0.476)\text{PF} = 0.944\text{PF}$$

$$C'_3 \approx (2.527 - 2 \times 0.476)\text{PF} = 1.575\text{PF}$$

修正后的低阻抗电容短截线长度为

$$l'_1 = l'_5 = C'_1 Z_{01} v_p = 0.283\text{cm}, \quad l'_3 = C'_3 Z_{01} v_p = 0.473\text{cm}$$

其他尺寸不变,即

$$l_2 = l_4 = 0.665\text{cm}, \quad d_1 = d_3 = d_5 = 1.354\text{cm}$$

$$d_2 = d_4 = 0.16\text{cm}, \quad D = 1.6\text{cm}, \quad d = 0.695\text{cm}$$

修正后的结构尺寸和 $|s_{21}|$ 仿真曲线如图 7.5-7(a)和(b)所示。由图 7.5-7(b)可见,修正后的截止频率约为 $3.1\text{GHz}, 6.4\text{GHz}$ 处的 $L_S > 40\text{dB}$,基本满足设计要求。

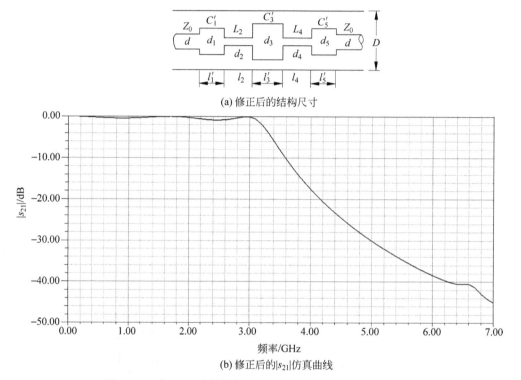

(a) 修正后的结构尺寸

(b) 修正后的 $|s_{21}|$ 仿真曲线

图 7.5-7　修正后的同轴低通滤波器的结构和 $|s_{21}|$ 仿真曲线

(2) 微带结构

① 微带高低阻抗线实现法

利用高阻抗微带线实现串联电感,低阻抗微带线实现并联电容,如图 7.5-8 所示。

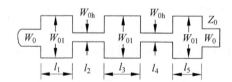

图 7.5-8　五阶微带高低阻抗线低通滤波器

由式(7.5-1)可知,当选择高、低阻抗线的特性阻抗为 $Z_{0h} = 92.64\Omega, Z_{0l} = 14.24\Omega$ 时,满足式(7.5-3b)的要求。假设选择相对介电常数 $\varepsilon_r = 9.9$,厚度 $h = 1\text{mm}$ 的介质基板进行设计,则查表2.7-1得

$$W_{0h} = 0.18\text{mm}, \quad W_{0l} = 6.5\text{mm}, \quad W_0 = 0.94\text{mm}$$

$$\sqrt{\varepsilon_{eh}} = 2.458, \quad \sqrt{\varepsilon_{el}} = 2.871$$

由式(3.3-30)可求得

$$l_1 = l_5 \approx C_1 Z_{0l} v_p = 2.525\text{mm}, \quad l_3 \approx C_3 Z_{0l} v_p = 3.76\text{mm}$$

$$l_2 = l_4 \approx \frac{L_2 v_p}{Z_{0h}} = 4.029\text{mm}$$

该尺寸的微带低通滤波器的仿真模型和 $|s_{21}|$ 仿真曲线如图7.5-9(a)、(b)所示。

由图7.5-9(b)可见,该滤波器的截止频率也是偏低,也需要对阶梯不连续性进行修正。

由图3.3-12可知,当基片厚度 h 较小时,微带阶梯不连续性可等效为一个串联电感,故需对图7.5-8中的串联电感值进行修正。

为了求图7.5-8中高、低阻抗线连接处的等效电感,首先由式(3.3-16)得

$$\begin{cases} D_1 = \dfrac{120\pi h}{Z_{0l}\sqrt{\varepsilon_{el}}} = \dfrac{120\pi}{14.24 \times 2.871} = 9.221\text{mm} \\[3mm] D_h = \dfrac{120\pi h}{Z_{0h}\sqrt{\varepsilon_{eh}}} = \dfrac{120\pi}{92.64 \times 2.458} = 1.656\text{mm} \end{cases}$$

代入式(3.3-17)得

$$X\lambda_{pl} = 2D_1 Z_{0l} \ln\csc\left(\frac{\pi}{2}\frac{D_h}{D_1}\right) = 2 \times 9.221 \times 14.24 \times \ln\csc\left(\frac{\pi}{2} \times \frac{1.656}{9.221}\right) = 335.83$$

于是得高、低阻抗线连接处的等效电感值为

$$\Delta L = \frac{335.83\sqrt{\varepsilon_{el}}}{2\pi c} = 0.512\text{nH}$$

故图7.5-8中高阻抗线所需提供的电感值为

$$L_2' = L_4' = L_2 - 2\Delta L = (3.058 - 2 \times 0.512)\text{nH} = 2.034\text{nH}$$

高阻抗线长度的修正值为

$$l_2 = l_4 \approx \frac{L_2' v_p}{Z_{0h}} = 2.68\text{mm}$$

其他值不变,即电感修正后总的结果为

$$W_{0h} = 0.18\text{mm}, \quad W_{0l} = 6.5\text{mm}, \quad W_0 = 0.94\text{mm}$$

$$l_1 = l_5 \approx 2.525\text{mm}, \quad l_3 \approx 3.76\text{mm}, \quad l_2 = l_4 \approx \frac{L_2' v_p}{Z_{0h}} = 2.68\text{mm}$$

各量的含义还是如图7.5-8所示。电感修正后的 $|s_{21}|$ 仿真曲线如图7.5-9(c)所示,由图可见,修正后的截止频率约为3.2GHz,6.4GHz处的 $L_S > 33\text{dB}$,满足设计要求。

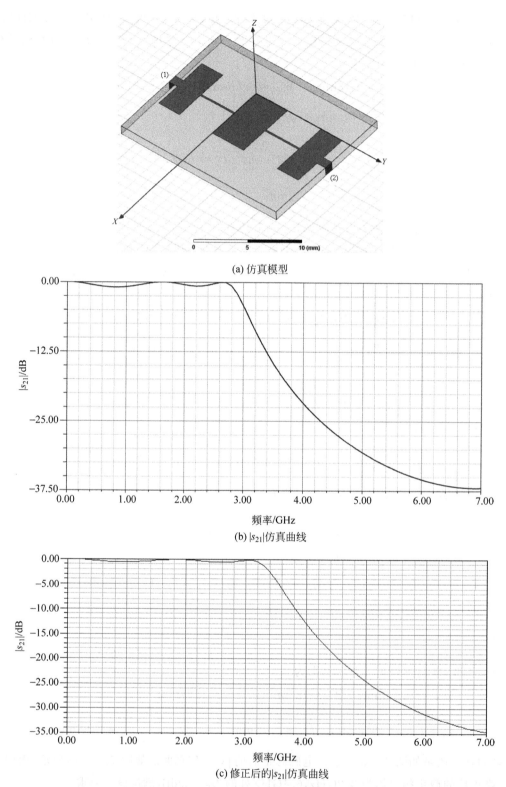

(a) 仿真模型

(b) |s_21|仿真曲线

(c) 修正后的|s_21|仿真曲线

图 7.5-9 微带高低阻抗线低通滤波器的仿真模型和 $|s_{21}|$ 仿真曲线

② 微带高阻抗线和微带分支线实现法

用高阻抗线实现串联电感,开路短分支线实现并联电容,如图 7.5-10 所示。

选择高阻抗线和分支线特性阻抗分别为 $Z_{0h}=$
$93\Omega, Z_{0b}=24\Omega$。假设选择相对介电常数 $\varepsilon_r=10.8$,厚
度 $h=1.27\mathrm{mm}$ 的介质基板进行设计,则由式(2.7-8)
可得

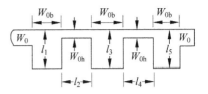

$$W_{0h}\approx0.2\mathrm{mm}, \quad W_{0b}\approx4.0\mathrm{mm}, \quad W_0\approx1.1\mathrm{mm}$$

图 7.5-10　五阶高阻抗线和开路
分支线低通滤波器

由式(2.7-7)可求得各导体带条对应的有效相对介电常
数分别为

$$\varepsilon_{eh}=6.509, \quad \varepsilon_{eb}=8.298, \quad \varepsilon_{e0}=7.283$$

由式(3.3-30)可求得高阻抗电感线长度为

$$l_2=l_4=\frac{L_2 v_p}{Z_{0h}}=3.866\mathrm{mm}$$

并联开路分支线的长度由下式确定

$$l_1=l_5=\frac{\lambda_{pb}}{2\pi}\arctan(\omega_c C_1 Z_{0b})=\frac{c}{2\pi f_c\sqrt{\varepsilon_{eb}}}\arctan(2\pi f_c C_1 Z_{0b})=3.554\mathrm{mm}$$

$$l_3=\frac{\lambda_{pb}}{2\pi}\arctan(\omega_c C_3 Z_{0b})=\frac{c}{2\pi f_c\sqrt{\varepsilon_{eb}}}\arctan(2\pi f_c C_3 Z_{0b})=4.579\mathrm{mm}$$

该滤波器的仿真模型和 $|s_{21}|$ 仿真曲线如图 7.5-11(a)、(b)所示。

由图 7.5-11(b)可见,该低通滤波器的截止频率还是偏低,需修正。修正方法与前面一
样,可得高阻抗线修正后的尺寸为 2.69mm,其他尺寸不变,此时的 $|s_{21}|$ 仿真曲线如
图 7.5-11(c)所示。由图可见,修正后的截止频率约为 3.2GHz,6.4GHz 处的 $L_S>$
28.5dB,基本满足设计要求。

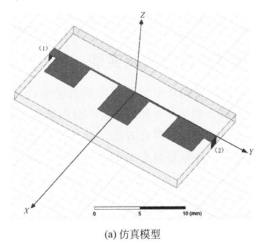

(a) 仿真模型

图 7.5-11　微带高阻抗线和短开路分支线低通滤波器的
仿真模型和 $|s_{21}|$ 仿真曲线

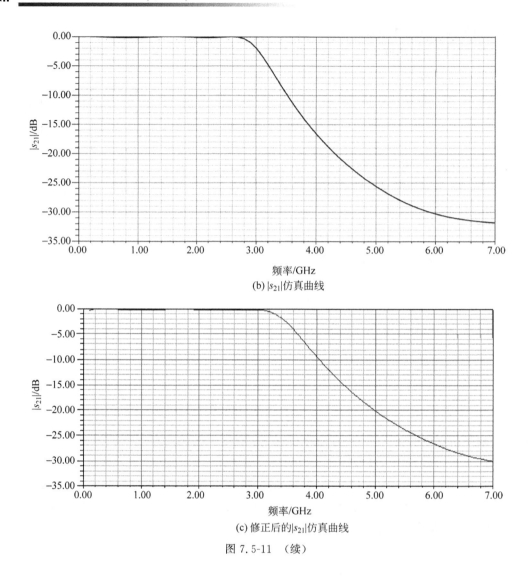

(b) $|s_{21}|$仿真曲线

(c) 修正后的$|s_{21}|$仿真曲线

图 7.5-11 （续）

7.5.2 微波带通滤波器的微波实现

微波带通滤波器是一种被研究得最多的微波滤波器类型,它的品种繁多,性能各异,设计理论和计算方法也丰富多彩。图 7.4-6 和图 7.4-7 分别给出了含阻抗倒置变换器和含导纳倒置变换器的集中参数带通滤波器的设计方法。微波带通滤波器与集中参数带通滤波器的不同之处在于微波滤波器中的谐振器具有多谐性,因此,在中心频率 ω_0 的整数倍频率上要出现寄生通带,这是设计中需要注意的。在微波带通滤波器中,需解决集中参数串联谐振电路和并联谐振电路的微波实现问题。这可用 1/2 波长端接负载阻抗 Z_L 或端接负载导纳 Y_L 的传输线来实现,分别如图 7.5-12 和图 7.5-13 所示。

在图 7.5-12(a)中,端接负载阻抗 Z_L 的传输线的输入阻抗为

$$Z_{in} = Z_0 \frac{Z_L + jZ_0 \tan\theta}{Z_0 + jZ_L \tan\theta} \tag{7.5-5}$$

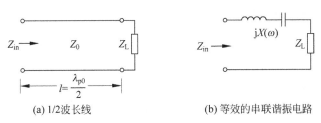

(a) 1/2波长线　　　　　　(b) 等效的串联谐振电路

图 7.5-12　用 1/2 波长线实现串联谐振电路

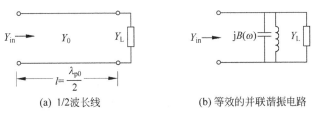

(a) 1/2波长线　　　　　　(b) 等效的并联谐振电路

图 7.5-13　用 1/2 波长线实现并联谐振电路

式中，$\theta = \beta l = 2\pi l/\lambda_{\mathrm{p}}$。当 $l = \lambda_{\mathrm{p0}}/2$（$\lambda_{\mathrm{p0}}$ 为中心频率 ω_0 处的相波长）时，对于 TEM 波传输线，有

$$\theta = \frac{2\pi}{\lambda_{\mathrm{p}}} \cdot \frac{\lambda_{\mathrm{p0}}}{2} = \pi \frac{\lambda_{\mathrm{p0}}}{\lambda_{\mathrm{p}}} = \pi \frac{\omega}{\omega_0}$$

在中心频率 ω_0 附近，设 $\omega = \omega_0 \pm \Delta\omega$，于是得

$$\tan\theta = \tan\left(\pi \frac{\omega}{\omega_0}\right) = \tan\left[\frac{\pi(\omega_0 \pm \Delta\omega)}{\omega_0}\right] = \pm \tan\left(\frac{\pi\Delta\omega}{\omega_0}\right) \approx \pm \frac{\pi\Delta\omega}{\omega_0} = \frac{\pi(\omega - \omega_0)}{\omega_0}$$

此时 $\tan\theta$ 很小，式(7.5-5)中的分母近似等于 Z_0，即

$$Z_{\mathrm{in}} \approx Z_{\mathrm{L}} + \mathrm{j}Z_0\tan\theta \approx Z_{\mathrm{L}} + \mathrm{j}Z_0 \frac{\pi(\omega - \omega_0)}{\omega_0} = Z_{\mathrm{L}} + \mathrm{j}X(\omega) \tag{7.5-6}$$

式中

$$X(\omega) = Z_0 \frac{\pi(\omega - \omega_0)}{\omega_0} \tag{7.5-7}$$

当 $\omega = \omega_0$ 时，$X = 0$，故可等效为串联谐振电路，即 1/2 波长传输线可实现串联的串联谐振电路功能，如图 7.5-12(b)所示。

对于图 7.5-13(a)所示的端接负载导纳 Y_{L} 的传输线，若在上述分析中，将阻抗 X 换成导纳 Y，同理可得

$$Y_{\mathrm{in}} \approx Y_{\mathrm{L}} + \mathrm{j}Y_0 \frac{\pi(\omega - \omega_0)}{\omega_0} = Y_{\mathrm{L}} + \mathrm{j}B(\omega) \tag{7.5-8}$$

式中

$$B(\omega) = Y_0 \frac{\pi(\omega - \omega_0)}{\omega_0} \tag{7.5-9}$$

当 $\omega = \omega_0$ 时，$B = 0$，故可等效为并联谐振电路，即运用 1/2 波长传输线亦可实现并联的并联谐振电路功能，如图 7.5-13(b)所示。

对于传输 H_{10} 模的矩形波导

$$\theta = \pi \frac{\lambda_{g0}}{\lambda_g} = \pi \frac{\lambda_0}{\lambda} \cdot \frac{\sqrt{1-(\lambda/\lambda_c)^2}}{\sqrt{1-(\lambda_0/\lambda_c)^2}} = \pi \frac{\omega}{\omega_0} \cdot \frac{\sqrt{1-(\omega_c/\omega)^2}}{\sqrt{1-(\omega_c/\omega_0)^2}}$$

在中心频率 ω_0 附近,$\omega \approx \omega_0$,$\theta \approx \pi$,式(7.5-5)可写成

$$Z_{in} \approx Z_L + jZ_0 \tan\theta = Z_L + jZ_0 \tan(\theta-\pi) \approx Z_L + jZ_0(\theta-\pi)$$

$$= Z_L + jZ_0 \pi \left[\frac{\omega}{\omega_0} \cdot \frac{\sqrt{1-(\omega_c/\omega)^2}}{\sqrt{1-(\omega_c/\omega_0)^2}} - 1 \right] = Z_L + jX(\omega) \tag{7.5-10}$$

式中

$$X(\omega) = Z_0 \pi \left[\frac{\omega}{\omega_0} \cdot \frac{\sqrt{1-(\omega_c/\omega)^2}}{\sqrt{1-(\omega_c/\omega_0)^2}} - 1 \right] \tag{7.5-11}$$

由上式可见,当 $\omega = \omega_0$ 时,$X = 0$,即 1/2 波长波导传输线也具有串联谐振的特性。同理可知,1/2 波长波导传输线也可以用来实现串联的串谐电路或并联的并谐电路。

为了使集中参数谐振电路和微波谐振线之间建立起等效关系,引入两个参量:串联谐振电路的电抗斜率参量 x 和并联谐振电路的电纳斜率参量 b,分别定义为

$$x = \frac{\omega_0}{2} \left(\frac{dX}{d\omega} \right)_{\omega=\omega_0} \tag{7.5-12}$$

$$b = \frac{\omega_0}{2} \left(\frac{dB}{d\omega} \right)_{\omega=\omega_0} \tag{7.5-13}$$

当微波谐振线与集中参数谐振电路的斜率参量相等时,就可以近似认为二者等效了。

微波带通滤波器因传输线的类型不同、工作频带宽窄不同、各谐振电路的实现方法及其耦合形式不同而有多种形式。下面介绍几种常用微波带通滤波器的设计与实现方法。

1. 波导带通滤波器的微波实现

图 7.4-6(c)中的串联谐振电路用 1/2 波长传输线实现后的电路如图 7.5-14 所示。1/2 波长波导传输线与图 7.4-6(c)中串联谐振电路等效的条件是二者的电抗斜率参量相等。对于图 7.4-6(c)中的 L_{rk},C_{rk} 串联谐振电路,其电抗斜率参量可求得为

$$x_k = \omega_0 L_{rk} = \frac{1}{\omega_0 C_{rk}} \tag{7.5-14}$$

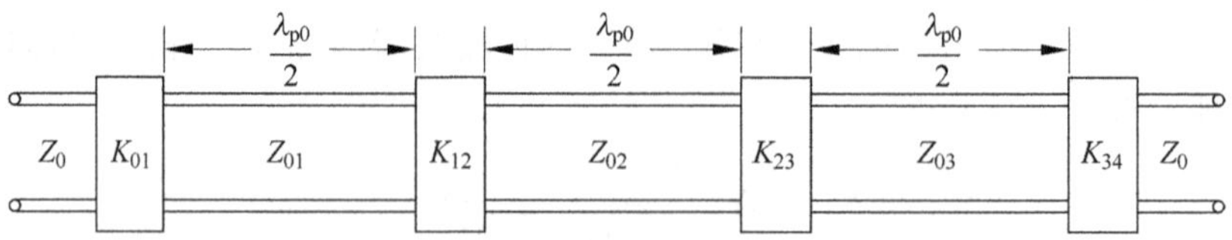

图 7.5-14 具有阻抗倒置变换器的带通滤波器

将式(7.4-8)代入上式可得

$$x_k = \frac{L_{ak}}{W}$$

即

$$L_{ak} = Wx_k \tag{7.5-15}$$

将上式代入式(7.4-6)得

$$\begin{cases} K_{01} = \sqrt{\dfrac{R_0 W x_1}{g_0 g_1}} \\[4mm] K_{k,k+1} = W\sqrt{\dfrac{x_k x_{k+1}}{g_k g_{k+1}}} \quad (k=1,2,\cdots,n-1) \\[4mm] K_{n,n+1} = \sqrt{\dfrac{W x_n R_L}{g_n g_{n+1}}} \end{cases} \tag{7.5-16}$$

由式(7.5-12)和式(7.5-11)可得 1/2 波长波导传输线的电抗斜率参量为

$$x = \frac{\pi}{2} \cdot Z_0 \cdot \left(\frac{\lambda_{g0}}{\lambda_0}\right)^2 = \frac{\pi}{2} \cdot Z_0 \cdot \frac{1}{1-\left(\dfrac{\lambda_0}{2a}\right)^2} \tag{7.5-17}$$

1/2 波长波导传输线与图 7.4-6(c)中串联谐振电路等效时,二者的电抗斜率参量相等,故

$$L_{ak} = Wx_k = W \cdot \frac{\pi}{2} \cdot Z_{0k} \cdot \frac{1}{1-\left(\dfrac{\lambda_0}{2a}\right)^2} = \frac{\pi}{2} W_\lambda Z_{0k} \tag{7.5-18}$$

式中,$W_\lambda = \dfrac{W}{1-\left(\dfrac{\lambda_0}{2a}\right)^2}$。

由于 L_{ak} 可以任意选择,故由式(7.5-15)和式(7.5-17)可知,微波带通滤波器串联支路的电抗斜率参量 x_k 也可以任意选择,即 1/2 波长传输线的特性阻抗 Z_{0k} 是可以任选的。为了方便实现,通常取 $R_0 = R_L = Z_{0k} = Z_0$,将式(7.5-18)代入式(7.5-16)得

$$\begin{cases} \dfrac{K_{01}}{Z_0} = \sqrt{\dfrac{\pi W_\lambda}{2g_0 g_1}} \\[4mm] \dfrac{K_{k,k+1}}{Z_0} = \dfrac{\pi W_\lambda}{2} \cdot \sqrt{\dfrac{1}{g_k g_{k+1}}} \quad (k=1,2,\cdots,n-1) \\[4mm] \dfrac{K_{n,n+1}}{Z_0} = \sqrt{\dfrac{\pi W_\lambda}{2g_n g_{n+1}}} \end{cases} \tag{7.5-19}$$

若 K 变量器用图 7.4-2(a)所示结构实现,且用并联电感实现其中的并联电抗 jX,如图 7.5-15 所示,则由式(7.4-3a)可得电感的归一化感抗为

$$x_{i-1,i} = \frac{X_{i-1,i}}{Z_0} = \frac{K_{i-1,i}/Z_0}{1-(K_{i-1,i}/Z_0)^2} \quad (i=1,2,\cdots,n+1) \tag{7.5-20}$$

相应的负长度线的电长度为

$$\frac{\varphi_{i-1,i}}{2} = -\frac{1}{2}\arctan\left(\frac{2X_{i-1,i}}{Z_0}\right) = -\frac{1}{2}\tan^{-1}(2x_{i-1,i}) \quad (i=1,2,\cdots,n+1) \tag{7.5-21}$$

于是得图 7.5-15 中第 i 个腔体的电长度为

$$\theta_i = \pi - \frac{1}{2}\arctan(2x_{i-1,i}) - \frac{1}{2}\arctan(2x_{i,i+1}) \tag{7.5-22}$$

第 i 个腔体的实际长度(即相邻两个电感间的距离)为

$$l_i = \frac{\lambda_{g0}}{2\pi}\theta_i \tag{7.5-23}$$

由 3.3 节介绍的波导元件的实现方法可知,图 7.5-15 中的电感在波导中常有以下几种实现方法。

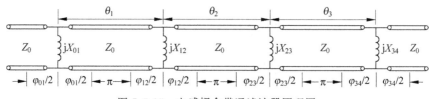

图 7.5-15　电感耦合带通滤波器原理图

1) 用电感膜片实现电感

如图 7.5-16(a)所示,由式(3.3-3a)可得电感膜片的尺寸为

$$d_i = \frac{2a\arctan\sqrt{\dfrac{\lambda_{g0}x_{i-1,i}}{a}}}{\pi} + t \tag{7.5-24}$$

式中,t 为膜片厚度。

2) 用单销钉来实现电感

如图 7.5-16(b)所示,由式(3.3-12)可得单销钉的直径计算公式为

$$d_i = \frac{4a}{\pi e^{2\left(\frac{\lambda_{g0}x_{i-1,i}}{a}+1\right)}} \tag{7.5-25}$$

3) 用三销钉实现电感

如图 7.5-16(c)所示,由式(3.3-13)可得三销钉直径的计算公式为

$$d_i = 0.0811ae^{\left(\frac{40.4a^2}{1000\lambda^2}-\frac{4\lambda_{g0}x_{i-1,i}}{a}\right)} \tag{7.5-26}$$

图 7.5-16(a)～图 7.5-16(c)是波导型带通滤波器的三种实际结构形式。这种滤波器是通过并联电感耦合波导谐振器而实现的,是一种窄带带通滤波器。

【例 7.5-2】　设计一最平坦式波导型带通滤波器,技术指标如下:中心频率 $f_0 = 11.95\text{GHz}$,带宽 $\Delta f = 500\text{MHz}$,带内最大衰减 $L_P = 3\text{dB}$,频率在 $(11.95\pm1.0)\text{GHz}$ 以外衰减不小于 30dB。

解:根据滤波器的工作频段,查附录 B 可知,可采用标准矩形波导 BJ120($a\times b = 19.050\times9.525\text{mm}^2$)进行设计。

1) 确定低通原型参数

$$W = \frac{\Delta f}{f_0} = \frac{0.5}{11.95} = 0.0418$$

$$\omega'_{s1} = \frac{1}{W}\left(\frac{f_{s1}}{f_0} - \frac{f_0}{f_{s1}}\right) = \frac{1}{0.0418}\left(\frac{10.95}{11.95} - \frac{11.95}{10.95}\right) = -4.179$$

$$\omega'_{s2} = \frac{1}{W}\left(\frac{f_{s2}}{f_0} - \frac{f_0}{f_{s2}}\right) = \frac{1}{0.0418}\left(\frac{12.95}{11.95} - \frac{11.95}{12.95}\right) = 3.849$$

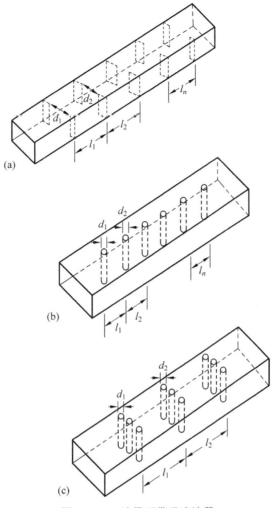

图 7.5-16 波导型带通滤波器

由 $|\omega'_{s1}|-1=3.179$ 和 $\omega'_{s2}-1=2.849$ 和 $L_S=30\text{dB}$，查图 7.2-3 得，$n_1=n_2=3$，查表 7.2-1 得各归一化元件值为

$$g_0=g_4=1, \quad g_1=g_3=1, \quad g_2=2$$

2）计算倒置变换器的归一化特性阻抗

$$\lambda_0=\frac{c}{f_0}=25.1\text{mm}, \quad W_\lambda=\frac{W}{1-\left(\frac{\lambda_0}{2a}\right)^2}=0.074$$

$$\frac{K_{01}}{Z_0}=\frac{K_{34}}{Z_0}=\sqrt{\frac{\pi W_\lambda}{2g_0g_1}}=0.341$$

$$\frac{K_{12}}{Z_0}=\frac{K_{23}}{Z_0}=\frac{\pi W_\lambda}{2}\sqrt{\frac{1}{g_1g_2}}=0.0822$$

3）计算并联电感的归一化感抗

由式(7.5-20)得

$$x_{01} = x_{34} = \frac{K_{01}/Z_0}{1-(K_{01}/Z_0)^2} = 0.386$$

$$x_{12} = x_{23} = \frac{K_{12}/Z_0}{1-(K_{12}/Z_0)^2} = 0.083$$

4) 计算谐振腔的实际长度

由式(7.5-22)得腔体的电长度分别为

$$\theta_1 = \theta_3 = \pi - \frac{1}{2}\arctan(2x_{01}) - \frac{1}{2}\arctan(2x_{12}) = 2.731\,\text{rad}$$

$$\theta_2 = \pi - \frac{1}{2}\arctan(2x_{12}) - \frac{1}{2}\arctan(2x_{23}) = 2.977\,\text{rad}$$

中心频率的波导波长为

$$\lambda_{g0} = \frac{\lambda_0}{\sqrt{1-\left(\dfrac{\lambda_0}{2a}\right)^2}} = 33.363\,\text{mm}$$

于是得腔体的实际长度为

$$l_1 = l_3 = \frac{\lambda_{g0}}{2\pi}\theta_1 = 14.501\,\text{mm}$$

$$l_2 = \frac{\lambda_{g0}}{2\pi}\theta_2 = 15.808\,\text{mm}$$

5) 求电感的尺寸

(1) 若用电感膜片实现电感,则由式(7.5-24)得膜片尺寸为

$$d_1 = \frac{2a\arctan\sqrt{\dfrac{\lambda_{g0}x_{01}}{a}}}{\pi} = 8.345\,\text{mm} = d_4$$

$$d_2 = \frac{2a\arctan\sqrt{\dfrac{\lambda_{g0}x_{12}}{a}}}{\pi} = 4.417\,\text{mm} = d_3$$

(2) 若用单销钉实现电感,则由式(7.5-25)得销钉的直径分别为

$$d_1 = \frac{4a}{\pi\,\mathrm{e}^{2\left(\frac{\lambda_{g0}x_{01}}{a}+1\right)}} = 0.849\,\text{mm} = d_4$$

$$d_2 = \frac{4a}{\pi\,\mathrm{e}^{2\left(\frac{\lambda_{g0}x_{12}}{a}+1\right)}} = 2.454\,\text{mm} = d_3$$

(3) 若用三销钉实现电感,则由式(7.5-26)得销钉的直径分别为

$$d_1 = 0.0811a\,\mathrm{e}^{\left(\frac{40.4a^2}{1000\lambda^2}-\frac{4\lambda_{g0}x_{01}}{a}\right)} = 0.106\,\text{mm} = d_4$$

$$d_2 = 0.0811a\,\mathrm{e}^{\left(\frac{40.4a^2}{1000\lambda^2}-\frac{4\lambda_{g0}x_{12}}{a}\right)} = 0.884\,\text{mm} = d_3$$

三种结构的带通滤波器的仿真模型和仿真结果如图 7.5-17 所示。

由图 7.5-17(b)可见,膜片结构波导带通滤波器的 $L_P = 3\text{dB}$ 频带范围为 11.7～12.2GHz,带宽约为 500MHz,在(11.95±1.0)GHz 以外衰减均大于 30dB,基本满足要求。

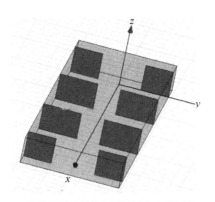

(a) 膜片结构波导带通滤波器的仿真模型

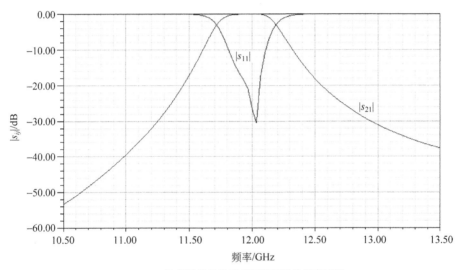

(b) 膜片结构波导带通滤波器的仿真结果

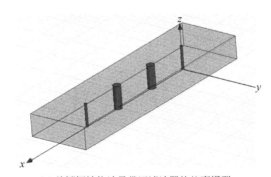

(c) 单销钉结构波导带通滤波器的仿真模型

图 7.5-17 波导带通滤波器的仿真模型和仿真结果

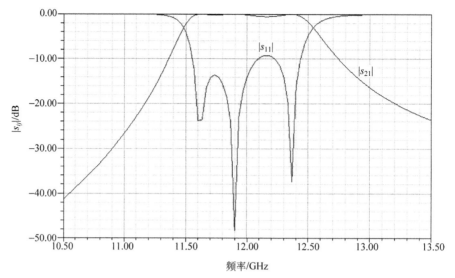

(d) 单销钉结构波导带通滤波器的仿真结果

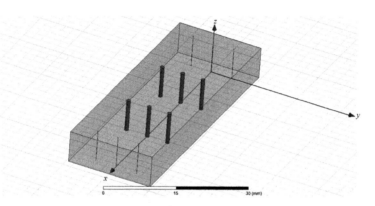

(e) 三销钉结构波导带通滤波器的仿真模型

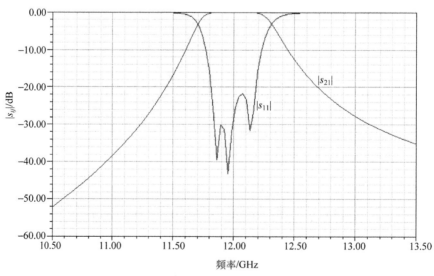

(f) 三销钉结构波导带通滤波器的仿真结果

图 7.5-17 (续)

由图 7.5-17(d)可见，$L_P=3dB$ 的频带范围为 $11.5\sim12.55GHz$，带宽 $\Delta f=1050MHz>$ $500MHz$，在 $(11.95-1.0)GHz=10.95GHz$ 以外衰减大于 28dB，但 $(11.95+1.0)GHz=$ $12.95GHz$ 以外衰减大于 15dB，没有达到 30dB 的带外衰减要求，需要进一步的优化。

由图 7.5-17(f)可见，$L_P=3dB$ 的频带范围为 $11.7\sim12.3GHz$，带宽 $\Delta f=600MHz>$ $500MHz$，在 $(11.95-1.0)GHz=10.95GHz$ 以外衰减大于 40dB，但 $(11.95+1.0)GHz=$ $12.95GHz$ 以外衰减大于 27dB，接近 30dB 的带外衰减要求，基本满足要求。

很显然，波导带通滤波器的设计精度与膜片和销钉计算公式的精度密切相关。

2．微带带通滤波器的微波实现

1）侧边平行耦合微带线带通滤波器的微波实现

侧边平行耦合微带线带通滤波器是一种具有中等带宽的微波带通滤波器，它是将图 7.4-7(c)中的并联谐振电路用 1/2 波长微带线来实现的，如图 7.5-18(a)所示。由式(7.5-9)和式(7.5-13)可得 1/2 波长微带传输线的电纳斜率参量为

$$b=\frac{\omega_0}{2}\frac{d}{d\omega}\left[\frac{Y_0\pi(\omega-\omega_0)}{\omega_0}\right]\bigg|_{\omega=\omega_0}=\frac{\pi}{2}Y_0 \qquad (7.5\text{-}27)$$

可见，第 k 段 $\dfrac{\lambda_{P0}}{2}$ 微带线段的电纳斜率参量 b_k 决定于其特性导纳 Y_{0k}。通常选 G_0、G_L 及 Y_{0k} 均等于滤波器外接传输线的特性导纳 Y_0，故各并联谐振电路的电纳斜率参量 b_k 均等于 $\dfrac{\pi Y_0}{2}$。电纳斜率参量 b_k 与 J 变量器特性导纳 $J_{k,k+1}$ 的关系与式(7.5-16)所表示的电抗斜率参量 x_k 与 K 变量器特性阻抗 $K_{k,k+1}$ 的关系相似，即

$$\begin{cases} J_{01}=\sqrt{\dfrac{G_0Wb_1}{g_0g_1}} \\[3mm] J_{k,k+1}=W\sqrt{\dfrac{b_kb_{k+1}}{g_kg_{k+1}}} \quad (k=1,2,\cdots,n-1) \\[3mm] J_{n,n+1}=\sqrt{\dfrac{Wb_nG_L}{g_ng_{n+1}}} \end{cases} \qquad (7.5\text{-}28)$$

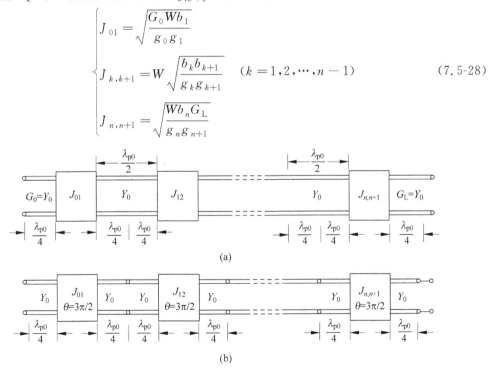

(a)

(b)

图 7.5-18　用 $\dfrac{\lambda_{p0}}{2}$ 微带线代替并联谐振电路的带通滤波器

将式(7.5-27)代入上式可得各导纳倒置变换器的相对特性导纳为

$$\begin{cases} \dfrac{J_{01}}{Y_0} = \sqrt{\dfrac{\pi W}{2g_0 g_1}} \\[3mm] \dfrac{J_{k,k+1}}{Y_0} = \dfrac{\pi W}{2\sqrt{g_k g_{k+1}}} \quad (k=1,2,\cdots,n-1) \\[3mm] \dfrac{J_{n,n+1}}{Y_0} = \sqrt{\dfrac{\pi W}{2g_n g_{n+1}}} \end{cases} \tag{7.5-29}$$

将图 7.5-18(a)划分为若干个单元,如图 7.5-18(b)所示,图中每个单元均与图 7.4-3(a)所示结构相同,故可用图 7.4-3(b)所示侧边平行耦合微带线节来实现。平行耦合微带线节的奇、偶模特性阻抗计算公式为

$$\begin{cases} (Z_{0e})_{k,k+1} = \dfrac{1}{Y_0}\left[1 + \dfrac{J_{k,k+1}}{Y_0} + \left(\dfrac{J_{k,k+1}}{Y_0}\right)^2\right] \\[4mm] (Z_{0o})_{k,k+1} = \dfrac{1}{Y_0}\left[1 - \dfrac{J_{k,k+1}}{Y_0} + \left(\dfrac{J_{k,k+1}}{Y_0}\right)^2\right] \end{cases} \quad (k=0,1,2,\cdots,n) \tag{7.5-30}$$

将图 7.5-18(b)中所有单元用平行耦合微带线节实现后就得到了平行耦合微带线带通滤波器结构。图 7.5-19 所示为 $n=3$ 时的平行耦合微带线带通滤波器的结构示意图,图中,耦合线的导体带条宽度 $W_{k,k+1}$ 及耦合缝宽度 $S_{k,k+1}$ 可由式(7.5-30)计算所得到的奇、偶模特性阻抗 $(Z_{0o})_{k,k+1}$ 和 $(Z_{0e})_{k,k+1}$ 的值得出。

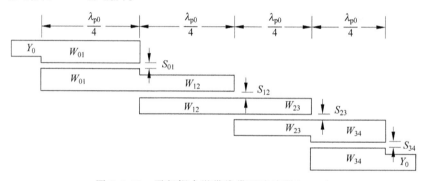

图 7.5-19 平行耦合微带线带通滤波器($n=3$)

【例 7.5-3】 设计一侧边平行耦合微带带通滤波器。技术指标如下:通带的频率范围为 $4.75\sim5.25\text{GHz}$,通带内允许的最大衰减 $L_P = 0.5\text{dB}$,通带外 $f_{S1} = 3.9\text{GHz}$, $f_{S2} = 6.0\text{GHz}$ 处的 $L_S \geqslant 30\text{dB}$,输入、输出传输线特性阻抗 $Z_0 = 50\Omega$。用陶瓷基片进行设计,厚度 $h = 0.8\text{mm}$,相对介电常数 $\varepsilon_r = 10$。

解:(1)确定低通原型

由已知条件得

$$f_0 = \sqrt{f_{C1} f_{C2}} \approx 5.0\text{GHz}$$

$$\omega'_{S1} = \frac{\omega_0}{\omega_{C2} - \omega_{C1}}\left(\frac{\omega_{S1}}{\omega_0} - \frac{\omega_0}{\omega_{S1}}\right) = -5.02$$

$$\omega'_{S2} = \frac{\omega_0}{\omega_{C2} - \omega_{C1}}\left(\frac{\omega_{S2}}{\omega_0} - \frac{\omega_0}{\omega_{S2}}\right) \approx 3.67$$

采用切比雪夫衰减特性进行设计。由 $|\omega'_{S1}|-1=4.02$ 和 $|\omega'_{S2}|-1\approx2.67$ 查图 7.2-6(b)均得 $n=3$,再查表 7.2-2(b)可得:

$$g_1=g_3=1.5963, \quad g_2=1.0967, \quad g_0=g_4=1.0000$$

(2)计算各导纳倒置变换器的特性导纳

$$W=\frac{\omega_{C2}-\omega_{C1}}{\omega_0}=0.1$$

$$\frac{J_{01}}{Y_0}=\frac{J_{34}}{Y_0}=\sqrt{\frac{\pi W}{2g_0g_1}}=0.3137$$

$$\frac{J_{12}}{Y_0}=\frac{J_{23}}{Y_0}=\frac{\pi W}{2\sqrt{g_1g_2}}=0.1187$$

(3)计算各段平行耦合线的奇、偶模特性阻抗

$$(Z_{0e})_{01}=(Z_{0e})_{34}=\frac{1}{Y_0}\left[1+\frac{J_{01}}{Y_0}+\left(\frac{J_{01}}{Y_0}\right)^2\right]\approx70.61\Omega$$

$$(Z_{0o})_{01}=(Z_{0o})_{34}=\frac{1}{Y_0}\left[1-\frac{J_{01}}{Y_0}+\left(\frac{J_{01}}{Y_0}\right)^2\right]\approx39.24\Omega$$

$$(Z_{0e})_{12}=(Z_{0e})_{23}=\frac{1}{Y_0}\left[1+\frac{J_{12}}{Y_0}+\left(\frac{J_{12}}{Y_0}\right)^2\right]\approx56.64\Omega$$

$$(Z_{0o})_{12}=(Z_{0o})_{23}=\frac{1}{Y_0}\left[1-\frac{J_{12}}{Y_0}+\left(\frac{J_{12}}{Y_0}\right)^2\right]\approx44.77\Omega$$

(4)确定各段平行耦合线的宽度和耦合缝隙宽度

根据奇、偶模阻抗值,由式(2.8-3)~式(2.8-5)或查图 2.8-3(e)曲线可得

$$\frac{W_{01}}{h}=\frac{W_{34}}{h}\approx0.75, \quad 即 \quad W_{01}=W_{34}\approx0.75h=0.6\text{mm}$$

$$\frac{S_{01}}{h}=\frac{S_{34}}{h}\approx0.35, \quad 即 \quad S_{01}=S_{34}\approx0.35h=0.28\text{mm}$$

$$\frac{W_{12}}{h}=\frac{W_{23}}{h}\approx0.95, \quad 即 \quad W_{12}=W_{23}\approx0.95h=0.76\text{mm}$$

$$\frac{S_{12}}{h}=\frac{S_{23}}{h}\approx1.0, \quad 即 \quad S_{12}=S_{23}\approx1.0h=0.8\text{mm}$$

由式(2.7-8)可得 $Z_0=50\Omega$ 的输入、输出微带线的导体带条宽度为

$$W_0\approx0.94h=0.75\text{mm}$$

(5)计算各段耦合线的长度

各段耦合线的长度理论上应为 $\lambda_{p0}/4$,但是耦合微带线的奇、偶模有效相对介电常数不同,故奇、偶模相波长也不同。实际中,在弱耦合的情况下,通常取奇、偶模相波长的平均值计算耦合线长度。研究表明,奇、偶模相波长的平均值近似等于同尺寸未耦合微带线的相波长,因此,可以通过未耦合微带线的相波长近似计算耦合微带线的长度。另外,还需要考虑微带开路端的边缘电容效应,其可用一段长度为 $\Delta l\approx0.33h$ 的理想开路微带线来等效。

由式(2.7-7)可得未耦合微带线的有效相对介电常数分别为

$$\varepsilon_{e01}=\varepsilon_{e34}=6.689, \quad \varepsilon_{e12}=\varepsilon_{e23}=6.793$$

于是得耦合微带线段的长度分别为

$$l_{01} = l_{34} \approx \frac{(\lambda_{p0})_{01}}{4} - 0.33h \approx \frac{\lambda_0}{4\sqrt{\varepsilon_{e01}}} - 0.33 \times 0.8 \approx 5.536\text{mm}$$

$$l_{12} = l_{23} \approx \frac{(\lambda_{p0})_{12}}{4} - 0.33h \approx \frac{\lambda_0}{4\sqrt{\varepsilon_{e12}}} - 0.33 \times 0.8 \approx 5.491\text{mm}$$

以上各结构参量的含义如图 7.5-20 所示。

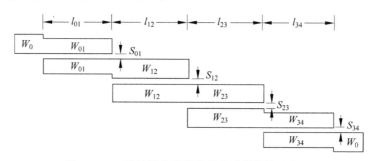

图 7.5-20　平行耦合微带带通滤波器结构示意图

该平行耦合微带带通滤波器在 HFSS 仿真软件中的仿真模型和仿真结果如图 7.5-21 所示。

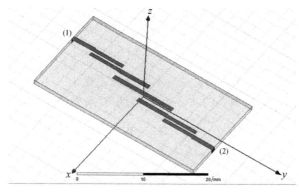

(a) 仿真模型

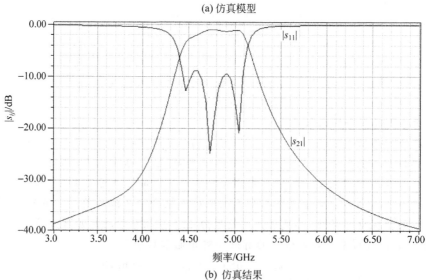

(b) 仿真结果

图 7.5-21　平行耦合微带线带通滤波器的仿真模型和仿真结果

由图 7.5-21 可见,该滤波器的通频带在 4.7～5.05GHz 频段内,中心频率偏低,带内损耗略大。这是因为在前面的设计中,平行耦合线的长度、导体带条的宽度和缝隙宽度是通过近似计算或查曲线得到的,故有一定误差。但该滤波器在边频 3.9GHz 和 6GHz 处衰减均大于 30dB,满足阻带要求。

2) 电容性缝隙耦合谐振器微带带通滤波器

将图 7.4-7(c) 中的并联谐振电路用 1/2 波长微带线来实现便得图 7.5-22(a) 所示结构。图中,J 变量器可以用图 7.4-2(c) 所示的串联电容和两段负长度线来实现,如图 7.5-22(b) 所示。图中,

$$\theta_i = \pi + \frac{\varphi_i}{2} + \frac{\varphi_{i+1}}{2} \quad (i = 1, 2, \cdots, n) \tag{7.5-31}$$

φ_i 和 B_i 由式(7.4-4)确定。图 7.5-22(c)是用微带结构实现的实际电路图,其中,串联电容用微带缝隙实现,$C_i = \dfrac{B_i}{\omega_0}(i = 1, 2, \cdots, n)$。选定微带线介质基片的特性参数和特性阻抗后便可以确定电路中各个尺寸的值了。

这种滤波器是通过缝隙电容直接耦合谐振器而实现的,是一种窄带带通滤波器。

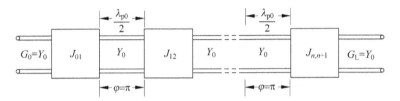

(a) 1/2 波长线实现并联谐振电路

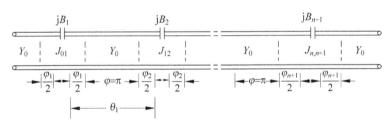

(b) 串联电容和两段负长度线实现 J 变量器

(c) 微带带通滤波器电路图

图 7.5-22　电容性缝隙耦合谐振器微带带通滤波器

【例 7.5-4】　用电容性缝隙耦合谐振器法设计一个微带带通滤波器,要求它有 0.5dB 的等波纹带通特性,中心频率为 4.0GHz,相对带宽为 10%,在 4.4GHz 处衰减至少为 15dB。已知微带线的特性阻抗为 50Ω,介质基片相对介电常数 $\varepsilon_r = 9.9$,基片厚度 $h =$

1.27mm。

解：已知 $f_0=4.0\text{GHz}$，带宽 $W=10\%$，$f_S=4.4\text{GHz}$，故由式(7.3-9)得

$$\omega_S'=\frac{1}{W}\left(\frac{f_S}{f_0}-\frac{f_0}{f_S}\right)=1.91,\quad \omega_S'-1=0.91$$

由于 $L_P=0.5\text{dB}$，$L_S=15\text{dB}$，查图 7.2-5(b)得 $n=3$。查表 7.2-2(b)得低通原型归一化元件值为：

$$g_1=1.5963,\quad g_2=1.0967,\quad g_3=1.5963,\quad g_0=g_4=1$$

由式(7.5-29)得 J 变量器的相对导纳分别为

$$\frac{J_{01}}{Y_0}=\sqrt{\frac{\pi W}{2g_0g_1}}=0.3137,\quad \frac{J_{12}}{Y_0}=\frac{\pi W}{2\sqrt{g_1g_2}}=0.1187$$

$$\frac{J_{23}}{Y_0}=\frac{\pi W}{2\sqrt{g_2g_3}}=0.1187,\quad \frac{J_{34}}{Y_0}=\sqrt{\frac{\pi W}{2g_3g_4}}=0.3137$$

由式(7.4-4)得

$$\frac{B_1}{Y_0}=\frac{J_{01}/Y_0}{1-(J_{01}/Y_0)^2}=0.348=\frac{B_4}{Y_0},\quad \frac{B_2}{Y_0}=\frac{J_{12}/Y_0}{1-(J_{12}/Y_0)^2}=0.1204=\frac{B_3}{Y_0}$$

$$\varphi_1=-\arctan\frac{2B_1}{Y_0}=-34.84°,\quad \varphi_2=-\arctan\frac{2B_2}{Y_0}=-13.54°$$

$$\theta_1=180°-\frac{34.84°}{2}-\frac{13.54°}{2}=155.8°=\theta_3,\quad \theta_2=180°-\frac{13.54°}{2}-\frac{13.54°}{2}=166.5°$$

由于微带线的特性阻抗为 50Ω，介质基片相对介电常数 $\varepsilon_r=9.9$，$h=1.27\text{mm}$，故查表 2.7-1 得微带导体带条宽度 $W\approx0.94\times1.27\approx1.2\text{mm}$，有效相对介电常数的平方根 $\sqrt{\varepsilon_e}\approx2.599$，故中心频率处微带线的相波长为

$$\lambda_{p0}=\frac{c}{f_0\sqrt{\varepsilon_e}}\approx28.857\text{mm}$$

电容缝隙间的微带线段长度分别为

$$l_1=l_3=\frac{\theta_1\cdot\lambda_{p0}}{360°}=12.489\text{mm},\quad l_2=\frac{\theta_2\cdot\lambda_{p0}}{360°}=13.346\text{mm}$$

由式(3.3-31)可得电容间隙分别为

$$S_1=\frac{4h}{\pi}\text{arcoth}\left(e^{\frac{B_1}{Y_0}\cdot\frac{\lambda_{p0}}{2h}}\right)\approx0.031\text{mm}=S_4,\quad S_2=\frac{4h}{\pi}\text{arcoth}\left(e^{\frac{B_2}{Y_0}\cdot\frac{\lambda_{p0}}{2h}}\right)\approx0.422\text{mm}=S_3$$

各结构尺寸的含义如图 7.5-23 所示。

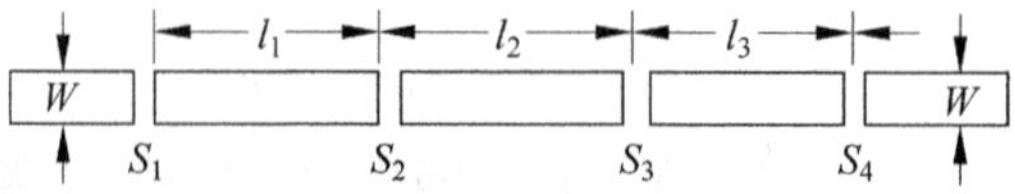

图 7.5-23 三阶电容性缝隙耦合谐振器带通滤波器的结构示意图

该尺寸滤波器的仿真模型和仿真结果如图 7.5-24 所示。

由图 7.5-24 可见，该滤波器的中心频率为 4GHz，在 4.4GHz 频点处衰减大于 26dB，但带内损耗偏大。

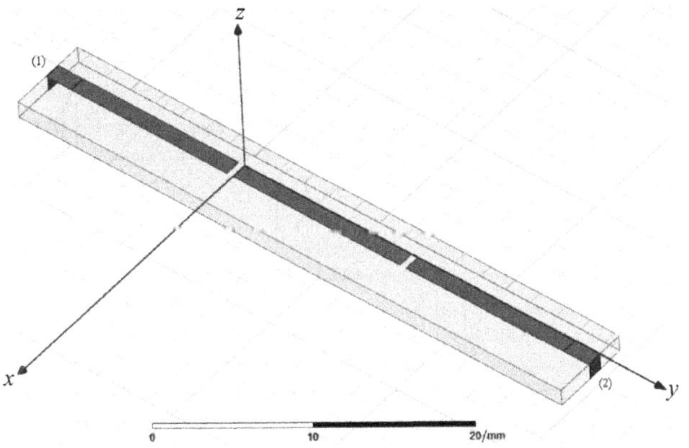

(a) 仿真模型

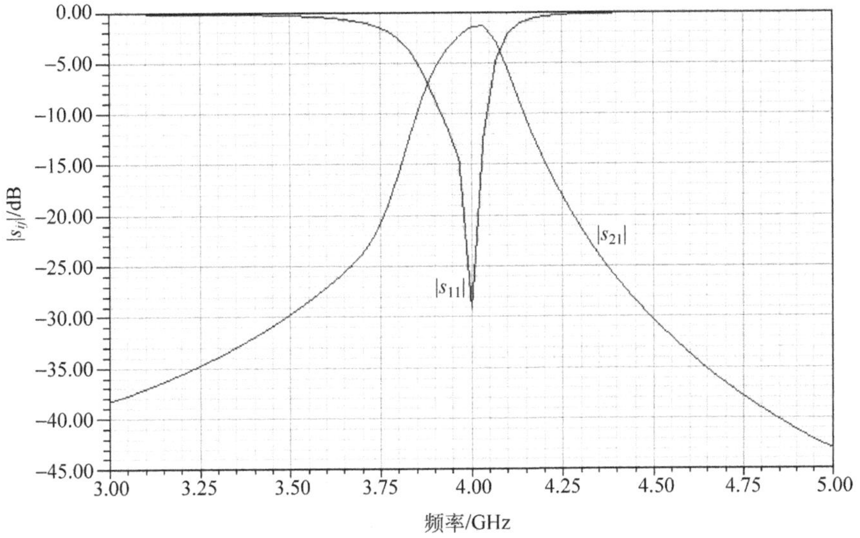

(b) 仿真结果

图 7.5-24 三阶电容性缝隙耦合谐振器带通滤波器的仿真模型及仿真结果

3) 1/4 波长短截线与连接线构成的宽带微带带通滤波器

相对带宽 W 在 20% 以下的称为窄带滤波器，W 在 40% 以上的称为宽带滤波器，W 在两者之间的称为中等带宽滤波器。由于集中元件带通滤波器的参数随频率变化甚小，故可用来设计任意带宽的滤波器。但因为微带带通滤波器的参数随频率变化甚大，故应用变换式(7.3-9)，并将参数确定在中心频率上时，在其他频率上将有较大的偏差，因此，只能用它来设计窄带滤波器。为了较准确地预定阻带衰减，常对不同结构的滤波器给出不同的频率变换式。

图 7.5-25(a)所示为 1/4 波长并联短路短截线与连接线构成的带通滤波器，图 7.5-25(b)是 1/4 波长串联开路短截线和连接线构成的带通滤波器。这种结构适宜于宽带设计，一般带宽在一个倍频程左右。这种宽带滤波器的设计和前面介绍的窄带滤波器的设计思想大不一样，窄带滤波器的设计只在中心频率上与低通原型相变换，宽带滤波器的设计则要在中心频率和两个边频上都与低通原型特性相一致，这样才能实现宽带特性。这种滤波器只能用

TEM 模传输线来实现,特别适宜于微带线。

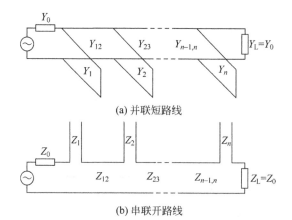

(a) 并联短路线

(b) 串联开路线

图 7.5-25　1/4 波长短截线与连接线构成的滤波器

对于这种结构的带通滤波器,采用以下近似频率变换式进行频率变换

$$\omega' = \frac{2}{W}\left(\frac{\omega - \omega_0}{\omega_0}\right) \tag{7.5-32}$$

式中

$$W = \frac{\omega_{C2} - \omega_{C1}}{\omega_0}, \quad \omega_0 = \frac{\omega_{C1} + \omega_{C2}}{2}$$

为了推导图 7.5-25(a)所示滤波器的设计公式,先把只有一种电容元件的变形低通原型分解成许多对称滤波器节,同时把图 7.5-25(a)滤波器也分解成许多对称滤波器节,如图 7.5-26 所示。

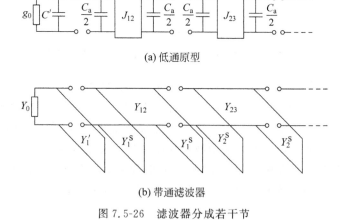

(a) 低通原型

(b) 带通滤波器

图 7.5-26　滤波器分成若干节

要想把低通原型变换成该带通滤波器,必须使图 7.5-26(a)、(b)的对应部分在中心频率和两个边频上传输特性相同。对于中间节,如图 7.5-27 所示,要求图 7.5-27(a)、(b)的网络参量在中心频率和两个边频上相等,由此可得

$$\begin{cases} J_{k,k+1} = Y_{k,k+1} \\ J_{k,k+1}^2 - \left(\dfrac{C_a Y_0'}{2}\right)^2 = \dfrac{Y_{k,k+1}^2 - (Y_k^S + Y_{k,k+1})^2 \cos^2\theta_{c1}}{\sin^2\theta_{c1}} \end{cases} \tag{7.5-33}$$

式中，$\theta_{c1} = \dfrac{\pi}{2} \cdot \dfrac{\omega_{c1}}{\omega_0} = \dfrac{\pi}{2} \cdot \dfrac{\lambda_0}{\lambda_{c1}} = \dfrac{\pi}{2}\left(1 - \dfrac{W}{2}\right)$，低通原型中的归一化元件值 C_a 均是对 Y_0' 归一化的结果。

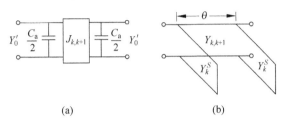

图 7.5-27　中间对应节

解上式得

$$Y_{k,k+1} = J_{k,k+1} = Y_0\left(\frac{J_{k,k+1}}{Y_0}\right) \tag{7.5-34}$$

$$Y_k^S = \sqrt{J_{k,k+1}^2 + \left(\frac{C_a Y_0'}{2}\right)^2 \tan^2(\theta_{c1})} - J_{k,k+1} = Y_0(N_{k,k+1} - J_{k,k+1}/Y_0) \tag{7.5-35}$$

式中

$$N_{k,k+1} = \sqrt{\left(\frac{J_{k,k+1}}{Y_0}\right)^2 + \left(\frac{C_a Y_0'}{2Y_0}\right)^2 \tan^2\theta_{c1}} \tag{7.5-36}$$

对于图 7.5-26 的输入端(如图 7.5-28 所示)，则要求使图 7.5-28(a)、(b)的输入导纳在 $\omega = \omega_0$ 和 $\omega' = 0$ 上相等，在 $\omega = \omega_{c1}$ 和 $\omega' = -1$ 上相等，由此可得

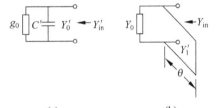

$$\begin{cases} Y_0' = Y_0 g_0 \\ Y_1' = Y_0' C' \tan\theta_{c1} = g_0 Y_0 C' \tan\theta_{c1} \end{cases} \tag{7.5-37}$$

图 7.5-28　输入端对应电路

如果在图 7.5-26(a)中，令 $C_1 = C' + C_a/2 = g_1$，$C_a = 2dg_1$，其中，g_1 是低通原型元件值，d 是比例因子，于是得，$C' = C_1 - C_a/2 = g_1 - dg_1 = (1-d)g_1$，由此得出

$$Y_1' = g_0 Y_0 (1-d) g_1 \tan\theta_{c1} \tag{7.5-38}$$

综上所述，可得这种滤波器的设计公式如下：

① 确定谐振器数目 n 和低通原型归一化元件值 g_k。

低通原型到带通的近似频率变换式为

$$\omega' = \frac{2}{W}\left(\frac{\omega - \omega_0}{\omega_0}\right)$$

其中

$$W = \frac{\omega_{C2} - \omega_{C1}}{\omega_0}, \quad \omega_0 = \frac{\omega_{C1} + \omega_{C2}}{2}$$

应用此变换式和 7.2 节的图表或公式就可以确定 n 和 g_k 了。

② 计算导纳倒置变换器的相对导纳

选定 $C_a = 2dg_1$(d 是无量纲的常数,适当选择能给出方便的导纳水平),则得

$$\theta_{c1} = \frac{\pi}{2} \cdot \frac{\omega_{c1}}{\omega_0} = \frac{\pi}{2} \cdot \frac{\lambda_0}{\lambda_{c1}} = \frac{\pi}{2}\left(1 - \frac{W}{2}\right)$$

$$\frac{J_{12}}{Y_0} = g_0 \sqrt{\frac{C_a}{g_2}}$$

$$\left.\frac{J_{k,k+1}}{Y_0}\right|_{k=2\sim(n-2)} = \frac{g_0 C_a}{\sqrt{g_k g_{k+1}}}$$

$$\frac{J_{n-1,n}}{Y_0} = g_0 \sqrt{\frac{C_a g_{n+1}}{g_0 g_{n-1}}}$$

③ 计算各并联短截线的特性导纳

$$N_{k,k+1} = \sqrt{\left(\frac{J_{k,k+1}}{Y_0}\right)^2 + \left(\frac{C_a g_0 \tan\theta_{c1}}{2}\right)^2}$$

$$Y_1 = g_0 Y_0 (1-d) g_1 \tan\theta_{c1} + Y_0\left(N_{12} - \frac{J_{12}}{Y_0}\right)$$

$$\left.Y_k\right|_{k=1\sim(n-1)} = Y_0\left(N_{k-1,k} + N_{k,k+1} - \frac{J_{k-1,k}}{Y_0} - \frac{J_{k,k+1}}{Y_0}\right)$$

$$Y_n = Y_0 (g_n g_{n+1} - d g_0 g_1)\tan\theta_{c1} + Y_0\left(N_{n-1,n} - \frac{J_{n-1,n}}{Y_0}\right)$$

④ 计算各 1/4 波长连接线的特性导纳

$$\left.Y_{k,k+1}\right|_{k=1\sim(n-1)} = Y_0\left(\frac{J_{k,k+1}}{Y_0}\right)$$

⑤ 计算各段线的长度

所有短截线和连接线的长度都是 1/4 波长,即

$$l = \frac{c}{4f_0 \sqrt{\varepsilon_e}}$$

值得一提的是,对于微带线结构,由于各段微带线的宽度不同,$\sqrt{\varepsilon_e}$ 不同,所以各线段的实际长度并不完全相等。

【例 7.5-5】 试设计一带通滤波器,要求其中心频率 $f_0 = 2\text{GHz}$,相对带宽 $W = 70\%$,通带内最大衰减 $L_P = 0.1\text{dB}$,且在阻带 $f_{S1} = 0.8\text{GHz}$ 和 $f_{S2} = 3.3\text{GHz}$ 上衰减不小于 25dB。

解: 因为相对带宽 $W = 70\% > 40\%$,故需采用宽带滤波器设计方法进行设计。

(1) 选定低通原型

$$\omega'_{S1} = \frac{2}{W}\left(\frac{\omega_{S1} - \omega_0}{\omega_0}\right) = \frac{2}{0.7}\left(\frac{0.8 - 2}{2}\right) = -1.714$$

$$\omega'_{S2} = \frac{2}{W}\left(\frac{\omega_{S2} - \omega_0}{\omega_0}\right) = \frac{2}{0.7}\left(\frac{3.3 - 2}{2}\right) = 1.857$$

查图 7.2-6(a)得，$n=5$。查表 7.2-2(a)得低通原型的归一化元件值为：

$$g_0 = g_6 = 1.000 \quad g_1 = g_5 = 1.1468 \quad g_2 = g_4 = 1.3712 \quad g_3 = 1.9750$$

(2) 计算低通原型的 J 变换器导纳

选 $d=1$，则 $C_a = 2dg_1 = 2.2936$。选 50Ω 传输线，则 $Y_0 = 1/Z_0 - 0.02S$，于是求得

$$\theta_{c1} = \frac{\pi}{2} \cdot \frac{\omega_{c1}}{\omega_0} = \frac{\pi}{2}\left(1 - \frac{W}{2}\right) = 1.021 \text{rad}$$

$$\frac{J_{12}}{Y_0} = \frac{J_{45}}{Y_0} = g_0\sqrt{\frac{C_a}{g_2}} = 1.293$$

$$\frac{J_{23}}{Y_0} = \frac{J_{34}}{Y_0} = \frac{g_0 C_a}{\sqrt{g_2 g_3}} = 1.394$$

$$\frac{J_{45}}{Y_0} = g_0\sqrt{\frac{C_a g_6}{g_0 g_4}} = 1.293$$

(3) 计算出各并联短截线的特性导纳

$$N_{12} = N_{45} = \sqrt{\left(\frac{J_{12}}{Y_0}\right)^2 + \left(\frac{g_0 C_a \tan\theta_{c1}}{2}\right)^2} = 2.275$$

$$N_{23} = N_{34} = \sqrt{\left(\frac{J_{23}}{Y_0}\right)^2 + \left(\frac{g_0 C_a \tan\theta_{c1}}{2}\right)^2} = 2.334$$

$$Y_1 = Y_5 = Y_0(N_{12} - J_{12}/Y_0) = 0.0196S$$

$$Y_2 = Y_4 = Y_0(N_{12} + N_{23} - J_{12}/Y_0 - J_{23}/Y_0) = 0.0384S$$

$$Y_3 = Y_0(N_{23} + N_{34} - J_{23}/Y_0 - J_{34}/Y_0) = 0.0376S$$

(4) 计算各连接线的特性导纳

$$Y_{12} = Y_{45} = Y_0\left(\frac{J_{12}}{Y_0}\right) = 0.0259S$$

$$Y_{23} = Y_{34} = Y_0\left(\frac{J_{23}}{Y_0}\right) = 0.02788S$$

(5) 用微带线实现

各线段的特性阻抗分别为

$$Z_0 = 50\Omega$$
$$Z_1 = Z_5 = 1/Y_1 = 51.02\Omega$$
$$Z_2 = Z_4 = 1/Y_2 = 26.04\Omega$$
$$Z_3 = 1/Y_3 = 26.6\Omega$$
$$Z_{12} = Z_{45} = 1/Y_{12} = 38.61\Omega$$
$$Z_{23} = Z_{34} = 1/Y_{23} = 35.868\Omega$$

若选用相对介电常数 $\varepsilon_r = 9.9$，厚度 $h=1\text{mm}$ 的介质基片，则查表 2.7-1 得各微带线的导体带条宽度和有效相对介电常数的平方根分别为

$$W_0 \approx 0.94\text{mm}, \quad W_1 = W_5 \approx 0.9\text{mm}, \quad W_2 = W_4 \approx 2.9\text{mm}$$

$$W_3 \approx 2.8\text{mm}, \quad W_{12} = W_{45} \approx 1.5\text{mm}, \quad W_{23} = W_{34} \approx 1.8\text{mm}$$

$$\sqrt{\varepsilon_{e1}} \approx 2.593, \sqrt{\varepsilon_{e2}} \approx 2.75, \sqrt{\varepsilon_{e3}} \approx 2.744,$$

$$\sqrt{\varepsilon_{e12}} = \sqrt{\varepsilon_{e45}} = 2.656, \sqrt{\varepsilon_{e23}} = \sqrt{\varepsilon_{e34}} = 2.681$$

(6) 计算各段微带线的长度

所有短截线和连接线的长度都是 1/4 波长,即

$$l_1 = l_5 = \frac{c}{4f_0\sqrt{\varepsilon_{e1}}} \approx 14.462\text{mm}$$

$$l_2 = l_4 = \frac{c}{4f_0\sqrt{\varepsilon_{e2}}} \approx 13.636\text{mm}$$

$$l_3 = \frac{c}{4f_0\sqrt{\varepsilon_{e3}}} \approx 13.666\text{mm}$$

$$l_{12} = l_{45} = \frac{c}{4f_0\sqrt{\varepsilon_{e12}}} \approx 14.119\text{mm}$$

$$l_{23} = l_{34} = \frac{c}{4f_0\sqrt{\varepsilon_{e23}}} \approx 13.987\text{mm}$$

带通滤波器的具体电路如图 7.5-29 所示。

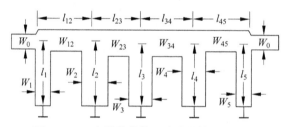

图 7.5-29 宽带微带带通滤波器结构示意图

图 7.5-30 所示为该滤波器在 HFSS 仿真软件中的仿真模型和仿真结果。

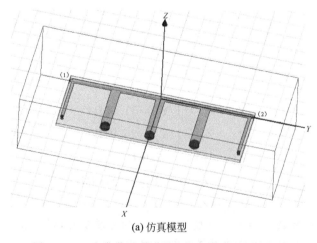

(a) 仿真模型

图 7.5-30 宽带带通滤波器的仿真模型和仿真结果

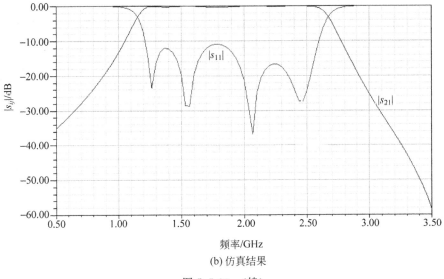

(b) 仿真结果

图 7.5-30 （续）

由图 7.5-30（b）可见，该滤波器的 $L_P = 0.1\text{dB}$ 和 $|s_{11}| < -10\text{dB}$ 的频带范围为 1.22～2.58GHz，相对带宽 71.6%，满足带宽 70% 的指标要求；在 3.3GHz 处衰减达到 43dB，在 0.8GHz 处衰减约为 24dB，接近 25dB 的指标要求。可见，该滤波器基本满足设计要求。

7.5.3 微波带阻滤波器的微波实现

图 7.5-31 所示为 1/4 波长短截线基型带阻滤波器。图 7.5-31(a) 为并联基型带阻滤波器，对应于图 7.4-9(c)，其中，并联的串谐电路由 $\lambda_{p0}/4$ 并联开路短截线实现，导纳倒置变换器由 $\lambda_{p0}/4$ 连接线实现。图 7.5-31(b) 是图 7.5-31(a) 的对偶电路，为串联基型带阻滤波器，其与图 7.4-8(c) 对应，串联的并谐电路由 $\lambda_{p0}/4$ 串联短路短截线实现，阻抗倒置变换器由 $\lambda_{p0}/4$ 连接线实现。并联基型适用于微带结构的带阻滤波器，串联基型适用于同轴或波导

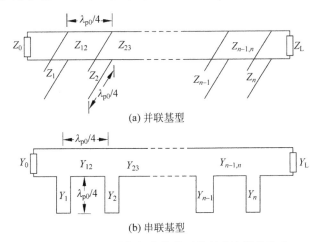

图 7.5-31 1/4 波长短截线基型带阻滤波器的基型

结构的带阻滤波器。因为图 7.5-31(a)和图 7.5-31(b)互为对偶电路,故只要把图 7.5-31(a)中的阻抗换为图 7.5-31(b)中的相应导纳,则对图 7.5-31(a)适用的设计公式同样适用于图 7.5-31(b),故下面只介绍图 7.5-31(a)结构带阻滤波器的设计方法及公式。

并联基型带阻滤波器的设计公式可以用频率变换和黑田变换推导出来,其结果列于表 7.5-1 中。运用这些公式设计并联基型带阻滤波器的步骤如下:

(1) 根据滤波器的通带和阻带的衰减指标,选择适当的归一化低通原型;

(2) 按照表 7.5-1 中的公式计算各短截线和连接线的阻抗;

(3) 根据算得的阻抗值决定各传输线段的结构尺寸。

表 7.5-1 并联基型带阻滤波器的设计公式

相对带宽:$W = \dfrac{f_{C2} - f_{C1}}{f_0} = 2\dfrac{f_{C2} - f_{C1}}{f_{C2} + f_{C1}}$

由低通原型到微波带阻滤波器的频率变换式:$\omega' = \tan\left(\dfrac{\pi}{4}W\right) \cdot \tan\left(\dfrac{\pi\omega}{2\omega_0}\right)$

带宽参数:$\Lambda = \tan\left(\dfrac{\pi}{4}W\right)$

$n = 1$ 时:$Z_1 = \dfrac{Z_0}{\Lambda g_0 g_1}$ $Z_L = \dfrac{Z_0 g_2}{g_0}$

$n = 2$ 时:

$$Z_1 = Z_0\left(1 + \dfrac{1}{\Lambda g_0 g_1}\right) \quad Z_{12} = Z_0(1 + \Lambda g_0 g_1)$$

$$Z_2 = \dfrac{Z_0 g_0}{\Lambda g_2} \qquad\qquad Z_L = Z_0 g_0 g_3$$

$n = 3$ 时:

$$Z_1 = Z_0\left(1 + \dfrac{1}{\Lambda g_0 g_1}\right) \qquad Z_{12} = Z_0(1 + \Lambda g_0 g_1)$$

$$Z_2 = \dfrac{Z_0 g_0}{\Lambda g_2} \qquad\qquad Z_{23} = \dfrac{Z_0 g_0}{g_4}(1 + \Lambda g_3 g_4)$$

$$Z_3 = \dfrac{Z_0 g_0}{g_4}\left(1 + \dfrac{1}{\Lambda g_3 g_4}\right) \quad Z_L = \dfrac{Z_0 g_0}{g_4}$$

$n = 4$ 时:

$$Z_1 = Z_0\left(2 + \dfrac{1}{\Lambda g_0 g_1}\right) \qquad\qquad Z_{12} = Z_0\left(\dfrac{1 + 2\Lambda g_0 g_1}{1 + \Lambda g_0 g_1}\right)$$

$$Z_2 = Z_0\left(\dfrac{1}{1 + \Lambda g_0 g_1} + \dfrac{g_0}{\Lambda g_2(1 + \Lambda g_0 g_1)^2}\right) \quad Z_{23} = \dfrac{Z_0}{g_0}\left(\Lambda g_2 + \dfrac{g_0}{1 + \Lambda g_0 g_1}\right)$$

$$Z_3 = \dfrac{Z_0}{\Lambda g_0 g_3} \qquad\qquad\qquad Z_{34} = \dfrac{Z_0}{g_0 g_5}(1 + \Lambda g_4 g_5)$$

$$Z_4 = \dfrac{Z_0}{g_0 g_5}\left(1 + \dfrac{1}{\Lambda g_4 g_5}\right) \qquad Z_L = \dfrac{Z_0}{g_0 g_5}$$

$n=5$ 时：

$$Z_1 = Z_0\left(2 + \frac{1}{\Lambda g_0 g_1}\right) \qquad Z_{12} = Z_0\left(\frac{1 + 2\Lambda g_0 g_1}{1 + \Lambda g_0 g_1}\right)$$

$$Z_2 = Z_0\left(\frac{1}{1 + \Lambda g_0 g_1} + \frac{g_0}{\Lambda g_2(1 + \Lambda g_0 g_1)^2}\right) \qquad Z_{23} = \frac{Z_0}{g_0}\left(\Lambda g_2 + \frac{g_0}{1 + \Lambda g_0 g_1}\right)$$

$$Z_3 = \frac{Z_0}{\Lambda g_0 g_3} \qquad Z_{34} = \frac{Z_0}{g_0}\left(\Lambda g_4 + \frac{g_6}{1 + \Lambda g_5 g_6}\right)$$

$$Z_4 = \frac{Z_0}{g_0}\left(\frac{1}{1 + \Lambda g_5 g_6} + \frac{g_6}{\Lambda g_4(1 + \Lambda g_5 g_6)^2}\right) \qquad Z_{45} = \frac{Z_0 g_6}{g_0}\left(\frac{1 + 2\Lambda g_5 g_6}{1 + \Lambda g_5 g_6}\right)$$

$$Z_5 = \frac{Z_0 g_6}{g_0}\left(2 + \frac{1}{\Lambda g_5 g_6}\right) \qquad Z_L = \frac{Z_0 g_6}{g_0}$$

【例 7.5-6】 设计一个窄阻带的微波带阻滤波器，其指标如下：

阻带中心频率：$f_0 = 4.0\text{GHz}$。

通带最大衰减：$L_P = 0.5\text{dB}$。

相对阻带带宽：$W = 5\%$。

阻带的最小衰减：在 $4 \pm 0.03\text{GHz}$ 频率上的衰减至少为 20dB。

端接条件：两端均为 50Ω 的微带线。

解：① 确定低通原型。

由于要求通带内最大衰减 $L_P = 0.5\text{dB}$，故选 0.5dB 的切比雪夫低通原型进行设计。

根据题意和表 7.5-1 中的频率变换式得

$$\omega'_S = \tan\left(\frac{\pi}{4}W\right) \cdot \tan\left(\frac{\pi \omega_S}{2\omega_0}\right) = \tan\left(\frac{\pi}{4} \cdot \frac{5}{100}\right) \cdot \tan\left(\frac{\pi(4 - 0.03)}{2 \times 4}\right) \approx 3.33$$

由 $\omega'_S - 1 = 2.33$，$L_S \geqslant 20\text{dB}$ 和 $L_P = 0.5\text{dB}$，查图 7.2-6(b)得 $n = 3$。查表 7.2-2(b)得

$$g_0 = g_4 = 1, \quad g_1 = 1.5963 = g_3, \quad g_2 = 1.0967$$

② 由表 7.5-1 中公式计算各短截线和连接线的阻抗值。

$$\Lambda = \tan\left(\frac{\pi}{4}W\right) = 0.0393$$

$$Z_1 = 50\left(1 + \frac{1}{0.0393 \times 1.5963}\right) = 847\Omega \quad Z_{12} = 50(1 + 0.0393 \times 1.593) = 53.1\Omega$$

$$Z_2 = \frac{50}{0.0393 \times 1.0967} = 1160 \quad Z_{23} = \frac{50}{1}(1 + 0.0393 \times 1.5963) = 53.1\Omega$$

$$Z_3 = \frac{50}{1}\left(1 + \frac{1}{0.0393 \times 1.5963}\right) = 847\Omega \quad Z_L = 50\Omega$$

③ 电路实现。

以上各阻抗参量的含义如图 7.5-32(a)所示。由上述结果可知，连接线阻抗 $Z_{12} = Z_{23} = 53.1\Omega$，非常接近于终端阻抗值 50Ω，但是短截线的阻抗值 $Z_1 \sim Z_3$ 在 1000Ω 附近，这在微带电路中是很难实现的。为了降低短截线的特性阻抗值，可以采用两个短截线并联的方式，如图 7.5-32(b)所示，这样做可以使特性阻抗值减小为原阻抗值的一半。对于本例这

种极高的特性阻抗,可以采用另外一种解决方案,即用电容耦合的短路短截线(其长度稍小于 $\lambda_{p0}/4$)去代替并联的高阻抗开路短截线,如图 7.5-32(c)所示。

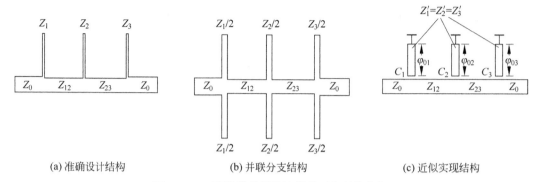

(a) 准确设计结构   (b) 并联分支结构   (c) 近似实现结构

图 7.5-32 窄阻带带阻滤波器的可实现性变换

并联 $\lambda_{p0}/4$ 开路短截线与电容耦合的短路短截线的等效关系如图 7.5-33 所示,通过令两个电路在中心频率上的电抗为零,并使其在中心频率上的电抗斜率参量相等,可得以下近似等效关系式为

$$F(\varphi) = \varphi\sec^2\varphi + \tan\varphi \tag{7.5-39a}$$

$$F(\varphi_0) = \frac{\pi}{2} \cdot \frac{Z_k}{Z_k'} \tag{7.5-39b}$$

$$\omega_0 C_k Z_k' = \frac{\omega_0 C_k}{Y_k'} = \frac{1}{\tan\varphi_0} \tag{7.5-39c}$$

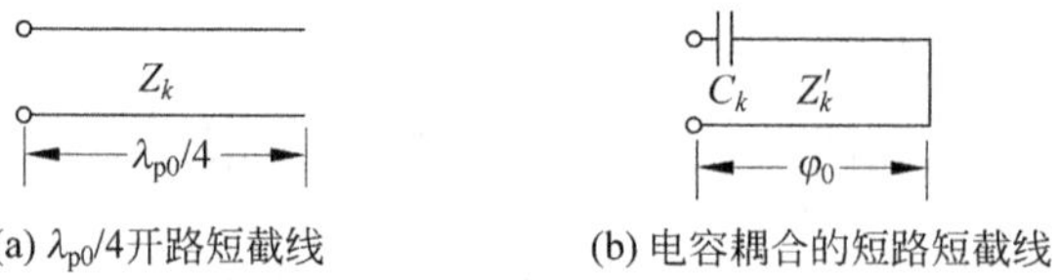

(a) $\lambda_{p0}/4$ 开路短截线   (b) 电容耦合的短路短截线

图 7.5-33 $\lambda_{p0}/4$ 开路短截线与电容耦合的短路短截线的近似等效关系

式(7.5-39a)表示的函数不易求解,实际中,为了便于计算起见,将计算机计算的该函数的数值列成表格,如表 7.5-2 所示。

在作这种变换时,通常首先选定可以实现的短路短截线的特性阻抗值 Z_k',再由式(7.5-39b)计算出 $F(\varphi_0)$ 的数值,然后从表 7.5-2 中查出对应的 φ_0 值,即短路短截线的电长度,将 φ_0 值代入式(7.5-39c),便可求得耦合电容 C_k 的归一化导纳值了。

在本例中,在图 7.5-32(c)的近似实现结构中,选定短路短截线的阻抗为:$Z_1' = Z_2' = Z_3' = 75\Omega$(此值可任意选择),则根据式(7.5-39b)可得

$$F(\varphi_{01}) = F(\varphi_{03}) = \frac{\pi}{2} \cdot \frac{847}{75} = 17.74$$

$$F(\varphi_{02}) = \frac{\pi}{2} \cdot \frac{1160}{75} = 24.3$$

查表 7.5-2 得

$$\varphi_{01} = \varphi_{03} \approx 72.8°, \quad \varphi_{02} \approx 75.35°$$

表 7.5-2 函数 $F(\varphi)=\varphi\sec^2\varphi+\tan\varphi$ 的数值表

φ°	$F(\varphi)$	φ°	$F(\varphi)$	φ°	$F(\varphi)$	φ°	$F(\varphi)$
89.8	128907.01	81.8	77.11	73.8	19.99	65.8	9.05
89.6	32227.14	81.6	73.50	73.6	19.51	65.6	8.91
89.4	14324.32	81.4	70.14	73.4	19.05	65.4	8.77
89.2	8057.53	81.2	67.01	73.2	18.60	65.2	8.63
89.0	5157.05	81.0	64.08	73.0	18.17	65.0	8.49
88.8	3581.46	80.8	61.34	72.8	17.76	64.0	7.86
88.6	2631.38	80.6	58.77	72.6	17.36	63.0	7.29
88.4	2014.78	80.4	56.36	72.4	16.97	62.0	6.79
88.2	1592.03	80.2	54.10	72.2	16.59	61.0	6.33
88.0	1289.64	80.0	51.97	72.0	16.23	60.0	5.92
87.8	1065.91	79.8	49.97	71.8	15.88	59.0	5.54
87.6	895.73	79.6	48.08	71.6	15.54	58.0	5.20
87.4	763.30	79.4	46.29	71.4	15.22	57.0	4.89
87.2	658.21	79.2	44.61	71.2	14.90	56.0	4.60
87.0	573.44	79.0	43.01	71.0	14.59	55.0	4.34
86.8	504.05	78.8	41.50	70.8	14.29	54.0	4.10
86.6	446.55	78.6	40.07	70.6	14.00	53.0	3.88
86.4	398.36	78.4	38.71	70.4	13.72	52.0	3.67
86.2	357.58	78.2	37.42	70.2	13.45	51.0	3.48
86.0	322.76	78.0	36.19	70.0	13.19	50.0	3.30
85.8	292.79	77.8	35.03	69.8	12.93	49.0	3.13
85.6	266.82	77.6	33.92	69.6	12.68	48.0	2.98
85.4	244.16	77.4	32.86	69.4	12.44	47.0	2.83
85.2	224.27	77.2	31.85	69.2	12.21	46.0	2.69
85.0	206.73	77.0	30.88	69.0	11.98	45.0	2.57
84.8	191.16	76.8	29.96	68.8	11.76	44.0	2.44
84.6	177.29	76.6	29.09	68.6	11.54	43.0	2.33
84.4	164.89	76.4	28.24	68.4	11.33	42.0	2.22
84.2	153.74	76.2	27.44	68.2	11.13	41.0	2.12
84.0	143.69	76.0	26.67	68.0	10.93	40.0	2.02
83.8	134.59	75.8	25.93	67.8	10.73	39.0	1.93
83.6	126.34	75.6	25.22	67.6	10.55	38.0	1.84
83.4	118.82	75.4	24.55	67.4	10.36	37.0	1.76
83.2	111.96	75.2	23.89	67.2	10.18	36.0	1.68
83.0	105.68	75.0	23.27	67.0	10.01	35.0	1.61
82.8	99.91	74.8	22.67	66.8	9.84	34.0	1.53
82.6	94.60	74.6	22.09	66.6	9.68	33.0	1.46
82.4	89.71	74.4	21.53	66.4	9.51	32.0	1.40
82.2	85.19	74.2	21.00	66.2	9.36	31.0	1.33
82.0	81.00	74.0	20.48	66.0	9.20	30.0	1.27

由式(7.5-39c)得耦合电容的归一化容纳值为

$$\frac{\omega_0 C_1}{Y_1'} = \frac{\omega_0 C_3}{Y_3'} \approx \frac{1}{\tan 72.8°} = 0.3096$$

$$\frac{\omega_0 C_2}{Y_2'} \approx \frac{1}{\tan 75.35°} = 0.2614$$

若选用 $\varepsilon_r = 9.0, h = 1\text{mm}$ 的介质基片进行设计,则由表 2.7-1 得

$$W_0/h \approx 1.0, \quad W_1/h = W_2/h = W_3/h \approx 0.39, \quad W_{12}/h = W_{23}/h \approx 0.92$$

$$\sqrt{\varepsilon_{e1}} = \sqrt{\varepsilon_{e2}} = \sqrt{\varepsilon_{e3}} \approx 2.403, \quad \sqrt{\varepsilon_{e12}} = \sqrt{\varepsilon_{e23}} \approx 2.482$$

因为

$$\lambda_0 = \frac{3 \times 10^{11}}{4 \times 10^9} \text{mm} = 75 \text{mm}$$

于是得

$$l_1 = l_3 = \frac{\varphi_{01}}{360°} \frac{\lambda_0}{\sqrt{\varepsilon_{e1}}} = 6.312 \text{mm}$$

$$l_2 = \frac{\varphi_{02}}{360°} \frac{\lambda_0}{\sqrt{\varepsilon_{e2}}} = 6.533 \text{mm}$$

$$l_{12} = l_{23} = \frac{\lambda_0}{4\sqrt{\varepsilon_{e12}}} = 7.554 \text{mm}$$

耦合电容的缝隙可由式(3.3-31)近似求得,即

$$\frac{\omega_0 C_k}{Y_k'} = \frac{2h}{\lambda_{pk}} \ln\left(\coth\frac{\pi S_k}{4h}\right)$$

于是得缝隙宽度为

$$S_k = \frac{4h}{\pi} \coth^{-1}\left(e^{\frac{\omega_0 C_k}{Y_k'} \cdot \frac{\lambda_{pk}}{2h}}\right)$$

因为

$$\lambda_{p1} = \frac{\lambda_0}{\sqrt{\varepsilon_{e1}}} = 31.21 \text{mm} = \lambda_{p2} = \lambda_{p3}$$

于是得

$$S_1 = \frac{4h}{\pi} \text{arcoth}\left(e^{\frac{\omega_0 C_1}{Y_1'} \cdot \frac{\lambda_{p1}}{2h}}\right) = \frac{4}{\pi}\text{arcoth}\left(e^{0.3096 \times \frac{31.21}{2}}\right) \approx 0.0102 \text{mm} = S_3$$

$$S_2 = \frac{4h}{\pi} \text{arcoth}\left(e^{\frac{\omega_0 C_2}{Y_2'} \cdot \frac{\lambda_{p2}}{2h}}\right) = \frac{4}{\pi}\text{arcoth}\left(e^{0.2614 \times \frac{31.21}{2}}\right) \approx 0.0215 \text{mm}$$

各结构尺寸的含义如图 7.5-34 所示。该结构滤波器在 HFSS 仿真软件中的仿真模型和仿真结果如图 7.5-35 所示。

由图 7.5-35(b)可见,该滤波器具有带阻特性,但阻带中心频率约为 3.7GHz,偏低。究其原因是因为仿真时短路端采用的是圆柱短路(这与实际加工时的情

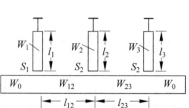

图 7.5-34 带阻滤波器的实际结构

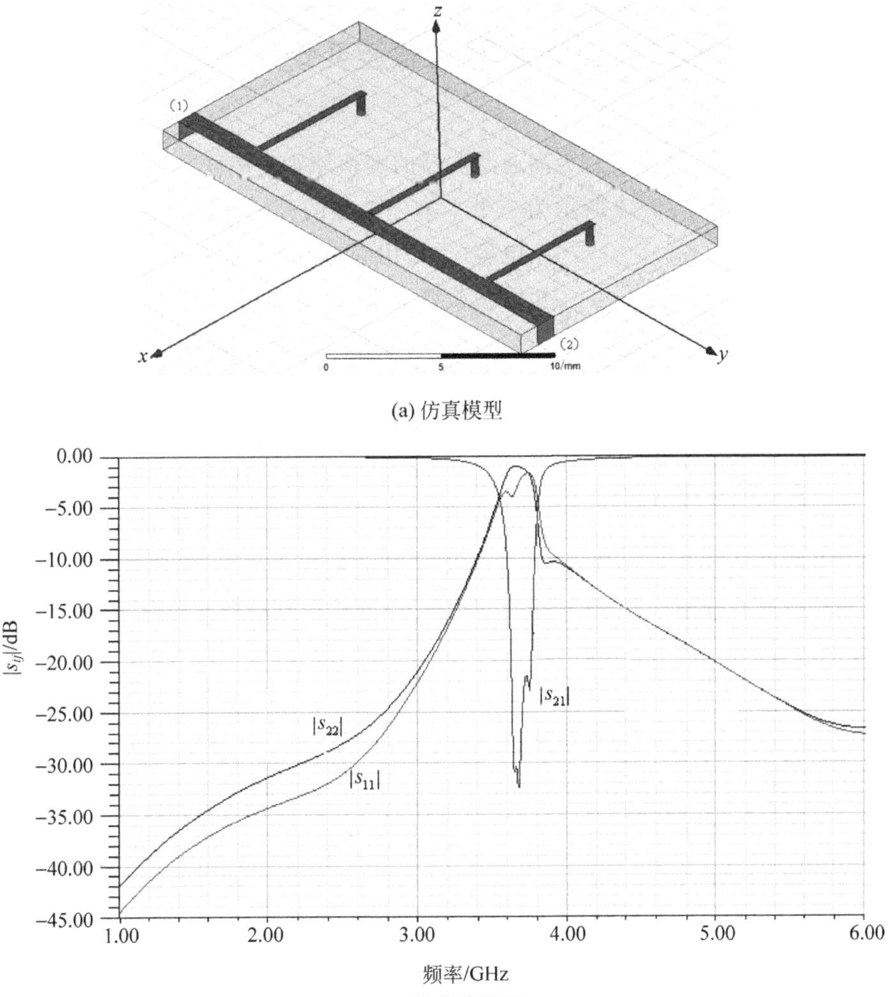

(a) 仿真模型

(b) 仿真结果

图 7.5-35　带阻滤波器的仿真模型和仿真结果

况一致),而不是设计时用的平面短路。在实际设计中,通常采用上述方法进行初始设计,在此基础上,再运用仿真软件进行仿真优化,最终得到满足设计要求的结果。

7.5.4　元件损耗和不连续性对滤波器性能的影响

在前面所讨论的微波滤波器设计中,都是从理想的无耗元件 L、C 原型出发,经过频率变换,得到低通、高通、带通、带阻滤波器,最后用无耗微波元件来实现的,因而,在理论上能得到较理想的滤波器特性。然而实际上,各种微波元件和谐振腔都是有耗的,损耗的影响将使实际滤波器特性与理想原型特性有一定偏差,甚至有较大偏差。另外,在滤波器结构实现中,使用了许多不连续性,设计中没有完全考虑这些不连续性带来的影响,因此也会使理论设计结果与实际结果有出入。因此,在实际设计中,通常是将以上理论设计结果作为初值,然后再用电磁仿真软件进行仿真、优化,最终得到满足设计要求的设计结果。具体方法见有关资料,这里就不再详述了。

7.5.5 其他形式微波滤波器的微波实现

1. 高通滤波器

由图 7.3-4 可知,低通原型变为高通滤波器的变换原则是串联电感变成串联电容,并联电容变成并联电感。图 7.5-36 所示为一个半集中参数的高通滤波器,其中,串联电容用交指电容(也可用间隙电容)实现,并联电感用并联的终端短路短截线实现。

另外,高通滤波器还可以用图 7.5-25 所示的宽带带通滤波器去充任,称为假高通滤波器。

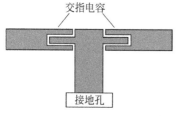

图 7.5-36　半集中参数高通滤波器

2. 微带分支型带通滤波器

用 1/4 波长传输线构成 J 变量器、用 1/2 波长传输线构成谐振器的微带带通滤波器如图 7.5-37(a)所示。其中,$\lambda_{p0}/2$ 并联分支线终端是开路的,等效为并联谐振器;$\lambda_{p0}/4$ 连接线等效为 J 变量器,整个电路的等效电路如图 7.5-37(b)所示,可见,这是一个典型的带通滤波器。

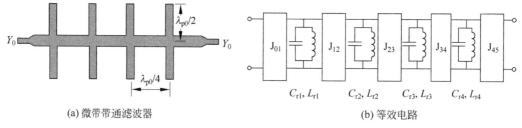

(a) 微带带通滤波器　　　　　　　　　(b) 等效电路

图 7.5-37　微带分支型带通滤波器

3. 发卡式带通滤波器

将图 7.5-19 所示的平行耦合微带线带通滤波器中的半波长谐振线对折,可以减小体积,形成如图 7.5-38 所示的发卡式带通滤波器。设计中要考虑谐振线对折后的间隙耦合,在长度和间隙上要做适当修正。发卡式滤波器结构紧凑,性能指标良好,在微波工程中广泛使用。

4. 交指线滤波器和梳状线滤波器

滤波器中的谐振单元可以是半波长谐振器,也可以是 1/4 波长谐振器。1/4 波长谐振器的结构特点是一端短路,另一端开路。这类谐振器构成的滤波器的最大好处是尺寸可以缩短接近一半。

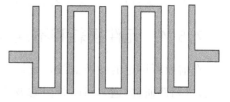

图 7.5-38　发卡式微带带通滤波器

如果各个谐振单元的开路端和短路端交叉布局,就称为交指线滤波器,如图 7.5-39 所示。如果开路端在一边,短路端在另一边,则称为梳状线滤波器,如图 7.5-40 所示。

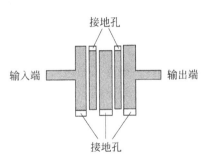

图 7.5-39　交指线滤波器

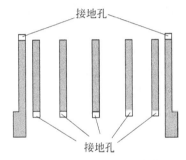

图 7.5-40　梳状线滤波器

7.6　多工器

多工器(Multiplexer)的作用是把一路宽频带信号分成多路窄带信号,也可把多路窄带信号合并成一路宽带信号,因此,多工器又称合路器。

为了满足多信道实时双向通信和收、发信道同时使用同一个天线的需要,就必须在设备前端设置多通道的异频信号合成和分离部件,即多工器。在通信、雷达等系统中,广泛应用多工器,其一路接天线,传输宽带信号,其他几路接发射机(T)、接收机(R)或多部收发信机(T/R),分别传输不同频段的窄带信号。

多工器结构大部分是由多个高性能滤波器组合而形成的。两路多工器又称为双工器(Diplexer),是一种具有发射端口、接收端口和天线端口的三端口微波器件,如图 7.6-1 所示。其功能是,从发射端口输入的频率为 f_1 的信号从天线端口辐射出去,不进入接收端口;从天线接收的频率为 f_2 的信号进入接收端口,被接收机接收,不进入发射端口,因此要求收、发端口间要具有很好的隔离性能。

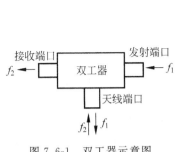

图 7.6-1　双工器示意图

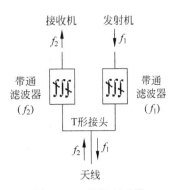

图 7.6-2　选频双工器

常用的双工器的设计方案是采用频率选择性部件——滤波器来完成收、发信道的分、合路功能的,如图 7.6-2 所示。它的分支接头采用简单的 T 形接头,而且将带通滤波器分别调谐于发射频率 f_1 和接收频率 f_2,从而满足发射端口和接收端口之间的隔离度要求。当发射通道发射信号时,在接收通道接收到的发频信号的强弱用隔离度表示,称为收端异频隔离度,它取决于接收端滤波器的频率选择性;另外,发端滤波器的作用是防止发信频谱中含有收频成分的信号漏到接收端口去,称为收端同频隔离度,它取决于发信滤波器的频率选择性。

双工器的设计与二端口滤波器的设计相比难度要大得多,这是由于双工器中一个通道的滤波器会在另一个通道的滤波器通带内引入较大的电抗,破坏了滤波器原有的通带特性。若两个滤波器直接连接,由于二者之间的相互影响会造成公共端的阻抗的不匹配,从而使通道内的传输特性变坏。为了解决这一问题,设计时要在已知各滤波器参数的基础上,通过调整部分元件值来抵消各波道之间的相互影响,或增加适量的补偿元件。

图 7.6-3 所示为两个波导结构的电感膜片耦合谐振腔滤波器和一个 H 面波导 T 形结构成的双工器。两个滤波器在与 T 形结连接之前,分别连接了一段长度为 L_1 和 L_2 的波导传输线,其作用是使该通道对另一通道来的信号呈开路状态,从而避免两个通道中信号的相互影响。

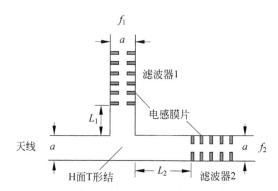

图 7.6-3 电感膜片耦合谐振腔波导滤波器和 T 形结构成的双工器

习题

7.1 与低频集中参数滤波器相比较,试说明微波滤波器有哪些特点?

7.2 什么是低通原型滤波器? 它有哪几种基本电路?

7.3 一段矩形波导可以构成什么类型的滤波器(低通、高通、带通、带阻),为什么?

7.4 什么是倒置变换器? 微波带通及带阻滤波器的设计中为什么要用具有倒置变换器的变形低通原型滤波器?

7.5 如要求截止频率 $f_c = 1.5\text{GHz}$,$L_P = 3\text{dB}$,在 $f_S = 3\text{GHz}$ 处,$L_S \geqslant 26\text{dB}$,试确定最平坦式低通原型滤波器的结构(电容输入式)和各元件的归一化值。如实际低通滤波器所接信号源的内阻 $R_0 = 75\Omega$,求实际低通滤波器各元件的真实值及负载电阻 R_L。

7.6 一微波低通滤波器,如要求截止频率 $f_c = 1.5\text{GHz}$,$L_P = 0.5\text{dB}$,在 $f_S = 4.5\text{GHz}$ 处,$L_S \geqslant 35\text{dB}$,试确定其切比雪夫式低通原型滤波器的结构(电感输入式)及各元件的归一化值。如实际低通滤波器所接信号源的内阻 $R_0 = 100\Omega$,求实际低通滤波器各元件的真实值及负载电阻 R_L。

7.7 一微波高通滤波器,如要求其截止频率 $f_c = 6\text{GHz}$,阻带边频 $f_S = 3\text{GHz}$,通带内允许的是大衰减为 $L_P = 3\text{dB}$,阻带内最小衰减 $L_S \geqslant 28\text{dB}$,试确定其最平坦式低通原型的结构(电感输入式)及各元件的归一化值。如该高通滤波器所接信号源内阻 $R_0 = 50\Omega$,求高通滤波器电路中各元件的真实值及负载电导 G_L。

7.8 一微波带通滤波器,如要求其通带的上、下边频分别为 $f_{c2}=12\text{GHz}$,$f_{c1}=8\text{GHz}$,通带内允许的最大衰减 $L_P=3\text{dB}$,阻带边频分别为 $f_{S2}=15\text{GHz}$,$f_{S1}=5\text{GHz}$,其对应的 $L_S\geqslant30\text{dB}$,试确定:

(1) 最平坦式低通原型的结构(电感输入式)和各元件的归一化值;

(2) 如带通滤波器所接信号源内阻 $R_0=75\Omega$,求带通滤波器各元件的值及负载电阻 R_L。

7.9 采用电容输入式梯形网络设计一个切比雪夫式同轴型微波低通滤波器,要求 $f_c=0.9\text{GHz}$,$L_P=1\text{dB}$,$f_S=2.7\text{GHz}$,$L_S\geqslant35\text{dB}$,其输入同轴线的特性阻抗 $Z_0=50\Omega$,内导体直径 $d_0=3.25\text{cm}$,外导体内直径 $D=7.5\text{cm}$。试确定此滤波器的尺寸,画出结构示意图。

7.10 设计一个切比雪夫低通滤波器,其截止频率为 3GHz,通带最大衰减为 0.1dB,在 6GHz 上阻抗衰减大于 30dB。试用 $\varepsilon_r=9$,$h=0.8\text{mm}$ 的高、低阻抗微带结构实现。(输入、输出微带线特性阻抗均为 50Ω。)

7.11 题 7.11 图所示为一个波导电感耦合带通滤波器的电原理图。试说明该图是否有错? 若有错,请改正。

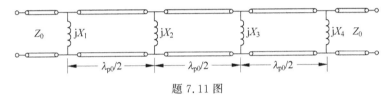

题 7.11 图

7.12 画出题 7.12 图中各滤波器电原理图的可能实现的微波结构。

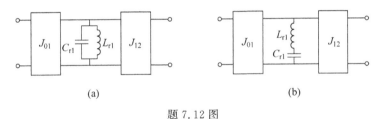

题 7.12 图

7.13 用 K、J 变换器表示题 7.13 图所示微带滤波器的等效电路,并说明是何种滤波器。

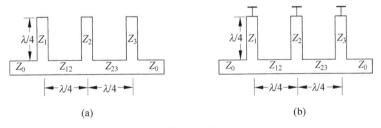

题 7.13 图

7.14 试设计一个切比雪夫式波导带通滤波器。该滤波器的中心频率为 10GHz,相对带宽为 10%,通带内最大衰减为 0.1dB,在带外 9GHz 和 11GHz 上衰减大于 20dB。

7.15 设计一个侧边平行耦合微带带通滤波器。技术指标如下：通带频率范围 3.0～3.5GHz,通带内允许的最大衰减 $L_p=0.5$dB,通带外 $f_{S1}=2.5$GHz,$f_{S2}=4$GHz 处衰减不小于 30dB,输入、输出传输线的特性阻抗 $Z_0=50\Omega$,陶瓷基片厚度 $h=0.8$mm,相对介电常数 $\varepsilon_r=9$。

7.16 设计一个电容性缝隙耦合谐振器微带带通滤波器,要求具有最平坦响应,中心频率为 5.2GHz,带宽为 14%,在 6GHz 处至少有 20dB 衰减。已知微带线的特性阻抗为 50Ω,介质基片参数 $\varepsilon_r=9$,$h=1.27$mm。

7.17 用 3 个 1/4 波长微带短路短截线谐振器设计一个带通滤波器,该滤波器有 0.5dB 的等波纹响应,中心频率为 3GHz,带宽为 20%,阻抗为 100Ω。若微带基片选用 $\varepsilon_r=9.0$,$h=1$mm 的 FR4 基片,试画出滤波器结构图,并给出各段线的尺寸。

7.18 设计一个 1/4 波长短截线基型微波带阻滤波器,其指标是:

(1) 阻带中心频率:$f_0=2$GHz;

(2) 阻带衰减:在偏离中心频率 $f_0\pm0.28$GHz 的频率上的衰减至少为 30dB;

(3) 通带衰减:不大于 0.1dB;

(4) 通带边频:$f_{c1}=1$GHz,$f_{c2}=3$GHz;

(5) 端接条件:两端均为 50Ω 微带线。微带线介质基片的 $\varepsilon_r=6.0$,$h=1$mm。

CHAPTER 8

微波铁氧体器件

8.1 概论

前面所介绍的各种微波元器件都是线性、互易的,但在许多情况下需要具有非互易性的器件。例如,在图 3.3-5 所示的雷达收、发开关中就用到了具有非互易特性的单向器。单向器具有单向通行、反向隔离的功能,又称隔离器。对于具有三个以上端口的多端口网络,具有单向循环流通功能的非互易器件称为环形器。

在非互易器件中,非互易材料是必不可少的,微波技术中应用很广泛的非互易材料是铁氧体(Ferrite)。铁氧体是一种铁磁材料,它是由二价金属锰、铜、镁、锌、镍、钇等氧化物与 Fe_2O_3 烧结而成的多晶或单晶材料,外表很像陶瓷。铁氧体的主要特点有:

(1) 铁氧体具有高达 $10^8 \Omega \cdot cm$ 的电阻率,比铁的电阻率大 $10^{12} \sim 10^{16}$ 倍,故其微波损耗是很小的,损耗角正切 $\tan\delta$ 为 $10^{-3} \sim 10^{-4}$;在微波波段,铁氧体的相对介电常数为 $10 \sim 20$,所以,微波铁氧体是一种损耗低、介电常数高的介质材料。

(2) 铁氧体是一种非线性各向异性磁性物质。铁氧体的磁导率随外加磁场变化而变化,即具有非线性特性。当给铁氧体加上恒定磁场以后,在此恒定磁场作用下,铁氧体内部的电子产生进动,使铁氧体具有张量磁导率,它在各个方向上对微波磁场呈现的磁导率是不同的,就是说其具有各向异性特性。当电磁波从不同方向通过磁化铁氧体时,便呈现出一种非互易特性。

(3) 尽管微波电磁波不能穿透一般的金属材料,却能够穿透有限厚度的铁氧体片。这是因为趋肤深度 $\delta = \dfrac{1}{\sqrt{\pi f \mu \sigma}}$,而铁氧体材料的电阻率很高,电导率 σ 很低,故趋肤深度较大,电磁波能够穿透有限厚度的铁氧体片,从而使磁化铁氧体的非互易特性能够对穿过铁氧体片的微波电磁场起作用,因此,利用磁化铁氧体可以构成非互易的微波器件。

8.2 铁氧体中的张量磁导率

铁氧体在未加恒定磁场时是一种高介电常数的低耗介质,此时铁氧体呈各向同性(Isotropic)特性,磁导率和介电常数都是标量,但在外加恒定磁场作用下,铁氧体具有各向异性(Anisotropic)特性,磁导率变成了张量。张量磁导率(Tensor Permeability)的表示式与外加恒定磁场 $\boldsymbol{H}_0$ 的方向有关。由电磁场理论可知,在直角坐标系中,当外加恒定磁场强

度矢量沿 $+y$ 方向,即 $\boldsymbol{H}_0 = \boldsymbol{y}H_0$ 时,张量磁导率可表示为以下的矩阵形式

$$[\boldsymbol{\mu}] = \mu_0 \begin{bmatrix} \mu_1 & 0 & \mathrm{j}\mu_2 \\ 0 & 1 & 0 \\ -\mathrm{j}\mu_2 & 0 & \mu_1 \end{bmatrix} \tag{8.2-1}$$

式中

$$\mu_1 = 1 - \frac{\omega_g \omega_m}{\omega^2 - \omega_g^2}, \quad \mu_2 = \frac{\omega \omega_m}{\omega^2 - \omega_g^2} \tag{8.2-2}$$

而其中

$$\omega_g = \frac{e}{m}\mu_0 H_0 = \gamma \mu_0 H_0 \quad \omega_m = \frac{e}{m}\mu_0 M_0 = \gamma \mu_0 M_0 \tag{8.2-3}$$

上两式中,e 是自由电子电荷;m 是自由电子质量;$\gamma = \dfrac{e}{m}$ 是荷质比;H_0 是磁场强度;M_0 是磁化强度;在这种情况下,穿过铁氧体片的微波信号的磁场强度矢量 $\boldsymbol{H}$ 与铁氧体内部磁化后的磁感应强度矢量 $\boldsymbol{B}$ 的关系为

$$\begin{bmatrix} B_x \\ B_y \\ B_z \end{bmatrix} = \mu_0 \begin{bmatrix} \mu_1 & 0 & \mathrm{j}\mu_2 \\ 0 & 1 & 0 \\ -\mathrm{j}\mu_2 & 0 & \mu_1 \end{bmatrix} \begin{bmatrix} H_x \\ H_y \\ H_z \end{bmatrix} \tag{8.2-4}$$

亦即

$$[\boldsymbol{B}] = [\boldsymbol{\mu}] \cdot [\boldsymbol{H}] \tag{8.2-5}$$

展开式(8.2-4),则有

$$\begin{cases} B_x = \mu_0(\mu_1 H_x + \mathrm{j}\mu_2 H_z) \\ B_y = \mu_0 H_y \\ B_z = \mu_0(-\mathrm{j}\mu_2 H_x + \mu_1 H_z) \end{cases} \tag{8.2-6}$$

上式表明,铁氧体中的高频磁感应强度矢量 $\boldsymbol{B}$ 的方向与磁场强度矢量 $\boldsymbol{H}$ 的方向并不完全一致,B_x 和 B_z 的量值都是既取决于 H_x 分量,又取决于 H_z 分量。显然,张量磁导率使问题变得复杂化,但是如果在铁氧体中传输的微波信号是关于 $+\boldsymbol{y}$ 方向的圆极化波(Circular Polarization Wave),即 H_x 与 H_z 两分量的关系为

$$H_x = \pm \mathrm{j}H_z \tag{8.2-7}$$

则张量磁导率将退化为标量磁导率。在式(8.2-7)中,取"−"号时,微波圆极化波磁场矢量 $\boldsymbol{H}$ 的旋转方向与恒定磁场矢量 $\boldsymbol{H}_0$ 成右手螺旋关系,称为正旋圆极化波;取"+"号时,微波圆极化波磁场矢量 $\boldsymbol{H}$ 的旋转方向与恒定磁场矢量 $\boldsymbol{H}_0$ 成左手螺旋关系,称为负旋圆极化波。值得一提的是,正、负旋圆极化波的概念与右、左旋圆极化波的概念是不同的,前者是以外加恒定磁场 $\boldsymbol{H}_0$ 的方向作为大拇指方向进行判断的,而后者则是以波的传播方向作为大拇指方向进行判断的。

当磁化铁氧体中传输正、负旋圆极化波时,式(8.2-6)将变为

$$\begin{cases} B_x = \mu_0(\mu_1 \pm \mu_2)H_x \\ B_y = 0 \\ B_z = \mu_0(\mu_1 \pm \mu_2)H_z \end{cases} \tag{8.2-8}$$

即

$$[B] = \mu_0(\mu_1 \pm \mu_2)[H] \tag{8.2-9}$$

上式等号右边的"－"号对应于正旋圆极化波,而"＋"号对应于负旋圆极化波。可见,与正旋波和负旋波相应的等效磁导率分别为

$$\begin{cases} \mu_+ = \mu_0(\mu_1 - \mu_2) \\ \mu_- = \mu_0(\mu_1 + \mu_2) \end{cases} \tag{8.2-10}$$

可以看出,铁氧体被恒定磁场磁化后,对正、负旋圆极化波所呈现的等效磁导率是不同的,因此,尽管这种情况下磁导率是标量,但铁氧体仍然是各向异性媒质,而未磁化的铁氧体却是各向同性媒质,二者是有区别的。

将式(8.2-2)、式(8.2-3)代入式(8.2-10)中,可得 $\mu_\pm$-H_0 关系式,由此关系式可做出 $\mu_\pm$-H_0 的曲线,如图 8.2-1 所示。由图可见,磁化铁氧体对于负旋圆极化波所呈现的磁导率 μ_- 与普通非铁磁物质相似,几乎与外加磁场 H_0 无关;而对于正旋圆极化波所呈现的磁导率 μ_+,μ_+-H_0 曲线则以 H_ω 为界分成两支,H_ω 是使电子进动角频率等于高频场频率时的恒定磁场强度。当 $H_0 < H_\omega$ 时,μ_+ 小于 μ_0,可能为零,甚至是负值;当 $H_0 = H_\omega$ 时,μ_+ 趋向无穷大,呈现铁磁共振现

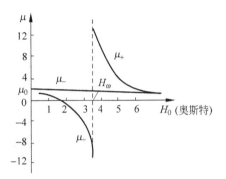

图 8.2-1 铁氧体正、负旋圆极化波的磁导率

象;当 $H_0 > H_\omega$,并在 H_ω 附近时,μ_+ 的数值很大;当 H_0 很大时,μ_+ 和 μ_- 趋于相等,铁氧体磁导率的这些特点就是构成微波铁氧体器件的基础。当恒定磁场 H_0 使 $\mu_+ < \mu_-$ 时,称铁氧体工作在弱场区;当恒定磁场 H_0 使 $\mu_+ > \mu_-$ 时,称铁氧体工作在强场区;当 $H_0 = H_\omega$ 时,称铁氧体工作在谐振状态。下面利用铁氧体的这些特性来分析铁氧体隔离器和铁氧体环行器的工作原理。

8.3 场移式铁氧体隔离器及移相器

8.3.1 场移式铁氧体隔离器

场移式铁氧体隔离器(Field Displacement Ferrite Isolation)是一种波导结构的铁氧体隔离器,其结构如图 8.3-1 所示。一个微波铁氧体片沿波导纵向置于磁场圆极化位置处,片子的一侧蒸镀一层吸收膜。在铁氧体位置处的波导上下壁外侧放置恒磁材料,用以产生恒定磁场 H_0。由于铁氧体对圆极化波呈现标量磁导率,使问题分析变得简单,同时还能保持各向异性的特性,所以,铁氧体器件通常置于圆极化波的位置处。场移式铁氧体隔离器就是利用铁氧体在外加恒定磁场作用下对正、负旋圆极化波具有不同磁导率的特性而制成的,因此,为弄清场移式铁氧体隔离器的工作原理,必须先了解矩形波导中的主模-H_{10} 模的场分布情况及其圆极化波的分布情况和特性。

当矩形波导中传输 $\pm z$ 方向的 H_{10} 模时,它的磁场有两个分量,分别为

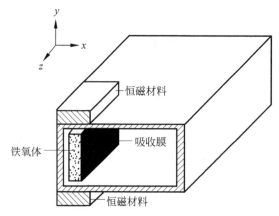

图 8.3-1　场移式铁氧体隔离器结构图

$$
\begin{cases}
H_z = A_{10} \cos\left(\dfrac{\pi x}{a}\right) \mathrm{e}^{\mathrm{j}(\omega t \pm \beta_{10} z)} \\[3mm]
H_x = \pm \mathrm{j}\beta_{10}\, \dfrac{a}{\pi} A_{10} \sin\left(\dfrac{\pi x}{a}\right) \mathrm{e}^{\mathrm{j}(\omega t \pm \beta_{10} z)}
\end{cases}
\tag{8.3-1}
$$

要找出圆极化波的位置,必须使 H_z, H_x 两个分量满足大小相等、时间相位差为 $90°$ 和空间相互垂直的条件。后两个条件已满足,故只需令它们大小相等即可得圆极化波位置 x_1 和 x_2。

图 8.3-2 所示为矩形波导中传 H_{10} 模时的磁场分布。图 8.3-2(a)是波沿 $-z$ 方向传输时的磁场分布,其中,P 和 P′ 点分别为波导宽边中心线两侧的两个圆极化波位置。由图 8.3-2(a)可见,当外加恒定磁场 $\boldsymbol{H}_0$ 方向为 $+y$ 方向时,P 点处磁场矢量随时间的变化方向与 $\boldsymbol{H}_0$ 呈右手螺旋关系,故为正旋波;P′ 点处磁场矢量随时间的变化方向与 $\boldsymbol{H}_0$ 呈左手螺旋关系,故为负旋波。如果把 $-z$ 方向传输的波称为正向波,则图 8.3-2(b)所示的 $+z$ 方向

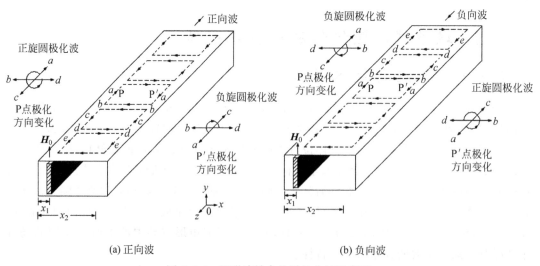

(a) 正向波　　　　　　　　　　　　　　　　(b) 负向波

图 8.3-2　矩形波导中的圆极化波示意图

传输的波称为负向波。由图 8.3-2(b)可见,对于负向波,P 点处磁场矢量随时间的变化方向与 $\boldsymbol{H}_0$ 呈左手螺旋关系,故为负旋波;P' 点处磁场矢量随时间的变化方向与 $\boldsymbol{H}_0$ 呈右手螺旋关系,故为正旋波。

综上所述,当 $\boldsymbol{H}_0$ 为 $+y$ 方向时,沿传输方向看去,左侧圆极化位置处传输正旋波,右侧圆极化位置处传输负旋波。当 $\boldsymbol{H}_0$ 为 $-y$ 方向时,结论刚好相反。利用这一结论可以分析场移式铁氧体隔离器和相移器的工作原理。

在图 8.3-3 所示的场移式铁氧体隔离器中,如果选定恒定磁场 $\boldsymbol{H}_0$,使铁氧体工作在弱场区,且使 μ_+ 接近于零,则对于进入纸面的正向波,由于铁氧体片所在处是正旋圆极化波,μ_+ 接近于零,远小于 μ_0,于是场发生偏移,如图 8.3-3(a)所示。由图可见,此时铁氧体片表面的吸收片处场接近于零,所以波几乎无损耗地通过。对于离开纸面的反向波,由于铁氧体片所在处是负旋圆极化波,$\mu_- > \mu_0$,且由于铁氧体片的介电常数较大,于是场集中于铁氧体片内部和它的附近,如图 8.3-3(b)所示。场作用于吸收膜上,产生电流,引起损耗,相当于吸收了电磁波。如果铁氧体片足够长,可将反向波全部吸收,使反向波在波导中不能传输,从而实现单向传输的特性。这就是场移式铁氧体隔离器的工作原理。隔离器又叫单向器,用图 8.3-4 所示符号表示。沿隔离器的箭头方向传输时,波几乎无衰减,而反向传输时,波衰减很大,几乎不能通过。

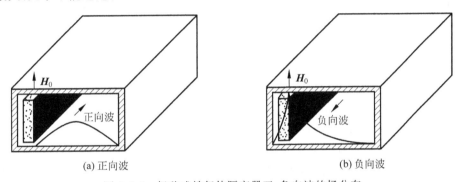

图 8.3-3　场移式铁氧体隔离器正、负向波的场分布

图 8.3-4　隔离器符号

8.3.2　场移式铁氧体移相器

利用铁氧体还可以构成非互易的移相器,其结构与场移式铁氧体隔离器类似,只要将铁氧体表面的吸收膜去掉即可,如图 8.3-5 所示。因为正向波和负向波所传输的区域不同,正向波几乎是在空气中传输的,而负向波则大部分在铁氧体片中传输,所以两个不同方向传输的波所通过的媒质的介电常数和磁导率均不同。又已知相移常数($\beta = \omega \sqrt{\mu\varepsilon}$)与介电常数($\varepsilon$)和磁导率($\mu$)有关,所以磁化铁氧体片对不同方向传输的波的相移常数不同,传输同样距离产生的相移也不同,故可以构成非互易的移相器。

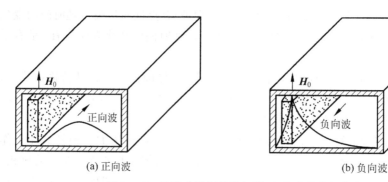

(a) 正向波   (b) 负向波

图 8.3-5　场移式铁氧体移相器正、负向波的场分布

8.4　相移式铁氧体环行器

环行器(Circulator)是一个三端口或四端口网络,用图 8.4-1 所示符号表示。当波从端口(1)输入时,只能从端口(2)输出,端口(3)无输出;当波从端口(2)输入时,只能从端口(3)输出,端口(1)无输出;当波从端口(3)输入时,对于三端口环行器,波只能从端口(1)输出,对于四端口环行器,波只能从端口(4)输出;对于四端口网络,当波从端口(4)输入时,只能从端口(1)输出。可见,能量在端口间沿环行器的箭头方向传输,不能反向传输,这是非互易效应。

因为铁氧体在外加直流磁场作用下具有非互易特性,因此可用铁氧体来制作环行器。下面介绍一种相移式铁氧体环行器的构成及其工作原理。

相移式铁氧体环行器的结构如图 8.4-2 所示,它是由两个 3dB 波导裂缝电桥、一段铁氧体片和一段介质片构成的,其中,加介质片的波导段构成了一个互易的移相器,它对向左、右两个方向传输的波产生的相移均为 φ;而加磁化铁氧体片的波导段,由于铁氧体片在外加恒定磁场作用下具有非互易特性,从而构成了非互易的移相器(如图 8.3-5 所示),它对向右传输的波呈现的相移为 φ,对向左传输的波呈现的相移为 $\varphi+180°$。可以证明,这是一个四端口环行器,下面用网络的散射参量予以证明。

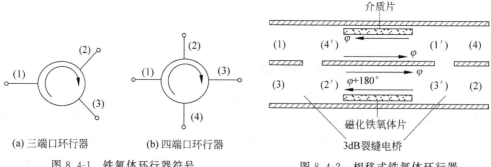

(a) 三端口环行器   (b) 四端口环行器

图 8.4-1　铁氧体环行器符号   图 8.4-2　相移式铁氧体环行器

欲了解波在各端口间的传输情况,需求以端口(1)、(2)、(3)、(4)为端口的四端口网络的散射参量矩阵 $[s]$。为求 $[s]$,可先求出两个 3dB 裂缝电桥的散射参量矩阵 $[s']$。由第 6 章知识可得图 8.4-2 中两个 3dB 裂缝电桥的 $[s']$ 为

$$[s'] = \frac{1}{\sqrt{2}} \begin{bmatrix} 0 & -j & 0 & 1 \\ -j & 0 & 1 & 0 \\ 0 & 1 & 0 & -j \\ 1 & 0 & -j & 0 \end{bmatrix} \tag{8.4-1}$$

于是,对于第一个 3dB 裂缝电桥,有

$$\begin{cases} v_1^- = -\dfrac{j}{\sqrt{2}} v_{2'}^+ + \dfrac{1}{\sqrt{2}} v_{4'}^+ \\[2mm] v_{2'}^- = -\dfrac{j}{\sqrt{2}} v_1^+ + \dfrac{1}{\sqrt{2}} v_3^+ \\[2mm] v_3^- = \dfrac{1}{\sqrt{2}} v_{2'}^+ - \dfrac{j}{\sqrt{2}} v_{4'}^+ \\[2mm] v_{4'}^- = \dfrac{1}{\sqrt{2}} v_1^+ - \dfrac{j}{\sqrt{2}} v_3^+ \end{cases} \tag{8.4-2}$$

对于第二个 3dB 裂缝电桥,有

$$\begin{cases} v_{1'}^- = -\dfrac{j}{\sqrt{2}} v_2^+ + \dfrac{1}{\sqrt{2}} v_4^+ \\[2mm] v_2^- = -\dfrac{j}{\sqrt{2}} v_{1'}^+ + \dfrac{1}{\sqrt{2}} v_{3'}^+ \\[2mm] v_{3'}^- = \dfrac{1}{\sqrt{2}} v_2^+ - \dfrac{j}{\sqrt{2}} v_4^+ \\[2mm] v_4^- = \dfrac{1}{\sqrt{2}} v_{1'}^+ - \dfrac{j}{\sqrt{2}} v_{3'}^+ \end{cases} \tag{8.4-3}$$

因为

$$\begin{cases} v_{1'}^+ = v_{4'}^- e^{-j\varphi} \\ v_{4'}^+ = v_{1'}^- e^{-j\varphi} \\ v_{2'}^+ = v_{3'}^- e^{-j(\varphi+180°)} = -v_{3'}^- e^{-j\varphi} \\ v_{3'}^+ = v_{2'}^- e^{-j\varphi} \end{cases} \tag{8.4-4}$$

所以,将上式代入式(8.4-2)、式(8.4-3),并消去端口(1′)、(2′)、(3′)、(4′)的入、反射波电压,得

$$v_1^- = \left(-\frac{j}{\sqrt{2}}\right) \cdot (-v_{3'}^- e^{-j\varphi}) + \frac{1}{\sqrt{2}} v_{1'}^- e^{-j\varphi}$$

$$= \frac{j}{\sqrt{2}} e^{-j\varphi} \cdot \left(\frac{1}{\sqrt{2}} v_2^+ - \frac{j}{\sqrt{2}} v_4^+\right) + \frac{1}{\sqrt{2}} \cdot \left(-\frac{j}{\sqrt{2}} v_2^+ + \frac{1}{\sqrt{2}} v_4^+\right) e^{-j\varphi}$$

$$= \frac{1}{2} v_2^+ (j-j) e^{-j\varphi} + \frac{1}{2} v_4^+ (1+1) e^{-j\varphi}$$

$$= v_4^+ e^{-j\varphi}$$

$$v_2^- = v_1^+ e^{-j(\varphi+90°)}$$

$$v_3^- = v_2^+ e^{-j(\varphi+180°)}$$

$$v_4^- = v_3^+ e^{-j(\varphi+90°)}$$

可见,当波从端口(4)输入时,从端口(1)输出,且输出波 v_1^- 比输入波 v_4^+ 相位落后 φ;当波从端口(1)输入时,从端口(2)输出,且输出波 v_2^- 比输入波 v_1^+ 相位落后 $\varphi+90°$;当波从端口(2)输入时,从端口(3)输出,且输出波 v_3^- 比输入波 v_2^+ 相位落后 $\varphi+180°$;当波从端口(3)输入时,从端口(4)输出,且输出波 v_4^- 比输入波 v_3^+ 相位落后 $\varphi+90°$。以上各种情况下的输入、输出波大小相等,因此,该四端口网络为从端口(1)→(2)→(3)→(4)的四端口环行器。

通过以上分析可见,环行器并不一定是圆形的,图 8.4-1 只是表示环行器中波传输方向的非常形象的符号。另外,利用散射参量进行分析可同时得到四个端口的输入、输出关系,简单、方便。

8.5　铁氧体器件的应用

微波铁氧体器件在无线电系统中有着广泛的应用,下面举例说明。

8.5.1　在微波通信系统中的应用

图 8.5-1 所示为微波通信系统中终端站的分路系统。该终端站有三台微波收、发信机,它们共用一副天线进行信号的收与发,要求不同收发信机的收、发信号彼此互不干扰。为实现这一功能,系统中采用了 7 个环形器和 6 个微波带通滤波器。当发射机 T1 发射频率为 f_{T1} 的信号时,先通过 FT1 滤波器进入环形器 1,从环形器 1 出来后进入环形器 2,从环形器 2 出来后进入 FT2 滤波器。由于 f_{T1} 在 FT2 的阻带,所以,频率为 f_{T1} 的信号被反射回来,再次进入环形器 2→环形器 3→FT3 滤波器。由于 f_{T1} 也在 FT3 的阻带,所以频率为 f_{T1} 的信号又被反射回来,再次进入环形器 3→环形器 4,最后从天线发射出去。发射过程中信号的传输情况如图 8.5-1(a)所示。同理可知发射机 T2 和 T3 发射信号的传输过程。由以上分析可见,各发射信号最终均只进入天线,并不进入接收机和其他收发信机,故对接收机和其他收发信机不产生影响。

当天线接收多路宽带信号时,接收到的信号先进入环形器 4→环形器 5→FR3 滤波器,接收信号中接收机 3 欲接收的信号 f_{R3} 顺利通过 FR3,进入接收机 R3,其余信号被返回,重新进入环形器 5→环形器 6→FR2 滤波器,接收机 2 欲接收的信号 f_{R2} 顺利通过 FR2,进入接收机 R2,其余信号被返回,重新进入环形器 6→环形器 7→FR1 滤波器,接收机 1 欲接收的信号 f_{R1} 顺利通过 FR1,进入接收机 R1,剩下的其余信号为干扰信号,全部被返回,重新进入环形器 7。最后,所剩的所有非有用信号全部进入匹配负载,不再返回,从而完成整个接收过程,如图 8.5-1(b)所示。由以上分析可见,微波分路系统将天线接收的多路宽带信号分别送入各自的接收机,且不会有其他信道的信号和干扰信号进入,保证了各信道间的隔离。

8.5.2　在雷达系统中的应用

在雷达的发射机、接收机和天线之间接入一个三端口环行器,可以使发射功率几乎全部由天线输出,而基本不进入接收机;同时,它可以使从天线接收到的回波信号几乎全部进入接收机,而基本不进入发射机。在图 8.5-2 中,环行器Ⅰ起到天线收发开关的作用,环行器Ⅱ能降低混频器对前级低噪声高倍放大的干扰作用。

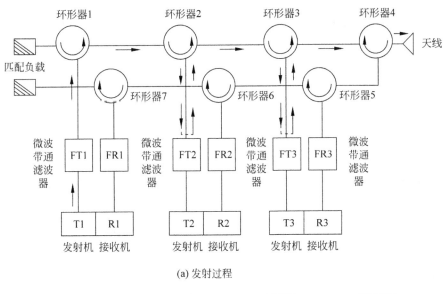

(a) 发射过程

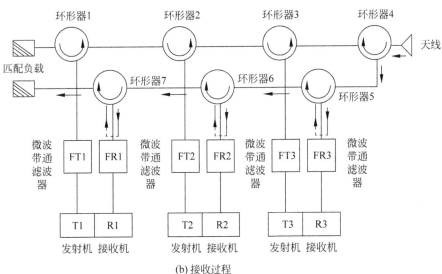

(b) 接收过程

图 8.5-1　微波终端站微波分路系统

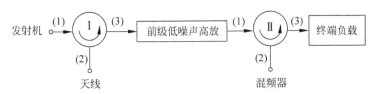

图 8.5-2　环行器在雷达系统中的开关作用和隔离作用

8.5.3　在微波测量中的应用

在微波测试系统中,一般必须接上微波隔离器(或环行器),如图 8.5-3 所示。在信号源输出端接入隔离器,由于隔离器对来自负载的反射波有很大的衰减,故隔离器起到良好的去耦作用,能保证信号源输出功率、频率的稳定性,从而提高测试的精度。

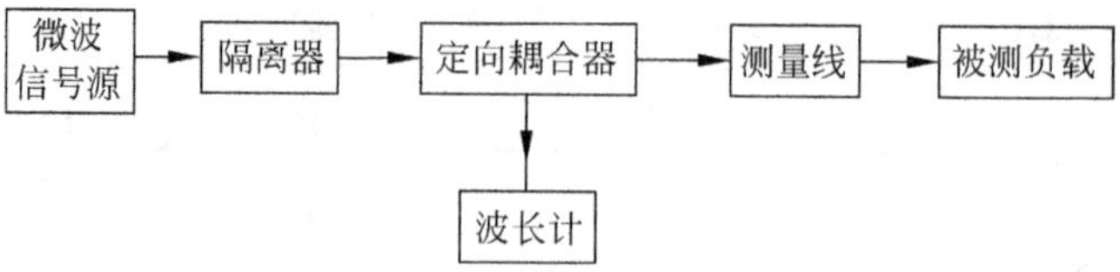

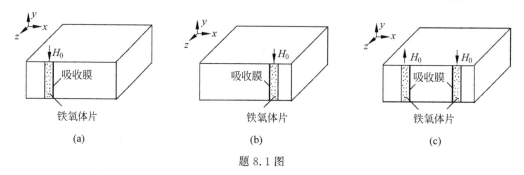

图 8.5-3   隔离器在微波测试系统中的去耦作用

习题

8.1   试分析题 8.1 图所示各铁氧体器件是否是隔离器？若是,试指出传输方向。

题 8.1 图

8.2   写出下列各种理想网络的 $[s]$。

(1) 理想互易移相器;

(2) 理想隔离器;

(3) 理想三端口环行器。

8.3   用两个三端口环行器连接构成一个四端口环行器,如题 8.3 图所示,试写出该四端口环行器的散射参量矩阵 $[s]$。

8.4   一个魔 T 和一个三端口环行器相连接构成一个五端口网络,如题 8.4 图所示,试写出该五端口网络的散射参量矩阵 $[s]$。

8.5   已知一个三端口环行器的散射参量矩阵为

$$[s]=\begin{bmatrix} 0 & 0 & 1 \\ 1 & 0 & 0 \\ 0 & 1 & 0 \end{bmatrix}$$

当端口(2)、(3)分别接反射系数为 Γ_2、Γ_3 的负载(如题 8.5 图所示)时,求端口(1)的反射系数。

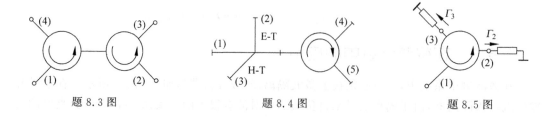

题 8.3 图   题 8.4 图   题 8.5 图

第 9 章

微 波 测 量

微波测量(Microwave Measurement)是用测量设备对微波信号或微波元器件进行定量测量的技术,它是微波技术的重要组成部分。在微波雷达(Radar)、微波通信(Communication)和微波技术中都要用到微波测量。

在一般的无线电测量中,电压、电流和频率是测量的基本量。其他的量,如波长、功率、阻抗、Q 值、相位等都是通过这三个基本量得到的。在微波波段,电压和电流失去了具体的物理意义(如在波导中),故无法对其直接测量。微波测量的基本量是功率、频率(波长)和驻波比。本章重点介绍这三个量的测量方法以及在实际中常用的阻抗测量、S 参数测量和衰减测量的测量原理、方法和步骤。

9.1 微波功率与频率的测量

9.1.1 微波功率的测量

微波功率是表征微波信号特性的一个重要参数。在确定微波发射机的输出功率、测量微波接收机的灵敏度、确定某网络的衰减及增益等参数时都需要进行功率的测量。

微波功率的测量一般是把微波功率转换为热能而间接地进行测量的。大功率微波信号(功率电平大于 10 W)的测量是把微波功率全部转换为热能,然后用热量计测量热量,从而得知微波功率。中小功率微波信号(功率电平小于 10 W)一般采用热电式功率计测量其功率。热电式功率计是由两种不同金属组成的回路,如果加热其中一个节点,造成两个节点之间的温度差,在此回路中就会产生正比于温差的热电动势,这就是温差热电偶。利用这种温差热电偶原理可以做成热电偶式小功率计或中功率计。这种功率计由微波功率探头和指示线路组成。微波功率探头既是吸收微波能量的终端负载,又是热转换元件。小功率计指示器有指针表和数字显示器两种,可以直读功率值。信号源开机前,应将信号源的衰减器调至衰减量较大位置,以免信号过大烧毁功率探头。

微波测量一般都是在由微波信号源和若干波导或同轴元件组成的微波测量系统上进行的。微波功率测量电路的连接方式一般分为终端式和通过式两种。

1. 终端式

终端式是把待测的信号功率直接送入功率计由功率计指示大小,以功率探头为吸收负载,如图 9.1-1 所示。这种方法适合测量发射装置或微波信号源的输出功率。

图 9.1-1　终端式功率测量方框图

2. 通过式

通过式是把传输线上通过的信号功率按一定比例取出一部分再用功率计指示,如图 9.1-2 所示。

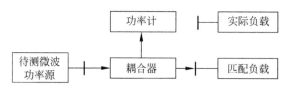

图 9.1-2　通过式功率测量方框图

图 9.1-3 是一种较常用的小功率波导测量系统的示意图。图中,微波信号发生器产生的微波信号通过同轴-波导转换器进入测量系统。采用铁氧体隔离器作为去耦可调衰减器,利用它对入射波衰减极小而对反射波衰减很大的隔离作用来减小反射波;或者接入阻抗调配器,通过调节阻抗调配器的两个分支上的短路活塞使之达到匹配,从而将信号源的能量最大地传输到负载上,防止反射波进入信号源,影响其输出功率与频率的稳定。

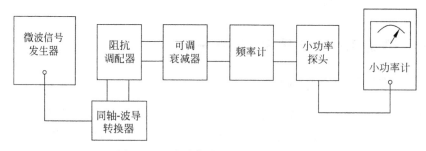

图 9.1-3　小功率波导测量系统示意图

9.1.2　微波频率的测量

微波频率的测量可利用谐振式频率计或波长计来进行。由谐振腔的谐振选频原理可知,单模谐振腔的谐振频率决定于腔体尺寸,利用调谐机构(常用活塞)对谐振腔进行调谐,使之与待测微波信号发生谐振,就可以根据谐振时调谐机构的位置,判断腔内谐振的电磁波的频率(或波长)。

按接入测量系统的情况,谐振式频率计(或波长计)一般分为通过式和吸收式两种。

1. 通过式频率计

通过式频率计的装置接法如图 9.1-4 所示。频率计(或波长计)的腔体有输入、输出两个耦合元件,通过其输入、输出耦合元件串接在传输线中。待测微波信号通过频率计(或波长计)的腔体再输出进行检波和指示,其谐振曲线如图 9.1-5 所示。测量时,频率为 f 的待测信号从输入端进入频率计(或波长计)腔体内,调节频率计的调谐活塞使谐振腔发生谐振,这时腔体的谐振频率 $f_r = f$，腔中的场最强，故可以从输出耦合装置得到最大的输出。如果改变调谐使之失谐，即 $f_r \neq f$，此时腔中场就变得很微弱，故腔的输出和输入之间几乎没有耦合；完全失谐时，输出为零。实际测量时，谐振点是由输出端的检波电流 I_0 达到最大值来进行判断的。

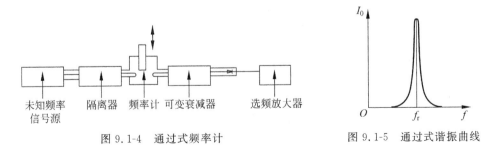

图 9.1-4 通过式频率计　　　　　图 9.1-5　通过式谐振曲线

2. 吸收式频率计

吸收式频率计装置的接法如图 9.1-6 所示。频率计(或波长计)的腔体通过耦合元件与待测微波信号的传输波导相连接，形成波导的分路。吸收式频率计的谐振曲线如图 9.1-7 所示。在腔失谐时，腔中场极为微弱，故它既不吸收微波功率也基本上不影响波导中波的传输，这时波导终端的检波器具有正常的检波电流 I_0 输出。在测量频率时，调节频率计的调谐机构，将腔体调谐到谐振，即 $f_r = f$，这时腔中场很强，腔内损耗功率很大，因此在谐振时波导中就有相当部分的功率进入到腔内，故传输到检波器的功率减小，检波电流最小。总之，在腔体谐振时，它对传输波导的影响很大，使得输出到小功率计的微波功率明显下降。基于这一特性，实验中用频率计读取频率的方法是：缓慢转动频率计，观察输出到小功率计表头上的指示值，当指示值在某一点处突然下降时，就意味着吸收式频率计基本谐振了。左右微调频率计，使功率计表头指示最小，此时频率计上的刻度数即为 f_r。如果为波长计，则刻度数是 λ_r，则要查波长-频率转换表，转换成频率 f_r。

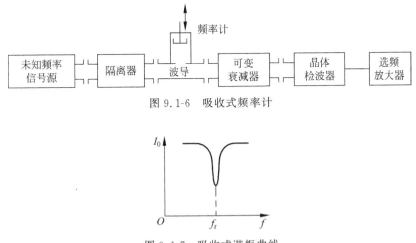

图 9.1-6 吸收式频率计

图 9.1-7 吸收式谐振曲线

9.2 驻波比的测量

9.2.1 概论

一个微波传输系统,当其中仅有主模传输时,在信号源和负载之间的任何地方,如果有任何阻抗不连续,则在不连续处将产生与入射波频率相同、传播方向相反的反射波。该反射波与入射波在传输线中叠加,合成周期分布的电场和磁场图形,这就是驻波。

图 9.2-1 所示为一波导传输线中的驻波振幅图形。其中,振幅最大处为波腹点,振幅最小处为波节点。相邻两波腹点或相邻两波节点之间的距离为 1/2 波导波长。在实验当中,可以根据测定出的波腹点或波节点位置,计算出波导波长 λ_g。

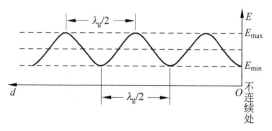

图 9.2-1　驻波振幅图形

驻波比 ρ 定义为传输通道内驻波电场(或驻波电压)最大值与最小值之比,即

$$\rho = \frac{E_{\max}}{E_{\min}} = \frac{|U_{\max}|}{|U_{\min}|} \tag{9.2-1}$$

根据该定义,如果能用驻波测量线测出沿线驻波分布情况,就可由式(9.2-1)求出驻波比 ρ。驻波比还可由反射系数得出,即

$$\rho = \frac{1 + |\Gamma|}{1 - |\Gamma|} \tag{9.2-2}$$

其中,Γ 为反射系数。由该式可见,驻波比的大小与反射波的大小有关,测量线终端接不同的负载器件,则产生的反射波的大小不同,因而驻波比的大小是随负载不同而变化的。若测量线终端接固定阻抗的器件,则所测驻波比只能是一固定值。

9.2.2 实验仪器描述

常用的测量仪器分两种类型。一种为波导型,如图 9.2-2 所示,信号源输出接至波导测量系统中,测量线输入端接衰减器 I(或利用信号源本身的衰减器),其输出端接衰减器 II,终端接短路器,二极管检波输出接至选频放大器。另一种为同轴型,结构与波导型类似,信号源输出接同轴型测量线和同轴型衰减器,信号源与测量线之间采用 50Ω 软电缆连接,为防止电缆与同轴线之间的失配,中间用可变去耦衰减器隔离,终端接同轴短路器。

图 9.2-2 中,驻波测量线是一段精心加工的、在上宽边中心线处开槽的波导,或开槽同轴线。槽内插入一根很小的探针,探针插入深度为 $1\sim2\text{mm}$。它能拾取波导内很小一部分能量而又不严重影响线内的驻波。拾取的能量送到可调谐检波器,检出的电流送入选频放大器,放大器的表头则指示驻波的大小。一般信号源产生的微波是用 1000Hz 方波来调制

的,所以晶体二极管检出的是 1000Hz 的信号。放大器是交流选频放大器,可对 1000Hz 信号进行窄带放大,可以避免过大的噪声干扰。

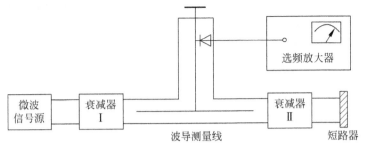

图 9.2-2　波导型测量仪器

二极管检波器是在小信号下工作的,所以是平方律检波,放大器表头的指示与波导中探针所在点的电场的平方成正比,信号源馈入功率的大小和探针插入深度的大小,要保证二极管确实在平方律的状态下工作,所以首先要检查二极管是否是平方律检波,检查方法如下。

打开信号源,测量线终端接匹配负载,探针插入 1～2mm,调谐使检波器输出最大,读出放大器的指示。然后把信号源衰减器的衰减量增加 3dB,放大器指示应减少一半;衰减量减小 3dB,放大器指示应增大一倍,符合这种情况就可以认为是平方律检波了。如果偏离平方律,则要降低馈入功率。

9.2.3　测量方法

1. 波节位置的测量

当驻波比较小时,用探针找到波节位置是很困难的,因为极值附近经二极管平方律检波后电波变化平缓,难以找到一个准确的波节位置,因此采用"等偏移法"。具体方法是:

先将测量线探针移至波节点处,然后左移一小段距离到位置 X_1(如图 9.2-3),此时信号经检波输出到选频放大器表头的指示为 α_0,再右移探针使放大器表头指示仍为 α_0,读出此时测量线探针位置 X_2,则极小值位置是

$$X_{\min} = \frac{X_1 + X_2}{2} \tag{9.2-3}$$

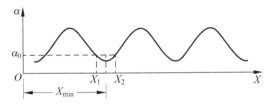

图 9.2-3　波节位置测量

2. 中小驻波比的测量

所谓中小驻波比是指驻波比 $\rho \leqslant 3$ 的情况,根据驻波比的定义有

$$\rho = \frac{|U_{\max}|}{|U_{\min}|} = \sqrt{\frac{\alpha}{\alpha}} \tag{9.2-4}$$

其中,α'为选频放大器表头所指示的最大值,α 为表头所指示的最小值。由于经过二极管平方律检波,表头指示的最大值与最小值的比值开根号后,才是实际所测驻波系数。且由于测量误差和仪器工作不稳定,只测一组 α、α' 进行计算误差很大,为此可利用取算术平均值的方法来减小误差,即连续测量几个极小值指示 α_1、α_2、α_3… 和同样个数的极大值指示 α'_1、α'_2、α'_3…,如图 9.2-4 所示。则驻波比为

$$\rho = \sqrt{\frac{\alpha'_1 + \alpha'_2 + \alpha'_3 + \cdots}{\alpha_1 + \alpha_2 + \alpha_3 + \cdots}} \tag{9.2-5}$$

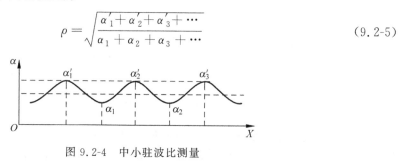

图 9.2-4 中小驻波比测量

3. 大驻波比测量

所谓大驻波比测量是指 $\rho > 3$ 的情况,这时,在选频放大器的同一量程上显示驻波的极大值和极小值是极不准确的,或者是不可能的。比如,当 $\rho = 10$ 时,在平方律情况下,极大值的电表指示是 100,最小值指示则为 1,这个"1"小格很可能是放大器的零点漂移,极不可靠,如果提高放大器的增益,使最小值有比较明显的指示,那么极大值已经大大超出表头量程之外,可能损坏表头,亦不可能直接测得驻波比,必须采用二倍功率法(或称二倍最小值法)。其测量方法如下:

移动测量线,在选频放大器上找出准确的波节点,调信号源的衰减器使波节点有明显指示值 $\alpha_{\min}$,然后在波节点处左移测量线探针,使放大器指示为 $2\alpha_{\min}$,读出此时探针位置 X_1,再右移测量线探针,使放大器指示仍为 $2\alpha_{\min}$,读出此时的探针位置 X_2,则二倍功率点的宽度为

$$d = |X_1 - X_2|$$

若 λ_g 已知,则可求得驻波比为

$$\rho = \sqrt{1 + \frac{1}{\sin^2 \frac{\pi d}{\lambda_g}}} \tag{9.2-6}$$

当 $\dfrac{\pi d}{\lambda_g} < 0.12$ 时,可近似计算为

$$\rho = \frac{\lambda_g}{\pi d} \tag{9.2-7}$$

9.3 晶体检波器的校准及阻抗测量

9.3.1 晶体检波器的校准

驻波波幅的测量表现为晶体检波电流的测量,为减小测量误差,要求在同一测量中使用相同的检波律,或者预先知道指示器读数与开槽线中相对场强的函数关系曲线,这就是晶体

检波器(Detector)的校准。

加到晶体检波器两端的电压 V 和检波电流 I 的关系一般可表示为

$$I = kV^n \qquad (9.3\text{-}1)$$

式中，k 为比例常数；n 为检波律，在一定电压范围内，n 可认为是常数。

当传输系统终端短路时，入射波在终端造成全反射，传输系统中的驻波电场可以认为是按正弦规律分布的，即通道内任一点的驻波波幅 E 为

$$E = E_m \sin\beta d = E_m \sin\frac{2\pi d}{\lambda_g} \qquad (9.3\text{-}2)$$

式中，d 为参考"零点"(驻波最小点)到探针的距离，如图 9.3-1 所示。E_m 为驻波波幅的最大值；λ_g 为波导波长。

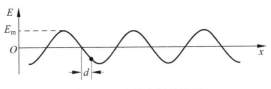

图 9.3-1　驻波电场波形图

因为加到晶体两端的电压与探针所在处的电场强度成正比，选频放大器指示读数与检波电流成正比，因此有关系式

$$\alpha = k'\left(\sin\frac{2\pi d}{\lambda_g}\right)^n \qquad (9.3\text{-}3)$$

式中，α 为探针距参考"零点"为 d 时选频放大器指示读数；k' 为比例系数。

由式(9.3-2)可知，函数 $\sin\dfrac{2\pi d}{\lambda_g}$ 反映出探针位置的相对驻波场强 $\dfrac{E}{E_m}$，若能同时读出探针在此位置时的指示器读数 α，并以 α 为纵坐标，以 $\sin\dfrac{2\pi d}{\lambda_g}$ 为横坐标，可得到相对指示度与相对场强之间的定标曲线。为使用方便，也可作出 α-$\sin^2\dfrac{2\pi d}{\lambda_g}$ 关系曲线，如图 9.3-2 所示。

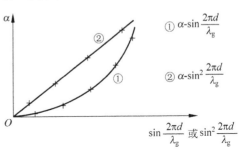

图 9.3-2　α-$\sin\dfrac{2\pi d}{\lambda_g}$，$\alpha$-$\sin^2\dfrac{2\pi d}{\lambda_g}$ 关系曲线

应用此曲线时，可由测得的 α_{max}、α_{min}，从曲线上查出相应的 $\dfrac{E_{max}}{E_m}$、$\dfrac{E_{min}}{E_m}$，则驻波系数 ρ 为

$$\rho = \frac{E_{max}}{E_{min}} = \frac{E_{max}/E_m}{E_{min}/E_m} = \frac{\sin\dfrac{2\pi d_{max}}{\lambda_g}}{\sin\dfrac{2\pi d_{min}}{\lambda_g}} \qquad (9.3\text{-}4)$$

有时需要知道晶体的检波律 n。为此，对式(9.3-3)两边取对数，得到

$$\lg\alpha = \lg k' + n\lg\sin\frac{2\pi d}{\lambda_{\mathrm{g}}} \tag{9.3-5}$$

可见,若以 $\lg\alpha$ 为纵坐标,以 $\lg\sin\dfrac{2\pi d}{\lambda_{\mathrm{g}}}$ 为横坐标,作 $\lg\alpha$ - $\lg\sin\dfrac{2\pi d}{\lambda_{\mathrm{g}}}$ 曲线,则曲线的斜率即为晶体的检波律 n。

9.3.2 驻波法测阻抗的基本原理

当微波传输系统的终端负载与它的特性阻抗不匹配时,就会产生反射,形成驻波。因此,传输系统中的驻波状态与负载阻抗密切相关,可采用驻波法测负载阻抗。

已知对于一般无耗传输线,与负载参考面相距 d 的任一点的输入阻抗 Z_{in} 和负载阻抗 Z_{L}、传输线特性阻抗 Z_0 之间的关系为

$$Z_{\mathrm{in}} = Z_0 \frac{Z_{\mathrm{L}} + \mathrm{j}Z_0\tan\dfrac{2\pi d}{\lambda_{\mathrm{g}}}}{Z_0 + \mathrm{j}Z_{\mathrm{L}}\tan\dfrac{2\pi d}{\lambda_{\mathrm{g}}}} \tag{9.3-6}$$

又已知在电压驻波最小点处的输入阻抗为

$$Z_{\mathrm{in}} = \frac{Z_0}{\rho} \tag{9.3-7}$$

所以,当线上某一电压驻波最小点距负载的距离为 $d_{\min}$ 时,该点的输入阻抗同时满足式(9.3-6)和式(9.3-7),即

$$\frac{Z_0}{\rho} = Z_0 \frac{Z_{\mathrm{L}} + \mathrm{j}Z_0\tan\dfrac{2\pi d_{\min}}{\lambda_{\mathrm{g}}}}{Z_0 + \mathrm{j}Z_{\mathrm{L}}\tan\dfrac{2\pi d_{\min}}{\lambda_{\mathrm{g}}}}$$

简化此式,得到 Z_{L}、Z_0、ρ 与 $d_{\min}$ 之间的关系为

$$Z_{\mathrm{L}} = Z_0 \frac{1 - \mathrm{j}\rho\tan\dfrac{2\pi d_{\min}}{\lambda_{\mathrm{g}}}}{\rho - \mathrm{j}\tan\dfrac{2\pi d_{\min}}{\lambda_{\mathrm{g}}}} \tag{9.3-8}$$

归一化负载阻抗 $\overline{Z}_{\mathrm{L}}$ 为

$$\overline{Z}_{\mathrm{L}} = \frac{Z_{\mathrm{L}}}{Z_0} = \frac{1 - \mathrm{j}\rho\tan\dfrac{2\pi d_{\min}}{\lambda_{\mathrm{g}}}}{\rho - \mathrm{j}\tan\dfrac{2\pi d_{\min}}{\lambda_{\mathrm{g}}}} \tag{9.3-9}$$

因此,只要测出驻波系数 ρ、波导波长 λ_{g}、驻波最小点位置 $d_{\min}$,即可由式(9.3-9)算出归一化负载阻抗。

9.3.3 测量方法

1. 等效端口面的获得

图 9.3-3 所示为驻波法测阻抗的原理图。为了测得测量线终端 A-B 处所接负载的阻抗

或导纳,除了要知道驻波比之外,还必须知道极小值点到负载所在端口 A-B 的距离 d_{min}。然而,由于测量线只在中间部分开槽,开槽部分没有延伸到端口 A-B 面,故探针无法移到端口 A-B 处,d_{min} 是无法直接测量的,因此,必须在测量线的开槽部分找到等效的端口面位置 X_0。由于阻抗具有 $\dfrac{\lambda_g}{2}$ 的重复性,经过 $n\dfrac{\lambda_g}{2}$ 后阻抗不变,故 X_0 可通过以下方法确定。

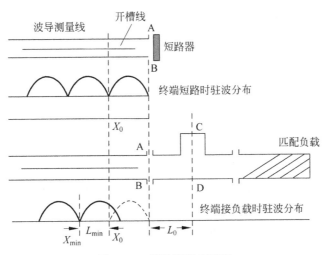

图 9.3-3 阻抗测量原理图

在测量线终端用短路片或短路器使之短路,在开槽部分找一个波节位置 X_0。由于短路器处为波节点,故开槽线中任一波节点 X_0 均与负载端口 A-B 相距 $\dfrac{\lambda_g}{2}$ 的整数倍,二者的等效阻抗相等,因此,X_0 可作为 A-B 的等效端口面。实际测量 d_{min} 时,只要测量实际波节点到 X_0 的距离即可。

2. 负载阻抗的测量

在测量线端面 A-B 处接上一个电抗元件,电抗元件后接全匹配负载,我们的目的是测 C-D 处电抗元件的阻抗。图中,A-B 的等效端面 X_0 已测得,那么接上负载阻抗后,测量线从 X_0 处往信号源端移动,找到的第一个波节位置 X_{min},则第一个波节到等效端口面的距离是

$$L_{min} = |X_{min} - X_0| \qquad (9.3\text{-}10)$$

于是可求出驻波最小点到电抗元件 C-D 处的距离为

$$d_{min} = L_{min} + L_0 \qquad (9.3\text{-}11)$$

其中,L_0 为 A-B 面到 C-D 面的距离。如果驻波比 ρ 和 λ_g 已知,则可由式(9.3-9)计算出归一化负载阻抗。

9.3.4 实验仪器描述

实验测量线路按图 9.3-4 连接,在做晶体检波器校准的实验时,测量线输出端直接接短路片;当测量电抗性元件的阻抗(或电纳)时,测量线输出端接待测负载,这里是接一阻抗调配器,然后再接匹配负载。

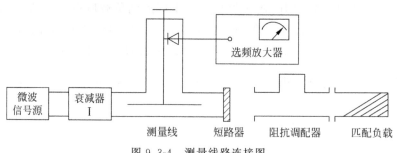

图 9.3-4　测量线路连接图

9.3.5　实验步骤

1. 晶体检波器的校准

① 按图 9.3-4 连好仪器,调整微波信号源,调整测量线,使其获得最佳方波调制输出信号。

② 用等偏移法测量几个相邻的波节点,计算出波导波长。选取参考波节点 X_0。

③ 在 $\lambda_g/4$ 的长度内,均匀测出 10 组测量线的刻度数 X 及对应的选频放大器的指示值 α。分别计算各测量点与参考波节点的距离 d。

④ 作 $\alpha\text{-}\sin\dfrac{2\pi d}{\lambda_g}$、$\alpha\text{-}\sin^2\dfrac{2\pi d}{\lambda_g}$、$\lg\alpha\text{-}\lg\sin\dfrac{2\pi d}{\lambda_g}$ 曲线。根据曲线计算出晶体的检波律 n 值。

2. 负载归一化阻抗的测量

① 测量线终端接阻抗调配器,调配器输出接全匹配负载。波节点 X_0 作等效端面。

② 测出与 X_0 相邻的第一个波节位置 $X_{\min}$,测量驻波比 ρ。

③ 由测量值计算出负载归一化阻抗值 $\overline{Z}_L$。

9.4　衰减测量

微波传输系统中,波导段、接头、弯头、过渡器、衰减器等插入元件引入的衰减和反射损耗,会使传输到负载的功率电平发生变化。衰减量便是衡量这些插入元件对功率电平影响的一项重要的技术参量。

测量衰减量常用的方法有替代法和散射参量法,下面分别介绍。

9.4.1　替代法

"替代法"测量方法是将被测元件接入系统,调节精密标准衰减器的衰减量,使指示器有一合适的读数,然后移去被测元件,再调整标准衰减器,使指示器读数复原,则标准衰减器两次读数之差(分贝数)就是被测元件的衰减量。具体测量方法有直接测量功率法和驻波振幅比法两种,下面介绍用这两种方法测量衰减器的衰减量的测量原理。

1. 直接测量功率法

当把一个有损耗微波器件接入原来匹配的微波信号源和匹配的负载之间时,由于插入器件引起的反射和损耗,使传输到负载的功率 P_L 比不接有耗器件时负载得到的功率 P_0

要小。就是说,微波功率经过插入元件后要受到衰减,称为"插入衰减"。它的大小为

$$A = 10\lg \frac{P_0}{P_L}(\text{dB}) \tag{9.4-1}$$

可见,衰减量的测量,最简单的办法是利用微波功率计直接测量插入有耗器件前后传输给匹配负载的功率 P_0 和 P_L,然后根据式(9.4-1)计算衰减量 A,这就是所谓"直接测量功率法"。

2. 驻波振幅比法

图 9.4-1 所示为用驻波振幅比法测衰减量的测试仪器连接图。

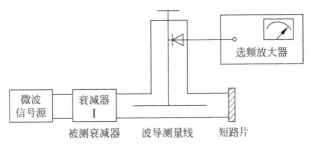

图 9.4-1 驻波振幅比法测衰减量的测试仪器连接图

测量线终端接短路片,使传输线内形成全反射驻波。在信号源与测量线之间接入被测衰减器,由于被测衰减器对功率电平的衰减,使接入前后的驻波幅度不同。图 9.4-2 为测量线中的驻波分布,曲线 1 为未接入被测衰减器时的驻波分布,曲线 2 为接入被测衰减器后的驻波分布。

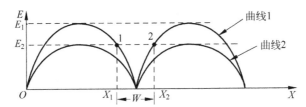

图 9.4-2 终端短路时测量线中的驻波分布

终端短路时,驻波分布曲线近似认为满足正弦关系。设未接入衰减器时驻波最大值为 E_1,则与短路终端相距 d 的任意点的驻波电场为

$$E_1(d) = E_1 \left| \sin \frac{2\pi d}{\lambda_g} \right| \tag{9.4-2}$$

设接入衰减器后驻波最大值为 E_2,在曲线 1 上使驻波波幅为 E_2 的是 1、2 两点,1、2 两点之间的距离为 W,则由式(9.4-2)得

$$E_2 = E_1 \left| \sin \frac{2\pi \left(\frac{W}{2}\right)}{\lambda_g} \right| = E_1 \left| \sin \frac{\pi W}{\lambda_g} \right|$$

因此

$$\frac{E_1}{E_2} = \frac{1}{\left| \sin \dfrac{\pi W}{\lambda_g} \right|} \tag{9.4-3}$$

因为

$$A = 10\lg\frac{P_1}{P_2} = 20\lg\frac{E_1}{E_2}$$

所以有

$$A = 20\lg\frac{1}{\left|\sin\dfrac{\pi W}{\lambda_g}\right|} = -20\lg\left|\sin\frac{\pi W}{\lambda_g}\right| \ (\text{dB}) \qquad (9.4\text{-}4)$$

由式(9.4-4)可见,只要测出波导波长 λ_g 和距离 W,即可求出衰减量 A。

3. 实验步骤

(1) 调整微波信号源,使输出到小功率计的功率值为最佳指示范围。

(2) 改变被测衰减器的刻度值,用直接测量功率法测量被测衰减器输入与输出端的功率值,计算出衰减量 A。分别测出几组数据,计算衰减量,并绘制被测衰减器 I 的衰减量 A-刻度 B 的曲线。

(3) 用等偏移法测量几个相邻的波节点,计算出波导波长。

(4) 改变被测衰减器的刻度值,用驻波振幅比法测量距离 W 值,计算被测衰减器的衰减量 A。分别测出几组数据,计算衰减量,并绘制被测衰减器 I 的衰减量 A-刻度 B 的曲线。

9.4.2　散射参量法

1. 测量原理

散射参量法(也叫功率反射法)测量衰减器插入衰减的仪器连接方式如图 9.4-3 所示。下面首先针对图 9.4-4 所示衰减网络讨论测量原理。

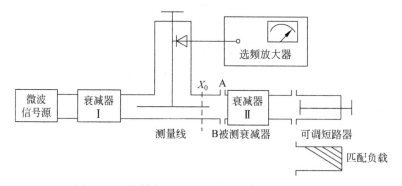

图 9.4-3　散射参量法测衰减量的测试仪器连接图

图 9.4-4　散射参量法测衰减原理图

设 v_1^+, v_1^- 为互易网络输入端归一化入射波电压和反射波电压；v_2^+, v_2^- 为输出端归一化入射波电压和反射波电压，则

$$v_1^- = s_{11}v_1^+ + s_{12}v_2^+$$
$$v_2^- = s_{12}v_1^+ + s_{22}v_2^+ \tag{9.4-5}$$

由此得

$$\frac{v_1^-}{v_1^+} = s_{11} + s_{12}\frac{v_2^+}{v_1^+}$$
$$\frac{v_2^-}{v_1^+} = s_{12} + s_{22}\frac{v_2^+}{v_1^+} \tag{9.4-6}$$

若互易网络输出端接匹配负载，则 $v_2^+ = 0$，所以有

$$\frac{v_1^-}{v_1^+} = s_{11}, \qquad \frac{v_2^-}{v_1^+} = s_{12} \tag{9.4-7}$$

因此

$$A = 10\lg\frac{|v_1^+|^2}{|v_2^-|^2} = 10\lg\frac{1}{|s_{12}|^2}(\text{dB}) \tag{9.4-8}$$

所以，只要测出参量 s_{12}，即可由式(9.4-8)计算出衰减量 A。

2. 测量方法

设网络输入端反射系数为 Γ_1，输出端负载的反射系数为 Γ_2，将 $\Gamma_1 = \dfrac{v_1^-}{v_1^+}$，$\Gamma_2 = \dfrac{v_2^+}{v_2^-}$ 代入式(9.4-5)得

$$\Gamma_1 = s_{11} + s_{12}\frac{v_2^+}{v_1^+}$$

$$\frac{v_2^+}{v_1^+\Gamma_2} = s_{12} + s_{22}\frac{v_2^+}{v_1^+}$$

所以

$$\Gamma_1 = s_{11} + \frac{s_{12}^2\Gamma_2}{1 - s_{22}\Gamma_2} \tag{9.4-9}$$

因此，在实际测量中，如果分别令衰减网络输出端短路（$\Gamma_2 = -1$）、开路（$\Gamma_2 = 1$）和匹配（$\Gamma_2 = 0$），并测出相应的输入端的反射系数 Γ_1，则可由式(9.4-9)联立求得 s_{11}、s_{12}、s_{22}，从而可由式(9.4-8)求得衰减量 A。

具体方法是：首先确定测量线输出端 A-B 面的等效参考面位置 X_0，然后接入被测衰减网络，当衰减网络输出端短路、开路、匹配时，分别测出三种状态下 X_0 左侧（向信号源方向）的第一个波节点位置 $X_{\min}$ 值，则

$$d_{\min} = |X_{\min} - X_0| \tag{9.4-10}$$

由 $d_{\min}$ 计算反射系数的相位 φ_1

$$\varphi_1 = 2\beta d_{\min} + \pi \tag{9.4-11}$$

将 $\beta = 2\pi/\lambda_g$ 代入式(9.4-11)便可得 φ_1，于是得反射系数 Γ_1 为

$$\Gamma_1 = |\Gamma_1| e^{j\varphi_1} \tag{9.4-12}$$

其中

$$|\Gamma_1| = \frac{\rho - 1}{\rho + 1} \tag{9.4-13}$$

由上述方法测出三组数据后,根据式(9.4-9)联立求解出 s_{12},代入式(9.4-8)便可得被测衰减器的衰减量 A。

3. 测量步骤

(1)按照图 9.4-3 检查测试系统,测量线输出端接短路片,调整微波信号源,调整测量线,使在选频放大器上获得最佳方波调制输出信号。

(2)用等偏移法测量几个相邻的波节点,计算出波导波长 λ_g。确定等效端口面位置 X_0。

(3)测量线输出端改接可变短路器,调节可变短路器使在 X_0 处仍为波节点,则此时可变短路器与短路片等效。

(4)测量线输出端接衰减网络,衰减网络输出端在短路、开路、匹配三种状态下,由前述测量方法分别测出输入通道驻波系数 ρ 及 $d_{\min}$,然后由测量值计算出被测衰减器的衰减量 A。

9.5 定向耦合器特性的测量

定向耦合器是微波测量和其他微波系统中的常用元件,更是近代扫频反射计的核心部件,因此,熟悉定向耦合器的特性,掌握其测量方法是很重要的。

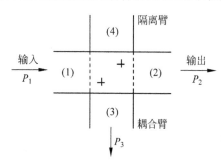

图 9.5-1 双十字孔定向耦合器示意图

定向耦合器是一种有方向性的微波功率分配器件,通常有波导、同轴线、带状线及微带等几种结构类型,定向耦合器包含主线和副线两部分,在主线中传输的微波功率经过小孔或间隙等耦合元件,将一部分功率耦合到副线中去,由于波的干涉和叠加,使功率仅沿副线中的一个方向传输,称为耦合臂,而在另一方向几乎没有(或极少)功率传输,称为隔离臂。本节以图 9.5-1 所示的波导双十字孔定向耦合器为例介绍定向耦合器的测量方法。

9.5.1 技术指标

定向耦合器的主要技术指标是耦合度、方向性及工作频率范围。

1. 耦合度

定向耦合器的耦合度定义为主波导端口(1)的输入功率 P_1 与副波导中耦合端口(3)的耦合输出功率 P_3 之比,以 dB 表示为

$$C = 10\lg \frac{P_1}{P_3} \text{(dB)} \tag{9.5-1}$$

也可定义为主线输入端的电压 U_1 与副线耦合端的电压 U_3 之比的平方,即

$$C = 20\lg\frac{U_1}{U_3}(\text{dB}) \tag{9.5-2}$$

2. 方向性

当信号输入到主波导的端口(1)时,耦合到副波导中耦合端口(3)的功率与隔离端口(4)的功率之比定义为定向耦合器的方向性,以 dB 表示为

$$D' = 10\lg\frac{P_{31}}{P_{41}}(\text{dB}) \tag{9.5-3}$$

一个理想的定向耦合器,方向性为无穷大,即功率由主线端口(1)输入时,副线仅端口(3)有输出,而端口(4)无输出。然而实际情况并非如此,即功率由端口(1)输入时,端口(4)还有一定的输出,所以方向性并非无穷大,而为一有限值。

实际中应用的双十字孔定向耦合器,端口(4)常接有固定的匹配负载,其反射系数为 0.01~0.05,这样,在端口(3)的实际功率将为直接耦合到端口(3)的功率与从端口(4)反射回的功率的叠加,以此功率求得的方向性称为实际方向性,故实测的为实际方向性。

9.5.2 测试方法

1. 耦合度的测量

将双十字孔定向耦合器按图 9.5-2 所示方式接入测试系统。耦合度 C 的测量可根据公式(9.5-1),先测量波导输入端口(1)的功率电平 P_1,然后测出副波导耦合输出端口(3)的功率电平 P_3,二者之比即为耦合度。

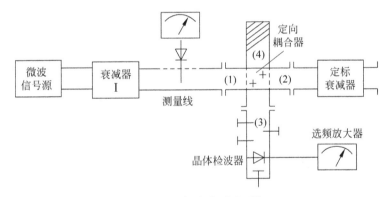

图 9.5-2 耦合度测试系统

但在实际测量中,由于功率计测量范围所限,不能直接用功率计测量,可通过改变定标衰减器的衰减量测出耦合度 C,其方法如下:

在定向耦合器的端口(2)接一定标衰减器,当其衰减调到最大时,可认为端口(2)接有匹配负载。在定向耦合器端口(3)接入晶体检波器,应预先调在匹配检波状态。然后先记录下接于端口(3)的匹配检波座输出到选频放大器的电表指示值,再将检波座取下连接到定标衰减器的输出端,端口(3)接一匹配负载。改变定标衰减器的衰减量,使放大器电表指示同前,查得此时定标衰减器的衰减量,则该衰减量表示端口(2)和端口(3)输出功率比的分贝值。考虑到定向耦合器的耦合度很大,故可认为端口(2)的输出近似等于端口(1)的输入,因此,可认为该衰减量即为定向耦合器的耦合度。注意:定标衰减器的衰减量需由刻度数查

其定标曲线得出。

2. 方向性的测量

定向耦合器实际方向性的测量系统如图 9.5-3 所示。首先按图 9.5-3(a)所示方法将定向耦合器反向接入测试系统,主波导输出端接匹配负载。调信号源的衰减器Ⅰ,使副波导端口(3)(隔离端)检波输出到放大器表头有明显指示读数,读取信号源衰减器Ⅰ的衰减量。然后按图 9.5-3(b)所示方法正向接入定向耦合器,改变信号源衰减器Ⅰ的衰减量,使端口(3)(耦合端)输出到放大器的指示读数仍为原来的指示值,读取此时信号源衰减器Ⅰ的衰减量,二次衰减量值之差,即为定向耦合器的实际方向性。

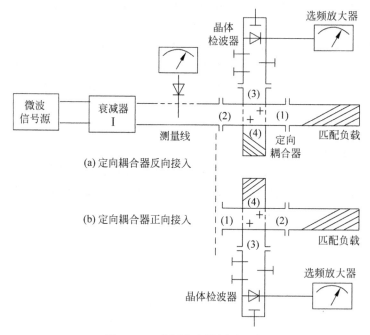

图 9.5-3　实际方向性测试系统

9.5.3　实验步骤

1. 实现匹配检波

(1) 按图 9.5-2 连接系统(正向接入),将定标衰减器的衰减量调到最大位置。

(2) 调整微波信号源,使选频放大器表头有明显指示值。

(3) 调节晶体检波座的短路活塞,使选频放大器表头指示最大,再调节检波座上的三个螺钉,使检波输出指示最大,即可认为匹配检波。

2. 耦合度的测量

按照前述测试方法测出定向耦合器的耦合度 C 值。

3. 方向性的测量

按照前述测试方法测出定向耦合器的实际方向性 D' 值。

常用硬同轴线主要参数表

型号	参数					
	特性阻抗/Ω	外导体内 直径 D/mm	内导体外 直径 d/mm	衰减 $/(\text{dB} \cdot \text{m}^{-1} \cdot \text{Hz}^{-1/2})$	理论最大允 许功率/kW	最短安全 波长/cm
50-7	50	7	3.04	$3.38 \times 10^{-6} \sqrt{f}$	167	1.73
75-7	75	7	2.00	$3.08 \times 10^{-6} \sqrt{f}$	94	1.56
50-16	50	16	6.95	$1.48 \times 10^{-6} \sqrt{f}$	756	3.90
75-16	75	16	4.58	$1.34 \times 10^{-6} \sqrt{f}$	492	3.60
50-35	50	35	15.20	$0.67 \times 10^{-6} \sqrt{f}$	3555	8.60
75-35	75	35	10.00	$0.61 \times 10^{-6} \sqrt{f}$	2340	7.80
53-39	53	39	16.00	$0.60 \times 10^{-6} \sqrt{f}$	4270	9.60
50-75	50	75	32.50	$0.31 \times 10^{-6} \sqrt{f}$	16300	18.50
50-87	50	87	38.00	$0.27 \times 10^{-6} \sqrt{f}$	22410	21.60
50-110	50	110	48.00	$0.22 \times 10^{-6} \sqrt{f}$	35800	27.30

注：(1) 型号标志第一个数字表示同轴线的特性阻抗值,第二个数字表示外导体内直径值;

(2) 本表数据均按 $\varepsilon_r = 1$ 和纯铜计算;

(3) 最短安全波长取 $\lambda = 1.1\pi(d+D)/2$。

标准矩形波导主要参数表

波导型号		主模频率 /GHz	截止频率 /MHz	结构尺寸/mm		衰减/(dB·m⁻¹)	
国际	国家			宽度 a	高度 b	频率/GHz	理论值
R8	BJ 3	0.64~0.98	513.17	292.1	146.05	0.77	0.00222
R9	BJ 9	0.76~1.15	605.27	247.65	123.83	0.91	0.00284
R12	BJ 12	0.96~1.46	766.42	195.58	97.79	1.15	0.00405
R14	BJ 14	1.14~1.73	907.91	165.10	82.55	1.36	0.00522
R18	BJ 18	1.45~2.20	1137.1	129.54	64.77	1.74	0.00749
R22	BJ 22	1.72~2.61	1372.4	109.22	54.61	2.06	0.00970
R26	BJ 26	2.17~3.30	1735.7	86.36	43.18	2.61	0.0138
R32	BJ 32	2.60~3.95	2077.9	72.14	34.04	3.12	0.0189
R40	BJ 40	3.22~4.90	2576.9	58.17	29.083	3.87	0.0249
R48	BJ 48	3.94~5.99	3152.4	47.55	22.149	4.73	0.0355
R58	BJ 58	4.64~7.05	3711.2	40.39	20.193	5.57	0.0431
R70	BJ 70	5.38~8.17	4301.2	34.85	15.799	6.46	0.0576
R84	BJ 84	6.57~9.99	5259.7	28.499	12.624	7.89	0.0794
R100	BJ 100	8.20~12.5	6557.1	22.860	10.160	9.84	0.110
R120	BJ 120	9.84~15.0	7868.6	19.050	9.525	11.8	0.133
R140	BJ 140	11.9~18.0	9487.7	15.799	7.898	14.2	0.176
R180	BJ 180	14.5~22.0	11571	12.945	6.477	17.4	0.238
R220	BJ 220	17.6~26.7	14051	10.668	5.328	21.1	0.370
R260	BJ 260	21.7~33.0	17357	8.636	5.328	26.1	0.435
R320	BJ 320	26.4~40.0	21077	7.112	3.556	31.6	0.583
R400	BJ 400	32.9~50.1	26344	5.690	2.845	39.5	0.815
R500	BJ 500	39.2~59.6	31392	4.755	2.388	47.1	1.060
R620	BJ 620	49.8~75.8	39977	3.759	1.880	59.9	1.52
R740	BJ 740	60.5~91.9	48369	3.099	1.549	72.6	2.03
R900	BJ 900	73.8~112	59014	2.540	1.270	88.6	2.74
R1200	BJ1200	92.2~140	73768	2.032	1.016	111	3.82

习题参考答案

第 1 章

1.1 (1) $\Gamma(z) = -0.5\mathrm{e}^{-\mathrm{j}2\beta z}$, $Z(z) = 50 \times \dfrac{1-0.5\mathrm{e}^{-\mathrm{j}2\beta z}}{1+0.5\mathrm{e}^{-\mathrm{j}2\beta z}}$; (2) 16.67Ω; (3) 16.67Ω

1.2 (1) $\Gamma(z) = \dfrac{\sqrt{2}}{2}\mathrm{e}^{\mathrm{j}\left(\frac{2\pi}{3}-2\beta z\right)}$; (2) $Z_L = (11.327+\mathrm{j}27.745)\Omega$; $Z_{\max}(z_1) = 291.4\Omega$

1.3 $Z_L = (54-\mathrm{j}49.2)\Omega$

1.4 (略)

1.5 (1) $Z_0 = 50\Omega$; (2) $\rho_{\min} = 2$, $\Gamma(z) = \dfrac{1}{3}\mathrm{e}^{\mathrm{j}(90°-2\beta z)}$; (3) $z_{\min 1} = \dfrac{3\lambda_p}{8}$, $Z_{\min} = 25\Omega$

1.6 (略)

1.7 (1) $\Gamma_L = 0.89\mathrm{e}^{\mathrm{j}316°} = 0.64-\mathrm{j}0.62$; (2) $l/\lambda = 0.019$; (3) $\rho = 4.263$; $l_{\min} = 0.385\lambda$

1.8 (1) $\rho = 3$; (2) $l = \dfrac{\lambda_p}{6}$; (3) $Z_{01} = 105\sqrt{3}\,\Omega$; (4) $\rho' = \sqrt{\rho} = \sqrt{3}$

1.9 (a) $Z_{\mathrm{in}} = \infty$, $\Gamma_{\mathrm{in}} = 1$; (b) $Z_{\mathrm{in}} = 200\Omega$, $\Gamma_{\mathrm{in}} = 0$; (c) $Z_{\mathrm{in}} = 225\Omega$, $\Gamma_{\mathrm{in}} = 0.2$;

1.10 $\Gamma_L = -0.2$; $Z_0 = 150\Omega$; $z_{\max} = 0.25\lambda_p$

1.11 $l = 28.5\mathrm{cm}$

1.12 (1) $\rho = 4$; (2) $Z_{01} = 200\Omega$; (3) $Z_L = (84.2+\mathrm{j}136.7)\Omega$

1.13 (1) $Z_{\mathrm{in}} = 800\Omega$, 此时与传输线匹配, 说明所接传输线特性阻抗为 800Ω;

(2) $Z_{\mathrm{in}} = (329-\mathrm{j}362.54)\Omega$; (3) $Z_{\mathrm{in}} = (329+\mathrm{j}362.54)\Omega$

以上结果说明, 单节 $\lambda/4$ 匹配器只对中心频率可以实现完全匹配。偏离中心频率后, 输入阻抗变化, 传输线失配。因此, $\lambda/4$ 匹配器是窄带的。

1.14 (1) $l = 0.203\lambda_p$, $Z_{01} \approx 225.65\Omega$; (2) $s = 0.22\lambda_p$, $Z_{01} = 387.3\Omega$

1.15 (1) $Z_{01} = 50\sqrt{2}\,\Omega = 70.7\Omega$, $l = \dfrac{\lambda}{4} = 0.75\mathrm{cm}$;

(2) 可保持驻波系数 $\rho \leqslant 1.25$ 的频率范围为 $7.95 \sim 12.05\mathrm{GHz}$。

1.16 $Z_L = (150-\mathrm{j}75)\Omega$

1.17 图解法得两组解分别为:

$$\begin{cases} d_1 = 0.126\lambda_p \\ l_1 = 0.05\lambda_p \end{cases} \qquad \begin{cases} d_2 = 0.217\lambda_p \\ l_2 = 0.45\lambda_p \end{cases}$$

解析法两组解分别为：

$$\begin{cases} d_1 = 0.125\lambda_p \\ l_1 = 0.051\lambda_p \end{cases} \qquad \begin{cases} d_2 = 0.219\lambda_p \\ l_2 = 0.449\lambda_p \end{cases}$$

1.18 两组解分别为：

$$\begin{cases} d_1 = 0.083\lambda_p \\ l_1 = 0.17\lambda_p \end{cases} ; \qquad \begin{cases} d_2 = 0.45\lambda_p \\ l_2 = 0.33\lambda_p \end{cases}$$

1.19 $Z_L = (57.785 - j20.586)\Omega$

1.20 (1) $Z_L = (324 - j737.5)\Omega$

(2) 解一：$d_1 = 0.717\lambda_p \Rightarrow 0.217\lambda_p, l_1 = 0.419\lambda_p$；解二：$d_2 = 0.583\lambda_p \Rightarrow 0.083\lambda_p, l_2 = 0.081\lambda_p$

第 2 章

2.1 (1) $Z_0 \approx 51\Omega$；(2) $d' \approx 21\text{mm}$；(3) $f_{max} \approx 1.8\text{GHz}$

2.2 $Z_{in} \approx (122.8 - j38.2)\Omega$

2.3 (1) $f_{max} \approx 1.9\text{GHz}$；(2) $\rho = 4$；$P_i(0) = 1.56\text{W}, P_r(z) = 0.5625\text{W}$；(3) $d = 1.32\text{cm}$

2.4 $Z_0 = 79.29\Omega$，$\sqrt{\varepsilon_e} = 2.393$

2.5 $Z_0 = 50\Omega$ 时，$W = 0.8\text{cm}$；$Z_0 = 100\Omega$ 时，$W = 0.128\text{cm}$

2.6 $Z_{0e} = 62\Omega$；$Z_{0o} = 39\Omega$

2.7 $W = 0.8\text{mm}, s = 0.28\text{mm}$

2.8 (1) $W_0 = 0.94\text{mm}, s \approx 8.654\text{mm}, W_1 \approx 0.42\text{mm}$；$l = 5.955\text{mm}$

(2) 在波腹点接入时，$W_1 = 0.12\text{mm}, d = 6.158\text{mm}, W_0 = 0.94\text{mm}, l = 8.425\text{mm}$

在波节点接入时，$W_1 = 3.2\text{mm}, d = 5.427\text{mm}, W_0 = 0.94\text{mm}, l = 2.654\text{mm}$

(3) 解一：$d_1 \approx 15.854\text{mm}$，或 $d_1 \approx 4.315\text{mm}$；$l_1 \approx 3.697\text{mm}$；

解二：$d_2 \approx 12.535\text{mm}$，或 $d_2 \approx 0.992\text{mm}$；$l_2 \approx 7.841\text{mm}$

第 3 章

3.1 $\Gamma_L = 0.985e^{j170.2°}$，$\Gamma_{in} = 0.985e^{-j153.4°}$

3.2 (1) $a' \approx 2.05\text{cm}$；(2) $a' \approx 1.45\text{cm}$

3.3

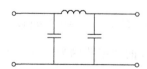

3.4 $d' \approx 0.233\text{cm}, r \approx 0.000773\text{cm}$。销钉太细，难以实现。

若选用电感膜片来实现,则 $d' \approx 0.166\text{cm}, d \approx 1.5\text{cm}$。

3.5　$d = 0.427\text{cm}, L \approx 0.994\text{cm}, b_1 \approx 1.136\text{cm}$

3.6　$W_0 \approx 1.02\text{mm}, W_1 \approx 0.35\text{mm}, W_2 \approx 0.0177\text{mm}; l_1 = 10.438\text{mm}, l_2 \approx 11\text{mm}$

3.7　$d_0 = 6.95\text{mm}, d_1 = 6.45\text{mm}, d_2 = 4.93\text{mm}, d_3 = 3.48\text{mm}, d_4 = 3.03\text{mm}, l_1 = l_2 = l_3 = 3.125\text{cm}$

3.8　$b_0 = 1.092\text{cm}, b_1 \approx 1.336\text{cm}, b_2 \approx 2.444\text{cm}, b_3 \approx 4.47\text{cm}, b_4 \sim 5.467\text{cm}$

$$l_1 = l_2 = l_3 = l_4 \approx 4.8\text{cm}$$

3.9　$d_0 = 4.584\text{mm}, d_1 \approx 3.422\text{mm}, d_2 \approx 2.11\text{mm}, d_3 \approx 1.313\text{mm}; l_1 = l_2 = 25\text{mm}$

第 4 章

4.1　$a = 6.32\text{cm}, b = 3.16\text{cm}, l = 8.16\text{cm}$

4.2　(1) $f_{\text{r}(\text{H}_{101})} = 6.25\text{GHz}$; (2) $\varepsilon_\text{r} = 2.08$

4.3　(1) $f_\text{r} \approx 3.8\text{GHz}$; (2) $f_\text{r} \approx 3.48\text{GHz}$

4.4　$f_\text{r} = 7.5\text{GHz}$

4.5　(1) $\lambda_\text{r} = 3\text{cm}, \lambda_0 = 3\text{cm}, \lambda_\text{g} \approx 3.96\text{cm}$; (2) H_{012}^O 模。

4.6　$D = 3.49\text{cm}; l_{\min} = 2(2p-1)(\text{cm}), l_{\max} = 3(2p-1)(\text{cm})$。

当 $p = 1$ 时,$l_{\min} = 2\text{cm}, l_{\max} = 3\text{cm}$。

4.7　当 m 点($y = 0$ 面中点)向内微扰 Δv 时,谐振频率下降;当 n 点($x = a$ 面中点)向内微扰 Δv 时,谐振频率上升。

4.8　E_{010} 模:谐振频率下降;H_{111} 模:谐振频率上升;H_{011} 模,谐振频率上升。

4.9　$R = 1.145\text{cm}, l < 2.405\text{cm}$。

4.10　(略)

4.11　(略)

第 5 章

5.1　(a) $[\boldsymbol{A}] = \begin{bmatrix} 1 & 200 \\ 0 & 1 \end{bmatrix}$; (b) $[\boldsymbol{A}] = \begin{bmatrix} 1 & 0 \\ 0.02 & 1 \end{bmatrix}$; (c) $[\boldsymbol{A}] = \begin{bmatrix} -1 & 0 \\ 0 & -1 \end{bmatrix}$;

(d) $[\boldsymbol{A}] = \begin{bmatrix} n & 0 \\ 0 & 1/n \end{bmatrix}$

5.2　$[\boldsymbol{s}'] = \begin{bmatrix} \dfrac{n^2-1}{1+n^2} & \dfrac{-\text{j}2n}{1+n^2} \\ \dfrac{-\text{j}2n}{1+n^2} & \dfrac{n^2-1}{1+n^2} \end{bmatrix}$

5.3　(略)

5.4　$[\boldsymbol{z}] = \begin{bmatrix} 0 & -\text{j} \\ -\text{j} & 0 \end{bmatrix}$; $[\boldsymbol{y}] = \begin{bmatrix} 0 & \text{j} \\ \text{j} & 0 \end{bmatrix}$; $[\boldsymbol{s}] = \begin{bmatrix} 0 & -\text{j} \\ -\text{j} & 0 \end{bmatrix}$

5.5　(1) $\boldsymbol{s} = \begin{bmatrix} -\text{j}0.2 & 0.98 \\ 0.98 & -\text{j}0.2 \end{bmatrix}$ 或 $\boldsymbol{s} = \begin{bmatrix} -\text{j}0.2 & -0.98 \\ -0.98 & -\text{j}0.2 \end{bmatrix}$

(2) 插入衰减为 0.175dB;回波损耗为 -13.98dB;插入驻波比为 1.5;插入相移为 $0, \pi$

5.6 （略）

5.7 $[\boldsymbol{A}] = \begin{bmatrix} -1 & 0 \\ \dfrac{\mathrm{j}}{\omega C Z_0^2} & -1 \end{bmatrix}$

5.8 $[\boldsymbol{s}'] = \begin{bmatrix} \dfrac{-\mathrm{j}\omega C Z_0}{2+\mathrm{j}\omega C Z_0}\mathrm{e}^{-\mathrm{j}2\theta_1} & \dfrac{2}{2+\mathrm{j}\omega C Z_0}\mathrm{e}^{-\mathrm{j}(\theta_1+\theta_2)} \\ \dfrac{2}{2+\mathrm{j}\omega C Z_0}\mathrm{e}^{-\mathrm{j}(\theta_1+\theta_2)} & \dfrac{-\mathrm{j}\omega C Z_0}{2+\mathrm{j}\omega C Z_0}\mathrm{e}^{-\mathrm{j}2\theta_1} \end{bmatrix}$

5.9 （a） $[\boldsymbol{A}] = \begin{bmatrix} 1 & \mathrm{j}Z_0 \\ \dfrac{2\mathrm{j}}{Z_0} & -1 \end{bmatrix}$ （b） $[\boldsymbol{A}] = \begin{bmatrix} 0 & \mathrm{j}Z_0 \\ \dfrac{\mathrm{j}}{Z_0} & 0 \end{bmatrix}$

5.10 $L = \dfrac{[2(\cos\theta - b\sin\theta)]^2 + [2b\cos\theta + \sin\theta(2-b^2)]^2}{4}$

$RL = |s_{11}| = \dfrac{|b^2\sin\theta - 2b\cos\theta|}{[2(\cos\theta - b\sin\theta)]^2 + [2b\cos\theta + \sin\theta(2-b^2)]^2}$

$l = \dfrac{\lambda_{\mathrm{g}}}{4}$，或 $l = \dfrac{\lambda_{\mathrm{g}}}{2\pi}\arctan\left(\dfrac{2}{b}\right)$，或 $l = \dfrac{\lambda_{\mathrm{g}}}{2\pi}\arctan\left(\dfrac{-b}{2}\right)$ 时插入衰减最小。

$l = \dfrac{\lambda_{\mathrm{g}}}{2\pi}\arctan\left(\dfrac{2}{b}\right)$ 时无反射。

5.11 （1）不是互易网络；不是无耗网络。

（2）$RL = -16.478\mathrm{dB}$

（3）$RL = -6.896\mathrm{dB}$

第 6 章

6.1 $C = 20\mathrm{dB}$；$D = 26\mathrm{dB}$；$RL = -26\mathrm{dB}$

6.2 $P_3 = 50\mathrm{mW}, P_4 = 0.316\mathrm{mW}$；$P_3 = 25\mathrm{mW}, P_4 = 0.1\mathrm{mW}$；$P_3 = 10\mathrm{mW}, P_4 = 0.1\mathrm{mW}$

6.3 端口（4）有输出，$v_4^- = -\mathrm{j}\mathrm{e}^{-\mathrm{j}2\beta l}$，构成移相器

6.4 $Z_{0\mathrm{e}} \approx 69.354\Omega; Z_{0\mathrm{o}} \approx 36.047\Omega$；

$$[\boldsymbol{s}] = \begin{bmatrix} 0 & -\mathrm{j}0.949 & 0.316 & 0 \\ -\mathrm{j}0.949 & 0 & 0 & 0.316 \\ 0.316 & 0 & 0 & -\mathrm{j}0.949 \\ 0 & 0.316 & -\mathrm{j}0.949 & 0 \end{bmatrix}$$

6.5 $\Gamma_1 = \dfrac{v_1^-}{v_1^+} = (2k_0^2 - 1)\Gamma_{\mathrm{D}}$， $T_{41} = \dfrac{v_4^-}{v_1^+} = -\mathrm{j}2k_0\sqrt{1-k_0^2}\,\Gamma_{\mathrm{D}}$

6.6 $\dfrac{P_3}{P_4} = \dfrac{1}{4}(\Gamma_1 - \Gamma_2)(\Gamma_1 - \Gamma_2)^*$

6.7 $790\mathrm{mW}; \rho = 2$

6.8 （略）

6.9 $C_{\mathrm{I}} = 4.77\mathrm{dB}; C_{\mathrm{II}} = 3\mathrm{dB}$

6.10 $v_{2'}^- = -0.707; v_{3'}^- = \mathrm{j}0.707$

6.11 $W_1 \approx 0.05\mathrm{mm}, W_2 \approx 0.236\mathrm{mm}, W_3 \approx 0.84\mathrm{mm}$

6.12 $W_0 \approx 1.128\mathrm{mm}, W_{02} \approx 1.752\mathrm{mm}; W_{03} \approx 0.0168\mathrm{mm}; W_{04} \approx 2.16\mathrm{mm}; W_{05} \approx$
$0.504\mathrm{mm}; l_2 \approx 11.792\mathrm{mm}; l_3 \approx 13.186\mathrm{mm}; l_4 \approx 11.656\mathrm{mm}; l_5 \approx 12.406\mathrm{mm}$

6.13 $W_0 \approx 2.24\mathrm{mm}, W_{01} \approx 3.04\mathrm{mm}, W_{02} \approx 0.536\mathrm{mm}$

　　　$W_{03} \approx 3.646\mathrm{mm}, W_{04} = 1.44\mathrm{mm}, W_{05} \approx 3.33\mathrm{mm}$

　　　$l_1 \approx 9.765\mathrm{mm}, l_2 \approx 10.28\mathrm{mm}, l_3 \approx 9.706\mathrm{mm}, l_4 \approx 10.016\mathrm{mm}, l_5 \approx 9.745\mathrm{mm}$

6.14 $W_1 \approx 0.654\mathrm{mm}, W_2 \approx 0.283\mathrm{mm}; r_1 \approx 241\Omega, r_2 \approx 98\Omega; l \approx 17.93\mathrm{mm}$

6.15 $W_0 \approx 1.48\mathrm{mm}, W_1 \approx 0.19\mathrm{mm}, W_2 \approx 0.88\mathrm{mm}; r_1 = 64.95\Omega, r_2 = 200\Omega; l_1 \approx$
$10.933\mathrm{mm}, l_2 \approx 10.443\mathrm{mm}$

6.16 ① 端口(1)、(4)分别接频率为 f_1 和 f_2 的微波信号源,合路信号从端口(3)输出,端口(2)接匹配负载。

　　　② 端口(1)输入 3mW,端口(4)输入 1.5mW。

第 7 章

7.1 (略)

7.2 (略)

7.3 (略)

7.4 (略)

7.5 $g_1 = g_5 = 0.6180, g_2 = g_4 = 1.6180, g_3 = 2.000, g_6 = 1.000$
　　　$C_1 = C_5 = 0.874\mathrm{pF}, L_2 = L_4 = 12.875\mathrm{nH}, C_3 = 2.829\mathrm{pF}, R_\mathrm{L} = 75\Omega$

7.6 $g_1 = 1.6703, g_2 = 1.1926, g_3 = 2.3661, g_4 = 0.8419, g_5 = 1.9841$
　　　$L_1 = 17.7\mathrm{nH}, C_2 = 1.27\mathrm{pF}, L_3 = 25.1\mathrm{nH}, C_4 = 0.89\mathrm{pF}, R_\mathrm{L} \approx 198\Omega$

7.7 $g_1 = g_5 = 0.6180, g_2 = g_4 = 1.6180, g_3 = 2.000, g_6 = 1.000$
　　　$C_1 = C_5 = 0.86\mathrm{pF}, L_2 = L_4 = 0.8197\mathrm{nH}, C_3 = 0.265\mathrm{pF}, G_\mathrm{L} = 0.02\mathrm{S}$

7.8 $g_1 = g_5 = 0.6180, g_2 = g_4 = 1.6180, g_3 = 2.000, g_6 = 1.000$

　　　$\begin{cases} L_1 = L_5 \approx 1.85\mathrm{nH} \\ C_1 = C_5 \approx 0.14\mathrm{pF} \end{cases}; \begin{cases} L_2 = L_4 \approx 0.3\mathrm{nH} \\ C_2 = C_4 \approx 0.86\mathrm{pF} \end{cases}; \begin{cases} L_3 \approx 6.0\mathrm{nH} \\ C_3 \approx 0.044\mathrm{pF} \end{cases}; R_\mathrm{L} = 75\Omega$

7.9 当选 $Z_{0h} = 138\Omega$,$Z_{0l} = 10\Omega$ 时,$d_1 = d_3 = 6.347\mathrm{cm}, l_1 \approx 2.227\mathrm{cm}, l_3 \approx 3\mathrm{cm};$
　　　$d_2 = d_4 = 0.75\mathrm{cm}, l_2 \approx 2.046\mathrm{cm}, l_4 \approx 1.517\mathrm{cm}; d_\mathrm{L} = 5.48\mathrm{cm}$

　　　考虑阶梯不连续性影响,修正后,$l_1' \approx 1.268\mathrm{cm}, l_3' \approx 1.844\mathrm{cm}$,其他不变。

7.10 当选 $Z_{0h} = 96.82\Omega$,$Z_{0l} = 14.92\Omega$ 时,$W_{0h} \approx 0.144\mathrm{mm}, W_{0l} \approx 5.2\mathrm{mm}, W_0 \approx$
$0.816\mathrm{mm}; l_1 = l_5 \approx 1.987\mathrm{mm}, l_3 \approx 3.429\mathrm{mm}; l_2 = l_4 \approx 4.79\mathrm{mm}$

　　　高阻抗线长度的修正值为 $l_2' = l_4' \approx 3.714\mathrm{mm}$,其他不变。

7.11 (略)

7.12 (略)

7.13 (略)

7.14 $l_1 = l_4 \approx 15.52\mathrm{mm}; l_2 = l_3 \approx 17.325\mathrm{mm}$

（1）若用电感膜片实现电感，则

$$d_1 = d_5 \approx 11.97\text{mm}; d_2 = d_4 \approx 8.375\text{mm}; \ d_3 \approx 7.543\text{mm}$$

（2）若用单销钉实现电感，则

$$d_1 = d_5 \approx 0.387\text{mm}; d_2 = d_4 \approx 1.7\text{mm}; \ d_3 \approx 2.055\text{mm}$$

（3）若用三销钉实现电感，则

$$d_1 = d_5 \approx 0.018\text{mm}; d_2 = d_4 \approx 0.352\text{mm}; \ d_3 \approx 0.517\text{mm}$$

7.15 $W_{01} = W_{45} \approx 0.6\text{mm}; \ S_{01} = S_{45} \approx 0.2\text{mm}$

$W_{12} = W_{34} \approx 0.76\text{mm}; \ S_{12} = S_{34} \approx 0.64\text{mm}$

$W_{23} \approx 0.8\text{mm}; \ S_{23} \approx 0.8\text{mm}$

$W_0 \approx 0.816\text{mm}$

$l_{01} = l_{45} \approx 9.167\text{mm}, l_{12} = l_{34} \approx 9.074\text{mm}, l_{23} \approx 9.057\text{mm}$

7.16 $W \approx 1.32\text{mm}; \ l_1 = l_4 \approx 9.079\text{mm}, l_2 = l_3 \approx 10.454\text{mm}$

$S_1 = S_5 \approx 1.714 \times 10^{-3}\text{mm}, S_2 = S_4 \approx 0.284\text{mm}, S_3 \approx 0.558\text{mm}$

7.17 $W_0 \approx 0.16\text{mm}, W_1 = W_3 \approx 8.7\text{mm}, W_2 \approx 20\text{mm}, W_{12} = W_{23} \approx 0.74\text{mm}$

$l_1 = l_3 \approx 9\text{mm}, l_2 \approx 8.7\text{mm}, l_{12} = l_{23} \approx 10.16\text{mm}$

7.18 $W_1 = W_3 \approx 0.31\text{mm}, W_{12} = W_{23} \approx 0.28\text{mm}, W_2 \approx 1.9\text{mm}, W_0 \approx 1.5\text{mm}$

$l_1 = l_3 \approx 18.9\text{mm}, l_{12} = l_{23} \approx 18.96\text{mm}, l_2 \approx 17.7\text{mm}$

第 8 章

8.1 （a)是，传输方向为$+z$ 方向。(b) 是，传输方向为$-z$ 方向。(c) 是，传输方向为$-z$ 方向。

8.2 （1）$[s] = \begin{bmatrix} 0 & e^{-j\varphi} \\ e^{-j\varphi} & 0 \end{bmatrix}$; (2) $[s] = \begin{bmatrix} 0 & 0 \\ e^{-j\varphi} & 0 \end{bmatrix}$; (3) $[s] = \begin{bmatrix} 0 & 0 & e^{-j\varphi} \\ e^{-j\varphi} & 0 & 0 \\ 0 & e^{-j\varphi} & 0 \end{bmatrix}$

8.3 $[s] = \begin{bmatrix} 0 & 0 & 0 & e^{-j\theta} \\ e^{-j2\theta} & 0 & 0 & 0 \\ 0 & e^{-j\theta} & 0 & 0 \\ 0 & 0 & e^{-j2\theta} & 0 \end{bmatrix}$

8.4 $[s] = \dfrac{1}{\sqrt{2}} \begin{bmatrix} 0 & 1 & 1 & 0 & 0 \\ 1 & 0 & 0 & 0 & -1 \\ 1 & 0 & 0 & 0 & 1 \\ 0 & -1 & 1 & 0 & 0 \\ 0 & 0 & 0 & \sqrt{2} & 0 \end{bmatrix}$

8.5 $\Gamma_1 = \Gamma_2 \Gamma_3$

参 考 文 献

[1] 栾秀珍,房少军,金红,等.微波技术[M].北京:北京邮电大学出版社,2009.
[2] 栾秀珍,房少军,邰佑诚.微波工程基础[M].大连:大连海事大学出版社,2001.
[3] 王文祥.微波工程技术[M].北京:国防工业出版社,2009.
[4] 吴万春,梁昌洪.微波网络及其应用[M].北京:国防工业出版社,1980.
[5] 雷振亚,明正峰,李磊,等.微波工程导论[M].北京:科学出版社,2010.
[6] 梁昌洪.计算微波[M].西安:西北电讯工程学院出版社,1985.
[7] POZAR D M.微波工程[M].张肇仪,周乐柱,吴德明,等译.3版.北京:电子工业出版社,2006.
[8] 孟庆鼎.微波技术[M].合肥:合肥工业大学出版社,2005.
[9] 吴明英,毛秀华.微波技术[M].西安:西北电讯工程学院出版社,1985.
[10] 顾其净,项家桢,袁孝康.微波集成电路设计[M].北京:人民邮电出版社,1978.
[11] COHN S B. A Class of Broadband Three Port TEM-mode Hybrids[J]. IEEE Transactions on Microwave Theory Tech,1968,16(2):110-116.
[12] 金辉,羊恺,张天良.宽带 Wilkinson 功分器综合公式的缺陷与改进[J].微波学报,2014-4-30(2):65-69.
[13] 赵海,刘颖力,张怀武,等.宽带 Wilkinson 功分器的设计仿真与制作[J].电子元件与材料,2010,29(12):28-30.
[14] NAGAI N, MAEKAWA E,ONO K. New n-Way Hybrid Power Dividers[J]. IEEE Transactions on Microwave Theory and Techniques,1977,VOL. MTT-25,NO. 12:1008-1012.
[15] 朱炳林.一类 n 路平面式混合功分器的设计公式[J].电子学报,1983(6):17-22.
[16] 顾继慧.微波技术[M].北京:科学出版社,2008.
[17] 牛忠霞,雷雪,张德伟.微波技术及应用[M].北京:国防工业出版社,2005.
[18] 李绪益.微波技术与微波电路[M].广州:华南理工大学出版社,2007.
[19] 范寿康,李进,胡容,等.微波技术、微波电路及天线[M].北京:机械工业出版社,2009.
[20] 王新稳,李延平,李萍.微波技术与天线[M].3版.北京:电子工业出版社,2011.
[21] 吴群,宋朝晖.微波技术[M].哈尔滨:哈尔滨工业大学出版社,2004.
[22] 闫润卿.微波技术基本教程[M].北京:电子工业出版社,2011.
[23] 李绪益.微波技术与微波电路[M].广州:华南理工大学出版社,2007.

图 书 资 源 支 持

感谢您一直以来对清华大学出版社图书的支持和爱护。为了配合本书的使用，本书提供配套的资源，有需求的读者请扫描下方的"书圈"微信公众号二维码，在图书专区下载，也可以拨打电话或发送电子邮件咨询。

如果您在使用本书的过程中遇到了什么问题，或者有相关图书出版计划，也请您发邮件告诉我们，以便我们更好地为您服务。

我们的联系方式：

教学资源·教学样书·新书信息

地　　址：北京市海淀区双清路学研大厦 A 座 714

邮　　编：100084

电　　话：010-83470236　010-83470237

人工智能科学与技术
人工智能|电子通信|自动控制

资源下载：http://www.tup.com.cn

资料下载·样书申请

客服邮箱：tupjsj@vip.163.com

QQ：2301891038（请写明您的单位和姓名）

书圈

用微信扫一扫右边的二维码，即可关注清华大学出版社公众号。